危险化学品安全管理人员培训系列教材

危险化学品
安全管理基础知识

宋永吉　主编

化学工业出版社

·北京·

《危险化学品安全管理基础知识》是"危险化学品安全管理人员培训系列教材"的一个分册。

　　《危险化学品安全管理基础知识》针对安全生产监督管理人员全面介绍了危险化学品安全管理基础知识，具有很强的知识性和实用性。主要内容包括：危险化学品分类和危险性，危险化学品危害，危险化学品生产安全，危险化学品的包装和储运安全，危险化学品的经营、灌装和使用安全，危险化学品风险分析方法，危险化学品事故应急处置，危险化学品安全生产标准化及其他安全管理方法等章节。

　　《危险化学品安全管理基础知识》可供各级危险化学品安全管理人员及相关人员学习参考。

图书在版编目（CIP）数据

　　危险化学品安全管理基础知识/宋永吉主编 . —北京：
化学工业出版社，2015.4（2023.2重印）
　　危险化学品安全管理人员培训系列教材
　　ISBN 978-7-122-23223-6

　　Ⅰ.①危…　Ⅱ.①宋…　Ⅲ.①化工产品-危险物品管理-职业培训-教材　Ⅳ.①TQ086.5

　　中国版本图书馆 CIP 数据核字（2015）第 044072 号

责任编辑：杜进祥　　　　　　　　　　文字编辑：孙凤英
责任校对：王素芹　　　　　　　　　　装帧设计：韩　飞

出版发行：化学工业出版社（北京市东城区青年湖南街 13 号　邮政编码 100011）
印　　装：北京科印技术咨询服务有限公司数码印刷分部
787mm×1092mm　1/16　印张 17¾　字数 446 千字　　2023 年 2 月北京第 1 版第 3 次印刷

购书咨询：010-64518888　　　　　　　售后服务：010-64518899
网　　址：http://www.cip.com.cn
凡购买本书，如有缺损质量问题，本社销售中心负责调换。

定　　价：78.00 元

为进一步提升危险化学品安全管理人员和执法人员业务素质，提高相关人员的业务技能，实现对危险化学品安全生产的科学监管、依法行政、高效办案，促进危险化学品安全生产形势持续稳定好转，北京市安全生产监督管理局于 2012 年 3 月组织危险化学品安全管理领域相关专家、学者编写了针对危险化学品安全监管人员、执法人员和有关管理人员的"危险化学品安全管理人员培训系列教材"，经过一年的使用，于 2013 年 1 月再次组织专家进行全面修订。本套教材共分四册，包括：《危险化学品安全管理基础知识》、《危险化学品安全生产行政监管》、《危险化学品安全生产检查》及《烟花爆竹安全管理》。

此套系列教材具有很好的系统性，对于安全生产监管人员、执法人员和有关管理人员业务工作相关的基础理论、法律法规、专业知识、行政监管依据、现场检查规范等进行了全面介绍，教材编写本着"干什么学什么、缺什么补什么的原则"，强调知识性、实践性和可操作性，可用于各级安全监管人员的危险化学品安全管理业务培训教材，又可作为开展日常监管和现场检查工作的工具用书和实用手册。

参加本套系列教材编写和修订工作的主要成员如下。

《危险化学品安全管理基础知识》：宋永吉、胡应喜、何晓茵、丁虹、徐新、任绍梅、刘言刚、高建村。

《危险化学品安全生产监管》：杨乃莲、马玉国、曾明荣、赵明、张晓学、徐一星、王海燕。

《危险化学品安全生产检查》：付林、俞万林、方文林、胡静峰、郝澄、赵明。

《烟花爆竹安全管理》：白春光、付松、王艳平、史晓茹。

对上述作者的辛勤工作表示深深的谢意！

在本套教材编写过程中，得到了北京市安全生产监督管理局领导及监管三处、执法监察总队、事故调查处、应急工作处、科技处有关同志的指导、支持和帮助。特别是北京市安全生产监督管理局唐明明副局长对本套教材的编写给予了悉心指导，并对编写大纲进行了指导和审定；监管三处李东洲处长、刘丽副处长、魏志钢同志、李怀峰同志对本套教材编写做了大量工作，并编写了大纲和对教材进行了最终的审阅。在此表示诚挚的感谢！在本套教材的出版印刷过程中，得到北京石油化工学院的大力支持，在此一并向他们表示感谢！

在编写和出版的过程中，可能会出现一些错误和不足之处，敬请读者提出宝贵意见。

危险化学品安全管理人员培训系列系列教材编委会

2015 年 1 月

参考文献   **272**

1 危险化学品分类和危险性

本章首先根据《化学品分类和危险性公示通则》(GB 13690—2009)，从理化危险、健康危险和环境危险三个方面介绍了危险化学品的 27 大分类。再者根据《危险货物分类和品名编号》(GB 6944—2012)，依照危险货物具有的危险性质，对 9 大分类分别介绍了各类特性及一般危险化学品的辨识方法，同时对危险化学品的标志、安全技术说明书和安全标签进行了介绍。最后，介绍了危险化学品安全信息的主要获取渠道。

化学品在工业、农业、国防、科技等领域得到了广泛的应用，且已渗透到人们的生活中。据美国化学文摘登录，目前全世界已有的化学品多达 700 万种，其中已作为商品上市的有 10 万余种，经常使用的有 7 万多种，现在每年全世界新出现化学品有 1000 多种。由于当今社会使用化学品种类及数目不断地增加，国际贸易活动频繁，制定化学品分类与标记全球协调制度是目前国际间首要的目标。联合国环境发展会议（UNCED）与国际化学品安全论坛（IFCS）于 1992 年通过决议，建议各国应展开国际间化学品分类与标记协调工作，以减少化学品对人体与环境造成的危险，及减少化学品跨国贸易必须符合各国不同标记规定的成本。为此，由国际劳工组织（ILO）与经济合作发展组织（OECD）、联合国危险物品运输专家委员会（UNCETDG）共同研拟出化学品分类与标记全球协调制度（GHS）(Globally Harmonized System of Classification and Labelling of Chemicals)，经过多年的协调努力，由上述三个国际组织所共同完成的 GHS 系统文件由联合国于 2003 年通过并正式公告。

中国作为一个化学品生产、销售和使用大国，对化学品的正确分类和在生产、运输、使用各环节中准确应用化学品标记具有重要作用，这也将进一步促进我国化学品进出口贸易发展和对外交往，防止和减少化学品对人类的伤害和对环境的破坏。中国作为联合国常任理事国及危险货物运输和化学品分类与标记全球协调制度专家委员会的正式成员国，有权利和义务按照国际规范履行自己的职责，特别是加入世界贸易组织后，在化学品管理方面应积极与国际接轨。中国政府，特别是质检系统一直在跟踪、研究 GHS，并就实施 GHS 做了大量的准备工作。

1.1 危险化学品概念

化学品是指单个化学元素或由各种元素组成的纯净物或混合物，无论是天然的还是合成的，都属于化学品。

危险化学品，是指具有毒害、腐蚀、爆炸、燃烧、助燃等性质，对人体、设施、环境具有危害的剧毒化学品和其他化学品。

新世纪以来，在市场需求的拉动下，我国化工产业得到了快速发展，化学品特别是危险化学品逐渐进入普通民众的视野，部分民众因此产生了恐慌心理。其实，危险化学品早已广泛应用在民众生活的方方面面，实践表明，只要规范生产和使用，危险和风险是可防控的。

1.2 危险化学品分类及辨识

危险化学品目前常见并用途较广的有数千种，其性质各不相同，每一种危险化学品往往具有多种危险性，但是在多种危险性中，必有一种主要的即对人类危害最大的危险性。因此在对危险化学品分类时，掌握"择重归类"的原则，即根据该化学品的主要危险性来进行分类。

目前，我国对危险化学品的分类主要有两种：一是根据《化学品分类和危险性公示 通则》（GB 13690—2009）标准分类，这种分类与联合国《化学品分类与标记全球协调制度》（GHS）相接轨，对我国化学品进出口贸易发展和对外交往有促进作用；二是根据《危险货物分类和品名编号》（GB 6944—2012）标准分类，这种分类适用我国危险货物的运输、储存、生产、经营、使用和处置。

1.2.1 危险化学品的分类

根据联合国《化学品分类与标记全球协调制度》（GHS）（第二修订版）对危险化学品危险性分类及公示的要求，我国将《常用危险化学品分类及标志》（GB 13690—92）修订为《化学品分类和危险性公示 通则》（GB 13690—2009）。GB 13690—2009从理化危险、健康危险和环境危险三个方面，将危险品分为27大类，其中包括16个理化危险性分类种类，10个健康危害性分类种类以及1个环境危害性分类种类。

1.2.1.1 理化危险性

第1类 爆炸品

爆炸物质（或混合物）是一种固态或液态物质（或混合物），其本身能够通过化学反应产生气体，而产生气体的温度、压力和速度能对周围环境造成破坏，其中也包括烟火物质，无论其是否产生气体都属于爆炸物。如：叠氮钠、黑索金、2,4,6-三硝基甲苯（TNT）、三硝基苯酚。

烟火物质（或烟火物质混合物）是一种物质或物质的混合物，它旨在通过非爆炸自持放热化学反应产生的热、光、声、气体、烟或所有这些的组合来产生效应。

爆炸物种类包括：

① 爆炸性物质或混合物；

② 爆炸性物品，但不包括下述装置：其中所含爆炸性物质或混合物由于其数量或特性，在意外或偶然点燃或引爆后，不会由于迸发、发火、冒烟、发热或巨响而在装置之外产生任何效应；

③ 在①和②中未提及的为产生实际爆炸或烟火效应而制造的物质、混合物和物品。

除未被划为不稳定的爆炸物（对热不稳定，正常搬运或使用过程中太敏感）外，根据爆炸物所具有的危险特性分为六项：

1.1项 具有整体爆炸危险的物质、混合物和制品（整体爆炸是实际上瞬间引燃几乎所有装填料的爆炸）。

1.2项 具有喷射危险但无整体爆炸危险的物质、混合物和制品。

1.3项 具有燃烧危险和较小的爆轰危险或较小的喷射危险或两者兼有，但非整体爆炸危险的物质、混合物和制品。其中包括可产生大量辐射热的物质和物品；或相继燃烧产生局部爆炸或迸射效应或两种效应兼而有之的物质和物品。

1.4项 不存在显著爆炸危险的物质、混合物和制品。这些物质、混合物和制品，万一被点燃或引爆也只存在较小危险，并且要求最大限度地控制在包装内，同时保证无肉眼可见的碎片喷出，爆炸产生的外部火焰应不会引发包装内的其他物质发生整体爆炸。

1.5项 具有整体爆炸危险，但本身又很不敏感的物质或混合物。这些物质、混合物虽然具有整体爆炸危险，但是极不敏感，以至于在正常条件下引爆或由燃烧转至爆轰的可能性非常小。

1.6项 极不敏感，且无整体爆炸危险的制品。这些制品只含极不敏感爆轰物质或混合物和那些被证明意外引发的可能性几乎为零的制品。

爆炸品的主要特性：

① 爆炸性是一切爆炸品的主要特征。这类物品都具有化学不稳定性，在一定外界因素的作用下，会进行猛烈的化学反应，主要有以下特点：

猛烈的爆炸性。当受到高热摩擦、撞击、震动等外来因素的作用或与其他性能相抵触的物质接触，就会发生剧烈的化学反应，产生大量的气体和高热，引起爆炸。爆炸性物质如储存量大，爆炸时威力更大。这类物质主要有三硝基甲苯（TNT）、苦味酸（三硝基苯酚）、硝酸铵（NH_4NO_3）、叠氮化物（RN_3）、雷汞［$Hg(ONC)_2$］、乙炔银（$Ag—C≡C—Ag$）及其他超过三个硝基的有机化合物等。

化学反应速度极快。一般以万分之一秒的时间完成化学反应，因为爆炸能量在极短时间内放出，因此具有巨大的破坏力。爆炸时产生大量的热，这是爆炸品破坏力的主要来源。爆炸产生大量气体，造成高压，形成的冲击波对周围建筑物有很大的破坏性。

② 对撞击、摩擦、温度等非常敏感。任何一种爆炸品的爆炸都需要外界供给它一定的能量，即起爆能。某一爆炸品所需的最小起爆能，即为该爆炸品的敏感度。敏感度是确定爆炸品爆炸危险性的一个非常重要的标志，敏感度越高，则爆炸危险性越大。

③ 有的爆炸品还有一定的毒性。例如，三硝基甲苯（TNT）、硝化甘油（又称硝酸甘油）、雷汞［$Hg(ONC)_2$］等都具有一定的毒性。

④ 与酸、碱、盐、金属发生反应。有些爆炸品与某些化学品如酸、碱、盐发生化学反应，反应的生成物是更容易爆炸的化学品。如：苦味酸遇某些碳酸盐能反应生成更易爆炸的苦味酸盐；苦味酸受铜、铁等金属撞击，立即发生爆炸。

由于爆炸品具有以上特性，因此在储运中要避免摩擦、撞击、颠簸、震荡，严禁与氧化剂、酸、碱、盐类、金属粉末和钢材料器具等混储混运。

第2类 易燃气体

易燃气体是指在20℃和101.3kPa标准大气压下，与空气有易燃范围的气体。如甲烷、氢气、乙炔等。

易燃气体分为2类，见表1-1。

表 1-1 易燃气体的分类及分类原则

类　　型	分 类 原 则
1	在20℃和标准大气压101.3kPa时：①在与空气的混合物中，按体积占13%或更少时可点燃的气体；②无论易燃下限如何，与空气混合，可燃范围至少为12%的气体
2	在20℃和标准大气压101.3kPa时，除类别1中的气体之外，与空气混合时有易燃范围的气体

注：1. 氨气和甲基溴化物可以视为特例。

2. 对于气溶胶的分类可参见 GB 20578—2006《化学品分类、警示标签和警示性说明安全规范 易燃气溶胶》。

易燃气体极易燃烧，与空气混合能形成爆炸性混合物，如氢气、甲烷、乙炔等，常见易燃气体的特性见表 1-2。

表 1-2　易燃气体的燃爆特性

名称	特　征	密度/(g/L)或相对密度	自燃点/℃	爆炸极限/%
氢气	无色，无味，非常轻，与氯气混合遇光即爆炸	0.0899(0℃)	560	4.1～75
磷化氢	无色，有蒜臭味，微溶于水，能自燃，极毒	1.529(0℃)	100	2.12～15.3
硫化氢	无色，有臭鸡蛋味，有毒，与铁生成硫化亚铁，能自燃	1.539(0℃)	260	4～44
甲烷（沼气）	无色，无味，与空气混合见火发生爆炸，与氯气混合遇光能爆炸	0.415②(−164℃)	540	5.3～15
乙烷	无色，无臭	0.446②(0℃)	500～522	3.1～15
丙烷		0.5852②(−44.5℃)	446	2.3～9.5
丁烷	无色	0.599①(0℃)	405	1.5～8.5
乙烯	无色，有特殊甜味及臭味，与氯气混合受日光作用能爆炸	0.610①(0℃)	490	2.75～34
丙烯	无色	0.581②(0℃)	455	2～11
丁烯	无色，遇酸、碱、氧化物时能爆炸，与空气混合易爆炸	0.668①(0℃)	465	1.7～9
氯乙烯	无色，似氯仿香味，甜味，有麻醉性	0.9195②(−15℃)	472	4～33
焦炉气	无色，主要成分为一氧化碳、氢气、甲烷等，有毒	＜空气	640	5.6～30.4
乙炔（电石气）	无色，有臭味，加压加热起聚合加成反应，与氯气混合遇光即爆炸	1.173(0℃)	335	2.53～82
一氧化碳	无色，无臭，极毒	1.25(0℃)	610	12.5～79.5
氯甲烷	无色，有麻醉性	0.918①(20℃)	632	8.2～19.7
氯乙烷	无色，微溶于水，燃烧时发绿色火焰，会形成光气，易液化	0.9214②(0℃)	518.9	3.8～15.4
环氧乙烷	无色，易燃，有毒，溶于水	0.871①(20℃)	429	3～80
石油气	无色，有特臭，成分有丙烯、丁烷等气体		350～480	1.1～11.3
天然气	无色，有味，主要成分是甲烷及其他碳氢化合物	＜空气	570～600	5.0～16
水煤气	无色，主要成分为一氧化碳、氢气，有毒	＜空气	550～600	6.9～69.5
发生炉煤气	无色，主要成分为一氧化碳、氢气、甲烷、二氧化碳等，有毒	＜空气	700	20.7～73.7
煤气	无色，有特臭，主要成分是一氧化碳、甲烷、氢气，有毒	＜空气	648.9	4.5～40
甲胺	无色气体或液体，有氨味，溶于水、乙醇，易燃、有毒	0.662①(20℃)	430	4.95～20.75

① 相对于空气的密度。

② 相对于水的密度。

第 3 类　易燃气溶胶

气溶胶是指气溶胶喷雾罐，系任何不可重新罐装的容器。该容器由金属、玻璃或塑料制成，内装强制压缩、液化或溶解的气体，包含或不包含液体、膏剂或粉末，配有释放装置，可使所装物质喷射出来，形成在气体中悬浮的固体或液态微粒或形成泡沫、膏剂或粉末或处于液态或气态。

分类原则：

① 如果气溶胶含有任何按 GHS 分类原则分类为易燃的成分时，该气溶胶应考虑分类为易燃的，即含易燃液体、易燃气体、易燃固体物质的气溶胶为易燃气溶胶。

易燃成分不包括自燃、自热物质或遇水反应物质，因为这些成分从来不用作气溶胶内装物。

② 易燃气溶胶根据其成分的化学燃烧热，如适用时根据其成分的泡沫试验（对泡沫气溶胶）以及点燃距离试验和封闭空间试验（对喷雾气溶胶）的结果分为两个类别，即极易燃烧的气溶胶和易燃气溶胶。

易燃气溶胶具有易燃液体、易燃气体、易燃固体物质所具有的特性。

第 4 类　氧化性气体

氧化性气体是一般通过提供氧气，比空气更能导致或促使其他物质燃烧的任何气体。

氧化性气体的分类见表 1-3。

表 1-3　氧化性气体的分类

类　别	分　类
1	一般通过提供氧，可引起或比空气更能促进其他物质燃烧的任何气体

注：含氧量体积分数高至 23.5% 的人造空气视为非氧化性气体。

第 5 类　压力下气体

压力下气体是指高压气体，即在压力等于或大于 200kPa（表压）下装入储器的气体，或是液化气体或冷冻液化气体。

压力下气体包括压缩气体、液化气体、溶解气体、冷冻液化气体。

按包装的物理状态，压力下气体可分为 4 类，见表 1-4。

表 1-4　压力下气体的分类

类　别	分　类
压缩气体	在压力下包装时，−50℃是完全气态的气体，包括所有具有临界温度不大于−50℃的气体
液化气体	在压力下包装时，温度高于−50℃时部分是液体的气体，它分为：①高压液化气，具有临界温度为−50℃和+65℃之间的气体；②低压液化气，具有临界温度高于+65℃的气体
冷冻液化气体	包装时由于其低温而部分成为液体的气体
溶解气体	在压力下包装时溶解在液相溶剂中的气体

注：临界温度是指高于此温度无论压缩程度如何纯气体都不能被液化的温度。

气体的主要特性：

① 可压缩性。一定量的气体在温度不变时，所加的压力越大其体积就会变得越小，若继续加压气体会压缩成液态。气体通常以压缩或液化状态储于钢瓶中，不同的气体液化时所需的压力、温度亦不同。临界温度高于常温的气体，用单纯的压缩方法会使其液化，如氯气、氨气、二氧化硫等。而临界温度低于常温的气体，就必须在加压的同时使温度降至临界

温度以下才能使其液化，如氮气、氧气、一氧化碳等。这类气体难以液化，在常温下，无论加多大压力仍是以气态形式存在，因此人们将此类气体又称为永久性气体。其难以压缩和液化的程度与气体的分子间引力、结构、分子热运动能量有关。

② 膨胀性。气体在光照或受热后，温度升高，分子间的热运动加剧，体积增大，若在一定密闭容器内，气体受热的温度越高，其膨胀后形成的压力越大。一般压缩气体和液化气体都盛装在密闭的容器内，如果受高温、日晒，气体极易膨胀产生很大的压力。当压力超过容器的耐压强度时就会造成爆炸事故。

装有各种压缩气体的钢瓶应根据气体的种类涂上不同的颜色以示标志。不同压缩气体钢瓶规定的漆色见表1-5。

表 1-5　压缩气体钢瓶规定的漆色表

钢瓶名称	外表面颜色	字样	字样颜色	横条颜色
氧气瓶	天蓝	氧	黑	
氢气瓶	深绿	氢	红	红
氮气瓶	黑	氮	黄	棕
压缩空气瓶	黑	压缩气体	白	
乙炔气瓶	白	乙炔	红	
二氧化碳气瓶	黑	二氧化碳	黄	

第 6 类　易燃液体

易燃液体是指闪点不高于93℃的液体。

这类液体极易挥发成气体，遇明火即燃烧。可燃液体以闪点作为评定液体火灾危险性的主要根据，闪点越低，危险性越大。

易燃液体分类标准见表1-6。

表 1-6　易燃液体的分类标准

类别	分类	类别	分类
1	闪点<23℃和初沸点≤35℃	3	23℃≤闪点≤60℃
2	闪点<23℃和初沸点>35℃	4	60℃<闪点≤93℃

注:闪点高于35℃的液体如果在联合国《关于危险货物运输的建议书试验和标准手册》的 L.2 持续燃烧性试验中得到否定结果时,对于运输可看作为非易燃液体。

易燃液体具有的特性：

① 高度易燃性。易燃液体的主要特性是具有高度易燃性，遇火、受热以及和氧化剂接触时都有发生燃烧的危险，其危险性的大小与液体的闪点、自燃点有关，闪点和自燃点越低，发生着火燃烧的危险越大。

② 易爆性。由于易燃液体的沸点低，挥发出来的蒸气与空气混合后，浓度易达到爆炸极限，遇火源往往发生爆炸。

③ 高度流动扩散性。易燃液体的黏度一般都很小，不仅本身极易流动，还因渗透、浸润及毛细现象等作用，即使容器只有极细微裂纹，易燃液体也会渗出容器壁外。泄漏后很容易蒸发，形成的易燃蒸气比空气重，能在坑洼地带积聚，从而增加了燃烧爆炸的危险性。

④ 易积聚电荷性。部分易燃液体，如苯、甲苯、汽油等，电阻率都很大，很容易积聚静电而产生静电火花，造成火灾事故。

⑤ 受热膨胀性。易燃液体的膨胀系数比较大，受热后体积容易膨胀，同时其蒸气压亦随之升高，从而使密封容器中内部压力增大，造成"鼓桶"，甚至爆裂，在容器爆裂时会产生火花而引起燃烧爆炸。因此，易燃液体应避热存放；灌装时，容器内应留有5%以上的空隙。

⑥ 毒性。大多数易燃液体及其蒸气均有不同程度的毒性，因此在操作过程中，应做好劳动保护工作。

第7类　易燃固体

易燃固体是容易燃烧或通过摩擦可能引燃或助燃的固体。

易于燃烧的固体为粉状、颗粒状或糊状物质，它们在与燃烧着的火柴等火源短暂接触即可点燃，火焰迅速蔓延，非常危险。

易燃固体因着火点低，如受热、遇火星、受撞击、摩擦或氧化剂作用等能引起急剧的燃烧或爆炸，同时放出大量毒害气体。如赤磷、硫黄、萘、硝化纤维素等。

易燃固体分类见表1-7。

表1-7　易燃固体的分类

类别	分类
1	燃烧速率试验 (1)除金属粉末以外的物质或混合物 　① 潮湿区不能阻挡火焰 　② 燃烧时间<45s或燃烧速率>2.2mm/s (2)金属粉末　燃烧时间≤5min
2	燃烧速率试验 (1)除金属粉末以外的物质或混合物 　① 潮湿区能阻挡火焰至少4min 　② 燃烧时间<45s或燃烧速率>2.2mm/s (2)金属粉末　燃烧时间不少于50min

注：对于固体物质或混合物的分类试验，该试验应按提供的物质或混合物进行。例如，如果对于供应或运输目的，同种化学品其提交的形态不同于试验时的形态，而且被认为可能实际上不同于分类试验时的性能时，则该物质还必须以新形态进行试验。

易燃固体特性：

① 易燃固体的主要特性是容易被氧化，受热易分解或升华，遇明火常会引起强烈、连续的燃烧。

② 与氧化剂、酸类等接触，反应剧烈而发生燃烧爆炸。

③ 对摩擦、撞击、震动也很敏感。

④ 许多易燃固体有毒，或燃烧产物有毒或腐蚀性。

第8类　自反应物质

自反应物质或混合物是即使没有氧（空气）也容易发生激烈放热分解的热不稳定液态或固态物质或者混合物。不包括GHS分类为爆炸物、有机过氧化物或氧化物质的物质和混合物。

自反应物质或混合物如果在实验室试验中，其组分容易起爆、迅速爆燃或在封闭条件下加热时显示剧烈效应，应视为具有爆炸性质。

自反应物质分类：

1）除下列情况外，任何自反应物质或混合物都应按本类方法进行分类：

① 按照GB 20576—2006分类为爆炸物；

② 按照GB 20589—2006或GB 20591—2006分类为氧化性液体或氧化性固体；

③ 按照 GB 20591—2006 分类为有机过氧化物；

④ 分解反应热小于 300J/g；

⑤ 50kg 包装自加速分解温度（SADT）高于 75℃。

2）自反应物质和混合物按下列原则分为"A～G型"7 个类型：

A 任何自反应物质或混合物，如在运输包件中可能起爆或迅速爆燃，则定为 A 型自反应物质。

B 具有爆炸性的任何自反应物质或混合物，如在运输包件中不会起爆或迅速爆燃，但在该包件中可能发生热爆炸，则定为 B 型自反应物质。

C 具有爆炸性的任何自反应物质或混合物，如在运输包件中不可能起爆或迅速爆燃或发生热爆炸，则定为 C 型自反应物质。

D 任何自反应物质或混合物，在实验室中试验时发生如下情况：则定为 D 型自反应物质。

① 部分起爆，不迅速爆燃，在封闭条件下加热时不呈现任何剧烈效应；

② 根本不起爆，缓慢爆燃，在封闭条件下加热时不呈现任何剧烈效应；

③ 根本不起爆或爆燃，在封闭条件下加热时呈现中等效应。

E 任何自反应物质或混合物，在实验室中试验时，既绝不起爆也绝不爆燃，在封闭条件下加热时呈现微弱效应或无效应，则定为 E 型自反应物质。

F 任何自反应物质或混合物，在实验室中试验时，既绝不在空化状态下起爆也绝不爆燃，在封闭条件下加热时只呈现微弱效应或无效应，而且爆炸力弱或无爆炸力，则定为 F 型自反应物质。

G 任何自反应物质或混合物，在实验室中试验时，既绝不在空化状态下起爆也绝不爆燃，在封闭条件下加热时显示无效应，而且无任何爆炸力，则定为 G 型自反应物质。但该物质或混合物必须是热稳定的（50kg 包件的自加速分解温度为 60～75℃），对于液体混合物，所用脱敏稀释剂的沸点不低于 150℃。如果混合物不是热稳定的，或所用脱敏稀释剂的沸点低于 150℃，则定为 F 型自反应物质。

表 1-8 为有机物质中自反应特性的原子团。

表 1-8 有机物质中自反应特性的原子团

结构特征	举　例	结构特征	举　例
相互作用的原子团	氨基腈类；卤苯胺类；氧化酸的有机盐类	紧绷的环	环氧化物；氮丙啶类
S—O	磺酰卤类；磺酰氰类；磺酰肼类	不饱和	链烯类；氰酸盐
P—O	亚磷酸盐		

第 9 类　自燃液体

自燃液体是即使数量小也能在与空气接触后 5min 之内引燃的液体。

自燃液体分类见表 1-9。

表 1-9 自燃液体的分类

类别	分　类
1	液体加至惰性载体上并暴露于空气中 5min 内燃烧，或与空气接触 5min 内燃着或炭化滤纸

第 10 类　自燃固体

自燃固体是即使数量小也能在与空气接触后 5min 之内引燃的固体。

自燃固体根据联合国《关于危险货物运输的建议书试验和标准手册》的 33.3.1.4 中 N.2 试验，按表 1-10 进行分类。

表 1-10　自燃固体的分类

类　　别	分　　类
1	该固体与空气接触后 5min 内会发生燃烧

注:对于固体物质或混合物的分类试验,该试验应按提供的物质或混合物进行。例如,如果对以供应或运输为目的,同种化学品其提交的形态不同于试验时的形态,并且被认为可能实际上不同于分类试验时的性能时,则该物质或混合物还必须以新的形态试验。

燃烧性是自燃物品的主要特性,自燃物品在化学结构上无规律性,因此自燃物质就有各自不同的自燃特性。

例如,黄磷性质活泼,极易氧化,燃点又特别低,一经暴露在空气中很快引起自燃。但黄磷不和水发生化学反应,所以通常放置在水中保存。另外黄磷本身极毒,其燃烧的产物五氧化二磷也为有毒物质,遇水还能生成剧毒的偏磷酸。所以遇有磷燃烧时,在扑救的过程中应注意防止中毒。

再如,二乙基锌、三乙基铝等有机金属化合物,不但在空气中能自燃,遇水还会强烈分解,产生易燃的氢气,引起燃烧爆炸。因此,储存和运输时必须用充有惰性气体或特定的容器包装,失火时亦不可用水扑救。

第 11 类　自热物质和混合物

自热物质是指通过与空气反应并且无能量供应,易于自热的固体、液体物质或混合物。该物质或混合物与自燃液体或固体不同之处在于只在大量（几千克）和较长的时间周期（数小时或数天）时才会着火。

注：物质或混合物的自热,导致自发燃烧,是由该物质或混合物与氧气（空气中的）反应和产生的热不能足够迅速地传导至周围环境中引起的。当产生热的速度超过散失热的速度和达到了自燃温度时就会发生自燃。

一种物质或混合物如果按联合国《关于危险货物运输的建议书试验和标准手册》的 33.3.1.6 中所列的试验方法进行的试验符合下列要求,则应被分类为自热物质或混合物,并按表 1-11 进行分类。

表 1-11　自热物质或混合物的分类

类别	分类原则
1	用边长 20mm 的立方体样品在 140℃时得到肯定结果
2	① 用边长 100mm 的立方体样品在 140℃试验时得到肯定结果和使用边长 25mm 的立方体样品在 140℃试验时得到否定结果并且该物质是待包装在体积大于 3m³ 的包装中 ② 用边长 100mm 的立方体样品在 140℃试验时得到肯定结果和使用边长 25mm 的立方体样品在 140℃试验时得到否定结果,用边长 100mm 的立方体样品在 120℃试验时得到肯定结果并且该物质是待包装在体积大于 450L 的包装中 ③ 用边长 100mm 的立方体样品在 140℃试验时得到肯定结果和使用边长 25mm 的立方体样品在 140℃试验时得到否定结果并且用边长 100mm 的立方体样品在 100℃试验时得到肯定结果

注：1. 对于固体物质或混合物的分类试验而言,该试验应对其提交的物质或混合物进行。例如,如果对于供应或运输的目的,同样的化学品被提交的形态不同于试验时的形态并且认为其性能可能与分类试验有实质不同时,该物质或混合物还必须以新的形态试验。

2. 该标准基于木炭的自燃温度,27m³ 的试样立方体的自燃温度为 50℃。体积为 27m³、自燃温度高于 50℃的物质和混合物不应划入本危险类别。体积 450L、自燃温度高于 50℃的物质和混合物不应划入类别 1。

第12类　遇水放出易燃气体的物质或混合物

遇水放出易燃气体的物质或混合物是指通过与水相互反应所产生的气体通常显示自燃的倾向，或放出危险数量的易燃气体的固体或液体物质。例如钠、钾、氢化钾、电石等。

遇水放出易燃气体的物质或混合物根据联合国《关于危险货物运输的建议书试验和标准手册》的33.4.1.4中N.5进行试验，按照表1-12分类。

表1-12　遇水放出易燃气体的物质或混合物的分类

类　别	分　类
1	在环境温度下与水剧烈反应所产生的气体通常显示自燃的倾向，或在环境温度下容易与水反应，放出易燃气体的速率大于或等于每千克物质在任何1min内释放10L的物质或混合物
2	在环境温度下易与水反应，放出易燃气体的最大速率大于或等于每小时20L/kg，并且不符合类别1准则的任何物质或混合物
3	在环境温度下与水缓慢反应，放出易燃气体的最大速率大于或等于每小时1L/kg，并且不符合类别1和类别2准则的任何物质或混合物

注：1. 如果在试验程序的任何一步中发生自燃，该物质就被分类为遇水放出易燃气体的物质或混合物。

2. 对于固体物质或混合物的分类试验而言，该试验应对其提交的物质或混合物的形态进行。例如，如果对于以供应或运输为目的，同样的化学品被提交的形态不同于试验时的形态并认为其性能可能与分类试验有实质不同时，该物质或混合物还必须以新的形态试验。

遇水放出易燃气体的物质除遇水反应外，遇到酸或氧化剂也能发生反应，而且比遇到水发生的反应更为强烈，危险性也更大。因此，储存、运输和使用时，注意防水、防潮，严禁火种接近，与其他性质相抵触的物质隔离存放。遇湿易燃物质起火时，严禁用水、酸碱泡沫、化学泡沫扑救。

第13类　氧化性液体

氧化性液体是本身未必燃烧，但通常因放出氧气可能引起或促使其他物质燃烧的液体。

氧化性液体根据联合国《关于危险货物运输的建议书试验和标准手册》的34.4.2中O.2试验进行分类，见表1-13。

表1-13　氧化性液体的分类

类　别	分　类
1	试验物质（或混合物）与纤维素1∶1（质量比）混合物可自然，或试验物质（或混合物）与纤维素1∶1（质量比）混合物的平均压力升高时间小于50%高氯酸水溶液和纤维素1∶1（质量比）混合物的平均压力升高时间的任何物质和混合物
2	试验物质（或混合物）与纤维素1∶1（质量比）混合物显示的平均压力升高时间小于或等于40%氯酸钠水溶液和纤维素1∶1（质量比）混合物的平均压力升高时间，并且不符合类别1的任何物质和混合物
3	试验物质（或混合物）与纤维素1∶1（质量比）混合物显示的平均压力升高时间小于或等于65%硝酸水溶液和纤维素1∶1（质量比）混合物的平均压力升高时间，并且不符合类别1和类别2的任何物质和混合物

第14类　氧化性固体

氧化性固体是本身未必燃烧，但通常因放出氧气可能引起或促使其他物质燃烧的固体。如氯酸铵、高锰酸钾等。

氧化性物质具有强烈的氧化性，按其不同的性质遇酸、碱、受潮、强热或与易燃物、有机物、还原剂等性质有抵触的物质混存能发生分解，引起燃烧和爆炸。对这类物质可以分为：

① 一级无机氧化性物质。性质不稳定，容易引起燃烧爆炸。如碱金属（第一主族元素）

和碱土金属（第二主族元素）的氯酸盐、硝酸盐、过氧化物、高氯酸及其盐、高锰酸盐等。

② 二级无机氧化性物质。性质较一级氧化剂稳定。如重铬酸盐、亚硝酸盐等。

氧化性固体根据联合国《关于危险货物运输的建议书试验和标准手册》的 34.4.1 中 O.1 试验进行分类，见表 1-14。

表 1-14 氧化性固体的分类

类别	分类
1	试验物质（或混合物）与纤维素 4∶1 或 1∶1（质量比）混合物显示平均燃烧时间小于溴酸钾与纤维素 3∶2（质量比）混合物的平均燃烧时间的任何物质或混合物
2	试验物质（或混合物）与纤维素 4∶1 或 1∶1（质量比）混合物显示平均燃烧时间等于或小于溴酸钾与纤维素 2∶3（质量比）混合物的平均燃烧时间和不符合类别 1 的任何物质或混合物
3	试验物质（或混合物）与纤维素 4∶1 或 1∶1（质量比）混合物显示平均燃烧时间等于或小于溴酸钾与纤维素 3∶7（质量比）混合物的平均燃烧时间和不符合类别 1 和 2 的任何物质或混合物

注：对于固体物质或混合物的分类试验，试验应对其提交的物质或混合物进行。例如，如果对于以供应或运输为目的，同样的化学品被提交的形态不同于试验时的形态，并且认为其性能可能与分类试验有实质不同时，该物质还必须以新的形态试验。

第 15 类 有机过氧化物

有机过氧化物是含有二价 —O—O— 结构的液态或固态有机物质，可以看作是一个或两个氢原子被有机基替代的过氧化氢衍生物。该术语也包括有机过氧化物配制物（混合物）。有机过氧化物是热不稳定物质或混合物，容易放热自加速分解。另外它们可能具有下列一种或几种性质：

① 易于爆炸分解；

② 迅速燃烧；

③ 对撞击或摩擦敏感；

④ 与其他物质发生危险反应。

注：如果有机过氧化物在实验室试验中，在封闭条件下加热时组分容易爆炸、迅速爆燃或表现出剧烈效应，则可以认为它具有爆炸性。

有机过氧化物具有强烈的氧化性，按其不同的性质遇酸、碱、受潮、强热或与易燃物、有机物、还原剂等性质有抵触的物质混存能发生分解，引起燃烧和爆炸。对这类物质可以分为：

① 一级有机氧化性物质。既具有强烈的氧化性，又具有易燃性。如过氧化二苯甲酰。

② 二级有机氧化性物质。既具有强的氧化性，又具有强烈的腐蚀性。如过乙酸、过氧苯甲酸等。

任何有机过氧化物都应考虑划入本类别，除非：

① 有机过氧化物的有效氧≤1.0%，而且过氧化氢含量≤1.0%。

② 有机过氧化物的有效氧≤0.5%，而且过氧化氢含量>1.0%但不超过 7.0%。有机过氧化物混合物的有效氧含量 m_{O_2}（%）可按式（1-1）计算：

$$m_{O_2} = 16 \times \sum_i^n \left(\frac{n_i c_i}{m_i} \right) \tag{1-1}$$

式中 n_i——每个分子有机过氧化物 i 的过氧化基团数；

c_i——有机过氧化物 i 的浓度（质量分数），%；

m_i——有机过氧化物 i 的相对分子质量。

有机过氧化物根据联合国《关于危险货物运输的建议书试验和标准手册》的部分Ⅱ中所述试验系列 A 至 G，按下列原则分为七类：

A 任何有机过氧化物，如在包装件中，能起爆或迅速爆燃的，为 A 型有机过氧化物。

B 任何具有爆炸性的有机过氧化物，如在包装件中，既不起爆，也不迅速爆燃，但易在该包装内发生热爆者将被分类为 B 型有机过氧化物。

C 任何具有爆炸性质的有机过氧化物，如在包件中时，不可能起爆或迅速爆燃或发生热爆炸，则定为 C 型有机过氧化物。

D 任何有机过氧化物，如果在实验室试验中出现以下三种情况：则定为 D 型有机过氧化物。

① 部分起爆，不迅速爆燃，在封闭条件下加热时不呈现任何剧烈效应；

② 根本不起爆，缓慢爆燃，在封闭条件下加热时不呈现任何剧烈效应；

③ 根本不起爆或爆燃，在封闭条件下加热时呈现中等效应。

E 任何有机过氧化物，在实验室试验中，既绝不起爆也绝不爆燃，在封闭条件下加热时只呈现微弱效应或无效应，则定为 E 型有机过氧化物。

F 任何有机过氧化物，实验室试验中，既绝不在空化状态下起爆也绝不爆燃，在封闭条件下时只呈现微弱效应或无效应，而且爆炸力弱或无爆炸力，则定为 F 型有机过氧化物。

G 任何有机过氧化物，在实验室试验中，既绝不在空化状态下起爆也绝不爆燃，在封闭条件下时显示无效应，而且无任何爆炸力，则定为 G 型有机过氧化物，但该物质或混合物必须是热稳定的（50kg 包件的自加速分解温度为 60℃ 或更高），对于液体混合物，所用脱敏稀释剂的沸点不低于 150℃。如果有机过氧化物不是热稳定的，或者所用脱敏稀释剂的沸点低于 150℃，则定为 F 型有机过氧化物。

注：1. G 型无指定的警示标签要素，但应考虑属于其他危险种类的性质。

2. A～G 型未必适用于所有体系。

第 16 类　金属腐蚀物

腐蚀金属的物质或混合物是通过化学作用显著损坏或毁坏金属的物质或混合物。

金属腐蚀物质或混合物根据联合国《关于危险货物运输的建议书试验和标准手册》的第 Ⅲ 部分 37.4 节进行试验，按表 1-15 分类。

表 1-15　金属腐蚀物的分类

类　别	分　类
1	在试验温度 55℃ 下，钢或铝表面的腐蚀速率超过 6.25mm/a

1.2.1.2　健康危险

第 17 类　急性毒性

急性毒性是指在单剂量或在 24h 内多剂量口服或皮肤接触一种物质，或吸入接触 4h 之后出现的有害效应。

以化学品的急性经口、经皮肤和吸入毒性划分五类危害，即按其经口、经皮肤（大致）LD_{50}、吸入 LC_{50} 值的大小进行危害性的基本分类见表 1-16。

表 1-16　急性毒性危险类别 LD_{50}/LC_{50} 值

接触途径	单位	类别 1	类别 2	类别 3	类别 4	类别 5[3]
经口	mg/kg	5	50	300	2000	
经皮肤	mg/kg	50	200	1000	2000	5000
气体[①]	mL/L	0.1	0.5	2.5	5	

续表

接触途径	单位	类别 1	类别 2	类别 3	类别 4	类别 5[③]
蒸气[①,②]	mL/L	0.5	2.0	10	20	5000
粉尘和烟雾	mL/L	0.05	0.5	1.0	5	

① 表中吸入的最大值是基于 4h 接触试验得出的。如现有 1h 接触的吸入毒性数据,对于气体和蒸气应除以 2,对于粉尘和烟雾应除以 4 加以转换。

② 对于某些化学品所试气体不会正好是蒸气,而会由液相与蒸气相的混合物组成对于另一些化学品所试气体可由几乎为气相的蒸气组成。对后者,应根据如下的 mL/L 进行危害分类:类别 1(0.1mL/L),类别 2(0.5mL/L),类别 3(2.5mL/L),类别 4(5mL/L)。

③ 类别 5 的指标是旨在能够识别急性毒性危害相对较低的,但在某些情况下,对敏感群体可能存在危害的物质。这些物质预期它的经口或经皮肤 LD$_{50}$ 的范围为 2000～5000mg/kg 体重和相应的吸入剂量。类别 5 的具体准则为:

a. 如果现有可靠的证据表明 LD$_{50}$(或 LC$_{50}$)在类别 5 的数值范围内,或者其他动物研究或人体毒性效应表明对人体健康有急性影响,那么该物质应被分为这一类别。

b. 通过数据的推断、评估或测定,如果不能分类到更危险的类别,并有如下情况时,该物质分到此类别:得到的可靠信息说明对人类有显著的毒性效应;通过经口、吸入或经皮肤接触试验直至类别 4 的剂量水平观察到任何一种致死率;在试验至类别 4 的数值时,除了出现腹泻、被毛蓬松、外观污秽之外,专家判断确定有明显的临床毒性表现;判定来自其他动物研究的明显急性毒性效应的可靠信息。

评价化学品经口和吸入途径的急性毒性时的最常用的试验动物是大鼠,而评价经皮肤急性毒性较佳的是大鼠和兔。

第 18 类 皮肤腐蚀/刺激

皮肤腐蚀是对皮肤造成不可逆损伤,即将受试物在皮肤上涂敷 4h 后,可观察到表皮和真皮坏死。

典型的腐蚀反应的特征是溃疡、出血、有血的结痂,而且在观察期 14d 结束时,皮肤、完全脱发区域和结痂处由于漂白而褪色。应考虑通过组织病理学来评估可疑的病变。

皮肤刺激是将受试物涂皮 4h 后,对皮肤造成可逆性损害。

皮肤腐蚀的类别和子类别、皮肤刺激类别分别为表 1-17 和表 1-18。

表 1-17 皮肤腐蚀的类别和子类别

腐蚀(类别 1)	腐蚀子类别	3 只试验动物中≥1 只出现腐蚀	
		涂皮时间	观察时间
腐蚀	1A	≤3min	≤1h
	1B	>3min,且≤1h	≤14d
	1C	>1h,且≤4h	≤14d

注:人类经验表明对皮肤能造成不可逆伤害的化学品应划入该类。

表 1-18 皮肤刺激类别

类 别	分 类
刺激(类别 2)	① 3 只试验动物至少 2 只在斑贴物除去后,于 24h、48h 和 72h 阶段红斑/焦痂或浮肿的平均值为≥2.3 且<4.0,或者如果反应是延迟的,则从皮肤反应开始后,各阶段 3 个相继日评估 ② 至少 2 只动物保持炎症至观察期末正常为 14d,尤其考虑到脱毛(发)症(有限面积),表皮角化症,增生和伤痕 ③ 在某些情况,动物中间的反应会明显不同,1 只动物对化学品暴露有关的很明确的阳性反应但低于上述准则

续表

类　别	分　类
轻度刺激 （类别3）	3只试验动物至少（2面）3只在斑贴物除去后，于24h、48h和72h阶段红斑/焦痂或浮肿的平均 值为≥1.5且<2.3，或者如果反应是延迟的，则从皮肤反应开始后各阶段三个相继日评估（当不包 括在上述刺激类别时）

注：人类经验表明皮肤接触4h后，对皮肤能造成可逆伤害的化学品应划入刺激（类别2）。

第19类　严重眼损伤/眼刺激

严重眼损伤是将受试物滴入眼内表面，对眼睛产生组织损害或视力下降，且在滴眼21d内不能完全恢复。

眼刺激是将受试物滴入眼内表面，对眼睛产生变化，但在滴眼21d内可完全恢复。

眼损伤和眼刺激分为不可逆效应影响和可逆效应影响，其分类见表1-19。

表1-19　眼睛不可逆效应影响和可逆效应影响

眼睛不可逆效应 的影响类别（类别1）	试验物质有以下情况，分类为眼睛刺激类别1（对眼不可逆效应） ① 至少1只动物影响到角膜、虹膜或结膜，并预期不可逆或在正常21d观察期内没有完全恢复 ② 3只试验动物，至少2只有如下阳性反应：角膜浑浊度≥3；虹膜炎>1.5 ③ 在受试物质滴入眼内后按24h、48h和72h分级试验的平均值计算
眼睛可逆效应的 影响类别（类别2）	受试物质产生如下情况，分类为眼睛刺激类别2A ① 3只试验动物中至少2只有如下项目的阳性反应：角膜浑浊度≥1；虹膜炎≥1；结膜红度≥2；结 膜浮肿≥2 ② 在受试物（接触）滴眼后按24h、48h、72h分别计算平均得分数 ③ 在正常21d观察期内完全恢复 在本类别范围，如以上所列效应在7d观察期内完全恢复，则被认为是对眼睛的轻度刺激（子类别2B）

第20类　呼吸或皮肤过敏

呼吸过敏物是吸入后会引起呼吸道过敏反应的物质。

皮肤过敏物是皮肤接触后会引起过敏反应的物质。

过敏包含两个阶段：第一阶段是某人接触某种变应原而引起特定免疫记忆。第二阶段是引发，即某一致敏个人因接触某种变应原而产生细胞介导或抗体介导的过敏反应。

就呼吸过敏而言，随后为引发阶段的诱发，其形态与皮肤过敏相同。对于皮肤过敏，需要有一个让免疫系统能学会作出反应的诱发阶段；此后，可出现临床症状，这时的接触就足以引发可见的皮肤反应（引发阶段）。因此，预测性的试验通常取这种形态，其中有一个诱发阶段，对该阶段的反应则通过标准的引发阶段加以计量，典型做法是使用斑贴试验。直接计量诱发反应的局部淋巴结试验则是例外做法。人体皮肤过敏的证据通常通过诊断性斑贴试验加以评估。

就皮肤过敏和呼吸过敏而言，对于诱发所需的数值一般低于引发所需数值。

表1-20为呼吸或皮肤过敏分类表。

表1-20　呼吸或皮肤过敏分类

危险类别	分类原则
呼吸致敏物	① 如果有人的证据（哮喘、鼻炎、结膜炎、肺泡炎等），说明该物质能引起特异性呼吸过敏，和/或有合适 动物的阳性结果 ② 如果这些混合物符合下列之一"搭桥原则"的规定：(a)稀释；(b)产品批次；(c)实质上类似的混合物 ③ 如果搭桥原则不适用，如在该混合物中各种呼吸致敏物组分达到如下浓度者可分类 ≥0.1%，固体/液体 ≥0.1%，气体

危险类别	分类原则
皮肤致敏物	① 适用于具有下列特性的物质和试验混合物:如果有人的证据(过敏性接触性皮炎)说明各种物质对皮肤接触能引起大多数人的过敏反应,或有合适动物试验的阳性结果 ② 如果这些混合物在以下情况下符合下列之一"搭桥原则"的规定:(a)稀释;(b)分批;(c)实质类似的混合物 ③ 如果搭桥原则不适用,如在该混合物中各种物质的皮肤敏化物组分达到如下深度者可分类 ≥0.1%(固、液,质量分数) ≥1%(固、液,质量分数) ≥0.1%(气,体积分数) ≥0.2%(气,体积分数)

第 21 类 生殖细胞致突变性

主要是指可引起人体生殖细胞突变并能遗传给后代的化学品。然而,物质和混合物分类在这一危害类别时还要考虑体外致突变性/遗传毒性试验和哺乳动物体细胞体内试验。

"突变"是指细胞中遗传物质的数量或结构发生的永久性改变。

"突变"适用于可遗传的基因变异,包括显示在表型改变和发现的重要的 DNA 改型两方面(例如,包括异性碱基对改变和染色体易位)。"致突变"、"致突变物"用于引起细胞和/或生物群体的突变发生次数增加的物质。

"遗传毒性"适用于导致 DNA 的结构、信息内容的改变,或 DNA 的分离,包括通过干扰正常复制过程,或以非生理方式(暂时地)改变其复制物质所致 DNA 损害。遗传毒性试验结果通常被用作致突变效应的指标。

生殖细胞突变分为两类,见表 1-21。

表 1-21 生殖细胞突变的危害类别

类别 1	已知能引起人体生殖细胞可遗传的突变或可能引起可遗传的突变的化学品
类别 1A	已知能引起人体生殖细胞可遗传的突变的化学品 指标:人群流行病学研究的阳性证据
类别 1B	应认为可能引起人体生殖细胞可遗传的突变的化学品 指标 • 哺乳动物体内可遗传的生殖细胞突变试验的阳性结果 • 哺乳动物体内体细胞突变性试验的阳性结果,结合该物质具有诱发生殖细胞突变的某些证据。这种支持数据,例如,可由体内生殖细胞中突变性/遗传毒性试验推导,或由该物质或其代谢物与生殖细胞的遗传物质的相互作用证实 • 显示人类的生殖细胞突变影响的试验的阳性结果,不遗传给后代,例如接触该物质的人群的精液细胞中非整倍体频度的增加
类别 2	由于其可诱发人类的生殖细胞中遗传性突变的可能性而引起担心的化学品 指标 • 来自哺乳动物试验和/或在某些情况来自体外试验得到的阳性结果 • 可得自哺乳动物体内的体细胞突变性试验 • 其他体外突变性试验的阳性结果支持的体内体细胞遗传毒性试验

注:体外哺乳动物细胞突变性试验为阳性,并且从化学结构活性关系已知为生殖细胞突变的化学品,应考虑分为类别 2 致突变物。

第 22 类 致癌性

能诱发癌症或增加癌症发病率的化学物质或化学物质的混合物。在操作良好的动物实验研究中,诱发良性或恶性肿瘤的物质通常可认为或可疑为人类致癌物,除非有确切证据表明形成肿瘤的机制与人类无关。

具有致癌危害的化学物质的分类是以该物质的固有性质为基础的，而不提供使用化学物质中发生人类癌症的危险度。

对于致癌性的分类目的而言，化学物质根据其证据力度和其他的参考因素被分成两个类别。在某些情况下，特定的分类方法被认为是正确的，见表1-22。

表 1-22　致癌物的危害类别

类别 1	已知或可疑人类致癌物 根据流行病学和/或动物的致癌性数据,可将化学品划分在类别1中。个别的化学品可以进一步分类为:类别1A:已知对人类具有致癌能力;化学品分类主要根据人类的证据。类别1B:可疑对人类有致癌能力,化学品分类主要根据动物的证据 分类根据证据力度及其他参考因素,这样的证据由人类的研究得出,确定人类接触化学品与癌症发病间的因果关系,为已知人类的致癌物。或者,研究证据由动物实验得出,有充分的证据证明动物致癌性(为可疑人类致癌物)。此外,在逐个分析证据的基础上,从人体致癌性的有限证据结合动物试验的致癌性有限证据中经过科学判断可以合理地确定可疑人类致癌物 分类:致癌物类别1(A 和 B)
类别 2	可疑人类致癌物 某化学品被分在类别2中是根据人类和/或动物研究得到的证据进行的,但没有充分证据可将该化学品分在类别1中。根据证据力度与其他参考因素,这些证据可来源于人类研究的有限致癌性证据或来自动物研究的有限致癌性证据 分类:致癌物类别2

第 23 类　生殖毒性

生殖毒性是指对成年男性或女性的性功能和生育力的有害作用，以及对子代的发育毒性。

在此分类系统中，生殖毒性被细分为两个主要部分：对生殖或生育能力的有害效应和对后代发育的有害效应。

① 对生殖能力的有害效应　化学品干扰生殖能力的任何效应，这可包括（但不仅限于）女性和男性生殖系统的变化，对性成熟期开始的有害效应、配子的形成和输送、生殖周期的正常性、性功能、生育力、分娩、未成熟生殖系统的早衰和与生殖系统完整性有关的其他功能的改变。对经过哺乳造成的有害效应也包括在生殖毒性中，但是出于分类目的，应分别处理这样的效应。因为希望能将化学品对哺乳的有害效应作专门分类，以便将这种效应特定的危险警告提供给哺乳的母亲。

② 对子代发育的有害效应　取其最广义而言，发育毒性包括妨碍胎儿无论出生前后的正常发育过程中的任何影响，而影响是无论来自在妊娠前其父母接触这类物质的结果，还是子代在出生前发育过程中，或出生后至性成熟时期前接触的结果。然而，对发育毒性的分类，其主要目的是对孕妇及有生育能力的男性与女性提供危险性警告。因此，对于分类的实用目的而言，发育毒性主要指对怀孕期间的有害影响，或由于父母的接触造成有害影响的结果。这些影响能在生物体生存时间的任何阶段显露出来。生育毒性的主要表现形式包括：a. 正在发育的生物体死亡；b. 结构畸形；c. 生长不良；d. 功能缺陷。

对于生殖毒性分类目的而言，化学物质被分为两个类别。对生殖、生育能力的影响和对发育的影响被分别考虑。此外，对哺乳的影响被单独分为一个危害类别。危害类别分类见表1-23、表1-24。

表 1-23　生殖毒物的危害类别

类别 1	已知或足以确定的人类的生殖或发育毒物 　此类别包括对人类的生殖能力或发育已产生有害效应的物质，或有动物研究的证据，及可能用其他信息补充提供其具有妨碍人生殖能力的物质。根据其分类的证据来源可作进一步区分，主要来自人的数据(类别 1A)或来自动物的数据(类别 1B) 　类别 1A：已知对人类的生殖能力、生育或发育造成有害效应的，该物质分类在这一类别主要根据人的数据 　类别 1B：推定对人的生殖能力或对发育的有害影响，该物质分类在这一类别主要根据实验动物的数据。动物研究数据应提供清楚的、没有其他毒性作用的和特异性生殖毒性的证据，或者当有害生殖效应与其他毒性效应一起发生时，这种有害生殖效应不被认为是继发的、非特异性的其他毒性效应。然而，当存在有机制方面的信息怀疑这种效应对人类的相关性时，将其分类至类别 2 也许更合适
类别 2	可疑人类的生殖毒(性)物或发育毒(性)物 　此类别的物质应有人或动物试验研究的某些证据(可能还有其他补充材料)表明对生殖能力、发育的有害效应而不伴发其他毒性效应；但如果生殖毒性效应伴及其他毒性效应时，这种生殖毒性效应不被认为是其他毒性效应的继发的非特异性结果；同时，没有充分证据支持分为类别 1。例如，研究中的欠缺可以使证据的说服力较差，基于此原因，分类于类别 2 可能更合适

表 1-24　哺乳效应的危害类别

哺乳效应：对哺乳的影响被单独划分在单一类别，已知许多物质不存在经哺乳能对子代引起有害影响的信息。然而，已知一些物质被妇女吸收后显示干扰哺乳，或该物质(包括代谢物)可能存在于乳汁中，而且其含量足以影响哺乳婴儿的健康，那么应标示出该物质分类对哺乳婴儿造成危害的性质。这一分类可根据如下情况确定 ① 对该物质吸收、代谢、分布和排泄的研究应指出该物质在乳汁中存在，且其含量达到可能产生毒性的水平 ② 在动物实验中一代或二代的研究结果表明，物质转移至乳汁中对子代的有害影响或对乳汁质量的有害影响的清楚证据 ③ 对人的实验证据包括对哺乳期婴儿的危害

第 24 类　特异性靶器官系统毒性——一次接触

由一次接触产生特异性的、非致死性靶器官系统毒性的物质，包括产生即时的和/或迟发的、可逆性和不可逆性功能损害的各种明显的健康效应。

基本要素：

① 分类时将化学物质鉴定为特异性靶器官系统毒物，因此提出接触该化学物质的人可能会产生有害健康的效应。该物质的一次接触染毒能对人引起一致的可辨认的毒性效应。

② 分类取决于现有可靠证据，或对实验动物引起组织/器官功能或结构有意义的毒理学变化，或生物化学或血液学的严重变化，而且这些变化与人体的健康有关。公认人体数据是这种危害类别的首选证据来源。

③ 评估应不仅考虑一个器官或生物系统的显著变化，而且也应涉及几个器官不太严重的一般变化。可以通过与人类相关的任何接触途径产生特异性靶器官系统毒性，即主要经口、经皮肤或吸入。

④ 反复染毒接触的特异性靶器官系统毒性见 GB 20601—2006。其他特异性的毒性影响，如急性致死性/毒性、眼睛严重损伤/刺激和皮肤腐蚀性/刺激、皮肤和呼吸的致敏性、致癌性、致突变性和生殖毒性都分别加以评估，因此不包括在这里。

物质根据全部现有证据的权衡，包括使用推荐的指导值，通过专家判断，分别将物质分为产生急性或迟发效应。然后依据观察到的效应的性质和严重程度将物质分为以下两个类别，见表 1-25。

表 1-25　特异性靶器官系统毒性——一次接触的类别

类别 1　一次接触对人体造成明显特异性靶器官系统毒性的物质,或根据实验动物研究的证据推定可能对人体造成明显特异性靶器官系统毒性的物质

将物质分入类别 1 的根据是:人类的病例报告或流行病学研究的可靠和高质量的证据;或实验动物研究的观察资料,其中在一般低浓度接触时产生与人类健康有关的明显和/或严重的特异性靶器官系统毒性效应。表 1-26 提供的指导剂量/浓度值可用于证据权衡评价

类别 2　根据实验动物研究的证据,可以推定一次接触可能对人体的健康产生危害的物质

根据实验动物研究的观察资料将物质分类于类别 2,其中在一般中等接触浓度时即会产生与人类健康相关的明显的特异性靶器官系统毒性。为了有助于分类,表 1-26 提供了指导剂量/浓度值

在特殊情况下,人类的证据也能用于将物质分类于类别 2

注:对于特异性靶器官系统的两个类别的鉴定易受已被分类物质的影响,或可将物质确定为一般的系统毒物。应设法确定毒性的主要靶器官并为此分类,例如肝脏毒物和神经毒物。应认真评估数据,在可能容许的场合下不考虑次要效应,例如肝脏毒物能够产生神经系统或胃肠系统的次要效应。

表 1-26　一次接触剂量的指导剂量/浓度值

接触途径	单位	指导剂量	
		类别 1	类别 2
经口(大鼠)	mg/kg	$C \leqslant 300$	$300 < C \leqslant 2000$
经皮肤(大鼠或兔)	mg/kg	$C \leqslant 1000$	$1000 < C \leqslant 2000$
吸入(大鼠),气体	mL/L	$C \leqslant 2.5$	$2.5 < C \leqslant 5$
吸入(大鼠),蒸气	mg/L	$C \leqslant 10$	$10 < C < 20$
吸入(大鼠),粉尘/烟/雾	mg/(L·4h)	$C \leqslant 1.0$	$1.0 < C < 5.0$

第 25 类　特异性靶器官系统毒性——反复接触

由反复接触而引起特异性的非致死性靶器官系统毒性的物质,包括能够引起即时的和/或迟发的、可逆性和不可逆性功能损害的各种明显的健康效应。

基本要素:

① 分类可以说明该化学物质是一种特异性靶器官系统毒物,因此,接触该化学物质对人类可产生有害健康效应。

② 分类取决于现有可靠依据,该物质反复接触后能对人或试验动物引起组织/器官功能或结构的明显变化。对动物的这些生化或血液学的变化并与人的健康相关。

③ 评估不仅应考虑单一器官或生物系统发生的显著变化,而且应涉及几个器官不大严重的一般性变化。

④ 可以通过与人类有关的各种途径产生特异性靶器官系统毒性,即主要为经口、经皮肤或吸入。

⑤ 不包括一次接触后观察到的非致死毒性效应在化学品中分类,见第 24 类。也不包括其他特异性的毒性效应,如急性致死率/毒性、对眼睛的严重损伤/眼刺激和皮肤腐蚀性/刺激,皮肤和呼吸致敏性、致癌性、致突变性和生殖毒性。

物质根据全部现有证据的权衡,包括使用推荐的指导值应考虑所致效应的接触期限和剂量/浓度,并根据所见效应的性质和严重程度将物质分为两个类别,见表 1-27。

类别 1 和类别 2 分类的指导值(90d 反复接触),见表 1-28 和表 1-29。

表 1-27 特异性靶器官系统毒性——反复接触的类别

类别 1 反复接触对人体已产生明显特异性靶器官系统毒性的物质,或根据现有实验动物研究的证据能推定对人体有可能产生明显特异性靶器官系统毒性的物质

将物质分入类别 1 是根据:人类的病例报告或流行病学研究的可靠和高质量的证据;实验动物研究的观察资料,其中在低接触浓度时产生与人类健康有关的明显和/或严重的特异性靶器官系统毒性效应。表 1-28 提供的指导剂量/浓度值可用于证据权衡评价

类别 2 反复接触,根据实验动物研究得来的证据能推定对人类健康可能产生危害的物质

将物质分类于类别 2 是根据实验动物研究的观察资料,其中在中等接触浓度时产生与人类健康有关的明显特异性靶器官系统毒性。为了有助于分类,表 1-29 提供了指导剂量/浓度值

在特殊情况下,分至类别 2 也可使用人类证据

注:对于特异性靶器官系统的两个类别的鉴定易受已被分类物质的影响或可将物质确定为一般的系统毒物。应设法确定毒性的主要靶器官并为此分类。例如肝脏毒物和神经毒物应认真评估数据,在可能容许的场合下不考虑次要效应,例如肝脏毒物能够产生神经系统或胃肠系统的次要效应。

表 1-28 类别 1 分类的指导值 (90d 反复接触)

接 触 途 径	单 位	指导值(剂量/浓度)
经口(大鼠)	(mg/kg)/d	10
经皮肤(大鼠或兔)	(mg/kg)/d	20
吸入(大鼠),气体	[(mL/L)/6h]/d	0.05
吸入(大鼠),蒸气	[(mg/L)/6h]/d	0.2
吸入(大鼠),粉尘/烟/雾	[(mg/L)/6h]/d	0.02

注:对于类别 1 分类而言,在对实验动物进行的 90d 反复接触研究中观察到明显毒性效应,并且以等于或小于在表 1-28 中说明的建议的指导值所见效应时,便可进行分类。

表 1-29 类别 2 分类的指导值 (90d 反复接触)

接 触 途 径	单 位	指导值(剂量/浓度)
经口(大鼠)	(mg/kg)/d	10～100
经皮肤(大鼠或兔)	(mg/kg)/d	20～200
吸入(大鼠),气体	[(mL/L)/6h]/d	0.05～0.25
吸入(大鼠),蒸气	[(mg/L)/6h]/d	0.2～1.0
吸入(大鼠),粉尘/烟/雾	[(mg/L)/6h]/d	0.02～0.2

注:对于类别 2 分类而言,在实验动物进行的 90d 重复剂量研究中观察到明显毒性影响并且以等于或小于表 1-29 中的(建议的)指导值发生的毒性影响时,就有理由分类。

第 26 类 吸入危害

说明:本危险性还未转化成为国家标准。

本类的目的是对可能对人类造成吸入毒性危险的物质或混合物分类。

"吸入"指液态或固态化学品通过口腔或鼻腔直接进入或者因呕吐间接进入气管和呼吸系统。

吸入毒性包括化学性肺炎、不同程度的肺损伤或吸入后死亡等严重急性效应。

吸入开始是在吸气的瞬间,在吸一口气所需的时间内,引起效应的物质停留在咽喉部位的上呼吸道和上消化道交界处时。

物质或混合物的吸入可能在消化后呕吐出来时发生。这可能影响到标签,特别是如果由于急性毒性,可能考虑消化后引起呕吐的建议。不过,物质/混合物也呈现吸入毒性危险,引起呕吐的建议可能需要修改。

1.2.1.3 环境危害性

第 27 类 危害水生环境物质

急性水生生物毒性是指物质对短期接触它的生物体造成伤害的固有性质。

慢性水生生物毒性是指物质在与生物生命周期相关的接触期间对水生生物产生有害影响的潜在或实际的性质。

化学品分类与标记全球协调制度（GHS）由三个急性分类类别和四个慢性分类类别组成，见表1-30。急性和慢性类别单独使用。将物质划为急性原则仅以急性毒性数据（EC_{50}或LC_{50}）为基础。将物质划为慢性类别的原则结合了两种类型的信息，即急性毒性信息和环境后果数据（降解性和生物积累数据）。要将混合物划为慢性类别，可从组分试验中获得降解和生物积累性质。

表1-30　危害水环境物质的类别

急性毒性	类别：急性1 　96h LC_{50}（鱼类）≤1mg/L 和/或 　48h EC_{50}（甲壳纲）≤1mg/L 和/或 　72h 或 96h ErC_{50}（藻类或其他水生植物）≤1mg/L 　一些管理制度可能将急性1细分，纳入 $L(E)C_{50}$≤0.1mg/L 的更低范围
	类别：急性2 　96h LC_{50}（鱼类）＞1mg/L，且≤10mg/L 和/或 　48h EC_{50}（甲壳纲）＞1mg/L，且≤10mg/L 和/或 　72h 或 96h ErC_{50}（藻类或其他水生植物）＞1mg/L，且≤10mg/L
	类别：急性3 　96h LC_{50}（鱼类）＞10mg/L，且≤100mg/L 和/或 　48h EC_{50}（甲壳纲）＞10mg/L，且≤100mg/L 和/或 　72h 或 96h ErC_{50}（藻类或其他水生植物）＞10mg/L，且≤100mg/L 　一些管理制度可能通过引入另一个类别，将这一范围扩展到 $L(E)C_{50}$＞100mg/L 以外
慢性毒性	类别：慢性1 　96h LC_{50}（鱼类）≤1mg/L 和/或 　48h EC_{50}（甲壳纲）≤1mg/L 和/或 　72h 或 96h ErC_{50}（藻类或其他水生植物）≤1mg/L 　该物质不能快速降解和/或 $\lg K_{ow}$≥4（除非试验确定 BCF＜500）
	类别：慢性2 　96h LC_{50}（鱼类）＞1mg/L，且≤10mg/L 和/或 　48h EC_{50}（甲壳纲）＞1mg/L，且≤10mg/L 和/或 　72h 或 96h ErC_{50}（藻类或其他水生植物）＞1mg/L，且≤10mg/L 　该物质不能快速降解和/或 $\lg K_{ow}$≥4（除非试验确定 BCF＜500），除非慢性毒性 NOEC＞1mg/L
	类别：慢性3 　96h LC_{50}（鱼类）＞10mg/L，且≤100mg/L 和/或 　48h EC_{50}（甲壳纲）＞10mg/L，且≤100mg/L 和/或 　72h 或 96h ErC_{50}（藻类或其他水生植物）＞10mg/L，且≤100mg/L 　该物质不能快速降解和/或 $\lg K_{ow}$≥4（除非试验确定 BCF＜500），除非慢性毒性 NOEC＞1mg/L
	类别：慢性4 　在水溶性水平之下没有显示急性毒性，而且不能快速降解，$\lg K_{ow}$≥4，表现出生物积累潜力的不易溶解物质可划为本类别，除非有其他科学证据表明不需要分类。这样的证据包括经试验确定的 BCF＜500，或者慢性毒性 NOECs＞1mg/L，或者在环境中快速降解的证据
表中符号说明	EC_{50}指半效应浓度，对于亚致死或模糊不清的致死效应，在预定的时间内，如96h，影响50%被暴露个体的浓度 ErC_{50}指生长速率下降方面的 EC_{50} LC_{50}指空气中或水中某种化学品造成一组试验动物50%（半数）死亡的浓度 LD_{50}如果一次杀毒，某种化学品造成一组试验动物50%（半数）死亡的剂量 HCF指生物富集因子，按经济合作与发展组织（OECD）化学品试验准则305确定 $\lg K_{ow}$指生物积累潜能。通常用辛醇/水分配系数确定，通常按 OECD 化学品试验准则107或117确定 NOEC（NOECs）指无可观察效应浓度

1.2.2 危险货物分类

1.2.2.1 分类

危险货物（也称危险物品或危险品）是指具有爆炸、易燃、毒害、感染、腐蚀、放射性等危险特性，在运输、储存、生产、经营、使用和处置中，容易造成人身伤亡、财产损毁或环境污染而需要特别防护的物质和物品。根据《危险货物分类和品名编号》（GB 6944—2012）国家标准，将危险化学品按危险货物具有的危险性或最主要的危险性分为爆炸品、气体、易燃液体、易燃固体和易于自燃的物质及遇水放出易燃气体的物质、氧化性物质和有机过氧化物、毒性物质和感染性物质、放射性物质、腐蚀性物质、杂项危险物质和物品（包括危害环境物质）九大类。

第 1 类　爆炸品

（1）定义

爆炸品系指在外界作用下（如受热、受压、撞击等），能发生剧烈的化学反应，瞬时产生大量的气体和热量，使周围压力急骤上升，发生爆炸，对周围环境造成破坏的物品。

爆炸品包括：

① 爆炸性物质（物质本身不是爆炸品，但能形成气体、蒸气或粉尘爆炸环境者，不列入第 1 类），不包括那些太危险以致不能运输或其主要危险性符合其他类别的物质。

② 爆炸性物品（含有一种或几种爆炸性物质的物品），不包括下述装置：其中所含爆炸性物质的数量或特性，不会使其在运输过程中偶然或意外被点燃或引发后因迸射、发火、冒烟、发热或巨响而在装置外部产生任何影响。

③ 为产生爆炸或烟火实际效果而制造的，①和②中未提及的物质或物品。

（2）项别

根据《危险货物分类和品名编号》(GB 6944—2012)，爆炸品在国家标准中分 6 项。

1.1 项　有整体爆炸危险的物质和物品

整体爆炸是指瞬间能影响到几乎全部载荷的爆炸。

1.2 项　有迸射危险，但无整体爆炸危险的物质和物品

1.3 项　有燃烧危险并有局部爆炸危险或局部迸射危险或这两种危险都有，但无整体爆炸危险的物质和物品

本项包括满足下列条件之一的物质和物品：

① 可产生大量热辐射的物质和物品；

② 相继燃烧产生局部爆炸或迸射效应或两种效应兼而有之的物质和物品。

1.4 项　不呈现重大危险的物质和物品

本项包括运输中万一点燃或引发时仅造成较小危险的物质和物品；其影响主要限于包件本身，并预计射出的碎片不大、射程也不远，外部火烧不会引起包件几乎全部内装物的瞬间爆炸。

1.5 项　有整体爆炸危险的非常不敏感物品

① 本项包括有整体爆炸危险性，但非常不敏感，以致在正常运输条件下引发或由燃烧转为爆炸的可能性极小的物质。

② 船舱内装有大量本项物质时，由燃烧转为爆炸的可能性较大。

1.6 项　无整体爆炸危险的极端不敏感物品

本项包括仅含有极端不敏感起爆物质，并且其意外引发爆炸或传播的概率可忽略不计的

物品。

注：该项物品的危险仅限于单个物品的爆炸。

（3）爆炸品配装组划分和组合

在爆炸品中，如果两种或两种以上物质或物品在一起能够安全积载，而不会明显增加事故概率或在一定数量情况下不会明显提高事故危害程度的，可视其为同一配装组。

第 1 类危险货物根据其具有的危险性类型划归 6 个项中的一项和 13 个配装组中的一个，被认为可以相容的各种爆炸性物质和物品列为一个配装组。表 1-31 和表 1-32 表明了划分配装组的方法、与各配装组有关的可能危险项别的组合。

① 配装组 D 和 E 的物品，可安装引发装置或与之包装在一起，但该引发装置应至少配备两个有效的保护功能，防止在引发装置意外启动时引起爆炸。此类物品和包装应划为 D 或 E 配装组。

② 配装组 D 和 E 的物品，可与引发装置包装在一起，尽管该引发装置未配备两个有效的保护功能，但在正常运输条件下，如果该引发装置意外启动不会引起爆炸。此类包件应划为 D 或 E 配装组。

③ 划入配装组 S 的物质或物品应经过 1.4 项的实验确定。

④ 划入配装组 N 的物质或物品应经过 1.6 项的实验确定。

表 1-31　爆炸品配装组划分

待分类物质和物品的说明	配装组	组合
一级爆炸性物质	A	1.1A
含有一级爆炸性物质，而不含有两种或两种以上有效保护装置的物品。某些物品，例如爆破用雷管、爆破用雷管组件和帽形起爆器包括在内，尽管这些物品不含有一级炸药	B	1.1B、1.2B、1.4B
推进爆炸性物质或其他爆燃爆炸性物质或含有这类爆炸性物质的物品	C	1.1C、1.2C、1.3C、1.4C
二级起爆物质或黑火药或含有二级起爆物质的物品，无引发装置和发射药；或含有一级爆炸性物质和两种或两种以上有效保护装置的物品	D	1.1D、1.2D、1.40、1.5D
含有二级起爆物质的物品，无引发装置，带有发射药（含有易燃液体或胶体或自燃液体的除外）	E	1.1E、1.2E、1.4E
含有二级起爆物质的物品，带有引发装置，带有发射药（含有易燃液体或胶体或自燃液体的除外）或不带有发射药	F	1.1F、1.2F、1.3F、1.4F
烟火物质或含有烟火物质的物品或既含有爆炸性物质又含有照明、燃烧、催泪或发烟物质的物品（水激活的物品或含有白磷、磷化物、发火物质、易燃液体或胶体，或自燃液体的物品除外）	G	1.1G、1.2G、1.3G、1.4G
含有爆炸性物质和白磷的物品	H	1.2H、1.3H
含有爆炸性物质和易燃液体或胶体的物品	J	1.1J、1.2J、1.3J
含有爆炸性物质和毒性化学剂的物品	K	1.2K、1.3K
爆炸性物质或含有爆炸性物质并且具有特殊危险（例如由于水激活或含有自燃液体、磷化物或发火物质）需要彼此隔离的物品	L	1.1L、1.2L、1.3L
只含有极度不敏感起爆物质的物品	N	1.6N
如下包装或设计的物质或物品：除了包件被火烧损的情况外，能使意外起爆引起的任何危险效应不波及包件之外，在包件被火烧损的情况下，所有爆炸和迸射效应也有限，不至于妨碍或阻止在包件紧邻处救火或采取其他应急措施	S	1.4S

表 1-32　爆炸品危险项别与配装组的组合

危险项别 \ 配装组	A	B	C	D	E	F	G	H	J	K	L	N	S	A~SΣ
1.1	1.1A	1.1B	1.1C	1.1D	1.1E	1.1F	1.1G		1.1J		1.1L			9
1.2		1.2B	1.2C	1.2D	1.2E	1.2F	1.2G	1.2H	1.2J	1.2K	1.2L			10
1.3			1.3C			1.3F	1.3G	1.3H	1.3J	1.3K	1.3L			7
1.4		1.4B	1.4C	1.4D	1.4E	1.4F	1.4G						1.4S	7
1.5				1.5D										1
1.6												1.6N		1
1.1~1.6Σ	1	3	4	4	3	4	4	2	3	2	3	1	1	35

（4）爆炸品的主要特性

① 爆炸性是一切爆炸品的主要特征。这类物品都具有化学不稳定性，在一定外界因素的作用下，会进行猛烈的化学反应，主要有以下特点。

a. 猛烈的爆炸性。当受到高热摩擦、撞击、震动等外来因素的作用或与其他性能相抵触的物质接触，就会发生剧烈的化学反应，产生大量的气体和高热，引起爆炸。爆炸性物质如储存量大，爆炸时威力更大。这类物质主要有三硝基甲苯（TNT），三硝基苯酚（苦味酸），硝酸铵（NH_4NO_3），叠氮化物（RN_3），雷汞 [$Hg(ONC)_2$]，乙炔银（$Ag—C\equiv C—Ag$）及其他超过三个硝基的有机化合物等。

b. 化学反应速度极快。一般以万分之一秒的时间完成化学反应，因为爆炸能量在极短时间内放出，因此具有巨大的破坏力。爆炸时产生大量的热，这是爆炸品破坏力的主要来源。爆炸产生大量气体，造成高压，形成的冲击波对周围建筑物有很大的破坏性。

② 对撞击、摩擦、温度等非常敏感。任何一种爆炸品的爆炸都需要外界供给它一定的能量——起爆能。某一爆炸品所需的最小起爆能，即为该爆炸品的敏感度。敏感度是确定爆炸品爆炸危险性的一个非常重要的标志，敏感度越高，则爆炸危险性越大。

③ 有的爆炸品还有一定的毒性。例如，三硝基甲苯（TNT）、硝化甘油（又称硝酸甘油）、雷汞 [$Hg(ONC)_2$] 等都具有一定的毒性。

④ 与酸、碱、盐、金属发生反应。有些爆炸品与某些化学品如酸、碱、盐发生化学反应，反应的生成物是更容易爆炸的化学品。如：苦味酸遇某些碳酸盐能反应生成更易爆炸的苦味酸盐；苦味酸受铜、铁等金属撞击，立即发生爆炸。由于爆炸品具有以上特性，因此在储运中要避免摩擦、撞击、颠簸、震荡，严禁与氧化剂、酸、碱、盐类、金属粉末和钢材料器具等混储混运。

第 2 类　气体

（1）定义

第 2 类气体指在 50℃时，蒸气压力大于 300kPa 的物质，或在 20℃时在 101.3kPa 标准压力下完全是气态的物质。

第 2 类气体包括压缩气体、液化气体、溶解气体和冷冻液化气体、一种或多种气体与一种或多种其他类别物质的蒸气混合物、充有气体的物品和气雾剂。

压缩气体是指在 -50℃下加压包装供运输时完全是气态的气体，包括临界温度小于或等于 -50℃的所有气体。

液化气体是指在温度大于-50℃下加压包装供运输时部分是液态的气体，可分为：

① 高压液化气体。临界温度在-50～65℃之间的气体。

② 低压液化气体。临界温度大于65℃的气体。

溶解气体是指加压包装供运输时溶解于液相溶剂中的气体。

冷冻液化气体是指包装供运输时由于其温度低而部分呈液态的气体。

（2）项别

本类根据气体在运输中的主要危险性分为3项。

2.1项　易燃气体

本项气体极易燃烧，与空气混合能形成爆炸性混合物。在常温常压下遇明火、高温即会发生燃烧或爆炸。如乙炔、氢气等。

本项包括在20℃和101.3kPa条件下满足下列条件之一的气体：

① 爆炸下限小于等于13%的气体；

② 不论其爆燃性下限如何，其爆炸极限（燃烧范围）大于等于12%的气体。

2.2项　非易燃无毒气体

在20℃、压力不低于280kPa条件下运输或以冷冻液体状态运输的气体，并且是：

① 窒息性气体。会稀释或取代通常在空气中的氧气的气体（如氮气、氩气、氦气等）。

② 氧化性气体。通过提供氧气比空气更能引起或促进其他材料燃烧的气体（如氧气）。

③ 不属于其他项别的气体。

2.3项　有毒气体

本项气体有毒，毒性指标与第6类毒性指标相同。对人畜有强烈的毒害、窒息、灼伤、刺激作用。其中有些还具有易燃、氧化、腐蚀等性质。如液氯、液氨等。

本项包括：

① 已知对人类具有的毒性或腐蚀性强到对健康造成危害的气体；

② 半数致死浓度 LC_{50} 值不大于5000mL/m³，因而推定对人类具有毒性或腐蚀性的气体。

注：具有两个项别以上危险性的气体和气体混合物，其危险性先后顺序为2.3项优先于其他项，2.1项优先于2.2项。

（3）气体的主要特性

① 可压缩性。一定量的气体在温度不变时，所加的压力越大，其体积就会变得越小，若继续加压气体会压缩成液态。气体通常以压缩或液化状态储于钢瓶中，不同的气体液化时所需的压力、温度亦不同。临界温度高于常温的气体，用单纯的压缩方法会使其液化，如氯气、氨气、二氧化硫等。而临界温度低于常温的气体，就必须在加压的同时使温度降至临界温度以下才能使其液化，如氢气、氧气、一氧化碳等。这类气体难以液化，在常温下，无论加多大压力仍是以气态形式存在，因此人们将此类气体又称为永久性气体。其难以压缩和液化的程度与气体的分子间引力、结构、分子热运动能量有关。

② 膨胀性。气体在光照或受热后，温度升高，分子间的热运动加剧，体积增大，若在一定密闭容器内，气体受热的温度越高，其膨胀后形成的压力越大。一般压缩气体和液化气体都盛装在密闭的容器内，如果受高温、日晒，气体极易膨胀产生很大的压力。当压力超过容器的耐压强度时就会造成爆炸事故。

第3类　易燃液体

（1）定义

第 3 类包括易燃液体和液态退敏爆炸品。

易燃液体是指在其闪点温度（其闭杯试验闪点不高于 60.5℃，或其开杯试验闪点不高于 65.6℃）时放出易燃蒸气的液体或液体混合物，或是在溶液或悬浮液中含有固体的液体。

易燃液体，是指易燃的液体或液体混合物，或是在溶液或悬浮液中有固体的液体，其闭杯试验闪点不高于 60℃，或开杯试验闪点不高于 65.6℃。易燃液体还包括满足下列条件之一的液体。

① 在温度等于或高于其闪点的条件下提交运输的液体；

② 以液态在高温条件下运输或提交运输，并在温度等于或低于最高运输温度下放出易燃蒸气的物质。

液态退敏爆炸品，是指为抑制爆炸性物质的爆炸性能，将爆炸性物质溶解或悬浮在水中或其他液态物质后，而形成的均匀液态混合物。

易燃液体极易挥发成气体，遇明火即燃烧。可燃液体以闪点作为评定液体火灾危险性的主要根据，闪点越低，危险性越大。

易燃液体根据其危险程度分为两级：

① 一级易燃液体。闪点在 28℃ 以下（包括 28℃）。如乙醚、石油醚、汽油、甲醇、乙醇、苯、甲苯、乙酸乙酯、丙酮、二硫化碳、硝基苯等。

② 二级易燃液体。闪点在 29～45℃（包括 45℃）。如煤油等。

（2）易燃液体具有的特性

① 高度易燃性。易燃液体的主要特性是具有高度易燃性，遇火、受热以及和氧化剂接触时都有发生燃烧的危险，其危险性的大小与液体的闪点、自燃点有关，闪点和自燃点越低，发生着火燃烧的危险越大。

② 易爆性。由于易燃液体的沸点低，挥发出来的蒸气与空气混合后，浓度易达到爆炸极限，遇火源往往发生爆炸。

③ 高度流动扩散性。易燃液体的黏度一般都很小，不仅本身极易流动，还因渗透、浸润及毛细现象等作用，即使容器只有极细微裂纹，易燃液体也会渗出容器壁外。泄漏后很容易蒸发，形成的易燃蒸气比空气重，能在坑洼地带积聚，从而增加了燃烧爆炸的危险性。

④ 易积聚电荷性。部分易燃液体，如苯、甲苯、汽油等，电阻率都很大，很容易积聚静电而产生静电火花，造成火灾事故。

⑤ 受热膨胀性。易燃液体的膨胀系数比较大，受热后体积容易膨胀，同时其蒸气压亦随之升高，从而使密封容器中内部压力增大，造成"鼓桶"，甚至爆裂，在容器爆裂时会产生火花而引起燃烧爆炸。因此，易燃液体应避热存放；灌装时，容器内应留有 5% 以上的空隙。

⑥ 毒性。大多数易燃液体及其蒸气均有不同程度的毒性。因此在操作过程中，应做好劳动保护工作。

第 4 类　易燃固体、易于自燃的物质、遇水放出易燃气体的物质

第 4 类包括易燃固体、易于自燃的物质和遇水放出易燃气体的物质，分为 3 项。

4.1 项　易燃固体、自反应物质和固态退敏爆炸品

① 易燃固体。是指燃点低，对热、撞击、摩擦敏感，易被外部火源点燃，燃烧迅速，并可能散发出有毒烟雾或有毒气体的固体，但不包括已列入爆炸品的物质。

② 自反应物质。即使没有氧气（空气）存在，也容易发生激烈放热分解的热不稳定物质。

③ 固态退敏爆炸品。为抑制爆炸性物质的爆炸性能，用水或酒精湿润爆炸性物质或用其他物质稀释爆炸性物质后，而形成的均匀固态混合物。

易燃固体因着火点低，如受热、遇火星、受撞击、摩擦或氧化剂作用等能引起急剧的燃烧或爆炸，同时放出大量毒害气体。如赤磷、硫黄、萘、硝化纤维素等。

4.2项　易于自燃的物质

自燃物品是指自燃点低，在空气中易于发生氧化反应、放出热量而自行燃烧的物品。包括发火物质和自热物质。

① 发火物质。即使只有少量与空气接触，不到5min时间便燃烧的物质，包括混合物和溶液（液体或固体）。

② 自热物质。发火物质以外的与空气接触便能自己发热的物质。

此项物质暴露在空气中，依靠自身的分解、氧化产生热量，使其温度升高到自燃点即能发生燃烧。如白磷等。

燃烧性是自燃物品的主要特性，自燃物品在化学结构上无规律性，因此自燃物质就有各自不同的自燃特性。

① 黄磷性质活泼，极易氧化，燃点又特别低，一经暴露在空气中很快引起自燃。但黄磷不和水发生化学反应，所以通常放置在水中保存。另外黄磷本身极毒，其燃烧的产物五氧化二磷也为有毒物质，遇水还能生成剧毒的偏磷酸。所以遇有磷燃烧时，在扑救的过程中应注意防止中毒。

② 二乙基锌、三乙基铝等有机金属化合物，不但在空气中能自燃，遇水还会强烈分解，产生易燃的氢气，引起燃烧爆炸。因此，储存和运输必须用充有惰性气体或特定的容器包装，失火时亦不可用水扑救。

4.3项　遇水放出易燃气体的物质

遇水放出易燃气体的物质是指遇水或受潮时，发生剧烈化学反应，放出大量的易燃气体和热量，且该气体与空气混合能够形成爆炸性混合物的物质。有些不需明火，即能燃烧或爆炸。如金属钾、钠、氢化钾、电石等。

遇水放出易燃气体的物质除遇水反应外，遇到酸或氧化剂也能发生反应，而且比遇到水发生的反应更为强烈，危险性也更大。因此，储存、运输和使用时，注意防水、防潮，严禁火种接近，与其他性质相抵触的物质隔离存放。遇湿易燃物质起火时，严禁用水、酸碱泡沫、化学泡沫扑救。

第5类　氧化性物质和有机过氧化物

（1）项别

第5类包括氧化性物质和有机过氧化物，分为2项。

5.1项　氧化性物质

氧化性物质系指处于高氧化态，具有强氧化性，易分解并放出氧和大量热的物质。其本身不一定可燃，但通常因放出氧或起氧化反应可能引起或促使其他物质燃烧的物质；与松软的粉末状可燃物能组成爆炸性混合物，对热、震动或摩擦较为敏感。如氯酸铵、高锰酸钾等。

氧化性物质具有强烈的氧化性，按其不同的性质遇酸、碱、受潮、强热或与易燃物、有机物、还原剂等性质有抵触的物质混存能发生分解，引起燃烧和爆炸。对这类物质可以分为：

① 一级无机氧化性物。质性质不稳定，容易引起燃烧爆炸。如碱金属（第一主族元素）

和碱土金属（第二主族元素）的氯酸盐、硝酸盐、过氧化物、高氯酸及其盐、高锰酸盐等。

② 二级无机氧化性物质。性质较一级氧化剂稳定。如重铬酸盐、亚硝酸盐等。

5.2项　有机过氧化物

有机过氧化物系指分子组成中含有两价过氧基（—O—O—）结构的有机物质。该物质为热不稳定物质，可能发生放热的自加速分解。该类物质还可能具有以下一种或数种性质：①可能发生爆炸性分解；②迅速燃烧；③对碰撞或摩擦敏感；④与其他物质起危险反应；⑤损害眼睛。如过氧化苯甲酰、过氧化甲乙酮等。

当有机过氧化物配制品满足下列条件之一时，视为非有机过氧化物。

① 其有机过氧化物的有效氧质量分数［按式（1-2）计算］不超过1.0％，而且过氧化氢质量分数不超过1.0％。

$$X = 16 \times \sum \left(\frac{n_i C_i}{m_i} \right) \times 100\% \tag{1-2}$$

式中　X——有效氧含量，％；

　　　n_i——有机过氧化物 i 每个分子的过氧基数目；

　　　C_i——有机过氧化物 i 的质量分数；

　　　m_i——有机过氧化物 i 的相对分子质量。

② 其有机过氧化物的有效氧质量分数不超过0.5％，而且过氧化氢质量分数超过1.0％但不超过7.0％。

有机过氧化物按其危险性程度分为七种类型，从A型到G型。

A型有机过氧化物

装在供运输的容器中时能起爆或迅速爆燃的有机过氧化物配制品。

B型有机过氧化物

装在供运输的容器中时既不起爆也不迅速爆燃，但在该容器中可能发生热爆炸的具有爆炸性质的有机过氧化物配制品。该有机过氧化物装在容器中的数量最高可达25kg，但为了排除在包件中起爆或迅速爆燃而需要把最高数量限制在较低数量者除外。

C型有机过氧化物

装在供运输的容器（最多50kg）内不可能起爆或迅速爆燃或发生热爆炸的具有爆炸性质的有机过氧化物配制品。

D型有机过氧化物

满足下列条件之一，可以接受装在净重不超过50kg的包件中运输的有机过氧化物配制品：

① 如果在实验室试验中，部分起爆，不迅速爆燃，在封闭条件下加热时不显示任何激烈效应。

② 如果在实验室试验中，根本不起爆，缓慢爆燃，在封闭条件下加热时不显示激烈效应。

③ 如果在实验室试验中，根本不起爆或爆燃，在封闭条件下加热时显示中等效应。

E型有机过氧化物

在实验室试验中，既不起爆也不爆燃，在封闭条件下加热时只显示微弱效应或无效应，可以接受装在不超过400kg/450L的包件中运输的有机过氧化物配制品。

F型有机过氧化物

在实验室试验中，既不在空化状态下起爆也不爆燃，在封闭条件下加热时只显示微弱效应或无效应，并且爆炸力弱或无爆炸力的，可考虑用中型散货箱或罐体运输的有机过氧化物配制品。

G 型有机过氧化物

① 在实验室试验中，既不在空化状态下起爆也不爆燃，在封闭条件下加热时不显示任何效应，并且没有任何爆炸力的有机过氧化物配制品，应免予被划入 5.2 项，但配制品应是热稳定的（50kg 包件的自加速分解温度为 60℃或更高），液态配制品应使用 A 型稀释剂退敏。

② 如果配制品不是热稳定的，或者用 A 型稀释剂以外的稀释剂退敏，配制品应定为 F 型有机过氧化物。

（2）氧化性物质和有机过氧化物的特性

氧化性物质和有机过氧化物具有较强的获得电子能力，有较强的氧化性，遇酸碱、高温、震动、摩擦、撞击、受潮或与易燃物品、还原剂等接触能迅速分解，有引起燃烧、爆炸的危险。

第 6 类　毒性物质和感染性物质

第 6 类包括毒性物质和感染性物质，分为 2 项。

6.1 项　毒性物质

毒性物质是指经吞食、吸入或与皮肤接触后可能造成死亡或严重受伤或损害人类健康的物质。

本项物质进入肌体后，累积达一定的量，能与体液和组织发生生物化学作用或生物物理学变化，扰乱或破坏肌体的正常生理功能，引起暂时性或持久性的病理改变，甚至危及生命。

本项包括满足下列条件之一的毒性物质（固体或液体）：

① 急性经口毒性。$LD_{50} \leqslant 300mg/kg$。

注：青年大白鼠经口后，最可能引起受试动物在 14d 内死亡一半的物质剂量，试验结果以 mg/kg 体重表示。

② 急性皮肤接触毒性。$LD_{50} \leqslant 1000mg/kg$。

注：使白兔的裸露皮肤持续接触 24h，最可能引起受试动物在 14d 内死亡一半的物质剂量，试验结果以 mg/kg 体重表示。

③ 急性吸入粉尘和烟雾毒性。$LC_{50} \leqslant 4mg/L$。

④ 急性吸入蒸气毒性。$LC_{50} \leqslant 5000mL/m^3$，且在 20℃和标准大气压力下的饱和蒸气浓度大于等于 $1/5LC_{50}$。

注：使雌雄青年大白鼠连续吸入 1h，最可能引起受试动物在 14d 内死亡一半的蒸气、烟雾或粉尘的浓度。固态物质如果其总质量的 10% 以上是在可吸入范围的粉尘（即粉尘粒子的空气动力学直径 $\leqslant 10\mu m$）应进行试验。液态物质如果在运输密封装置泄漏时可能产生烟雾，应进行试验。不管是固态物质还是液态物质，准备用于吸入毒性试验的样品的 90% 以上（按质量计算）应在上述规定的可吸入范围。对粉尘和烟雾，试验结果以 mg/L 表示；对蒸气，试验结果以 mL/m^3 表示。

影响毒害品毒性大小的因素：

① 毒害品的化学组成与结构是决定毒害品毒性大小的决定因素。

② 毒害品的挥发性越大，其毒性越大。挥发性较大的毒害品在空气中能形成较高的浓度，易从呼吸道侵入人体而引起中毒。

③ 毒害品在水中溶解度越大，其毒性越大。越易溶于水的毒害品越易被人体吸收。

④ 毒害品的颗粒越小，越易中毒。

6.2项 感染性物质

感染性物质是指已知或有理由认为含有病原体的物质。

含有病原体的物质包括生物制品、诊断样品、基因突变的微生物、生物体和其他媒介，如病毒蛋白等。

感染性物质分为A类和B类。

A类：以某种形式运输的感染性物质，在与之发生接触（发生接触，是在感染性物质泄漏到保护性包装之外，造成与人或动物的实际接触）时，可造成健康的人或动物永久性失残、生命危险或致命疾病。

B类：A类以外的感染性物质。

第7类 放射性物质

（1）定义

放射性物质是指任何含有放射性核素且其放射性活度浓度和总活度都分别超过GB 11806—2004规定的限值的物质。

此类物品具有放射性。人体受到过量照射或吸入放射性粉尘能引起放射病。如硝酸钍及放射性矿物独居石等。

放射性物质属于危险化学品，但不属于《危险化学品安全管理条例》的管理范围，国家还另外有专门的"条例"来管理。

（2）放射性物质特性

① 具有放射性。放射性物质放出的射线可分为四种：α射线，也叫甲种射线；β射线，也叫乙种射线；γ射线，也叫丙种射线；中子流。各种射线对人体的危害都大。

② 许多放射性物品毒性很大。不能用化学方法中和使其不放出射线，只能设法把放射性物质清除，或者用适当的材料予以吸收屏蔽。

第8类 腐蚀性物质

（1）定义

腐蚀性物质是指通过化学作用使生物组织接触时造成严重损伤或在渗漏时会严重损害甚至毁坏其他货物或运载工具的物质。

本类包括满足下列条件之一的物质：

① 使完好皮肤组织在暴露超过60min、但不超过4h之后开始的最多14d观察期内全厚度毁损的物质；

② 被判定不引起完好皮肤组织全厚度毁损，但在55℃试验温度下，对钢或铝的表面腐蚀率超过6.25mm/a的物质。

这类物品具有强腐蚀性，与其他物质如木材、铁等接触使其因受腐蚀作用引起破坏，与人体接触引起化学烧伤。有的腐蚀物品有双重性和多重性。如苯酚既有腐蚀性还有毒性和燃烧性。腐蚀物品有硫酸、盐酸、硝酸、氢氟酸、氟酸、冰醋酸、甲酸、氢氧化钠、氢氧化钾、氨水、甲醛、液溴等。

该类化学品按化学性质分为酸性腐蚀品（如硫酸、硝酸、盐酸等）、碱性腐蚀品（如氢氧化钠、硫氢化钙等）和其他腐蚀品（如二氯乙醛、苯酚钠等）。

（2）腐蚀品的特性

① 强烈的腐蚀性。在化学危险物品中，腐蚀品是化学性质比较活泼，能和很多金属、有机化合物、动植物机体等发生化学反应的物质。这类物质能灼伤人体组织，对金属、动植

物机体、纤维制品等具有强烈的腐蚀作用。

② 强烈的毒性。多数腐蚀品有不同程度的毒性，有的还是剧毒品。

③ 易燃性。许多有机腐蚀物品都具有易燃性。如甲酸、冰醋酸、苯甲酰氯、丙烯酸等。

④ 氧化性。如硝酸、硫酸、高氯酸、溴等，当这些物品接触木屑、食糖、纱布等可燃物时，会发生氧化反应，引起燃烧。

第9类 杂项危险物质和物品，包括危害环境物质

（1）定义

第9类是指存在危险但不能满足其他类别定义的物质和物品，包括：

① 以微细粉尘吸入可危害健康的物质，如蓝石棉（青石棉）或棕石棉（铁石棉）、白石棉（温石棉、阳起石、直闪石、透闪石）；

② 会放出易燃气体的物质，如聚苯乙烯颗粒（可膨胀，会放出易燃气体）、模塑化合物（呈现揉塑团、薄片或挤压出的绳索状，会放出易燃蒸气）；

③ 锂电池组，如装在设备中的锂电池组或同设备包装在一起的锂电池组、高氯酸铅溶液；

④ 救生设备，如救生设备（自动膨胀式）、非自动膨胀式救生设备（装备中含有危险品）、气袋充气器或气袋模件或安全带预拉装置；

⑤ 一旦发生火灾可形成二噁英的物质和物品，如液态多氯联苯、固态多氯联苯、液态多卤联苯或液态多卤三联苯、固态多卤联苯或固态多卤三联苯；

⑥ 在高温下运输或提交运输的物质，是指在液态温度达到或超过100℃，或固态温度达到或超过240℃条件下运输的物质，如高温液体（温度等于或高于100℃、低于其闪点，包括熔融金属、熔融盐类等）、高温固体（温度等于或高于240℃）；

⑦ 危害环境物质，包括污染水生环境的液体或固体物质，以及这类物质的混合物（如制剂和废物），如对环境有害的固态、液态物质；

⑧ 不符合6.1项毒性物质或6.2项感染性物质定义的经基因修改的微生物和生物体，如基因改变的微生物；

⑨ 其他，如乙醛合氨、固态二氧化碳（干冰）、连二亚硫酸锌（亚硫酸氢锌）、二溴二氟甲烷、苯甲醛、硝酸铵基化肥、鱼粉（鱼屑）、磁化材料、蓖麻子或蓖麻粉或蓖麻油渣或蓖麻片、内燃发动机或易燃气体发动的车辆或易燃液体发动的车辆、电池供电车辆或电池供电设备、化学品箱或急救箱、空运受管制的液体、空运受管制的固体、熏蒸过的装置、机器中的危险货物或仪器中的危险货物。

（2）危害水生环境物质的分类

物质满足表1-33所列急性1、慢性1或慢性2的标准，应列为"危害环境物质（水生环境）"。

表1-33 危害水生环境物质的分类

急性（短期）水生危害①	慢性（长期）水生危害②		
	已掌握充分的慢毒性资料		没有掌握充分的慢毒性资料①
	非快速降解物质③	快速降解物质③	
类别：急性1	类别：慢性1	类别：慢性1	类别：慢性1
LC_{50}（或 EC_{50}）④≤1.00	NOEC（或 EC_x）≤0.1	NOEC（或 EC_x）≤0.01	LC_{50}（或 EC_{50}）≤1.00,并且该物质满足下列条件之一 ① 非快速降解物质 ② BCF≥500,如没有该数值,$\lg K_{ow}$≥4

续表

急性(短期)水生危害①	慢性(长期)水生危害②		
	已掌握充分的慢毒性资料		没有掌握充分的慢毒性资料①
	非快速降解物质③	快速降解物质③	
—	类别:慢性2	类别:慢性2	类别:慢性2
—	$0.1 < NOEC(或 EC_x) \leqslant 1$	$0.01 < NOEC(或 EC_x) \leqslant 0.1$	$1.00 < LC_{50}(或 EC_{50}) \leqslant 10.0$,并且该物质满足下列条件之一 ① 非快速降解物质 ② $BCF \geqslant 500$,如没有该数值,$\lg K_{ow} \geqslant 4$

① 以鱼类、甲壳纲动物,和/或藻类或其他水生植物的 LC_{50}(或 EC_{50})数值为基础的急性毒性范围。

② 物质按不同的慢毒性分类,除非掌握所有三个营养水平的充分的慢毒性数据,在水溶性以上或 1mg/L。

③ 慢性毒性范围以鱼类或甲壳纲动物的 NOEC 或等效的 EC_x 数值,或其他公认的慢毒性标准为基础。

④ LC_{50}(或 EC_{50})分别指 96h LC_{50}(对鱼类)、48h EC_{50}(对甲壳纲动物),以及 72h 或 96h ErC_{50}(对藻类或其他水生植物)。

注:BCF——生物富集系数;

EC_x——产生 x(%)反应的浓度,mg/L;

EC_{50}——造成 50% 最大反应的物质有效浓度,mg/L;

ErC_{50}——在减缓增长上的 EC_{50},mg/L;

K_{ow}——辛醇溶液分配系数;

LC_{50}(50% 致命浓度)——物质在水中造成一组试验动物 50% 死亡的浓度,mg/L;

NOEC(无显见效果浓度)——试验浓度刚好低于产生在统计上有效的有害影响的最低测得浓度。NOEC 不产生在统计上有效的应受管制的有害影响,mg/L。

1.2.2.2　危险性的先后顺序

根据《危险货物分类和品名编号》(GB 6944—2012)标准分类,当一种物质、混合物有一种以上危险性,而其名称又未列入联合国《关于危险货物运输的建议书规章范本》(第16修订版)第3.2章"危险货物一览表"内时,其危险性的先后顺序按表1-34确定。

对于具有多种危险性而在联合国《关于危险货物运输的建议书规章范本》(第16修订版)第3.2章"危险货物一览表"中没有具体列出名称的货物,不论其在表1-34中危险性的先后顺序如何,其有关危险性的最严格包装类别优先于其他包装类别。

根据《危险货物分类和品名编号》(GB 6944—2012)标准分类,下列物质和物品的危险性总是处于优先地位,其危险性的先后顺序没有列入表1-34:

① 第1类物质和物品;

② 第2类气体;

③ 第3类液态退敏爆炸品;

④ 4.1项自反应物质和固态退敏爆炸品;

⑤ 4.2项发火物质;

⑥ 5.2项物质;

⑦ 具有Ⅰ类包装吸入毒性的6.1项物质;

⑧ 6.2项物质;

⑨ 第7类物质。

具有其他危险性质的放射性物质,无论在什么情况下都应划入第7类,并确认次要危险性(例外货包中的放射性物质除外)。

表 1-34　危险性的先后顺序表

类或项和包装类别			4.2	4.3	5.1 I	5.1 II	5.1 III	6.1 I 皮肤	6.1 I 口服	6.1 II	6.1 III	8 I 液体	8 I 固体	8 II 液体	8 II 固体	8 III 液体	8 III 固体
3	I①...			4.3				3	3	3	3	3	—③	3	—	3	—
	II①...			4.3				3	3	3	3	8	—	3	—	3	—
	III①...			4.3				6.1	6.1	6.1	3②	8	—	8	—	3	—
4.1	II①		4.2	4.3	5.1	4.1	4.1	6.1	6.1	4.1	4.1	—	8	—	8	—	4.1
	III①		4.2	4.3	5.1	4.1	4.1	6.1	6.1	6.1	4.1	—	8	—	8	—	4.1
4.2	II...			4.3	5.1	4.2	4.2	6.1	6.1	4.2	4.2	8	8	4.2	4.2	4.2	4.2
	III...			4.3	5.1	5.1	4.2	6.1	6.1	6.1	4.2	8	8	8	8	4.2	4.2
4.3	I...				5.1	4.3	4.3	6.1	4.3	4.3	4.3	4.3	4.3	4.3	4.3	4.3	4.3
	II...				5.1	4.3	4.3	6.1	6.1	6.1	4.3	8	4.3	8	4.3	4.3	4.3
	III...				5.1	5.1	4.3	6.1	6.1	6.1	4.3	8	8	8	8	4.3	4.3
5.1	I...							5.3	5.1	5.1	5.1	5.1	5.1	5.1	5.1	5.1	5.1
	II...							6.1	5.1	5.1	5.1	8	5.1	5.1	5.1	5.1	5.1
	III...							6.1	6.1	6.1	5.1	8	8	8	8	5.1	5.1
6.1	I	皮肤										8	6.1	6.1	6.1	6.1	6.1
		口服										8	6.1	6.1	6.1	6.1	6.1
	II	吸入										8	6.1	6.1	6.1	6.1	6.1
		皮肤										8	6.1	6.1	6.1	6.1	6.1
		口服										8	8	8	6.1	6.1	6.1
	III											8	8	8	8	8	8

① 自反应物质和固态退敏爆炸品以外的 4.1 项物质以及液态退敏爆炸品以外的第 3 类物质。

② 农药为 6.1。

③ 表示不可能组合。

1.2.3　危险化学品的辨识方法

化学品危险性辨识与分类就是根据化学品（化合物、混合物或单质）本身的特性，依据有关标准，确定是否是危险化学品，并划出可能的危险性类别及项别。我国危险化学品分类依据有《化学品分类和危险性公示通则》（GB 13690—2009），分类不仅影响产品是否受管制，而且影响到产品标签的内容、危险标志以及化学品安全技术说明书（safety data sheet for chemical products，SDS）的编制。辨识与分类是化学品管理的基础。

1.2.3.1　危险化学品辨识与分类的一般程序

确定某种化学品是否为危险化学品，一般可按下列程序：

① 对于现有的化学品，可以对照现行的《危险化学品名录》（2012），确定其危险性类别和项别。

② 对于新的化学品，可首先检索文献，利用文献数据进行危险性初步评估，然后进行针对性实验；对于没有文献资料的，需要进行全面的物化性质、毒性、燃爆、环境方面的试验，然后依据《危险化学品名录》（2012）和《化学品分类和危险性公示通则》（GB 13690—

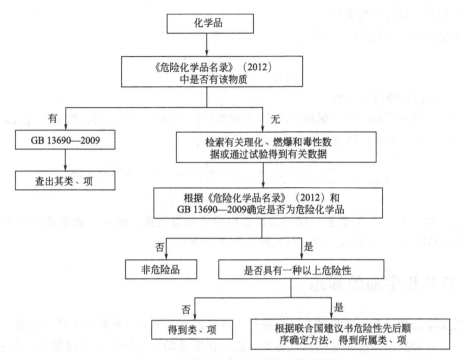

图 1-1　化学品危险性分类的一般程序

2009）两个标准进行分类。试验方法和项目参照联合国《关于危险货物运输的建议书规章范本》（第 16 修订版）第 2 部分：分类进行。化学品危险性辨识程序如图 1-1。

1.2.3.2　混合物危险性辨识与分类

上述辨识与分类程序和方法适用于任何化学品，包括纯品和混合物。但对于混合物，列在《危险化学品名录》（2012）中的种类很少，文献数据也较少。但其在生产、应用、流通领域中却相当普遍，加之品种多、商业存在周期短，而某些危险性试验如急性毒性试验周期长、费用高，要进行全面试验并不现实。有资料表明，混合物的急性毒性数据存在加和性，在难以得到试验数据的情况下，可以根据危害成分浓度的大小进行推算。

分类时，燃爆危险性数据由于相对较易获得，一般可通过试验解决。下面介绍混合物 LC_{50}、LD_{50} 的计算。

（1）蒸气吸入急性毒性

有害组分的 LC_{50} 未知时，其 LC_{50} 数据取与该组分具有类似生理学和化学作用的化学品的 LC_{50} 值；LC_{50} 已知时，可通过式（1-3）计算。

$$\frac{1}{(LC_{50})_{mix}} = \sum_{i=1}^{n}\left(\frac{x}{LC_{50}}\right)_i \tag{1-3}$$

式中　n——危害组分总数；

x——第 i 种有害组分的摩尔分数。

例如，已知 NO、NO_2 的 LC_{50}（4h，大鼠吸入）分别为 1068mg/m³ 和 126mg/m³，若 NO 中含 10%（体积比）的 NO_2，则该混合物的 LC_{50} 计算如下：

$$\frac{1}{(LC_{50})_{mix}} = \frac{90}{100}\times\frac{1}{1068} + \frac{10}{100}\times\frac{1}{126} = 1.636\times10^{-3}\ m^3/mg$$

$$(LC_{50})_{mix} = 611.2mg/m^3$$

（2）经口、经皮急性毒性

若各组分 LD_{50} 均已知，可通过式（1-4）计算：

$$\frac{1}{(LD_{50})_{mix}} = \sum_{i=1}^{n}\left(\frac{P}{LD_{50}}\right) \tag{1-4}$$

式中　P——组分的质量分数。

例如，已知 4-甲酚、2-甲酚的 LD_{50}（大鼠经口）分别为 207mg/kg 和 121mg/kg。若 4-甲酚中含 5% 的 2 甲酚，则该混合物的 LD_{50} 计算如下：

$$\frac{1}{(LD_{50})_{mix}} = \frac{95}{100}\times\frac{1}{207} + \frac{5}{100}\times\frac{1}{121} = 5.003\times10^{-3}\,kg/mg$$

$$(LD_{50})_{mix} = 199.9\,mg/kg$$

由此得到 LD_{50}、LC_{50} 数据，结合由试验得到的燃爆数据，根据《化学品分类和危险性公示通则》（GB 13690—2009）即可对该混合物进行分类。

1.3　危险化学品的标志

危险化学品的种类、数量较多，危险性也各异，为了便于对危险化学品的运输、储存及使用安全，有必要对危险化学品进行标识。危险化学品的安全标志是通过图案、文字说明、颜色等信息鲜明、形象、简单地表征危险化学品危险特性和类别，向作业人员传递安全信息的警示性资料。

《化学品分类和危险性公示通则》（GB 13690—2009）中规定了下列危险符号是 GHS 中应当使用的标准符号，见图 1-2。

图 1-2　GHS 中应当使用的标准符号

图 1-3 GHS 象形图示例

GHS 使用的所有危险象形图都应是设定在某一点的方块形状，应当使用黑色符号加白色背景，红框要足够宽，以便醒目，如图 1-3。

根据 GHS 及 GB 20576—2006～GB 20599—2006、GB 2060—12006～GB 20602—2006，各类危险化学品象形图的标志如表 1-35～表 1-61 所示。

表 1-35 爆炸品

不稳定的/1.1 项	1.2 项	1.3 项	1.4 项	1.5 项	1.6 项
			1.4 无象形图	1.5 无象形图	1.6 无象形图
危险	危险	危险	警告	警告	无信号词
爆炸物； 整体爆炸危险	爆炸物； 严重喷射危险	爆炸物；燃烧、 爆轰或喷射危险	燃烧或 喷射危险	燃烧中 可爆炸	无危险性说明

表 1-36　易燃气体

类别1	类别2
	无象形图
危险	警告
极易燃气体	易燃气体

表 1-37　易燃气溶胶

类别1	类别2
危险	警告
极易燃气溶胶	易燃气溶胶

表 1-38　氧化性气体

类别1
危险
可引起或加剧燃烧;氧化性

表 1-39　压力下气体

压缩气体	液化气体	溶解气体	冷冻液化气体
警告	警告	警告	警告
含压力下气体 如加热可爆炸	含压力下气体 如加热可爆炸	含压力下气体 如加热可爆炸	含冷冻气体 如加热可爆炸

表 1-40 易燃液体

类别 1	类别 2	类别 3	类别 4
危险	危险	警告	警告
极易燃液体和蒸气	高度易燃液体和蒸气	易燃液体和蒸气	可燃液体

表 1-41 易燃固体

类别 1	类别 2
危险	警告
易燃固体	易燃固体

表 1-42 自反应物质或混合物

A 型	B 型	C 型和 D 型	E 型和 F 型	G 型
危险	危险	危险	警告	无
加热可引起爆炸	加热可引起燃烧和爆炸	加热可引起燃烧	加热可引起燃烧	无

表 1-43 自热物质和混合物

类别 1	类别 2
危险	警告
自热、可着火	大量时自热;可着火

表 1-44 自燃液体

类别 1

危险
如暴露于空气中会自燃

表 1-45 自燃固体

类别 1

危险
如暴露于空气中会自燃

表 1-46 遇水放出易燃气体的物质或混合物

类别 1	类别 2	类别 3
危险	危险	警告
接触水释放 可自燃着的易燃气体	接触水释放易燃气体	接触水释放易燃气体

表 1-47 氧化性液体

类别 1	类别 2	类别 3
危险	危险	警告
可引起燃烧或爆炸;强氧化剂	可加剧燃烧;氧化剂	可加剧燃烧;氧化剂

表 1-48　氧化性固体

类别 1	类别 2	类别 3
危险	危险	警告
可引起燃烧或爆炸;强氧化剂	可加剧燃烧;氧化剂	可加剧燃烧;氧化剂

表 1-49　有机过氧化物

A 型	B 型	C 型和 D 型	E 型和 F 型	G 型
				无
危险	危险	危险	警告	无
加热可引起爆炸	加热可引起燃烧或爆炸	加热可引起燃烧	加热可引起燃烧	无

表 1-50　金属腐蚀剂

类别 1

警告
可以腐蚀金属

表 1-51　急性毒性

经口急性毒性				
类别 1	类别 2	类别 3	类别 4	类别 5
				无象形图
危险	危险	危险	警告	警告
吞咽致死	吞咽致死	吞咽会中毒	吞咽有害	吞咽可能有害

经皮肤急性毒性				
类别 1	类别 2	类别 3	类别 4	类别 5
				无象形图
危险	危险	危险	警告	警告
皮肤接触致死	皮肤接触致死	皮肤接触会中毒	皮肤接触有害	皮肤接触可能有害

吸入急性毒性				
类别 1	类别 2	类别 3	类别 4	类别 5
				无象形图
危险	危险	危险	警告	警告
吸入致死	吸入致死	吸入会中毒	吸入有害	吸入可能有害

表 1-52　皮肤腐蚀/刺激

类别 1A	类别 1B	类别 1C	类别 2	类别 3
				无象形图
危险	危险	危险	警告	警告
引起严重的皮肤灼伤和眼睛损伤	引起严重的皮肤灼伤和眼睛损伤	引起严重的皮肤灼伤和眼睛损伤	引起皮肤刺激	引起轻微的皮肤刺激

表 1-53　严重眼损伤/眼刺激

类别 1	类别 2A	类别 2B
		无象形图
危险	警告	警告
引起严重的眼睛损伤	引起严重的眼睛刺激	引起眼睛刺激

表 1-54　呼吸或皮肤过敏

呼吸过敏	皮肤过敏
类别1	类别1
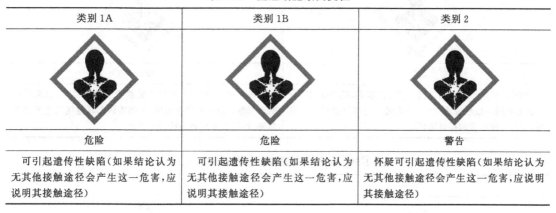	
危险	警告
吸入可能引起过敏或哮喘症状或呼吸困难	可能引起皮肤过敏性反应

表 1-55　生殖细胞致突变性

类别1A	类别1B	类别2
危险	危险	警告
可引起遗传性缺陷(如果结论认为无其他接触途径会产生这一危害,应说明其接触途径)	可引起遗传性缺陷(如果结论认为无其他接触途径会产生这一危害,应说明其接触途径)	怀疑可引起遗传性缺陷(如果结论认为无其他接触途径会产生这一危害,应说明其接触途径)

表 1-56　致癌性

类别1A	类别1B	类别2
危险	危险	警告
可致癌(如果结论认为无其他接触途径会产生这一危害,应说明其接触途径)	可致癌(如果结论认为无其他接触途径会产生这一危害,应说明其接触途径)	怀疑致癌(如果结论认为无其他接触途径会产生这一危害,应说明其接触途径)

表 1-57　生殖毒性

类别1A	类别1B	类别2	附加类别
			无象形图

续表

类别 1A	类别 1B	类别 2	附加类别
危险	危险	警告	无信号词
可能损害生育能力或胎儿（如果已知，说明特异性效应；如果确证无其他接触途径引起危害，说明接触途径）	可能损害生育能力或胎儿（如果已知，说明特异性效应；如果确证无其他接触途径引起危害，说明接触途径）	怀疑损害生育能力或胎儿（如果已知，说明特异性效应；如果确证无其他接触途径引起危害，说明接触途径）	可能对母乳喂养的儿童造成损害

表 1-58　特异性靶器官系统毒性一次接触

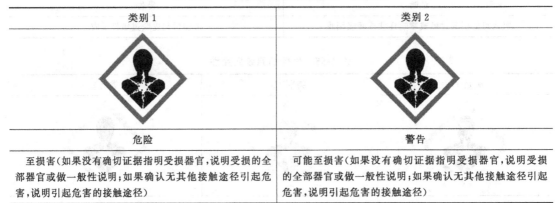

类别 1	类别 2
危险	警告
至损害（如果没有确切证据指明受损器官，说明受损的全部器官或做一般性说明；如果确认无其他接触途径引起危害，说明引起危害的接触途径）	可能至损害（如果没有确切证据指明受损器官，说明受损的全部器官或做一般性说明；如果确认无其他接触途径引起危害，说明引起危害的接触途径）

表 1-59　特异性靶器官系统毒性反复接触

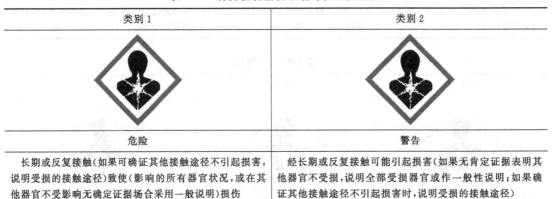

类别 1	类别 2
危险	警告
长期或反复接触（如果可确证其他接触途径不引起损害，说明受损的接触途径）致使（影响的所有器官状况，或在其他器官不受影响无确定证据场合采用一般说明）损伤	经长期或反复接触可能引起损害（如果无肯定证据表明其他器官不受损，说明全部受损器官或作一般性说明；如果确证其他接触途径不引起损害时，说明受损的接触途径）

由于吸入危险性在我国还未转化成为国际标准，因此缺少此种类危险性的标签要素。

表 1-60　对水环境的危害（急性）

类别 1	类别 2	类别 3
	无象形图	无象形图
警告	无信号词	无信号词
对水生生物毒性非常大	对水生生物有毒	对水生生物有害

表1-61 对水环境的危害（慢性）

类别1	类别2	类别3	类别4
		无象形图	无象形图
警告	无信号词	无信号词	无信号词
对水生生物毒性非常大具有长期持续影响	对水生生物有毒并具有长期持续影响	对水生生物有害并具有长期持续影响	可能对水生生物造成长期持续的有害影响

1.4 化学品安全技术说明书和安全标签

《危险化学品安全管理条例》第十五条规定：危险化学品生产企业应当提供与其生产的危险化学品相符的化学品安全技术说明书，并在危险化学品包装（包括外包装件）上粘贴或者拴挂与包装内危险化学品相符的化学品安全标签。化学品安全技术说明书和化学品安全标签所载明的内容应当符合国家标准的要求。

危险化学品生产企业发现其生产的危险化学品有新的危险特性的，应当立即公告，并及时修订其化学品安全技术说明书和化学品安全标签。

1.4.1 化学品安全技术说明书

1.4.1.1 化学品安全技术说明书的概念

化学品安全技术说明书（safety data sheet for chemical products，SDS），提供了化学品（物质或混合物）在安全、健康和环境保护等方面的信息，推荐了防护措施和紧急情况下的应对措施。在一些国家，化学品安全技术说明书又被称为物质安全技术说明书（material safety data sheet，MSDS），但在本书中统一使用化学品安全技术说明书（SDS）。

总体上一种化学品应编制一份化学品安全技术说明书。

1.4.1.2 化学品安全技术说明书的主要作用

化学品安全技术说明书是化学品的供应商向下游用户传递化学品基本危害信息（包括运输、操作处置、储存和应急行动信息）的一种载体。同时化学品安全技术说明书还可以向公共机构、服务机构和其他涉及该化学品的相关方传递这些信息。

化学品安全技术说明书中的每项内容都能使下游用户对安全、健康和环境采取必要的防护或保护措施。

安全技术说明书作为最基础的技术文件，主要用途是传递安全信息，其主要作用体现在以下几点：

① 是化学品安全生产、安全流通、安全使用的指导性文件。

② 是应急作业人员进行应急作业时的技术指南。

③ 为危险化学品生产、处置、储存和使用各环节制订安全操作规程提供技术信息。

④ 是化学品登记注册的主要基础文件和基础资料。

⑤ 是企业安全生产教育的主要内容。

安全技术说明书不可能将所有可能发生的危险及安全使用的注意事项全部表示出来，加之作业场所情形各异，所以安全技术说明书仅是用以提供化学商品基本安全信息，并非产品质量的担保。

1.4.1.3 化学品安全技术说明书的内容

根据 2009 年 2 月 1 日实施新修订的国家标准《化学品安全技术说明书内容和项目顺序》（GB/T 16483—2008），化学品安全技术说明书将按照下面 16 部分提供化学品的信息，每部分的标题、编号和前后顺序不应随意变更。

第 1 部分：化学品及企业标识

主要标明化学品的名称，该部分应与安全标签上的名称一致，建议同时标注供应商的产品代码。

应标明供应商的名称、地址、电话号码、应急电话、传真和电子邮件地址。该部分还应说明化学品的推荐用途和限制用途。

第 2 部分：危险性概述

该部分应标明化学品主要的物理和化学危险性信息，以及对人体健康和环境影响的信息，如果该化学品存在某些特殊的危险性质，也应在此处说明。

如果已经根据联合国《化学品分类及标记全球协调制度》（GHS）对化学品进行了危险性分类，应标明 GHS 危险性类别，同时应注明 GHS 的标签要素，如象形图或符号、防范说明、危险信息和警示词。象形图或符号如火焰、骷髅和交叉骨可以用黑白颜色表示。GHS 分类未包括的危险性（如粉尘爆炸）也应在此除注明。应注明人员接触后的主要症状及应急综述。

第 3 部分：成分/组成信息

该部分应注明该化学品是物质还是混合物。如果是物质，应提供化学名或通用名、美国化学文摘登记号（CAS 号）及其他标识符。

如果某种物质按 GHS 分类标准分类为危险化学品，则应列明包括对该物质的危险性分类产生影响的杂志和稳定剂在内的所有危险组分的化学名或通用名以及浓度或浓度范围。

如果是混合物，不必列明所有组分。如果按 GHS 标准被分类为危险的组分，并且其含量超过了浓度限值，应列明该组分的名称信息、浓度或浓度范围。对已经识别出的危险组分，也应该提供被识别为危险组分的那些组分的化学名或通用名、浓度或浓度范围。

第 4 部分：急救措施

该部分应说明必要时应采取的急救措施及应避免的行动，此处填写的文字应该易于被受害人和（或）施救者理解。

根据不同的接触方式将信息细分为吸入、皮肤接触、眼睛接触和食入。

该部分应简要描述接触化学品后的急性和迟发效应、主要症状和对健康的主要影响，详细资料可在第 11 部分列明。

如有必要，本项应包括对保护施救者的忠告和对医生的特别提示。如有必要，还要给出及时的医疗护理和特殊的治疗。

第 5 部分：消防措施

该部分应说明合适的灭火方法和灭火剂，如有不合适的灭火剂也应在此处标明。应标明化学品的特别危险性（如产品是危险的易燃品）。标明特殊灭火方法及保护消防人员特殊的防护装备。

第 6 部分：泄漏应急处理

该部分应包括以下信息：

① 作业人员防护措施、防护装备和应急处置程序。

② 环境保护措施。

③ 泄漏化学品的收容、清除方法及所使用的处置材料（如果和第13部分不同，列明恢复、中和和清除方法）。提供防止发生次生危害的预防措施。

第7部分：操作处置与储存

操作处置应描述安全处置注意事项，包括防止化学品人员接触、防止发生火灾和爆炸的技术措施和提供局部或全面通风、防止形成气溶胶和粉尘的技术措施等。还应包括防止直接接触不相容物质或混合物的特殊处置注意事项。

储存应描述安全储存的条件（适合的储存条件和不适合的储存条件）、安全技术措施、同禁配物隔离储存的措施、包装材料信息（建议的包装材料和不建议的包装材料）。

第8部分：接触控制和个体防护

此部分须列明容许浓度，如职业接触限值或生物限值。列明减少接触的工程控制方法，该信息是对第7部分内容的进一步补充。如果可能，列明容许浓度的发布日期、数据出处、试验方法及方法来源。列明推荐使用的个体防护设备。如呼吸系统防护、手防护、眼睛防护、皮肤和身体防护。标明防护设备的类型和材质。

化学品若只在某些特殊条件下才具有危险性，如量大、高浓度、高温、高压等，应标明这些情况下的特殊防护措施。

第9部分：理化特性

该部分应提供以下信息：化学品的外观与性状（如物态、形状和颜色）；气味；pH值，并指明浓度；熔点/凝固点；沸点、初沸点和沸程；闪点；燃烧上下极限或爆炸极限；蒸气压；蒸气密度；密度/相对密度；溶解性；n-辛醇/水分配系数；自燃温度；分解温度。

如果有必要，应提供下列信息：气味阈值；蒸发速率；易燃性（固体、气体）。也应提供化学品安全使用的其他资料。必要时，应提供数据的测定方法。

第10部分：稳定性和反应性

该部分应描述化学品的稳定性和在特定条件下可能发生的危险反应。应包括以下信息：应避免的条件（如静电、撞击或震动）；不相容的物质；危险的分解产物，一氧化碳、二氧化碳和水除外。

填写该部分时应考虑提供化学品的预期用途和可预见的错误用途。

第11部分：毒理学信息

该部分应全面、简洁地描述使用者接触化学品后产生的各种毒性作用（健康影响）。应包括以下信息：急性毒性；皮肤刺激或腐蚀；眼睛刺激或腐蚀；呼吸或皮肤过敏；生殖细胞突变性；致癌性；生殖毒性；特异性靶器官系统毒性——一次接性接触；特异性靶器官系统毒性——反复接触；吸入危害。还可以提供下列信息：毒代动力学、代谢和分布信息。如果可能，分别描述一次性接触、反复接触与连续接触所产生的毒作用；迟发效应和即时效应应分别说明。潜在的有害效应，应包括与毒性值（例如急性毒性估计值）测试观察到的有关症状、理化和毒理学特性。应按照不同的接触途径（如吸入、皮肤接触、眼睛接触、食入）提供信息。

如果可能，提供更多的科学实验产生的数据或结果，并标明引用文献资料来源。如果混合物没有作为整体进行毒性试验，应提供每个组分的相关信息。

第12部分：生态学信息

该部分提供化学品的环境影响、环境行为和归宿方面的信息，如：化学品在环境中的预期行为，可能对环境造成的影响/生态毒性；持久性和降解性；潜在的生物累积性以及土壤中的迁移性。

如果可能，提供更多的科学实验产生的数据或结果，并标明引用文献资料来源。如果可能，提供任何生态学限值。

第 13 部分：废弃处置

该部分包括为安全和有利于环境保护而推荐的废弃处置方法信息。这些处置方法适用于化学品（残余废弃物），也适用于任何受污染的容器和包装。

提醒下游用户注意当地废弃处置法规。

第 14 部分：运输信息

该部分包括国际运输法规规定的编号与分类信息，这些信息应根据不同的运输方式，如陆运、海运和空运进行区分。

应包含这些信息：联合国危险货物编号（UN 号）；联合国运输名称；联合国危险性分类；包装组（如果可能）以及海洋污染物（是/否）。提供使用者需要了解或遵守的其他与运输或运输工具有关的特殊防范措施。

可增加其他相关法规的规定。

第 15 部分：法规信息

该部分应标明使用本 SDS 的国家或地区中，管理该化学品的法规名称。提供与法律相关的法规信息和化学品标签信息。

提醒下游用户注意当地废弃处置法规。

第 16 部分：其他信息

该部分应进一步提供上述各项未包括的其他重要信息。例如：可以提供需要进行的专业培训、建议的用途和限制的用途等。

参考文献可在本部分列出。

1.4.1.4 化学品安全技术说明书的编写规定

化学品安全技术说明书共 16 部分内容，要求在 16 部分下面填写相关的信息，该项如果无数据，应写明无数据原因。16 部分中，除第 16 部分"其他信息"外，其余部分不能留下空项。对 16 部分可以根据内容细分出小项，与 16 部分不同的是这些小项不编号。16 部分要清楚地分开，大项标题和小项标题的排版要醒目。

SDS 的每一页都要注明该种化学品的名称，名称应与标签上的名称一致，同时注明日期和 SDS 编号。日期是指最后修订的日期。页码中应包括总的页数，或者显示总页数的最后一页。

SDS 中包含的信息是与组成有关的非机密信息，当化学品是一种混合物时，没有必要编制每个相关组分的单独的 SDS，编制和提供混合物的 SDS 即可。当某种成分的信息不可缺少时，应提供该成分的 SDS。

编写时还需注意：

① 化学品的名称应该是化学名称或用在标签上的化学品的名称。如果化学名称太长，增写名称应在第 1 部分或第 3 部分描述。

② SDS 编号和修订日期（版本号）写在 SDS 的首页，每页可填写 SDS 编号和页码。

③ 第 1 次修订的修订日期和最初编制日期应写在 SDS 的首页。

SDS 正文的书写应该简明、扼要、通俗易懂。推荐采用常用词语。SDS 应该使用用户可接受的语言书写。

1.4.1.5　企业对安全技术说明书的管理要求

（1）危险化学品生产企业

生产企业既是化学品的生产商，又是化学品使用的主要用户，对安全技术说明书的编写和供给负有最基本的责任。

作为用户的一种服务，生产企业必须按照国家法规编写符合标准要求的安全技术说明书，全面详实地向用户提供有关化学品的安全卫生信息。

确保接触化学品的作业人员能方便地查阅相关物质的安全技术说明书。

确保接触化学品的作业人员已接受过专业培训教育，能正确掌握安全使用、储存和处理的操作程序和方法。

有责任在紧急事态下，向医生和护士提供涉及商业秘密的有关医疗信息。

负责更新本企业产品的安全技术说明书（规定要求5年）。

（2）危险化学品使用企业

向供应企业索取最新版本的化学品安全技术说明书。

评审从供应商处索取的安全技术说明书，针对本企业的应用情况补充新的内容，如实填写日期。

对生产企业修订后的安全技术说明书，应用部门应及时索取，根据生产实际所需，务必向生产企业提供增补安全技术说明书内容的详细资料，并据此提供修改本企业危险化学品生产的安全技术操作规程。

（3）危险化学品经营企业

经营化学品的企业所经营的化学品必须附有安全技术说明书。作为对用户的一种服务，提供给用户。

经营进口化学品的企业应负责向供应商、进口商索取最新版本的中文安全技术说明书，随商品提供给用户。

1.4.2　危险化学品安全标签

1.4.2.1　危险化学品安全标签

危险化学品安全标签是针对危险化学品而设计、用于提示接触危险化学品的人员的一种标识。它用简单、明了、易于理解的文字、图形符号和编码的组合形式表示该危险化学品所具有的危险性、安全使用的注意事项和防护的基本要求。根据使用场合的不同，危险化学品安全标签又分供应商标签、作业场所标签和实验室标签。

危险化学品的供应商安全标签是指危险化学品在流通过程中由供应商提供的附在化学品包装上的安全标签。作业场所安全标签又称工作场所"安全周知卡"，是用于作业场所，提示该场所使用的化学品特性的一种标识。实验室用化学品由于用量少、包装小，而且一部分是自备自用的化学品，因此实验室安全标签比较简单。供应商安全标签是应用最广的一种安全标签。

《化学品安全标签编写规定》（GB 15258—2009）对市场上流通的化学品通过加贴标签的形式进行危险性标识，提出安全使用注意事项，向作业人员传递安全信息，以预防和减少化学危害，达到保障安全和健康的目的。

1.4.2.2　化学品安全标签的内容

《化学品安全标签编写规定》规定化学品标签应包括化学品标识、象形图、信号词、危险性说明、防范说明、供应商标识、应急咨询电话、资料参阅提示语、危险信息的先后排序等内容，具体内容如下。

（1）化学品标识

用中文和英文分别标明化学品的化学名称或通用名称。名称要求醒目清晰，位于标签的上方。名称应与化学品安全技术说明书中的名称一致。

对混合物应标出对其危险性分类有贡献的主要组分的化学名称或通用名、浓度或浓度范围。当需要标出的组分较多时，组分个数以不超过5个为宜。对于属于商业机密的成分可以不标明，但应列出其危险性。

（2）象形图

象形图是指由图形符号及其他图形要素，如边框、背景图案和颜色组成，表述特定信息的图形组合。采用化学品分类、警示标签和警示性说明安全规范（GB 20576—2006～GB 20599—2006、GB 20601—2006、GB 20602—2006）规定的象形图，如图1-3所示。

（3）信号词

信号词是指标签上用于表明化学品危险性相对严重程度和提醒接触者注意潜在危险的词语。根据化学品的危险程度和类别，用"危险"、"警告"两个词分别进行危害程度的警示。信号词位于化学品名称的下方，要求醒目、清晰。根据化学品分类、警示标签和警示性说明安全规范（GB 20576—2006～GB 20599—2006、GB 20601—2006、GB 20602—2006），选择不同类别危险化学品的信号词。

（4）危险性说明

危险性说明是指对危险种类和类别的说明，描述某种化学品的固有危险，必要时包括危险程度。此部分要简要概述化学品的危险特性。居信号词下方，根据化学品分类、警示标签和警示性说明安全规范（GB 20576—2006～GB 20599—2006、GB 20601—2006、GB 20602—2006），选择不同类别危险化学品的危险性说明。

（5）防范说明

表述化学品在处置、搬运、储存和使用作业中所必须注意的事项和发生意外时简单有效的救护措施等，要求内容简明扼要、重点突出。该部分应包括安全预防措施、意外情况（如泄漏、人员接触或火灾等）的处理、安全储存措施及废弃处置等内容。

（6）供应商标识

供应商名称、地址、邮编和电话等。

（7）应急咨询电话

填写化学品生产商或生产商委托的24h化学事故应急咨询电话。国外进口化学品安全标签上应至少有一家中国境内的24h化学事故应急咨询电话。

（8）资料参阅示语

提示化学品用户应参阅化学品安全技术说明书。

（9）危险信息先后排序

当某种化学品具有两种及两种以上的危险性时，安全标签的象形图、信号词、危险性说明的先后顺序规定如下。

① 象形图先后顺序。物理危险象形图的先后顺序，根据《危险货物品名表》（GB 12268—2005）中的主次危险性确定，未列入《危险货物品名表》的化学品，以下危险性类别的危险性总是主危险：爆炸物、易燃气体、易燃气溶胶、氧化性气体、高压气体、自反应物质和混合物、发火物质、有机过氧化物。其他主危险性的确定按照联合国《关于危险货物

运输的建议书规章范本》危险性先后顺序确定方法确定。

对于健康危害，按照以下先后顺序：如果使用了骷髅和交叉骨图形符号，则不应出现感叹号图形符号；如果使用了腐蚀图形符号，则不应出现感叹号来表示皮肤或眼睛刺激；如果使用了呼吸致敏物的健康危害图形符号，则不应出现感叹号来表示皮肤致敏物或者皮肤/眼睛刺激。

② 信号词先后顺序。存在多种危险性时，如在安全标签上选用了信号词"危险"，则不应出现信号词"警告"。

③ 危险性说明先后顺序。所有危险性说明都应当出现在安全标签上，按物理危险、健康危害、环境危害顺序排列。

1.4.2.3 危险化学品安全标签的编写

标签正文应使用简捷、明了、易于理解、规范的汉字表述，也可以同时使用少数民族文字或外文，但意义必须与汉字相对应，字形应小于汉字。相同的含义应用相同的文字和图形表示。

标签内象形图的颜色一般使用黑色图形符号加白色背景，方块边框为红色。正文应使用与底色反差明显的颜色，一般采用黑白色。若在国内使用，方块边框可以为黑色。

对不同容量的容器或包装，标签最低尺寸如表 1-62 所示。

表 1-62 标签最低尺寸

容器或包装容/L	标签尺寸/mm×mm	容器或包装容/L	标签尺寸/mm×mm
≤0.1	使用简化标签	>50～≤500	100×150
>0.1～≤3	50×75	>500～≤1000	150×200
>3～≤50	75×100	>1000	200×200

注：对于小于或等于 100mL 的化学品小包装，为方便标签使用，安全标签要素可以简化，包括化学品标识、象形图、信号词、危险性说明、应急咨询电话、供应商名称及联系电话、资料参阅提示语即可。

标签的印刷要求标签的边缘要加一个黑色边框，边框外应留大于或等于 3mm 的空白，边框宽度大于或等于 1cm。象形图必须从较远的距离，已经在烟雾条件下或容器部分模糊不清的条件下也能看到。标签的印刷应清晰，所使用的印刷材料和胶黏材料应具有耐用性和防水性。

1.4.2.4 危险化学品安全标签的使用

（1）危险化学品安全标签的使用方法

安全标签应粘贴、挂拴或喷印在化学品包装或容器的明显位置。当与运输标志组合使用时，运输标志可以放在安全标签的另一面版，将之与其他信息分开，也可放在包装上靠近安全标签的位置，后一种情况下，若安全标签中的象形图与运输标志重复，安全标签中的象形图应删掉。对组合容器，要求内包装加贴（挂）安全标签，外包装上加贴运输象形图，如果不需要运输标志可以加贴安全标签。

（2）危险化学品安全标签的位置

安全标签的粘贴、喷印位置规定如下。

① 桶、瓶形包装：位于桶、瓶侧身；

② 箱状包装：位于包装端面或侧面明显处；

③ 袋、捆包装：位于包装明显处。

（3）危险化学品安全标签在使用过程中应注意的事项

① 安全标签的粘贴、挂拴或喷印应牢固，保证在运输、储存期间不脱落，不损坏。

② 安全标签应由生产企业在货物出厂前粘贴、挂拴或喷印。若要改换包装，则由改换

包装单位重新粘贴、挂拴或喷印标签。

③ 盛装危险化学品的容器或包装，在经过处理并确认其危险性完全消除之后，方可撕下安全标签，否则不能撕下相应的标签。

1.4.2.5 安全标签样例

图 1-4 为危险化学品安全标签样例，图 1-5 为氯乙烯安全标签实例，图 1-6 为危险化学品简化标签样例。

图 1-4 危险化学品安全标签样例

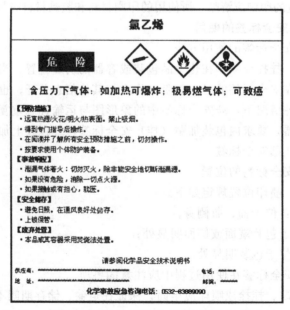

图 1-5 氯乙烯安全标签实例

化学品名称
危 **险** 极易燃液体和蒸气，食入致死，对水生生物毒性非常大
请参阅化学品安全技术说明书
供应商：××××××××××××××××× 电话：××××××
化学事故应急咨询电话：××××××

图 1-6　危险化学品简化标签样例

1.4.2.6　企业对危险化学品标签的管理要求

（1）危险化学品生产企业

必须确保本企业生产的危险化学品在出厂时加贴符合国家标准的安全标签到每个容器或每层包装上，使化学品供应和使用的每一阶段，均能在容器或包装上看到化学品的识别标志。

在获得新的有关安全和健康的资料后，应及时修正安全标签。

确保所有工人都进行过专门的培训教育，能正确识别安全标签的内容，对化学品进行安全使用和处置。

（2）危险化学品使用单位

使用的危险化学品应有安全标签，并应对包装上的安全标签进行核对，若安全标签脱落或损坏，经检查确认后应立即补贴。

购进的化学品进行转移或分装到其他容器内时，转移或分装后的容器应贴安全标签。

确保所有工人都进行过专门的培训教育，能正确识别标签的内容，对化学品进行安全使用和处置。

（3）危险化学品经销、运输单位

经销单位经营的危险化学品必须具有安全标签。

进口的危险化学品必须具有符合我国标签标准的中文安全标签。

运输单位对无安全标签的危险化学品一律不能承运。

1.5　常见危险化学品安全信息获取渠道

安全生产信息主要来自国家安全生产监督管理局政府网站、各省政府网站、各有关大专院校、科研单位、设计单位、专业信息公司以及国外相关行业等网站、订阅报刊、开展调研、参加会议（包括展览会、论坛、研讨会）等。其中，从各种网站获取安全相关信息是最方便快捷的方式。

1.5.1　国外危险化学品安全网站

国际劳工组织网站 http：//www.ilo.org/

国际安全健康委员会 http：//www.nsc.org/

英国健康与安全管理 http://www.hse.gov.uk/
加拿大职业安全健康中心 http://www.ccohs.ca/
日本工业安全与健康协会 http://www.jisha.or.jp/
美国化学安全和危害调查局 http://www.chemsafety.gov/
美国职业安全局 http://www.osha.gov/

1.5.2　国内危险化学品安全网站

1.5.2.1　政府类网站

国家安全生产监督管理总局网站 http://www.chinasafety.gov.cn

中华人民共和国国家安全生产监督管理局（国家煤矿安全监察局）是国务院主管安全生产综合监督管理和煤矿安全监察的直属机构。其网站内容丰富，在其网站不仅可以查到相应的法律法规、事故通报等，还可以通过化学品的危险货物编号、类别、项目、品名、别名、英文名进行危险化学品的查询。查询系统图示如图1-7所示。

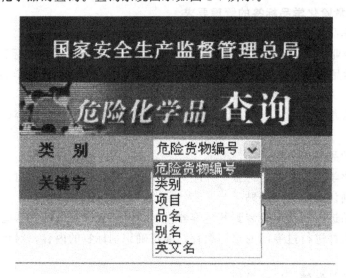

图1-7　危险化学品查询系统

北京安全生产监督管理局网站 http://www.bjsafety.gov.cn

北京市安全生产监督管理局的网站是北京市安全生产监督管理局、北京煤矿安全监察局主办的专业性政府网站。网站承担着发布全市有关安全生产类的政策法规、执法动态、重点工作、安全规划规划、事故通报文件下载、危险化学品、教育考核和其他各类信息的职能，同时还具有网络在线咨询、有奖举报等在线服务业务。

首都安全生产信息网 http://www.bjsafety.org.cn

首都安全生产信息网是由北京市安全生产委员会办公室及北京市安全生产监督管理局主办，由北京市工伤及职业危害预防中心承办的专业性网站。网站承担高危行业安全资格考试的网上报名、成绩查询、证书查询等工作及重大危险源的申报和审核工作。同时网站首页还可以进行危险化学品的信息查询。

此外，对于安监局内部人员可以登录危化品管理—学习园地—知识服务进行危险化学品信息查询，网址为 http：//172.26.14.100/ajjwork/login.jsp

此外，还有一些政府类网站，如：

国家安全生产监督管理总局化学品登记中心 http：//www.nrcc.com.cn/

国家安全生产宣教网 http：//china-safety.org/

中国安全生产协会 http：//www.china-safety.org.cn/

中国化学品安全协会 http：//www.chemicalsafety.org.cn/

中国安全生产科学研究院 http：//www.chinasafety.ac.cn/

江苏省安全生产监督管理局 http：//www.jssafety.gov.cn

山东省安全生产监督管理局 http：//www.sdaj.gov.cn

江西省安全生产监督管理局 http：//www.jxsafety.gov.cn/

香港职业安全健康局 http：//www.oshc.org.hk/

全国中毒控制中心网 http：//www.npcc.org.cn/

北京市消防局 http：//www.bjxfj.gov.cn/

中国职业安全健康协会 http：//www.cosha.org.cn/

1.5.2.2 专业类网站

中国安全网 http：//www.safety.com.cn/

安全文化网 http：//www.anquan.com.cn/

中国安全生产杂志 http：//chinaosh.com.cn/

中国安全生产网 http：//www.aqsc.cn/

化工安全与环境 http：//www.chemsafety.com

思考题

1. 什么是化学品？什么是危险化学品？所有的化学品都是危险化学品吗？

2. GHS 是什么含义？

3. 根据《化学品分类和危险性公示 通则》（GB 13690—2009），危险化学品分为几大类？各类是什么？

4. 爆炸品属于第几类？有几项？第 4 类是什么？

5. 危险化学品辨识依据是什么？危险化学品辨识与分类的一般程序是什么？

6. 为什么要对危险货物（化学品）进行标识？危险货物（化学品）的标志的图形共有多少种？有多少个名称？其图形分别标示了多少类危险货物的主要特性？

7. 危险化学品安全技术说明书的作用是什么？都包含哪些内容？

8. 什么是危险化学品安全标签？其作用是什么？

9. 化学品安全标签包含的内容是什么？

10. 危险化学品安全标签是如何编写的？如何正确使用危险化学品安全标签？

2 危险化学品危害

危险化学品导致的危害是工人、生产经营单位主要负责人和政府共同关注的问题。本章从燃烧、爆炸的基本概念，燃烧爆炸的基本原理入手，从理化危害、健康危害和环境危害三个方面详细介绍了危险化学品的危害及如何预防危险化学品的燃爆危害。重点要求掌握危险化学品的健康危害，加强危险化学品管理，防止中毒事故的发生；认识化学品对环境的危害，最大限度地降低化学品的污染，加强环境保护力度。最后介绍了新修订的《职业病防治法》。

2.1 危险化学品的理化危害

近年来，我国化工系统所发生的各类事故中，由于火灾爆炸导致的人员伤亡为各类事故之首，由此导致的直接经济损失也相当可观。1993 年 8 月 5 日，深圳清水河危险化学品仓库发生特大火灾爆炸事故，导致 15 人死亡，200 余人受伤，其中重伤 25 人，直接经济损失达 2.5 亿元人民币。2012 年 2 月 28 日上午 9 时 4 分左右，位于河北省石家庄市赵县工业园区生物产业园内的河北克尔化工有限责任公司生产硝酸胍的一车间发生重大爆炸事故，造成 25 人死亡、4 人失踪、46 人受伤。这起事故是近一个时期以来危险化学品领域发生的伤亡最严重的事故。这些事故都是由于化学品自身的火灾爆炸危险性造成的。据不完全统计，2000~2002 年，由于化学品的火灾、爆炸所导致的事故占化学品事故的 53%，伤亡人数占所有事故伤亡人数的 50.1%。因此了解化学品的火灾与爆炸危害，正确进行危险性评价，及时采取防范措施，对搞好安全生产、防止事故发生具有重要意义。

2.1.1 燃烧与爆炸的概念

2.1.1.1 燃烧

（1）定义

可燃物与氧或氧化剂发生强烈的氧化反应，同时发出热和光的现象称为燃烧。人们通常说的"起火"、"着火"，就是燃烧一词的通俗叫法。燃烧是一种特殊的氧化反应，这里的"特殊"是指燃烧通常伴随有放热、发光、火焰和发烟等特征。在燃烧过程中，可燃物与氧气化合生成了与原来物质完全不同的新物质。

燃烧反应与一般的氧化反应不同，其特点是燃烧反应激烈、放出热量多，放出的热量足以把燃烧物加热到发光程度，并进行化学反应形成新的物质。除可燃物和氧气的化合反应外，某些物质与氯、硫的蒸气等所发生的化合反应也属于燃烧。如灼热的铁丝能在氯气中燃烧等，它虽然没有同氧气化合，但所发生的反应却是一种激烈的伴有放热和发光的化学反应。

综上所述，燃烧反应必须具有三个特征：剧烈的氧化还原反应；放出大量的热；发光。

（2）燃烧条件

燃烧必须同时具备三要素：可燃物、助燃物（氧化剂）和点火源（着火源）。

① 可燃物。凡能与空气中的氧气或氧化剂起剧烈化学反应的物质称为可燃物。它们可以是固态的，如木材、棉纤维、纸张、硫黄、煤等；液态的，如酒精、汽油、苯、丙酮等；也可以是气态的，如氢气、乙炔、一氧化碳等。

② 助燃物。凡能帮助和支持燃烧的物质，即能与可燃物发生氧化反应的物质称为助燃物。常见的助燃物是广泛存在于空气中的氧气。此外还有氯气以及能够提供氧气的含氧化合物（氧化剂），如氯酸钾、双氧水等。

③ 着火源。凡能引起可燃物质燃烧的能源称为着火源。着火源主要有明火、电弧、电火花、高温、摩擦与撞击以及化学反应热等几种。此外，热辐射、绝热压缩等都可能引起可燃物的燃烧。

要发生燃烧，不仅必须具备以上"三要素"，而且每一个条件都要有一定的量且相互作用，燃烧才能发生。例如氢气在空气中的体积分数少于 4% 时，便不能点燃。一般可燃物质在含氧量低于 14% 的空气中不能燃烧。一根火柴燃烧时释放出的热量，不足以点燃一根木材或一堆煤。反过来，对于已经发生的燃烧，只要消除其中任何一个条件，燃烧便会终止。这就是灭火的原理。

（3）燃烧形式

任何物质的燃烧必经氧化分解、着火和燃烧三个过程。

由于可燃物质存在的状态不同，所以它们的燃烧过程也不同，燃烧的形式也是多种多样的。

按参加燃烧反应相态的不同，可分为均一系燃烧和非均一系燃烧。均一系燃烧是指燃烧反应在同一相中进行，如氢气在氧气中燃烧，煤气在空气中燃烧均属于均一系燃烧。与此相反，在不同相内进行的燃烧叫非均一系燃烧。如石油、苯和煤等液、固体的燃烧均属非均一系燃烧。

根据可燃气体的燃烧过程，又分为混合燃烧和扩散燃烧两种形式。可燃气体和空气（或氧气）预先混合成混合可燃气体的燃烧称混合燃烧。混合燃烧由于燃料分子与氧分子充分混合，所以燃烧时速度很快，温度也高。另一类就是可燃气体，如煤气，直接由管道中喷出点燃，在空气中燃烧，这时可燃气体分子与空气中的氧分子通过互相扩散，边混合边燃烧，这种燃烧称为扩散燃烧。

根据燃烧反应进行的程度（燃烧产物）分为完全燃烧和不完全燃烧。

在可燃液体燃烧中，通常不是液体本身燃烧而是由液体产生的蒸气进行燃烧，这种形式的燃烧叫蒸发燃烧。

很多固体或不挥发性液体，由于热分解而产生可燃烧的气体而发生燃烧，这种燃烧叫分解燃烧。像硫在燃烧时，首先受热熔化（并有升华），继而蒸发形成蒸气而燃烧；而复杂固体，如木材和煤，燃烧时先是受热分解，生成气态和液态产物，然后气态和液体产物的蒸气再氧化燃烧。

蒸发燃烧和分解燃烧均有火焰产生，因此属于火焰燃烧。当可燃固体燃烧到最后，分解不出可燃气体时，只剩下碳；燃烧是在固体的表面进行的，看不出扩散火焰，这种燃烧称为表面燃烧（又称为均热型燃烧），如焦炭、金属铝、镁的燃烧。木材的燃烧是分解燃烧与表面燃烧交替进行的。

（4）燃烧的种类

燃烧因起因不同分为闪燃、着火和自燃。

① 闪燃。任何液体表面都有一定数量的蒸气存在，蒸气的浓度取决于该液体所处的温度，温度越高则蒸气浓度越大。在一定温度下。易（可）燃液体表面上的蒸气和空气混合物与火焰接触时，能闪出火花，但随即熄灭，这种瞬间燃烧的过程叫闪燃。闪燃往往是着火的先兆，能使可燃液体发生闪燃的最低温度称为该液体的闪点。在闪点温度，液体蒸发速度较慢，表面上积累的蒸气遇火瞬间即已烧尽，而新蒸发的蒸气还来不及补充，所以不能持续燃烧。

闪点是评价液体化学品燃烧危险性的重要参数，闪点越低，它的火灾危险性越大。常见易（可）燃液体的闪点见表 2-1。

表 2-1　常见易（燃、可）燃液体的闪点

液体名称	闪点/℃	液体名称	闪点/℃
汽油	−42.8	乙醚	−45
石油醚	−50	乙醛	−39
二硫化碳	−30	原油	−35
丙酮	−19	醋酸丁酯	22
辛烷	−16	石脑油	25
苯	−11.1	丁醇	29
醋酸乙酯	−4.4	氯苯	29
甲苯	4.4	煤油	30～70
甲醇	9	重油	80～130
乙醇	11.1	乙二醇	100

② 着火。可燃物质在有足够助燃物质（如充足的空气、氧气）的情况下，因着火源作用引起的持续燃烧现象，称为着火。使可燃物质发生持续燃烧的最低温度称为该液体的着火点（燃点）。物质的燃点越低，越容易着火。液体的闪点低于它的燃点，两者的差与闪点高低有关。闪点高则差值大，闪点在 100℃ 以上时，两者相差可达 30℃；闪点低则差值小，易燃液体的燃点与闪点就非常接近，对易燃液体来说，一般燃点高于闪点 1～5℃。一些可燃物的燃点见表 2-2。

表 2-2　一些可燃物的燃点

物质名称	燃点/℃	物质名称	燃点/℃
樟脑	70	有机玻璃	260
石蜡	158～195	聚丙烯	270
赤磷	160	醋酸纤维	320
硝酸纤维	180	聚乙烯	400
硫黄	255	聚苯乙烯	400
松香	216	吡啶	482

③ 自燃。可燃物质在助燃性气体中（如空气），无外界明火的直接作用下，因受热或自行发热能引燃并持续燃烧的现象，称为自燃。

自燃不需要点火源。在一定条件下，可燃物质产生自燃的最低温度为自燃点，也称引燃温度，自燃点是衡量可燃物质火灾危险性的又一个重要参数。可燃物的自燃点越低，越易引起自燃，其火灾危险性越大。一些可燃物质的自燃点见表2-3。

表2-3　一些可燃物质的自燃点

物质名称	自燃点/℃	物质名称	自燃点/℃
二硫化碳	102	二甲苯	465
乙醚	170	丙烷	466
硫化氢	260	乙酸甲酯	475
汽油	280	乙酸	485
乙酸酐	315	乙烷	515
重油	380～420	甲苯	535
煤油	380～425	甲烷	537
丙醇	405	丙酮	537
乙醇	422	天然气	550～650
乙苯	430	苯	555
甲胺	430	一氧化碳	605
甲醇	455	氨	630

自燃又可分为受热自燃和自热自燃。

在化工生产中，由于可燃物靠近蒸汽管道、加热或烘烤过度、化学反应的局部过热等，均可发生自燃。可燃物质在外界热源作用下，温度逐渐升高，当达到自燃点时，即可着火燃烧，称为受热自燃。物质发生受热自燃取决于两个条件：一是要有外界热源；二是有热量积蓄的条件。在化工生产中，由于可燃物料靠近或接触高温设备、烘烤过度、熬炼油料或油溶温度过高、机械转动部件润滑不良而摩擦生热、电气设备过载或使用不当造成温度上升而加热等，都有可能造成受热自燃的发生。如合成橡胶干燥工段，若橡胶长期积聚在蒸汽加热管附近，则极易引起橡胶的自燃；合成橡胶干燥尾气用活性炭纤维吸附时，若用水蒸气高温解吸后不能立即降温，某些防老剂则极易发生自燃事故，导致吸附装置烧毁。

某些物质在没有外来热源影响下，由于物质内部所发生的化学、物理或生化过程而产生热量，并逐渐积聚导致温度上升，达到自燃点使物质发生燃烧，这种现象称为自热自燃。造成自热自燃的原因有氧化热、分解热、聚合热、发酵热等。常见的自热自燃物质有：自燃点低的物质，如磷、磷化氢；遇空气氧气发热自燃的物质，如油脂类、锌粉、铝粉、金属硫化物、活性炭；自燃分解发热物质，如硝化棉；易产生聚合热或发酵热的物质，如植物类产品、湿木屑等。危险化学品在储存、运输等过程中遇到的大多是自热自燃现象。

综上，引起自热自燃是有一定条件的：首先，必须是比较容易产生反应热的物质，例如，那些化学上不稳定的容易分解或自聚合并发生反应热的物质，能与空气中的氧作用而产生氧化热的物质以及由发酵而产生发酵热的物质等；其次，此类物质要具有较大的比表面积或是呈多孔隙状的，如纤维、粉末或重叠堆积的片状物质，并有良好的绝热和保温性能；第三，热量产生的速度必须大于向环境散发的速度。满足了这三个条件，自热自燃才会发生。

因此，预防自热自燃的措施，也就是设法防止这三个条件的形成。

2.1.1.2 爆炸

(1) 爆炸特征

系统自一种状态迅速转变为另一种状态，并在瞬间以对外做机械功的形式放出大量能量的现象称为爆炸。爆炸是一种极为迅速的物理或化学的能量释放过程。

爆炸现象一般具有如下特征：爆炸过程进行得很快；爆炸产生冲击波，爆炸点附近瞬间压力急剧上升；发出声响，产生爆炸声；具有破坏力，使周围建筑物或装置发生震动或遭到破坏。

(2) 爆炸的分类

根据爆炸发生的不同原因，可将其分为物理爆炸、化学爆炸和核爆炸三大类；按其爆炸速度分为轻爆、爆炸和爆轰；而按反应相又可分为气相爆炸、凝固相爆炸等。

危险化学品的防火防爆技术中，通常遇到的是物理爆炸和化学爆炸。

① 物理爆炸。物理爆炸由物质的物理变化所致，其特征是爆炸前后系统内物质的化学组成及化学性质均不发生变化。物理爆炸主要是指压缩气体、液化气体和过热液体在压力容器内，由于某种原因使容器承受不住压力而破裂，内部物质迅速膨胀并释放出大量能量的过程。如蒸汽锅炉或装有液化气、压缩气体的钢瓶受热超压引起的爆炸。

② 化学爆炸。化学爆炸是由物质的化学变化造成的，其特征是爆炸前后物质的化学组成及化学物质都发生了变化。化学爆炸按爆炸时所发生的化学变化，又可分为简单分解爆炸、复杂分解爆炸和爆炸性混合物爆炸。

爆炸性混合物爆炸比较普遍，化工企业中发生的爆炸多属于此类。所有可燃气体、可燃液体蒸气和可燃粉尘与空气或氧气组成的混合物发生的爆炸称为爆炸性混合物爆炸。其爆炸过程与气体的燃烧过程相似，主要区别在于燃烧的速度不同，燃烧反应的速度较慢，而爆炸时的反应速度很快。

如果可燃气体或液体蒸气与空气的混合是在燃烧过程中进行的，则发生稳定燃烧（扩散燃烧），如火炬燃烧、气焊燃烧、燃气加热等。但是如果可燃气体或液体蒸气与空气在燃烧之前按一定比例混合，遇火源则发生爆炸。尤其是在燃烧之前即气体扩散阶段形成的一个足够大的云团，如在一个作业区域内发生泄漏，经过一段延迟时期后再点燃，则会产生剧烈的蒸气云爆炸，形成大范围的破坏，这是要极力避免的。

2.1.1.3 爆炸极限及影响因素

(1) 爆炸极限的概念

可燃气体、可燃蒸气或可燃粉尘与空气组成的混合物，当遇点火源时易发生燃烧爆炸，但并非在任何浓度下都会发生，只有达到一定的浓度时，在火源的作用下才会发生爆炸。这种可燃物在空气中形成爆炸混合物的最低浓度称为该气体、蒸气或粉尘的爆炸下限，最高浓度称为爆炸上限。可燃物在爆炸上限和爆炸下限之间都能发生爆炸，这个浓度范围称为该物质的爆炸极限。

可燃性混合物的爆炸极限范围越宽，其爆炸的危险性越大，这是因为爆炸极限越宽，则出现爆炸条件的机会就越多。爆炸下限越低，少量可燃物（如可燃气体稍有泄漏）就会形成爆炸条件；爆炸上限越高，则有少量空气渗入容器，就能与容器内的可燃物形成爆炸条件。

浓度在下限以下或上限以上的混合物是不会着火或爆炸的。浓度在下限以下时，体系内有过量的空气，由于空气的冷却作用，阻止了火焰的蔓延；浓度在上限以上时，含有过量的可燃物，但空气不足，缺乏助燃的氧气，火焰也不能蔓延，但此时若补充空气，也是有火灾变成爆炸的危险的。因此对上限以上的可燃气体或蒸气与空气的混合气，通常仍认为它们是危险的。

爆炸极限通常用可燃气体或可燃蒸气在空气混合物中的体积百分数（％）来表示，可燃粉尘则用 g/m^3 表示。例如：乙醇的爆炸范围为 3.5％～19.0％，3.5％称为爆炸下限，19.0％称为爆炸上限。通常的爆炸极限是在常温、常压的标准条件下测定出来的，它随温度、压力的变化而变化。

一些可燃气体、可燃蒸气的爆炸极限见表 2-4。

表 2-4　一些可燃气体、可燃蒸气的爆炸极限

可燃气体或蒸气	分子式	爆炸极限/％	
		下限	上限
氢气	H_2	4.0	75.6
氨	NH_3	15.0	28.0
一氧化碳	CO	12.5	74.0
甲烷	CH_4	5.0	15.0
乙烷	C_2H_6	3.0	15.5
乙烯	C_2H_4	2.7	34.0
苯	C_6H_6	1.2	8.0
甲苯	C_7H_8	1.4	6.7
环氧乙烷	C_2H_4O	3.0	80.0
乙醚	$(C_2H_5)O$	1.9	48.0
乙醛	CH_3CHO	4.1	55.0
丙酮	$(CH_3)_2CO$	2.5	13.0
乙醇	C_2H_5OH	3.5	19.0
甲醇	CH_3OH	5.5	36.0
乙酸乙酯	$C_4H_8O_2$	2.1	11.5

粉尘混合物达到爆炸下限时所含粉尘量已经相当多，以像云一样的形态存在，这种浓度只有在设备内部或其扬尘点附近才能达到。至于爆炸上限，因为太大，以致大多数场合都不会达到，因此没有实际意义。一些可燃粉尘的爆炸下限见表 2-5。

表 2-5　一些可燃粉尘的爆炸下限

粉尘名称	爆炸下限/(g/m³)	粉尘名称	爆炸下限/(g/m³)
松香	15	酚醛树脂	36～49
聚乙烯	26～35	铝(含油)	37～50
聚苯乙烯	27～37	镁	44～59
萘	28～38	赤磷	48～64
硫黄	35	铁粉	153～204
炭黑	36～45	锌	212～284

（2）影响爆炸极限的因素

影响爆炸极限的因素很多，主要包括以下几项：

① 原始温度。爆炸性气体混合物的原始温度越高，则爆炸极限范围越宽，即下限降低，上限升高，其爆炸危险性增加。如丙酮在原始温度为0℃时，爆炸极限为4.2%～8.0%，当原始温度为100℃时，爆炸极限则为3.2%～10.0%。

② 原始压力。在增加压力的情况下，爆炸极限的变化不大。一般压力增加，爆炸极限的范围扩大，其上限随压力增加较为显著；压力降低，爆炸极限的范围会变小。

③ 介质。混合物中含氧量增加，爆炸极限范围扩大，尤其是爆炸上限的提高很明显。但如果爆炸性混合物中的惰性气体含量增加，则爆炸极限的范围就会缩小，当惰性气体达到一定浓度时，混合物就不再爆炸。这是由于惰性气体加入混合物后，使可燃物分子与氧分子隔离，使它们之间形成不燃的"障碍物"。

④ 着火源。爆炸性混合物的点火能源，如电火花的能量、炽热表面的面积、着火源与混合物接触的时间长短等，对爆炸极限都有一定的影响，随点火能量的加大，爆炸极限范围变宽。

⑤ 容器。容器的尺寸和材质对物质的爆炸极限具有影响。容器、管子的直径减小，则物质的爆炸极限范围缩小。当管径小到一定程度时，火焰便会熄灭。容器的材质对爆炸极限也有影响，如氢和氟在玻璃容器中混合，即使在液态空气的温度下，置于黑暗中也会发生爆炸，而在银质容器中，在常温下才会发生反应。

2.1.2　火灾与爆炸的危害

火灾与爆炸都会带来生产设施的重大破坏和人员伤亡，但两者的发展过程显著不同。火灾是在起火后火场逐渐蔓延扩大，随着时间的延续，损失数量迅速增长，损失大约与时间的平方成比例，如火灾时间延长一倍，损失可能增加四倍。爆炸则是猝不及防，可能仅一秒钟内爆炸过程已经结束，设备损坏、厂房倒塌、人员伤亡等巨大损失也将在瞬间发生。

爆炸通常伴随发热、发光、压力上升、真空和电离等现象，具有很强的破坏作用。它与爆炸物的数量和性质、爆炸时的条件以及爆炸位置等因素有关。主要破坏形式有以下四种。

2.1.2.1　直接的破坏作用

机械设备、装置、容器等爆炸后产生许多碎片，飞出后会在相当大的范围内造成危害。一般碎片在100～500m内飞散。如1979年，某厂液氯钢瓶爆炸，钢瓶的碎片最远飞离爆炸中心830m，其中碎片击穿了附近的液氯钢瓶、液氯计量槽、储槽等，导致大量氯气泄漏，发展成为重大恶性事故，死亡59人，伤779人。

2.1.2.2　冲击波的破坏作用

物质爆炸时，产生的高温高压气体以极高的速度膨胀，像活塞一样挤压周围空气，把爆炸反应释放出的部分能量传递给压缩的空气层，空气受冲击而发生扰动，使其压力、密度等产生突变，这种扰动在空气中传播就称为冲击波。

冲击波的传播速度极快，在传播过程中，可以对周围环境中的机械设备和建筑物产生破坏作用和使人员伤亡。冲击波还可以在它的作用区域内产生震荡作用，使物体因震荡而松散，甚至破坏。

冲击波的破坏作用主要是由其波阵面上的超压引起的。在爆炸中心附近，空气冲击波波阵面上的超压可达几个甚至十几个大气压，在这样高的超压作用下，建筑物被摧毁，机械设备、管道等也会受到严重破坏。当冲击波大面积作用于建筑物时，波阵面超压在20～30kPa内，就足以使大部分砖木结构建筑物受到强烈破坏。超压在100kPa以上时，除坚固的钢筋混凝土建筑外，其余部分将全都被破坏。

2.1.2.3　造成火灾

爆炸发生后，爆炸气体产物的扩散只发生在极其短促的瞬间内，对一般可燃物来说，不足以造成起火燃烧，而且冲击波造成的爆炸风还有灭火作用。但是爆炸时产生的高温高压和建筑物内遗留大量的热或残余火苗，会把从破坏的设备内部不断流出的可燃气体、易燃或可燃液体的蒸气点燃，也可能把其他易燃物点燃引起火灾。

当盛装易燃物的容器、管道发生爆炸时，爆炸抛出的易燃物有可能引起大面积火灾，这种情况在油罐、液化气瓶爆破后最易发生。正在运行的燃烧设备或高温的化工设备被破坏，其灼热的碎片可能飞出，点燃附近储存的燃料或其他可燃物，引起火灾。如某液化石油气厂2号球罐破裂时，涌出的石油气遇明火而燃烧爆炸，大火持续了整整 23 个小时，造成了巨大的损失。

2.1.2.4　造成中毒和环境污染

在实际生产中，许多物质不仅是可燃的，而且是有毒的，发生爆炸事故时，会使大量有害物质外泄，造成人员中毒和环境污染。

2.2　危险化学品的健康危害

随着社会的发展，化学品的应用越来越广泛，生产及使用量也随之增加，因而生活于现代社会的人类都有可能通过不同途径，不同程度地接触到各种化学物质，尤其是化学品工作场所的工人接触化学品的机会将更多。

化学品对健康的影响从轻微的皮疹到一些急、慢性伤害甚至癌症，而且可能导致职业病。如现在已经有 150～200 种危险化学品被认为是致癌物。如果有毒品和腐蚀品因生产事故或管理不当而散失，则可能引起中毒事故，危及人的生命。如 1984 年 12 月 4 日，美国联合碳化物公司设在印度博帕尔市的一家农药厂发生异氰酸甲酯（杀虫剂的主要成分）外泄事故，导致重大灾难，引起全世界的震惊。

2000～2002 年的化学事故统计显示，由中毒导致的人员伤亡占总化学事故伤亡的49.9%。因此了解化学物质对人体危害的基本知识，对于加强危险化学品管理，防止中毒事故的发生是十分必要的。

2.2.1　毒物的概念

2.2.1.1　毒物的定义

毒物通常是指较小剂量的化学物质，在一般条件下，作用于肌体与细胞成分产生生物化学作用或生物物理学变化，扰乱或破坏肌体的正常功能，引起功能性或器质性改变，导致暂时性或持久性病理损害，甚至危及生命者。

从理论上讲，在一定条件下，任何化学物质只要给予足够剂量，都可引起生物体的损害。也就是说，任何化学品都是有毒的，所不同的是引起生物体损害的剂量。习惯上，人们把较小剂量就能引起生物体损害的那些化学物质叫作毒物，其余为非毒物。但实际上，毒物与非毒物之间并不存在着明确和绝对的量限，而只是以引起生物体损害的剂量大小相对地加以区别。

工业毒物（生产性毒物）是指工业生产中的有毒化学物质。

2.2.1.2　毒物的形态和分类

在一般条件下，毒物常以一定的物理形态（即固体、液体或气体）存在，但在生产环境中，随着加工或反应等不同过程，则可呈出粉尘、烟尘、雾、蒸气和气体等五种状态造成污染。烟尘和雾，又称为气溶胶。

毒物可按各种方法予以分类：①按化学结构分类；②按用途分类；③按进入途径分类；④按生物作用分类。毒物的生物作用，又可按其作用的性质和损害的器官或系统加以区分。

毒物按作用的性质可分为：①刺激性；②腐蚀性；③窒息性；④麻醉性；⑤溶血性；⑥致敏性；⑦致癌性；⑧致突变性；⑨致畸性等。

毒物按损害的器官或系统则可分为：①神经毒性；②血液毒性；③肝脏毒性；④肾脏毒性；⑤全身毒性等毒物。有的毒物主要具有一种作用，有的具有多种或全身性的作用。

2.2.1.3 毒物的毒性

毒性是毒物最显著的特征。毒性通常是指某种毒物引起肌体损伤的能力，它是同进入人体内的量相联系的，所需剂量（浓度）愈小，表示毒性愈大。

毒性除用死亡表示毒性外，还可用肌体的其他反应表示，如引起某种病理改变、上呼吸道刺激、出现麻醉和某些体液的生物化学改变等。引起肌体发生某种有毒性作用的最小剂量（浓度）称为阈剂量（阈浓度），不同的反应指标有不同的阈剂量（阈浓度），如麻醉阈剂量（浓度）、上呼吸道刺激阈浓度、嗅觉阈浓度等。最小致死量（浓度）也是阈剂量（浓度）的一种。一次染毒所得的阈剂量（浓度）称为急性阈剂量（浓度），长期多次染毒所得的称为慢性阈剂量（浓度）。

上述各种剂量通常用毒物的质量（mg）与动物的每千克体重之比，即用毫克/千克（mg/kg）来表示。浓度表示方法，常用 $1m^3$（或 1L）空气中的质量（mg 或 g）（mg/m^3、g/m^3、mg/L、g/L）表示。

毒物从化学组成和毒性大小上可分为以下几种：

① 无机剧毒品。如氰化钾、氰化钠等氰化合物，砷化合物，汞、铍、铊、磷的化合物等。

② 有机剧毒品。如硫酸二甲酯、磷酸三甲苯酯、四乙基铅、醋酸苯汞及某些有机农药等。

③ 无机有毒品。如氯化钡、氟化钠等铅、钡、氟的化合物。

④ 有机有毒品。如四氯化碳、四氯乙烯、甲苯二异氰酸酯、苯胺及农药、鼠药等。

2.2.2 毒物进入人体的途径

毒物主要是以三种不同途径进入人体的。

生命离不开呼吸，因此在工业生产中，通过呼吸吸入气体、蒸气或飘尘，再通过肺部吸收是毒物进入人体的最主要途径。其次，许多毒物通过与皮肤直接接触而被身体吸收。在个人卫生习惯较差的地方，毒物也可经口腔、食道进入人体，但比较次要。

2.2.2.1 呼吸道吸入

呼吸道是工业生产中毒物进入体内的最重要的途径。凡是以气体、蒸气、雾、烟、粉尘形式存在的毒物，均可经呼吸道侵入人体内。人的肺脏由亿万个肺泡组成，肺泡壁很薄，壁上有丰富的毛细血管，毒物一旦进入肺脏，很快就会通过肺泡壁进入血液循环而被运送到全身。通过呼吸道吸收最重要的影响因素是其在空气中的浓度，浓度越高，吸收越快。

2.2.2.2 皮肤吸收

在工业生产中，毒物经皮肤吸收引起中毒亦比较常见。皮肤是人体最大的器官，具有能和毒物接触的最大表面积。某些毒物可渗透过皮肤进入血液，再随血液流动到达身体的其他部位。甲苯等有机溶剂都是能被皮肤吸附并渗透的化学品,在油漆生产中使用的矿物溶剂等都是很容易经皮肤渗透的。脂溶性毒物经表皮吸收后,还需有水溶性,才能进一步扩散和吸收,所以水、脂都溶的物质(如苯胺)易被皮肤吸收。如果皮肤受到损伤,如:切伤或擦伤或皮肤病变时,毒物更易通过皮肤进入体内。

2.2.2.3 消化道摄入

食入是毒物进入人体内的第三条主要途径。在工业生产中,毒物经消化道吸收多半是由于个人卫生习惯不良,手沾染的毒物随进食、饮水或吸烟等进入消化道。食入的另一种情况是毒物由呼吸道吸入后经气管转送到咽部,然后被咽下。

2.2.3 毒物对人体的危害

毒物经吞食、吸入或皮肤接触进入人体后,累积达到一定的量,能与体液和器官组织发生生物化学作用或生物物理学作用,扰乱或破坏肌体的正常生理功能,引起某些器官和系统暂时性或持久性的病理改变,甚至危及生命。有毒物质对人体的危害主要为引起中毒。化学品的毒性效应可分成急性和慢性,取决于暴露的浓度和暴露时间的长短。毒物对人体的毒副作用因暴露的形式和类型不同又分为多种临床类型。按照《化学品分类和危险性公示　通则》(GB 13690—2009),毒物对健康的危害共有 10 类。

2.2.3.1 急性毒性

急性毒性是指在单剂量或者在 24h 内多剂量经口或皮肤接触一种物质,或吸入接触 4h 后出现的有害效应。它同时也是判断一个化学品是否为有毒品的一个重要指标。

2.2.3.2 皮肤腐蚀/刺激

(1)皮肤腐蚀

皮肤腐蚀是对皮肤造成不可逆性损伤,即将受试物在皮肤上涂敷 4h 后,可出现可见的表皮至真皮的坏死。典型的腐蚀反应具有溃疡、出血、血痂的特征,而且在观察期 14 天结束时皮肤、完全脱发区域和结痂处由于漂白而褪色,应考虑通过组织病理学来评估可疑的病变。

(2)皮肤刺激

皮肤刺激是施用试验物质达到 4h 后对皮肤造成可逆损伤。

工业性皮肤病占职业病总数的 50%～70%。当某些化学品和皮肤接触时,化学品可使皮肤保护层脱落,从而引起皮肤干燥、粗糙、疼痛,这种情况称作皮炎,许多化学品能引起皮炎。

工作场所数百种物质如各种有机溶剂、环氧树脂、酸、碱或金属等都能引起皮肤病,症状是红热、发痒、变粗糙。

刺激性皮炎是由摩擦、冷、热、酸、碱以及刺激性气体引起的。接触上述物质时间短、浓度高或浓度低但却反复接触,都可引起皮炎。

2.2.3.3 严重眼损伤/眼刺激

化学品和眼部接触导致的伤害,轻者会有轻微的、暂时性的不适,重者则会造成永久性的伤残,伤害严重程度取决于中毒的剂量及采取急救措施的快慢。严重眼损伤是在眼前部施加试验物质之后,对眼部造成在施用 21d 内并不完全可逆的组织损伤,或严重的视觉物理衰退。眼刺激是在眼前部施加试验物质之后,在眼部造成在施用 21d 内完全可逆的变化。酸、碱和一些溶剂都是引起眼部刺激的常见化学品。

2.2.3.4　呼吸或皮肤过敏

接触某些化学品可引起过敏，开始接触时可能不会出现过敏症状，然而长时间地暴露于某种化学物质中会引起身体的反应。即便是接触低浓度化学物质也会产生过敏反应，皮肤和呼吸系统都可能会受到过敏反应的影响。

（1）呼吸过敏

呼吸过敏物是吸入后会导致气管超过敏反应的物质。

雾状、气态、蒸气化学刺激物和上呼吸道（鼻和咽喉）接触时，会导致产生火辣辣的感觉，这一般是由可溶物引起的，如氨水、甲醛、二氧化硫、酸、碱，它们易被鼻咽部湿润的表面所吸收。处理这些化学品必须小心对待，如在喷洒药物时，就要防止吸入这些蒸气。

有些化学物质对气管的刺激可引起支气管炎，甚至严重损害气管和肺组织，如二氧化硫、氯气、煤尘等。一些化学物质将会渗透到肺泡区，引起强烈的刺激。在工作场所一般不易检测这些化学物质，但它们能严重危害工人健康。化学物质和肺组织反应马上或几个小时后便引起肺水肿。这种症状由强烈的刺激开始，随后会出现咳嗽、呼吸困难（气短）、缺氧以及痰多。例如二氧化氮、臭氧以及光气等物质就会引起上述反应。

呼吸系统对化学物质的过敏能引起职业性哮喘，这种症状的反应常包括咳嗽，特别是夜间，以及呼吸困难，如气喘和呼吸短促，引起这种反应的化学品有甲苯、聚氨酯、福尔马林等。

（2）皮肤过敏

皮肤过敏物是皮肤接触后会导致过敏反应的物质。

皮肤过敏是一种看似皮炎（皮疹或水疱）的症状，这种症状不一定在接触的部位出现，而可能在身体的其他部位出现，引起这种症状的化学品如环氧树脂、胺类硬化剂、偶氮染料、煤焦油衍生物和铬酸等。过敏可能是长时间接触或反复接触的结果，并通常在 $10 \sim 30 d$ 内发生。一旦过敏后，小剂量的接触就能导致严重反应。有些物质如有机溶剂、铬酸和环氧树脂既能导致刺激性皮炎，又能导致过敏性皮炎。生产塑料、树脂以及炼油的工人经常会受到过敏性皮炎的侵袭。

2.2.3.5　生殖细胞致突变性

突变是指细胞中遗传物质数量或结构发生永久性改变。本危险类别涉及的主要是可能导致人类生殖细胞发生可传播给后代的突变的化学品，这些化学品对工人遗传基因的影响可能导致后代发生异常，实验结果表明，$80\% \sim 85\%$ 的致癌化学物质对后代有影响。

2.2.3.6　致癌性

致癌物是指可导致癌症或增加癌症发生率的化学物质或化学物质混合物。

在操作良好的动物实验研究中，诱发良性或恶性肿瘤的物质通常可认为或可疑为人类致癌物，除非有确切证据表明形成肿瘤的机制与人类无关。

长期接触一定的化学物质可能引起细胞的无节制生长，形成癌性肿瘤。这些肿瘤可能在第一次接触这些物质以后许多年才表现出来，这一时期被称为潜伏期，一般为 $4 \sim 40$ 年。造成职业肿瘤的部位是多样的，未必局限于接触区域，如砷、石棉、铬、镍等物质可能导致肺癌；鼻腔癌和鼻窦癌是由铬、镍、木材、皮革粉尘等引起的；膀胱癌与接触联苯胺、2-萘胺、皮革粉尘等有关；皮肤癌与接触砷、煤焦油和石油产品等有关；接触氯乙烯单体可引起肝癌；接触苯可引起再生障碍性贫血。

2.2.3.7　生殖毒性

生殖毒性包括对成年男性和女性性功能和生育能力的有害影响，以及在后代中的发育毒性。

毒物可对接触者的生殖器官、有关内分泌系统、性周期和性行为、生育力、妊娠过程、分娩过程等方面产生影响。

接触一定的化学物质可能对生殖系统产生影响，导致男性不育，怀孕妇女流产，如二溴乙烯、苯、氯丁二烯、铅、有机溶剂和二硫化碳等化学物质与男性工人不育有关，接触麻醉性气体、戊二醛、氯丁二烯、铅、有机溶剂、二硫化碳和氯乙烯等化学物质与女性工人流产有关。

接触某些化学品可能对未出生胎儿造成危害，尤其在怀孕的前三个月，脑、心脏、胳膊和腿等重要器官正在发育，一些研究表明，某些化学物质，如麻醉性气体、水银和有机溶剂等，可能干扰正常的细胞分裂过程，从而导致了胎儿结构异常畸形、生长改变或功能缺陷，甚至造成发育中的胎儿死亡。

有些生殖毒性效应不能明确地归因于性功能和生育能力受损害或者发育毒性，尽管如此，具有这些效应的化学品将划为生殖有毒物并附加一般危险说明。

2.2.3.8 特异性靶器官系统毒性——一次接触

由一次接触产生特异性的、非致命性靶器官系统毒性的物质。包括产生即时的和/或延迟的、可逆性或不可逆性功能损害的各种明显的健康效应。

2.2.3.9 特异性靶器官系统毒性——反复接触

由反复接触产生特异性的、非致命性靶器官系统毒性的物质。包括产生即时的和/或延迟的、可逆性或不可逆性功能损害的各种明显的健康效应。

2.2.3.10 吸入危险

吸入是指液态或固态化学品通过口腔或鼻腔，直接进入或者因呕吐间接进入气管和下呼吸系统。

吸入毒性包括化学性肺炎、不同程度的肺损伤或吸入后死亡等严重急性效应。

2.2.4 毒物的职业危害因素

人类劳动是生存和发展的必要条件，本质上劳动应与健康相辅相成、相互促进。但不良的劳动条件则会影响劳动者的生命质量，以致危及健康，导致职业性病损。

2.2.4.1 职业危害因素

在生产工艺过程、劳动过程和工作环境中产生和（或）存在的，对职业人群的健康、安全和作业能力造成不良影响的一切要素或条件，统称为职业危害因素。职业危害因素是导致职业性病损的致病源，其对健康的影响主要取决于危害因素的性质和接触强度（剂量）。

我国职业病防治法为了明确管理对象，应用了职业病危害因素的概念，指对从事职业活动的劳动者可能导致职业病的各种危害。职业病危害因素包括：职业活动中存在的各种有害的化学、物理、生物因素以及在作业过程中产生的其他职业有害因素。一般可以将职业病危害因素理解成法律上认定的职业危害因素。

2.2.4.2 职业性病损

职业危害因素所致的各种职业性损害，包括工伤和职业性疾患，统称职业性病损，可由轻微的健康影响到严重的损害，甚至导致伤残或死亡，故必须加强预防。

职业性疾病包括职业病和职业有关疾病两大类。当职业危害因素作用于人体的强度与时间超过一定限度时，人体不能代偿其所造成功能性或器质性病理改变，从而出现相应的临床征象，影响劳动能力，这类疾病通称职业病。新修改的《中华人民共和国职业病防治法》规定："本法所称职业病，是指企业、事业单位和个体经济组织等用人单位的劳动者在职业活动中，因接触粉尘、放射性物质和其他有毒、有害因素而引起的疾病。""职业病的分类和目录由国务院卫生行政部门会同国务院安全生产监督管理部门、劳动保障行政部门制定、调整并公布。"

职业病具有下列特点：病因明确；接触一定浓度或时间的病因后才能发病；同工种工人常出现类似病症；多数职业病及早诊断，早期治疗后，多可恢复；特效治疗药物很少，以对症综合处理为主；除职业性传染病以外，个体治疗无助于控制他人发病。针对性地控制或清除职业病危害因素后，即可减少发病或不发病。

职业病防治工作必须坚持预防为主、防治结合的方针，建立用人单位负责、行政机关监管、行业自律、职工参与和社会监督的机制，实行分类管理、综合治理。

2.2.4.3 职业性中毒

劳动者在生产过程中接触化学毒物所致的疾病状态称为职业中毒。如工人接触到一定量的化学毒物后，化学毒物或其代谢产物在体内负荷超过正常范围，但工人无该毒物的临床表现，呈亚临床状态，称为毒物的吸收，如铅吸收。

我国职业中毒人数在职业病发生人数中占有相当大的比例，是职业病防治重点。由于化学毒物的毒性、工人接触程度和时间、个体差异等因素，根据发病的快慢，职业中毒可表现为急性、亚急性、慢性和迟发性中毒。

职业中毒临床表现非常复杂，与中毒类型、毒物的靶器官有明确关系。有的毒物因其毒性大、蓄积作用不明显，在生产事故中常引起急性中毒，如一氧化碳、硫化氢、氯气和光气等。2012年2月16日下午18时，甘肃省白银市白银区王岘镇白银乐富化工有限公司发生硫化氢中毒事故，造成3人死亡。有些毒物在生产条件下，常表现为慢性中毒，如金属类毒物。同一毒物，不同中毒类型对人体的损害有时可累及不同的靶器官，例如，苯急性中毒主要表现为对中枢神经系统的麻醉作用，而慢性中毒主要为造血系统的损害；镉和镉化合物引起的中毒也有急性、慢性中毒之分。吸入含镉气体可致呼吸道症状，经口摄入镉可致肝、肾症状。这些在有毒化学品对肌体的危害作用中是一种很常见的现象。此外，有毒化学品对肌体的危害尚取决于一系列因素和条件，如毒物本身的特性（化学结构、理化特性），毒物的剂量、浓度和作用时间，毒物的联合作用，个体的敏感性等。总之，肌体与有毒化学品之间的相互作用是一个复杂的过程，中毒后的表现也多种多样。

职业中毒事故的发生，充分暴露出部分企业尤其是一些中小企业无视国家法律法规和劳动者生命健康，职业病危害预防责任和措施不落实，劳动者安全健康意识和防范能力差；一些地区非法违法生产经营行为还比较突出，职业卫生监管工作还存在漏洞和薄弱环节。所以，我们安全监管执法人员要深刻吸取事故教训，杜绝此类事故再次发生，切实保护劳动者生命安全健康及其相关权益。

2.3 危险化学品的环境危害

随着化学工业的发展，各种化学品的产量大幅度增加，新化学品也不断涌现，人们在充分利用化学品的同时，也产生了大量的化学废物，其中不乏有毒有害物质。由于毫无控制地随意排放及化学品其他途径的泄放，严重污染了环境，并给人的生命带来威胁。

据报载，2004年6月21日盘锦一辆运输车未按规定将中油辽河石化分公司的废渣卸到指定地点，私自在一家小工厂内坑池排放，造成120人硫化氢中毒。

如果因运输工具倾翻、容器破裂等导致危险化学品流失，就可能对水、大气层、空气、土壤等造成严重的环境污染，进而影响人的健康。另据报载，2004年7月16日，在浙江甬台温高速公路浙闽主线收费所前，一辆运载29.5t苯酚的槽罐车因刹车失灵，追尾撞上了一辆轿车后侧翻，罐体破裂，苯酚全部泄漏，渗入横阳支江上游，污染了20km的河流。

由此看来，如何认识化品的环境危害，最大限度地降低化学品的污染，加强环境保护力度，已是人们亟待解决的重大问题。

2.3.1 毒物进入环境的途径

随着工农业迅猛发展，有毒有害污染源随处可见，而给人类造成的灾害要数有毒有害化学品为最重。化学品侵入环境的途径几乎是全方位的，其中最主要的侵入途径可大致分为以下四种：

① 人为施用直接进入环境，如农药、化肥的施用等。

② 生产废物排放。在生产、加工、储存过程中，作为化学污染物，以废水、废气和废渣等形式排放进人环境。

③ 事故排放。在生产、储存和运输过程中由于着火、爆炸、泄漏等突发性化学事故，致使大量有害化学品外泄进入环境。

④ 人类活动中废弃物的排放。在石油、煤炭等燃料燃烧过程中以及家庭装饰等日常生活使用中直接排入或者使用后作为废弃物进入环境。

2.3.2 对环境的危害

进入环境的有害化学物质对人体健康和环境造成了严重危害或潜在危险。

2.3.2.1 对大气的危害

（1）破坏臭氧层

研究结果表明，含氯化学物质，特别是氯氟烃进入大气会破坏同温层的臭氧，另外，N_2O、CH_4 等对臭氧也有破坏作用。

臭氧可以减少太阳紫外线对地表的辐射，臭氧减少导致地面接收的紫外线辐射量增加，从而导致皮肤癌和白内障的发病率大量增加。

（2）导致温室效应

大气层中的某些微量组分能使太阳的短波辐射透过加热地面，而地面增温所放出的热辐射，都被这些组分吸收，使大气增温，这种现象称为温室效应。这些能使地球大气增温的微量组分，称为温室气体。主要的温室气体有 CO_2、N_2O、CH_4、氟氯烷烃等，其中 CO_2 是造成全球变暖的主要因素。

温室效应产生的影响主要有使全球变暖和海平面的上升。如全球海平面在过去的百年里平均上升了14.4cm，我国沿海的海平面也平均上升了11.5cm，海平面的升高将严重威胁低地势岛屿和沿海地区人民的生产和生活。

（3）引起酸雨

由于硫氧化物（主要为二氧化硫）和氮氧化物的大量排放，在空气中遇水蒸气形成酸雨，对动物、植物、人类等均会造成严重影响。

（4）形成光化学烟雾

光化学烟雾主要有两类：

① 伦敦型烟雾。大气中未燃烧的煤尘、二氧化硫，与空气中的水蒸气混合并发生化学

反应所形成的烟雾，称伦敦型烟雾，也称为硫酸烟雾。1952 年 12 月 5～8 日，英国伦敦上空因受冷高压的影响，出现了无风状态和低空逆温层，致使燃煤产生的烟雾不断积累，造成严重空气污染事件，在一周内导致 4000 人死亡，伦敦型烟雾由此得名。

② 洛杉矶型烟雾。汽车、工厂等排入大气中的氮氧化物或碳氢化合物，经光化学作用生成臭氧、过氧乙酸、硝酸酯等，该烟雾称洛杉矶型烟雾。美国洛杉矶市 20 世纪 40 年代初有汽车 250 多万辆，每天耗油约 1600 万升，向大气排放大量的碳氢化合物、氮氧化物、一氧化碳，汽车排出的尾气在日光作用下，形成臭氧、过氧乙酰酯酸酰为主的光化学烟雾。1946 年夏发生过一次危害；1954 年又发生过一次很严重的大气污染危害；在 1955 年的一次污染事件中仅 65 岁以上的老人就死亡 400 多人。

在我国兰州西固地区，氮肥厂排放的 NO_2、炼油厂排放的碳氢化合物，在光作用下，也产生过光化学烟雾。

2.3.2.2 对土壤的危害

据统计，我国每年向陆地排放有害化学废物 2242 万吨，大量化学废物进入土壤，可导致土壤酸化、土壤碱化和土壤板结。

2.3.2.3 对水体的污染

水体中的污染物概括地说可分为四大类：无机无毒物、无机有毒物、有毒无毒物和有机有毒物。无机无毒物包括一般无机盐和氮、磷等植物营养物等；无机有毒物包括各类重金属（汞、镉、铅、铬）和氧化物、氟化物等；有机无毒物主要是指在水体中的比较容易分解的有机化合物，如碳水化合物、脂肪、蛋白质等；有机有毒物主要为苯酚、多环芳烃和多种人工合成的具积累性的稳定有机化合物，如多氯醛、苯和有机农药等。有机物的污染特征是耗氧，有毒物的污染特征是生物毒性。

① 植物营养物污染的危害。含氮、磷及其他有机物的生活污水、工业废水排水体，使水中养分过多，藻类大量繁殖，海水变红，称为"赤潮"，造成水中溶解氧的急剧减少，严重影响鱼类生存。

② 重金属、农药、挥发酚类、氧化物、砷化合物等污染物可在水中生物体内富集，造成其损害、死亡、破坏生态环境。

③ 石油类污染可导致鱼类、水生生物死亡，还可引起水上火灾。

2.3.2.4 对人体的危害

一般来说，未经污染的环境对人体功能是适合的，在这种环境中人能够正常地吸收环境中的物质而进行新陈代谢。但当环境受到污染后，污染物通过各种途径侵入人体，将会毒害人体的各种器官组织，使其功能失调或者发生障碍，同时可能会引起各种疾病，严重时将危及生命。

(1) 急性危害

在短时间内（或者是一次性的），有害物大量进入人体所引起的中毒为急性中毒。急性危害对人体影响最明显。

(2) 慢性危害

少量有害物质经过长时期的侵入人体所引起的中毒，称为慢性中毒。慢性中毒一般要经过长时间之后逐渐显露出来，对人体的危害是慢性的，如由镉污染引起的骨痛病变是环境污染慢性中毒的典型例子。

(3) 远期危害

化学物质往往会通过遗传影响到子孙后代，引起胎儿畸形、致突变等。我国每年癌症新发病人有 150 万人，死亡 110 万人，而造成人类癌症的原因 80%～85% 与化学因素有关。我国每年由于农药中毒死亡约 1 万人，急性中毒约 10 万人。

2.3.2.5　化学品的环境污染控制

　　① 健全立法，加强执法力度；
　　② 加强对重点有害化学品的环境管理；
　　③ 维护清洁生产，严格控制排放；
　　④ 强化危险废物；
　　⑤ 加强教育，提高公众意识。

2.4　化学品危害预防与控制的基本原则

　　众所周知，化学品是有害的，可人类的生活已离不开化学品，有时不得不生产和使用有害化学品，工业场所职业健康与安全问题，在世界范围内都受到了普遍关注。如何预防与控制工作场所中化学品的危害，杜绝或减少化学品事故，防止火灾、爆炸、中毒与职业病的发生，保护广大员工的安全与健康，就必须消除或降低工人在正常作业时受到的有害化学品的侵害。

　　化学品危害预防和控制的基本原则一般包括两个方面：操作控制和管理控制。

2.4.1　危险化学品操作控制

　　控制工业场所中有害化学品的总目标是消除化学品危害或者尽可能降低其危害程度，以免危害工人，污染环境，引起火灾和爆炸。

　　事实上，工作场所中存在的危害，可用多种不同的方法来控制，选择何种控制方法取决于有关危害的性质及导致危害的工艺过程。工作场所某种加工程序可能会产生不止一种危害，因此最好的控制方法通常是针对加工程序而设计的方法。

　　然而，每一种控制方法都必须符合下列四项要求：

　　① 危害物的控制必须是充分的，在设计控制方法时，必须尽力避免工人暴露于任何形式的化学品危害物之中，例如，倘若某危害物是能替换氧气的窒息性气体，那么必须将暴露的浓度降低到对工人无伤害的浓度。

　　② 必须保证工人在无过度不适或痛苦的情况下工作，不能给工人造成新的危害。

　　③ 必须保护每位可能受害的工人。如呼吸防护器足以保护一个正在操作石棉的工人免受石棉的影响，但石棉尘可能危及附近一名没有戴呼吸器的电工的健康。

　　④ 必须不会对周边社区造成危害。对排出的气体如不加以处理，将有毒物质自通风系统排入空气中会对社区带来公害。

　　为了达到控制化学品危害的目标，通常采用操作控制的四条基本原则，从而有效地消除或降低化学品暴露，减少化学品引起的伤亡事故、火灾及爆炸。

　　预防化学品引起的伤害以及火灾或爆炸的最理想的方式是在工作中不使用上述危害有关的化学品。然而并不是总能做到这一点，因此，采取隔离危险源，实施有效的通风或使用适当的个体防护用品等手段往往也是非常必要的。

　　但是，首先要识别出危险化学物质及其危害程度，并检查化学品清单、储存、输送过程、处理以及化学品的实际使用和销毁情况。在处理各个特定危害时，以下四条作为预防基本原则，即操作控制的四条原则：

一是消除危害。消除危害物质或加工过程。或用低危险的物质或过程替代高危险的物质或过程。

二是隔离。封闭危险源或增大操作者与有害物之间的距离等，防止工人接触到危害物质。

三是通风。用全面通风或局部通风手段排除或降低有害物质如烟、气、气化物和雾在空气中的浓度。

四是保护工人。配备个体防护用品，防止接触有害化学品。

操作控制的目的是通过采取适当的措施，消除或降低工作场所的危害，防止工人在正常作业时受到有害物质的侵害。根据以上操作控制的四条原则，实际生产中采取的主要措施是替代、变更工艺、隔离、通风、个体防护和卫生等。

2.4.1.1 消除或替代

控制、预防化学品危害最理想的方法是不使用有毒有害和易燃易爆的化学品，但这一点并不是总能做到，通常的做法是选用无毒或低毒的化学品替代已有的有毒有害化学品，选用可燃化学品替代易燃化学品。例如，大家都知道苯是致癌物，为了找到它的替代物，人们进行了艰苦的探索。今天人们已用非致癌性的甲苯替代喷漆和除漆中用的苯，用脂肪族烃替代胶水或黏合剂中的苯等。

替代有害化学品的例子还有很多，例如，用水基涂料或水基胶黏剂替代有机溶剂基的涂料或溶剂型胶黏剂；用水性洗涤剂替代溶剂型洗涤剂；用三氯甲烷脱脂剂来替代三氯乙烯脱脂剂；使用高闪点化学品而不使用低闪点化学品。

当然能够供选择的替代物往往是有限的，特别是在某些特殊的技术要求和经济要求的情况下，不可避免地要使用一些有害化学品。借鉴别人的经验，根据类似的情况，积极寻找替代物往往能收到很好的成效。

需要注意的是，虽然替代物较被替代物安全，但其本身并不一定是绝对安全的，使用过程中仍需加倍小心。例如用甲苯替代苯，并不是因为甲苯无害，而是因为甲苯不是致癌物。浓度高的甲苯会伤害肝脏，致人昏眩或昏迷，要求在通风橱中使用。再如用纤维物质替代致癌的石棉。国际癌症研究机构已将人造矿物纤维列入可能致癌物中，因此某些纤维物质不一定是石棉的优良替代品。所以说，替代物不能影响产品质量，并经毒理评价其实际危害性较小方可应用。因科技水平目前还不能完全达到如此理想水平的要鼓励生产单位开拓创新，实施工艺流程科学化、无害化。

2.4.1.2 变更工艺

虽然替代是控制化学品危害的首选方案，但是目前可供选择的替代品往往是很有限的，特别是因技术和经济方面的原因，不可避免地要生产、使用有害化学品。这时可通过变更工艺消除或降低化学品危害。很典型的例子是在化工行业中，以往从乙炔制乙醛，采用汞作催化剂，现在发展为用乙烯为原料，通过氧化或氧氯化制乙醛，不需用汞作催化剂。通过变更工艺，彻底消除了汞害。

通过变更工艺预防与控制化学品危害的例子还有很多，如改喷涂为电涂或浸涂；改人工分批装料为机械自动装料；改干法粉碎为湿法粉碎等。

生产工序的布局不仅要满足生产上的需要，而且应符合职业卫生要求。有毒物逸散的作业，应在满足工艺设计要求的前提下，根据毒物的毒性、浓度和接触人数等作业区实行区分隔离，以免产生叠加影响；有害物质发生源，应布置在下风侧。对容易积存或被吸附的毒物如汞、可产生有毒粉尘飞扬的厂房，建筑物结构表面符合有关卫生要求，防止沾毒积尘及二次飞扬。

2.4.1.3 隔离

隔离就是通过封闭、设置屏障等措施，拉开作业人员与危险源之间的距离，避免作业人员直接暴露于有害环境中。

最常用的隔离方法是将生产或使用的设备完全封闭起来，使工人在操作中不接触化学品。这可通过隔离整台机器、整个生产过程来实现。封闭系统一定要认真检查，因为即使很小的泄漏，也可能使工作场所的有害物浓度超标，危及作业人员。封闭系统装有敏感的报警器，以便危害物一旦泄漏立即发出警报。

通过设置屏障物，使工人免受热、噪声、阳光和离子辐射的危害。如反射屏可减低靠近熔炉或锅炉操作的工人的受热程度，铝屏可保护工人免受 X 射线的伤害等。

隔离操作是另一种常用的隔离方法，简单地说，就是把生产设备与操作室隔离开。最简单的形式就是把生产设备的管线阀门、电控开关放在与生产地点完全隔开的操作室内。不少企业都采用此法，如某化工厂的四乙基铅生产、汞温度计厂的水银提纯等采用的就是隔离操作。

遥控隔离是隔离原理的进一步发展。有些机器已经可用来代替工人进行一些简单的操作。在某些情况下，这些机器是由远离危险环境的工人运用遥控器进行控制的。在日本的钢厂，综合使用这些方法几乎彻底消除了工人受致癌的煤焦油挥发物的侵害。

通过安全储存有害化学品和严格限制有害化学品在工作场所的存放量（满足一天或一个班工作需要的量即可）也可以获得相同的隔离效果，这种安全储存和限量的做法特别适用于那些操作人数不多，而且很难采用其他控制手段的工序，然而，在使用这种手段时，切记要向工人提供充足的个体防护用品。

2.4.1.4 通风

除了替代和隔离方法以外，通风是控制作业场所中有害气体、蒸气或粉尘最有效的措施。借助于有效的通风和相关的除尘装置，直接捕集了生产过程中所释放出的飘尘污染物，防止了这些有害物质进入工人的呼吸区，通过管道将收到的污染物送到收集器中，也不会污染外部的环境，使作业场所空气中有害气体、蒸气或粉尘的浓度低于安全浓度，保证工人的身体健康，也防止了火灾、爆炸事故的发生。

通风分局部排风和全面通风两种。局部排风是把污染源罩起来，抽出污染空气，所需风量小，经济有效，并便于净化回收。使用局部通风时，吸尘罩应尽可能地接近污染源，否则通风系统中风扇所产生的抽力将被减弱，以至于不能有效地捕集扬尘点所散发的尘。为了确保通风系统的高效率，认真检查通风系统设计合理性是很重要的，并要向专家或安装通风系统的专业人员请教。此外，对安装好的通风系统，要经常性地加以维护和保养，使其有效发挥作用。目前，局部通风已在多种场合应用，起到了有效控制有害物质如铅烟、石棉尘和有机溶剂的作用。

对于点式扩散源，可使用局部排风。使用局部排风时，应使污染源处于通风罩控制范围内。为了确保通风系统的高效率，通风系统设计的合理性十分重要。对于已安装的通风系统，要经常加以维护和保养，使其有效地发挥作用。

对于面式扩散源，要使用全面通风。全面通风亦称稀释通风，其原理是向作业场所提供新鲜空气，抽出污染空气，进而稀释有害气体、蒸气或粉尘，从而降低其浓度。采用全面通风时，在厂房设计阶段就要考虑空气流向等因素。因为全面通风的目的不是消除污染物，而是将污染物分散稀释，所以全面通风仅适合于低毒性作业场所，且污染物的使用量不大，不适合于腐蚀性、污染物量大的作业场所。全面通风所需风量大，不能净化回收。

像实验室中的通风橱、焊接室或喷漆室可移动的通风管和导管都是局部排风设备；而在冶金厂，熔化的物质从一端流向另一端时散发出有毒的烟和气，两种通风系统都要使用。

2.4.2 个体防护与卫生

2.4.2.1 个体防护

加强个人防护是预防职业中毒的重要措施。个体防护用品是指劳动者在生产过程中为免遭或减轻事故伤害和职业危害的个人随身穿（佩）戴的用品，简称护品。操作者在生产过程中必须坚持正确选用和使用个人防护用品。

使用个体防护用品，通过采取阻隔、封闭、吸收、分散、悬浮等手段，能起到保护肌体的局部或全身免受外来侵害的作用。在一定条件下，使用个人防护用品是主要的防护措施，防护用品必须严格保证质量，安全可靠，而且穿戴要舒适方便，经济耐用。

当工作场所中有害化学品的浓度超标时，工人就必须使用合适的个体防护用品以获得保护。个体防护用品既不能降低作业场所中有害化学品的浓度，也不能消除作业场所的有害化学品，而只是一道阻止有害物进入人体的屏障。防护用品本身的失效就意味着保护屏障的消失，因此个体防护不能被视为控制危害的主要手段，而只能作为对其他控制手段的补充。对于火灾和爆炸危害来说，是没有可靠的个体防护用品可提供的。

防护用品主要有头部防护器具、呼吸防护器具、眼防护器具、手足防护用品等身体防护用品。

据统计，职业中毒的工人中15％左右是吸入毒物所致，因此要消除尘肺（肺尘埃沉着病）、职业中毒、缺氧性窒息等职业病，防止毒物从呼吸器官侵入，工人必须佩戴适当的呼吸防护用品。

（1）呼吸防护器

呼吸防护器，其形式是覆盖口和鼻子，其作用是防止有害化学物质通过呼吸系统进入人体，呼吸防护器主要局限于下列场合使用：

① 在安装工程控制系统之前，必须采取临时控制措施的场合；
② 没有切实可行的工程控制措施的场合；
③ 在工程控制系统保养和维修期间；
④ 突发事件期间。

在选择呼吸防护器时应考虑如下因素：

① 污染物的性质；
② 工作场所污染物可能达到的最高浓度；
③ 依照舒适性衡量，工人对其的可接受性；
④ 与工作任务的匹配性，即适合工作的特点，且能消除对健康的危害。

常用的呼吸防护用品主要分为自吸过滤式（净化式）和送风隔绝式（供气式）两种类型。

自吸过滤式净化空气的原理是吸附或过滤空气，使空气通过而空气中的有害物（尘、毒气）不能通过呼吸防护器，保证进入呼吸系统的空气是净化的。呼吸防护器中的净化装置是由滤膜或吸附剂组成的，滤膜用来滤掉空气中的尘，含吸附剂的滤毒盒用来吸附空气中的有害气体、雾、蒸气等，这些呼吸防护器又可分为半面式和全面式。半面式用来遮住口、鼻、下巴；全面式可遮住整个面部（包括眼）。实际上没有哪一种呼吸防护器是万能的，或者说没有哪一种呼吸防护器能防护所有的有害物。不同性质的有害物需要选择不同的过滤材料和吸附剂，为了取得防护效果，正确选择呼吸防护器至关重要，可以从呼吸防护器生产厂家获得这方面的信息。

过滤式呼吸器只能在不缺氧的劳动环境（即环境空气中氧的含量不低于18%）和低浓度毒污染环境中使用，一般不能用于罐、槽等密闭狭小容器中作业人员的防护。过滤式呼吸器分为过滤式防尘呼吸器和过滤式防毒呼吸器。前者主要用于防止粒径小于 5pm（5×10^{-12} m）的呼吸性粉尘经呼吸道吸入产生危害，通常称为防尘口罩和防尘面具；后者用以防止有毒气体、蒸气、烟雾等经呼吸道吸入产生危害，通常称为防毒面具和防毒口罩，分为自吸式和送风式两类，目前使用的主要是自吸式防毒呼吸器。

隔离式呼吸器能使佩戴者的呼吸器官与污染环境隔离，由呼吸器自身供气（空气或氧气），或从清洁环境中引入空气维持人体的正常呼吸。可在缺氧、尘毒严重污染、情况不明的有生命危险的作业场所使用，一般不受环境条件限制。按供气形式分为自给式和长管式两种类型。自给式呼吸器自备气源，属携带型，根据气源的不同又分为氧气呼吸器、空气呼吸器和化学氧呼吸器；长管式呼吸器又称长管面具，得借助肺力或机械动力经气管引入空气，属固定型，又分为送风式和自吸式两类，只适用于定岗作业和流动范围小的作业。

在选择呼吸防护用品时应考虑有害化学品的性质、工作场所污染物可能达到的最高浓度、工作场所的氧含量、使用者的面型和环境条件等因素。我国目前选择呼吸器的原则比较粗，一般是根据工作场所的氧含量是否高于18%确定选用过滤式还是隔离式，根据工作场所有害物的性质和最高浓度确定选用全面罩还是半面罩。

为了确保呼吸防护器的使用效果，必须培训工人如何正确佩戴、保管和维护其使用的呼吸防护器。请记住，佩戴一个保养很差的、失效的防护口罩比不佩戴更危险，因为佩戴者以为自己已经被保护了，而实际上并没有。

（2）其他个体防护用品

为了防止由于化学物质的溅射，以及尘、烟、雾、蒸气等所导致的眼和皮肤伤害，也需要使用适当的防护用品或护具。

眼面护具的例子主要有安全眼镜、护目镜以及用于防护腐蚀性液体、固体及蒸气对面部产生伤害的面罩。

用抗渗透材料制作的防护手套、围裙、靴和工作服，能够消除由于接触化学品而对皮肤产生的伤害。用来制造这类防护用品的材料很多，作用也不同，因此正确选择很重要。如棉布手套、皮革手套主要用于防灰尘，橡胶手套防腐蚀性物质。在选择时要针对所接触的化学品的性质来确定合适材料制作防护品。作为防护品的销售商，也应掌握这方面的知识，能向购买者提供防护品的使用范围等方面的咨询服务。

护肤霜、护肤液也是一种皮肤防护用品，它们的功效也是各种各样，选择适当也能起一定的作用。请记住，没有万能护肤霜，有的护肤霜只是用来防护水溶性物质的。

2.4.2.2 卫生

卫生包括保持作业场所清洁和作业人员的个人卫生两个方面。

（1）保持作业场所清洁

经常清洗作业场所，对废物和溢出物加以适当处置，保持作业场所清洁，也能有效地预防和控制化学品危害。如定期用吸尘机将地面、工作台上的粉尘清扫干净；泄漏的液体及时用密闭容器装好，并于当天从车间取走；若装化学品的容器损坏或泄漏，应及时将化学品转移到好的容器内，损坏的容器作适当处置。尽量不使用扫帚和拖把清扫粉尘，因为扫帚和拖把在扫起有害物时容易散布到空气中，而被工人吸入体内。湿润法也可控制危害物流通，但最好与其他方法如局部排风系统一起使用。

另外，在有毒物质作业场所，还应设置必要的卫生设施如盥洗设备、淋浴室及更衣室和个人专用衣箱。对能经皮肤吸收或局部作用大的毒物还应配备皮肤和眼睛的冲洗设施。

（2）作业人员的个人卫生

作业人员养成良好的卫生习惯也是消除和降低化学品危害的一种有效方法。保持好个人卫生，防止有害物附着在皮肤上，防止有害物质通过皮肤渗入体内。

使用化学品的过程中，保持个人卫生的基本原则如下：

① 要遵守安全操作规程并使用适当的防护用品，避免产生化学品暴露的可能性；

② 工作结束后、饭前、饮水前、吸烟前以及便后要充分清洗身体的暴露部分；

③ 定期检查身体以确信皮肤的健康；

④ 皮肤受伤时，要完好地包扎；

⑤ 每时每刻都要防止自我感染，尤其是在清洗或更换工作服时要主意；

⑥ 在衣服口袋里不装被污染的东西，如脏擦布、工具等；

⑦ 防护用品要分洗、分放；

⑧ 勤剪指甲并保持指甲洁净；

⑨ 不接触能引起过敏反应的化学物质。

除此以外，以下卫生措施也需引起注意：

① 即使产品标签上没有标明使用时应穿防护服，在使用过程中也要尽可能地护住身体的暴露部分，如穿长袖衬衫等；

② 由于工作条件的限制，不便于穿工作服的工作，应寻求使用不需穿工作服的化学品，并在购买前要看清标签或向供应商咨询。

2.4.3 管理控制

管理控制是指通过管理手段按照国家法律和标准建立起来的管理程序和措施，是预防工作场所中化学品危害的一个重要方面。如对工作场所进行危害识别、张贴标志；在化学品包装上粘贴安全标签；化学品运输、经营过程中附化学产品安全技术说明书、安全储存、安全传送、安全处理与使用、废物处理；从业人员的安全培训和资质认定；采取接触监测、医学监督等措施均可到达管理控制的目的。

2.4.3.1 危害识别

识别化学品危害性的原则是，首先要弄清所使用或正在生产的是什么化学品，它是怎样引起伤害事故和职业病的，它是怎样引起火灾和爆炸的，溢出和泄漏后是如何危害环境的。《工作场所安全使用化学品规定》明确规定对化学品进行危险性鉴别是生产单位的责任。生产单位必须对自己生产的化学品进行危险鉴别，并进行标志，对生产危险化学品加贴安全标签，并向用户提供安全技术说明书，确保有可能接触化学品的每一个人都能够对危害进行识别。

2.4.3.2 粘贴安全标签

所有盛装化学品的容器都要加贴安全标签，而且要经常检查，确保在容器上贴着合格的标签。贴标签是为了警示使用者此种化学品的危害性以及一旦发生事故应采取的救护措施。

生产单位出厂的危险化学品，其包装上必须加贴标准的安全标签，出厂的非危险化学品应有标志。使用单位使用的非危险化学品应有标志，危险化学品应有安全标签，防止有害物通过皮肤渗入体内。当一种危险化学品需要从一个容器分装到其他容器时，必须在所有的分装容器上贴上安全标签。

2.4.3.3　配备化学品安全技术说明书（SDS）

企业中使用的任何化学品都必须备有SDS，安全技术说明书提供了有关化学品本身及安全使用方面的基本信息，详细描述了化学品的燃爆、毒性和环境危害，给出了安全防护、急救措施、安全储运、泄漏应急处理、法规等方面的信息，是了解化学品安全卫生信息的综合性资料。它也是化学品安全生产、安全流通、安全使用的指导性文件，是应急行动时的技术指南，是企业进行安全教育的重要内容，是制定化学品安全操作规程的基础。

2.4.3.4　安全储存

安全储存是化学品流通过程中非常重要的一个环节，处理不当就会造成事故。如深圳清水河危险品仓库爆炸事故，给国家财产和人民生命造成了巨大损失。为了加强对危险化学品储存的管理，国家制定了《常用化学危险品储存通则》（GB 15603—1995），对危险化学品的储存场所、储存安排及储存限量、储存管理等都作了详细规定。

2.4.3.5　安全传送

工作场所间的化学品一般是通过管道、传送带或铲车、有轨道的小轮车、手推车传送的。用管道输送化学品时，必须保证阀门与法兰完好，整个管道系统无跑、冒、滴、漏现象。使用密封式传送带，可避免粉尘的扩散。如果化学品以高速高压通过各种系统，则必须注意避免产生热的积累，否则将引起火灾或爆炸。用铲车运送化学品时，道路要足够宽，并有清楚的标志，以减少冲撞及溢出的可能性。

2.4.3.6　安全处理与使用

本章2.2.2已经介绍，化学品主要通过三种途径（即吸入、食入、皮肤吸收）进入人体。在工作场所，化学品主要通过吸入进入人体，其次是皮肤吸收。

可吸入的化学品在空气中以粉尘、蒸气、烟、雾的形式存在。粉尘通常产生于研磨、压碎、切削、钻孔或破碎过程，蒸气产生于加热的液体或固体，雾产生于喷涂、电镀或沸腾过程，烟产生于焊接或铸造时金属的熔化。

当处理液态化学品时，液体飞溅到裸露的皮肤上是造成皮肤吸收的最常见的现象。例如把零件浸入脱脂槽、机器运转时上油、传输液体等情况都容易使皮肤接触到液态化学品。所以使用或处理化学品时必须视作业场所具体情况穿戴适当的个体防护用品。对一些易燃化学品，关键是控制热源，防止产生火灾或爆炸。

处理或使用化学品时一定要注意下列事项：

① 工作场所要有防护措施，如通风、屏蔽等；

② 使用者具有化学品安全方面的专业知识，接受过专业培训；

③ 看懂安全标签和安全技术说明书的内容，了解接触的化学品的特性，选择适当的个体防护用品，掌握事故应急方法和操作注意事项；

④ 使用易燃化学品时控制好火源；

⑤ 检查防护用品和其他安全装置的完好性；

⑥ 确保应急装备处于完好、可使用状态。

2.4.3.7　废物处理方法

所有生产过程都会产生一定数量的废物，有害的废弃物处理不当，不仅对工人健康构成危害、可能发生火灾和爆炸，而且危害环境，危害居住在工厂周围的居民。

所有的废物应装在特制的有标签的容器内，任何盛装过有毒或易燃物质的空容器或袋子也应弃入这样的容器内，并将容器运送到指定地点进行废物处理。

处理有毒、有害废物要有一定的操作规程，有关人员应接受适当的培训，并通过适当的控制措施得到保障。

2.4.3.8　接触监测

健全的职业卫生服务在预防职业中毒中极为重要，除积极参与以上工作外，应对作业场所空气中毒物浓度进行定期或不定期的监测和监督，将其控制在国家标准浓度以下。

车间有害物质（包括蒸气、粉尘和烟雾）浓度的监测是评价作业环境质量的重要手段，是职业安全卫生管理的一个重要内容。

接触监测要有明确的监测目标和对象，在实施过程中要拟订监测方案，结合现场实际和生产的特点，合理运用采样方法、方式，正确选择采样地点，掌握好采样的时机和周期，并采用最可靠的分析方法。对所得的监测结果要进行认真的分析研究，与国家权威机构颁布的接触限值进行比较，若发现问题，应及时采取措施，控制污染和危害源，减少作业人员的接触。

2.4.3.9　医学监督（健康检查）

医学监督也称体检，它包括健康监护、疾病登记和健康评定。定期的健康检查有助于发现工人在接触有害因素早期的健康改变和职业病征兆。通过对既往的疾病登记和定期的健康评定，对接触者的健康状况作出评估，同时也反映出控制措施是否有效。化工行业已开展健康监护工作多年，制订了较为完整的系统管理规定和技术操作方案，取得了很好的社会效益。

此外，发挥工会组织的积极作用，合理实施有毒作业保健待遇制度，安排夜班工人休息，因地制宜地开展各种体育锻炼，组织青年职工进行有益身心的业余活动或定期安排疗养等。

2.4.3.10　培训教育

培训教育在控制化学品危害中起着重要的作用。通过培训使工人能正确使用安全标签和安全技术说明书，了解所使用的化学品的理化危害、健康危害和环境危害，掌握必要的应急处理方法和自救、互救措施，掌握个体防护用品的选择、使用、维护和保养等，掌握特定设备和材料如急救、消防、溅出和泄漏控制设备的使用，从而达到安全使用化学品的目的。

企业有责任对工人进行培训，使之具有辨识控制措施是否失效的能力，并能理解为该化学品提供的标签与危害信息的内容，工人考核合格后方可上岗。而对于现有工人，应进行定期再培训，使他们的知识和技能得到及时的更新。

综上，管理制度不全、规章制度执行不严、设备维修不及时及违章操作等常是造成职业中毒的主要原因。因此我们必须强化法制观念；在工作中认真贯彻执行国家有关预防职业中毒的法规和政策；重视预防职业中毒工作，结合企业内部接触毒物的性质和使用状况，制订预防措施及安全操作规程；建立相应的安全、卫生和处理应急事故的组织领导机构；做好管理部门和作业者职业卫生知识的宣传教育，使有毒作业人员充分享有职业中毒危害的"知情权"。企业安全卫生管理者应力尽"危害告知"义务，共同参与职业中毒危害的控制和预防。

2.4.4　劳动者的权利与义务

为了预防、控制和消除职业病危害，防治职业病，保护劳动者健康及其相关权益，促进经济发展，全国职业病防治专家和全国人民代表大会法律委员会、教科文卫组织及人大常委会法制工作委员会的法律专家，经过10余年的调查研究，依宪法提出《职业病防治法》，于

2001 年 10 月 27 日第九届全国人大常委会第二十四会议通过，并从 2002 年 5 月 1 日起实施。第十一届全国人民代表大会常务委员会第二十四次会议于 2011 年 12 月 31 日通过了《全国人民代表大会常务委员会关于修改〈中华人民共和国职业病防治法〉的决定》，并予以公布，自公布之日起施行。新修订的《职业病防治法》共七章 90 条，分总则、前期预防、劳动过程中的预防与管理、职业病诊断与职业病病人保障、监督检查、法律责任、附则。

《职业病防治法》赋予了劳动者免受职业病危害、保障自身合法权益的八项权利，当然，也规定了劳动者的相关义务，如履行劳动合同，遵守《职业病防治法》等法律法规的规定，学习和掌握相关的职业卫生知识，增强职业病防范意识，遵守职业病防治法律、法规、规章和操作规程，正确使用、维护职业病防护设备和个人使用的职业病防护用品，发现职业病危害事故隐患应当及时报告等义务。

2.4.4.1 知情权

根据《职业病防治法》的规定，产生职业病危害的用人单位，应当在醒目位置设置公告栏，公布有关职业病防治的规章制度、操作规程、职业病危害事故应急救援措施和工作场所职业病危害因素检测结果。

对产生严重职业病危害的作业岗位，应当在其醒目位置，设置警示标识和中文警示说明。警示说明应当载明产生职业病危害的种类、后果、预防以及应急救治措施等内容。

向用人单位提供可能产生职业病危害的化学品、放射性同位素和含有放射性物质的材料的，应当提供中文说明书。说明书应当载明产品特性、主要成分、存在的有害因素、可能产生的危害后果、安全使用注意事项、职业病防护以及应急救治措施等内容。产品包装应当有醒目的警示标识和中文警示说明。储存上述材料的场所应当在规定的部位设置危险物品标识或者放射性警示标识。

《职业病防治法》还规定，用人单位与劳动者订立劳动合同（含聘用合同，下同）时，应当将工作过程中可能产生的职业病危害及其后果、职业病防护措施和待遇等如实告知劳动者，并在劳动合同中写明，不得隐瞒或者欺骗。对从事接触职业病危害的作业的劳动者，用人单位应当按照国务院安全生产监督管理部门、卫生行政部门的规定组织上岗前、在岗期间和离岗时的职业健康检查，并将检查结果书面告知劳动者。职业健康检查费用由用人单位承担。劳动者有权了解工作场所产生或者可能产生的职业病危害因素、危害后果和应当采取的职业病防护措施。

2.4.4.2 培训权

劳动者有权获得职业卫生教育、培训。用人单位应当对劳动者进行上岗前的职业卫生培训和在岗期间的定期职业卫生培训，普及职业卫生知识，督促劳动者遵守职业病防治法律、法规、规章和操作规程，指导劳动者正确使用职业病防护设备和个人使用的职业病防护用品。劳动者应当学习和掌握相关的知识，遵守相关的法律、法规、规章和操作规程，正确使用、维护职业病防护设备和个人使用的职业病防护用品，发现职业病危害事故隐患应当及时报告。

2.4.4.3 拒绝冒险权

根据《职业病防治法》的规定，劳动者有权拒绝在没有职业病防护措施下从事职业危害作业，有权拒绝违章指挥和强令的冒险作业。用人单位若与劳动者设立劳动合同时，没有将可能产生的职业病危害及其后果等告知劳动者，劳动者有权拒绝从事存在职业病危害的作业，用人单位不得因此解除或者终止与劳动者所订立的劳动合同。

2.4.4.4 检举、控告权

《职业病防治法》在总则中就有明确规定，任何单位和个人有权对违反本法的行为进行检举和控告。对违反职业病防治法律、法规以及危及生命健康的行为提出批评、检举和控告，是职业病防治法赋予劳动者的一项职业卫生保护权利。用人单位若因劳动者依法行使检举、控告权而降低其工资、福利等待遇或者解除、终止与其订立的劳动合同，职业病防治法明确规定这种行为是无效的。

2.4.4.5 特殊保障权

未成年人、女职工、有职业禁忌的劳动者，在《职业病防治法》中享有特殊的职业卫生保护的权利。根据该法规定，产生职业病危害的用人单位在工作场所应有配套的更衣间、洗浴间、孕妇休息间等卫生设施。国家对从事放射性、高毒、高危粉尘等作业实行特殊管理。用人单位不得安排未成年工从事接触职业病危害的作业；不得安排孕期、哺乳期的女职工从事对本人和胎儿、婴儿有危害的作业；不得安排有职业禁忌的劳动者从事其所禁忌的作业。

2.4.4.6 参与决策权

参与用人单位职业卫生工作的民主管理，对职业病防治工作提出意见和建议，是《职业病防治法》规定的劳动者所享有的一项职业卫生保护权利。劳动者参与用人单位职业卫生工作的民主管理，是由职业病防治工作的特点所决定的，也是确保劳动者权益的有效措施。劳动者本着搞好职业病防治工作，应对所在用人单位的职业病防治管理工作是否符合法律法规规定、是否科学合理等方面，直接或间接地提出意见和建议。

2.4.4.7 职业健康权

对于从事接触职业病危害作业的劳动者，用人单位除了应组织职业健康检查外，还规定了应为劳动者建立、健全职业卫生档案和健康监护档案，并按照规定的期限妥善保存。对遭受或者可能遭受急性职业病危害的劳动者，用人单位应当及时组织救治、进行健康检查和医学观察，并承担所需费用。获得职业健康检查、职业病诊疗、康复等职业病防治服务，是劳动者依法享有的一项职业卫生保护权利。

当劳动者被怀疑患有职业病时，《职业病防治法》还规定用人单位应及时安排对病人进行诊断，在病人诊断或者医学观察期间，不得解除或者终止与其订立的劳动合同。根据这个法律规定，职业病病人依法享受国家规定的职业病待遇。用人单位应当按照国家有关规定，安排职业病病人进行治疗、康复和定期检查；对不适宜继续从事原工作的职业病病人，应当调离原岗位，并妥善安置；对从事接触职业病危害的作业的劳动者，应当给予适当岗位津贴。职业病病人的诊疗、康复费用，伤残以及丧失劳动能力的职业病病人的社会保障，按照国家有关工伤保险的规定执行。

2.4.4.8 损害赔偿权

用人单位应当建立、健全职业病防治责任制，加强对职业病防治的管理，提高职业病防治水平，对本单位产生的职业病危害承担责任，这是《职业病防治法》总则中的一项规定。这个法律规定，职业病病人除依法享有工伤社会保险外，依照有关民事法律，尚有获得赔偿权利的，有权向用人单位提出赔偿要求。

 思考题

1. 危险化学品危害主要有哪几种？

2. 导致化工火灾或爆炸事故发生的主要原因有哪些？

3. 有毒化学品对人体有哪些危害？

4. 毒物进入环境的途径有哪些？

5. 有毒化学品会给环境带来哪些危害？

6. 化学品危害操作控制的基本原则是什么？

7. 在危险化学品的使用过程中，保持个人卫生的基本原则是什么？

8.《职业病防治法》中规定了劳动者有哪些免受职业病危害、保障自身合法权益的权利？

3　危险化学品生产安全

为了使危险化学品执法、检查和监督人员掌握一定的相关基础知识，本章重点介绍了有关危险化学品生产安全方面的一些基础知识。主要内容包括：化学品安全技术常识，"人-机-物"系统与安全生产的关系，各种化工单元操作的原理、设备、危险性分析及危险控制对策，针对北京市范围内常见的危险性较大的一些典型化学反应特性，常见化工工艺设备如反应器、精馏塔、罐、泵站等的安全运行及管理特点等。

3.1　化学品生产安全技术常识

化学品生产过程即通常所说的化工生产过程，一般可以概括地分为三个大步骤：第一步为原料的处理阶段。为了使原料符合进行化学反应所要求的状态和纯度，需要经过加工净化、提浓、混合、乳化或粉碎等多种不同的预处理，这一过程中主要发生的是物理变化。第二步为化学反应阶段。经过预处理的原料，在一定的温度、压力等条件下进行化学反应，以生成所要求的目标产物。第三步为产品分离精制阶段。将由化学反应得到的混合物进行分离处理，除去未反应的原料、副产物或杂质，以获得组成或规格符合要求的目的产品，这一过程中主要也是发生物理变化。

对于一个复杂的化学品生产工艺，上述三个步骤所涉及的过程可能是交替进行的，其中的物理变化和化学反应也可能是掺杂在一起的，从而形成一个多阶段的复杂工艺过程。

化学品生产过程中的危险性首先决定于介质和化学反应过程的危险特性，这是化学品生产过程是否安全的内因。化学品生产过程危险性的外因是物系的配置、工艺变化和失控的危险、设备的失稳、失效和损坏的危险以及系统设计缺陷和操作失误的危险。装置运行过程中，除化学反应外，还包含多种物理现象，如动量传递、热量传递和质量传递等，这些传递过程同样影响着整个工艺过程的安全性。

因为化学反应往往涉及剧烈的热量、温度或压力变化，这些极端条件都是导致危险事故发生的关键因素，因此必须对化学品生产过程中的化学反应性质及相关设备有充分的了解。工业过程化学反应常用的分类方法有：①按相态分类，如液-液反应、气-液反应、气-固反应、液-固反应、气-气反应等，如图 3-1 所示。②根据所进行的化学反应分类，如氧化反应、还原反应、加氢反应、脱氢反应、卤化反应、烷基化反应、硝化反应、磺化反应、羧基化反应、醛化反应、重氮化反应、聚合反应、裂化反应、催化反应、重整反应、碱解和酸解反应、电解反应等。

在化学品生产过程中，化学反应过程及设备是关系到工艺过程是否安全的核心环节。从

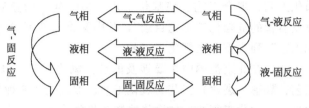

图 3-1　按相态分类的反应类型

安全的角度考虑，应使危险化学品生产的过程和设备的设计安全系数尽可能得高，但是，从生产的经济效益性来考虑，较低的过程和设备设计安全系数会提高生产的经济效益性，针对这样一对矛盾的共同体，只有在科学合理的设计安全性与高水平的运行管理相结合的条件下，才能实现在安全的前提下获得最大的经济效益。

化学品生产过程中一些重要的化学反应通常都是非常危险的，如氧化反应、加氢反应、烷基化反应、硝化反应、重氮化反应等。一方面是这些反应中涉及极度危险的化学品，另一方面，这些反应过程会出现剧烈反应、极端放热或高温高压现象。因而，作为政府监管危险化学品和相关生产工艺的工作人员，对于这样的化学反应原理和所涉及的反应工艺和设备的危险特性应心中有数，对企业生产过程的监管应具有针对性。

3.1.1　化学品生产过程危险性分析

危险化学品生产的本质危险性主要表现在两个方面：一是生产的原料、中间体和产品的燃烧、爆炸、毒害、腐蚀等危险特性；二是生产工艺、设备的危险性。

化工生产过程中，作为原料的化学品特别是危险化学品往往表现出反应剧烈的特点，即在极短时间内完成反应过程。这种剧烈的化学反应如果工艺设计不合理或者操作不当，或者由于非人为的外界因素干扰，往往会造成温度或压力急剧升高而引起泄漏、起火或爆炸等，这样，本质危险性就转化为实际的安全事故。危险化学品所区别于一般化学反应过程的重要特性就是爆炸性快速反应，一个爆炸反应过程往往可以在百分之几到百万分之几秒的时间内完成，这样的反应一旦开始发生，实际上是没有时间从操作控制上作出反应的。

爆炸式反应比可燃物的缓慢燃烧速度快千百万倍，虽然这两种反应都会放出大量热，生成大量气体，但燃烧反应由于反应缓慢，气体产物可以扩散而不致形成高压；而爆炸性反应由于过程的快速性，故在反应过程中大量的气体聚积于有限的空间，所放出的热量集中在有限的容积内而造成很高的能量密度，形成高温高压气体，使爆炸具有巨大的能量和更大的破坏性。

为此，我们应该从化学品生产过程中的物质（包括原料、中间产物和产品）、工艺过程和设备三方面来分析危险化学品生产过程的危险性。由于关于化学品的危险性在前面的章节已有叙述，下面重点分析生产工艺和相关设备的危险性。

化工生产过程中，不同的化学反应有不同的工艺条件，不同的化工工艺过程有不同的操作规程。评价一个化工工艺过程的危险性不能单看它所加工的介质、中间产物、产品的性质和数量，还要看它所包含的化学反应类型及化工过程和设备的操作特点。因此，化工生产安全技术与化工工艺是密不可分的。

国家安全生产监督管理总局于 2009 年发布了"首批重点监管的危险化工工艺目录"，其中涉及 15 种化工工艺，包括光气及光气化工艺、电解工艺（氯碱）、氯化工艺、硝化工艺、合成氨工艺、裂解（裂化）工艺、氟化工艺、加氢工艺、重氮化工艺、氧化工艺、过氧化工艺、氨基化工艺、磺化工艺、聚合工艺、烷基化工艺。2013年，国家安全生产监督管理总局发布了"第二批重点监管的危险化工工艺目录"，其中又将"新型煤化工工艺"、"电石生产工艺"和"偶氮化工艺"列入重点监管化工工艺。

根据北京市近期统计，在北京范围内主要涉及的有：氯化工艺、电解工艺、磺化工艺、烷基化工艺、聚合工艺、裂解（裂化）工艺、氧化工艺、加氢工艺8种重要化工工艺。

氯化工艺主要常见于石油化工行业，如取代法制备氯代烷烃、氯代芳烃，不饱和烃加成生产氯代烷烃，烷烃、烯烃氧化制备氯化烷烃等。其他如硫、磷化工，催化剂生产等行业也经常涉及氯化反应工艺。

电解工艺主要常见于电解铝行业、制碱行业，如离子膜法生产氢氧化钠、氢氧化钾等。另外，电池行业（离子膜电池、锂离子电池）、电镀行业、印刷电路制造等行业都涉及电解工艺。

磺化工艺主要常见于石油化工、表面活性剂生产等行业，如生产间硝基苯磺酸、甲基苯磺酸、十二烷基苯磺酸钠等。

烷基化工艺主要常见于石油化工行业，如烷基苯、双酚A的生产，芳香胺类和芳香醚类物质的生产。

聚合工艺主要常见于石化行业的聚烯烃生产、聚氯乙烯生产、合成纤维生产以及橡胶生产等。此外，乳液生产行业（如醋酸乙烯乳液）、涂料黏合剂生产行业（如醇酸油漆、聚酯涂料）等也包含聚合工艺。

裂解（裂化）工艺主要常见于石油加工行业和氟化物生产行业，如催化裂化、热裂解过程，四氟乙烯、六氟丙烯生产等。

氧化工艺涉及的行业主要有石化行业如环氧乙烷生产、环己烷氧化制环己酮、丁烯、丁烷、C_4馏分或苯的氧化制顺丁烯二酸酐等。基本有机化工原料的生产行业也经常涉及氧化工艺，如对苯二甲酸、苯酚、丙酮、天然气制乙炔及酸酐生产等。

加氢工艺常见于原油加工、石油化工、一碳转化等行业，如油品加氢、不饱和烃加氢、含硫、含氮、含氧化合物加氢、一氧化碳加氢生产甲醇等。

（1）氯化工艺

氯化工艺的核心是氯化反应。氯化反应是在有机化合物分子中引入一个或几个氯原子。氯化反应主要包括取代氯化、加成氯化、氢氯化、氧氯化和氯解反应等五类。一些重要的有氯参与的无机反应也可以划归到氯化反应一类中，如漂白粉的生产。

例如：漂白粉（次氯酸钙）

$$2Ca(OH)_2 + 2Cl_2 \xrightarrow{混酸} Ca(ClO)_2 + CaCl_2 + 2H_2O$$

氯化反应过程的危险性主要表现在：

① 氯化剂是强氧化剂和高毒性物质。常用氯化剂如氯气、浓盐酸、氯化氢、次氯酸、漂白粉、光气、氯化磷等，它们能与可燃气体形成危险的可燃气体或爆炸性气体混合物。

② 物料的危险性。氯化反应的原料为烃类物质，属于易燃易爆物质，中间产物也具有不同程度的危险性。

③ 反应过程的危险性。某些氯化反应在高温高压下进行，易发生温度失控而爆炸的危险。

④ 设备的危险性。氯气等氯化剂及产物对设备和管道有很强的腐蚀性，易发生泄漏的危险。

（2）电解工艺

电解工艺的核心是电解反应。电解反应是在电流的作用下，电解溶液或熔融电介质发生分解反应以生产目标产品的过程。电解反应常见于氯碱工业、电解铝等。

电解工艺的危险性主要表现在：

① 产物的危险性。如氯气是剧毒气体，氢氧化钠、氢氧化钾是强碱具有腐蚀性，氢气属于极易爆气体。

② 装置危险性。电解池属于高温操作装置，如果传热过程受到阻碍极易发生爆炸。

③ 触电危险性。电解过程在强电流下操作，潮湿环境易发生触电危险。

（3）磺化工艺

磺化工艺的核心是磺化反应。苯等芳香烃化合物与浓硫酸等磺化剂反应，发生氢原子被硫酸分子里的磺酸基（—SO_3H）或磺酰氯基（—SO_3Cl）所取代的反应。磺化过程中磺酸基取代碳原子上的氢称为直接磺化；磺酸基取代碳原子上的卤素或硝基，称为间接磺化。通常用浓硫酸或发烟硫酸作为磺化剂，有时也用三氧化硫、氯磺酸、二氧化硫加氯气、二氧化硫加氧气以及亚硫酸钠等作为磺化剂。

磺化工艺在现代化工领域中占有重要地位，是合成多种有机产品的重要步骤，在医药、农药、燃料、洗涤剂及石油等行业中应用较广。

磺化工艺的危险性主要表现在：

① 原料的危险性。常用的磺化剂，如浓硫酸、氯磺酸等具有强腐蚀性，易灼伤人体。反应物多数为有机物，如苯等芳香类物质，其具有毒性和易燃性。

② 设备危险性。常用磺化剂对金属设备和管道具有强腐蚀作用，易造成设备腐蚀泄漏。

③ 热危险性。火灾：常用的磺化剂，如浓硫酸、氯磺酸等是强氧化剂，原料多为可燃物。如果磺化反应投料顺序颠倒、投料速度过快、搅拌不良、冷却效果不佳而造成反应温度过高，易引发火灾危险。爆炸：磺化反应是强放热反应，若不能有效控制投料、搅拌、冷却等操作环节，反应温度会急剧升高，导致爆炸事故。沸溢和喷溅：常用的磺化剂三氧化硫遇水生成硫酸，会放出大量热能造成沸溢和喷溅事故。

（4）烷基化工艺

烷基化工艺的核心是烷基化反应。烷基化（也称为烃化）反应，是在有机化合物中的氮、氧、碳等原子上引入烷基的化学反应。引入的烷基有甲基（—CH_3）、乙基（—C_2H_5）等。

烷基化常用烯烃、卤代烃、醇等能在有机化合物分子中的碳、氧、氮等原子上引入烷基的物质作烷基化剂。如苯胺和甲醇作用制取二甲基苯胺。

烷基化工艺的危险性主要表现在：

① 原料和产物的危险性。被烷基化的物质大都具有着火爆炸危险，如苯等。烷基化剂一般比被烷基化物质的火灾危险性要大，如丙烯、甲醇等。烷基化的产品亦有一定的火灾危险，如异丙苯是乙类液体。

② 催化剂危险性。烷基化工艺过程所用的催化剂反应活性强，如三氯化铝是忌湿物品，有强烈的腐蚀性，遇水或水蒸气分解放热，放出氯化氢气体，有时能引起爆炸，若接触可燃物，则易着火。三氯化磷是腐蚀性忌湿液体，遇水或乙醇剧烈分解，放出大量的热和氯化氢气体，有极强的腐蚀性和刺激性，有毒；遇酸（主要是硝酸、醋酸）发热、冒烟，有发生起火爆炸的危险。

③ 设备危险性。烷基化反应都是在加热条件下进行的，如果原料、催化剂、烷基化剂等加料次序颠倒、加料速度过快或者搅拌中断停止，就会发生剧烈反应，引起跑料，造成着

火或爆炸事故。

（5）聚合工艺

聚合工艺的核心是聚合反应。聚合反应是将低分子单体合成聚合物的反应过程。聚合反应是生产塑料、橡胶、纤维和离子交换树脂等产品的重要工艺过程。如乙烯聚合生产聚乙烯塑料，丙烯聚合生产聚丙烯塑料，丁二烯聚合生产顺丁橡胶，醋酸乙烯聚合生产维纶等。

聚合反应按反应类型可分为加成聚合和缩合聚合两大类，按聚合方式又可分为悬浮聚合、溶液聚合、乳液聚合及缩合聚合五种方式。

聚合工艺的危险性主要表现在：

① 物料的危险性。参与聚合反应的大多数单体都是易燃易爆物质。聚合反应又多在高压下进行，因此，单体极易泄漏并引起火灾、爆炸。

② 聚合反应的引发剂多为有机过氧化物，它对热、振动和摩擦极为敏感。聚合反应使用的催化剂多为有机金属化合物，其对水和空气极为敏感，易着火或爆炸。

③ 反应过程的危险性。聚合反应操作过程的主要危险是产生爆聚，爆聚会使反应器压力骤增而发生爆炸。发生爆聚时会放出大量的热量，反应热量如不能及时导出，会造成局部过热等，均可使反应器温度迅速增加，导致爆炸事故。

④ 操作的危险性。聚合反应中，传热是反应的控制步骤，一旦操作不当或意外事故造成搅拌或冷却中断，极易发生粘釜、堵塞甚至爆炸事故。

（6）裂解工艺

裂解工艺的核心是裂解反应。裂解（也称为裂化）反应是指有机化合物在高温下分子发生分解断裂的反应过程。而石油化工中所谓的裂解是指大分子石油组分（裂解原料）在隔绝空气和高温条件下，分子发生分解反应而生成小分子烃类的过程。

例如：链己烷裂解为乙烯和丁烷

$$CH_3-CH_2-CH_2-CH_2-CH_2-CH_3 \Longrightarrow CH_2=CH_2 + CH_3-CH_2-CH_2-CH_3$$

裂解是总称，如果单纯在高温下而不使用催化剂的裂解称为热裂解。如果裂解反应是在使用催化剂的条件下发生的，这种裂解称为催化裂解。根据裂解反应使用附加反应物料的不同，裂解反应又分成水蒸气裂解、加氢裂解等。石油化工中应用最广泛的是催化剂裂解和水蒸气热裂解。

裂解反应发生在裂解炉的炉管内，并在很高的温度下（以轻柴油裂解制乙烯为例，裂解气的温度近800℃）、很短的时间内（0.7s）内完成，以防止裂解气体二次反应而使裂解炉管结焦堵塞。

裂解工艺过程的危险性主要表现在：

① 氢气的危险性。加氢裂解或裂解后产生氢气的过程危险性主要在于氢气物料。

② 操作的危险性。裂解炉是在高温下操作的，不正常的错误操作会造成爆炸的危险，特别要避免"回火"现象的发生。

③ 泄漏着火危险。裂解过程是在高温下操作的，原料和产物的泄漏易造成火灾甚至爆炸。

（7）氧化工艺

氧化工艺的核心是氧化反应。氧化反应是化工生产过程中广泛采用的重要反应，绝大多数氧化反应是放热反应。一般来说，较缓慢的氧化反应的危险性相对较小，而剧烈的氧化反应因其强放热的特点导致潜在的火灾和爆炸危性较大。

例如：金属铁在纯氧气中的反应就是剧烈的强放热反应

$$3Fe+2O_2(氧化剂)\Longrightarrow Fe_3O_4+6694J/g$$

氧化工艺过程的危险性主要表现在：

① 被氧化的物质大部分属于易燃易爆物质。如乙烯氧化、氨的氧化等。

② 氧化剂遇到易燃物品、可燃物品、有机物、还原剂等会发生剧烈化学反应引起燃烧爆炸。

③ 氧化反应过程一般是强放热过程，易发生"飞温"现象。如乙烯氧化生产环氧乙烷。

④ 有些氧化反应，原料和氧化剂的配比接近于爆炸极限，甚至在爆炸极限范围之内。如氨、乙烯和甲醇蒸气的空气氧化，其物料配比接近于爆炸极限。

（8）加氢工艺

加氢工艺的核心是加氢反应。加氢反应是氢与其他化合物相互作用的反应过程，通常是在催化剂存在下进行的，加氢反应属还原的范畴。加氢过程可分为两大类：一类是氢与一氧化碳或有机化合物直接加氢，例如一氧化碳加氢合成甲醇：

$$CO+2H_2\longrightarrow CH_3OH$$

己二腈加氢制己二胺：

$$NC(CH_2)_4CN+4H_2\longrightarrow H_2N(CH_2)_6NH_2$$

另一类是氢与有机化合物反应的同时，伴随着化学键的断裂，这类加氢反应又称氢解反应，包括加氢脱烷基、加氢裂化、加氢脱硫等。例如烷烃加氢裂化、甲苯加氢脱烷基制苯、硝基苯加氢还原制苯胺等。

加氢反应大多为放热反应，而且大多在较高温度和压力下进行，氢气以及大部分所使用的物料具有燃爆危险性，一部分物料、产品或中间产物存在毒性、腐蚀性。一旦出现泄漏、反应器堵塞等故障，发生火灾、爆炸的危险性很大。

加氢工艺的危险性主要表现在：

① 氢气危险性。氢气是高度危险性气体，与空气混合能成为爆炸性混合物，遇火星、高热能引起燃烧或爆炸。

② 原料及产品危险性。加氢反应的原料及产品多为易燃、可燃物质。例如：苯、环戊二烯、硝基苯、一氧化碳以及石油化工中馏分油、减压馏分油等油品。在加氢反应过程中产生的副产物如硫化氢、氨气多为可燃和有毒物质。

③ 催化剂危险性。部分加氢反应使用的催化剂如雷尼镍属于易燃固体可以自燃。

④ 设备危险性。加氢工艺多为气-液相或气相反应，装置通常处于氢气和高温高压条件下，设备长时间运行后，氢腐蚀设备产生氢脆现象，降低设备强度。如操作不当易发生事故，甚至发生爆炸。

⑤ 操作危险性。氢气爆炸极限范围大（4.1%～74.2%），加氢工艺中，当出现泄漏或装置内混入空气或氧气后易发生爆炸危险。加氢反应均为放热反应，操作不当、管式反应器堵塞、反应器受热不均匀等原因容易造成反应器内温度、压力急剧升高导致泄漏甚至爆炸。

（9）硝化工艺

硝化工艺的核心是硝化反应。有机化合物分子中引入硝基（—NO）取代氢原子而生成硝基化合物的反应，称为硝化反应。硝化反应是生产染料、药物及某些炸药的重要反应。常用的硝化剂是浓硝酸或浓硝酸与浓硫酸的混合物（俗称混酸）。

例如：

TNT（2,4,6-三硝基甲苯）制备

$$（甲苯）\xrightarrow[\text{硝化}]{\text{硝酸+硫酸}}（TNT）$$

硝化棉（纤维素硝酸酯、硝化纤维）

$$3n\,HNO_3+[C_6H_7O_2(OH)_3]_n\xrightarrow{\text{混酸}}[C_6H_7O_2(ONO_2)_3]_n+3n\,H_2O$$

硝化工艺过程的危险性主要表现在：

① 物料的危险性。硝化反应所用的原料甲苯、苯酚等都是易燃易爆物质。硝化产物——硝基化合物一般都具有爆炸危险性，特别是多硝基化合物受热、摩擦或撞击都可能引起爆炸。

② 浓硝酸与浓硫酸都是强酸，有强烈的腐蚀性。浓硝酸和浓硫酸制备的混酸具有强烈的气化性和腐蚀性，接触棉、纸等有机物即会引起燃烧爆炸。

③ 反应过程的危险性。硝化是强放热反应，而且反应速度与温度呈正反馈关系，温度越高，硝化反应速率越快，放出的热量越多，极易造成温度失控而爆炸。

3.1.2 化学品生产过程安全控制技术

要保证危险化学品生产过程安全，必须以相关科学知识为基础，通过系统科学地分析过程与装置的危险性，以相关法律、法规或标准为准则，制订严格的企业标准、规范或操作规程，确保工艺装置的正确操作和管理。特别是要借鉴已发生过的类似事故案例，避免重复发生同类安全生产事故。

对于大型危险化学品生产企业，由于经济实力的原因，其工艺、设备的设计安全性可靠，工艺设备操作人员和管理人员技术素质较好，企业安全管理水平较高，所以这类企业发生安全生产事故的风险性较低。安全生产事故风险性较大的是那些规模较小的企业，其安全生产技术和措施较差，特别是这样的企业一般因经济的原因工艺较简陋，几乎很少采用先进的安全措施和控制技术，生产和管理人员素质较低，因而是安全生产事故高发单位，也是政府安全生产监管部门应重点监督的部位。

要保证危险化学品生产过程安全，选择安全性相对较高的生产工艺路线是根本，这包括安全的工艺路线和高性能的安全保证措施。其次是生产过程管理，包括正确、精心的过程操作，特别是开停车过程管理和意外事故的紧急处理，力争做到大事化小、小事化了。

化工装置一般集成了化工、机械、控制及管理多学科技术，因而生产过程的安全性要从这些方面总体考虑。一般在危险化学品生产过程中要采取的安全控制技术主要包括以下几方面。

工艺过程方面 从工艺过程方面采取的安全控制技术主要是通过评价工艺过程、物料、反应、操作条件的危险性等方面，研究应采取的安全对策。这方面涉及的主要是化工工艺专业。考虑到的安全措施内容主要包括：

① 工艺过程的安全性；

② 物料危险性评价；

③ 反应危险性；

④ 反应失控的抑制；

⑤ 设定参数检测点；

⑥ 判定发生火灾、爆炸的条件；

⑦ 评价操作条件产生的危险性；

⑧ 判断外部环境条件产生的危险性；

⑨ 单元设备的安全性。

过程设备方面 从过程设备方面采取的安全控制技术主要是通过合理选择设备的材质、结构，设定承受负荷、载荷的设计值及相应采用的安全措施来保证生产过程的安全性。这方面涉及的专业主要是过程装备和土建。考虑到的安全措施内容主要包括：

① 材质（耐应力性、耐高低温能力、耐腐蚀性、耐疲劳性、耐电化学腐蚀性、耐氢蚀性、耐火性能、隔声性能等）；

② 结构安全性；

③ 强度安全性；

④ 抗风、抗震标准；

⑤ 标准等级。

控制仪表方面 该方面主要研究测量和控制偏差产生的危险性及相应对策，主要涉及仪表控制和化工工艺专业。考虑到的安全措施内容主要包括：

① 测量仪表；

② 防止误操作措施（联锁控制等）；

③ 安全仪表；

④ 计算机系统。

操作运行方面 研究防止操作过程中发生意外事件引起灾害的控制措施，主要涉及化工工艺、过程装备、仪表电器和土木建筑专业等方面。考虑到的安全措施内容主要包括：

① 紧急输送设备；

② 排空系统（如火炬等）；

③ 排水、排油系统；

④ 动力紧急停供措施（保安电力、蒸汽、冷却水等）；

⑤ 防止杂质混入措施；

⑥ 防止意外泄漏等措施。

安全防护方面 这一方面主要研究出现安全事故时的控制和减灾对策。该方面涉及化工工艺、仪表、电器、建筑、安全等诸多方面。考虑到的安全措施内容主要包括：

① 厂区安全布置；

② 选择泄压装置的性能和正确地安装使用（包括安全阀、防爆板、密封材料、过流量防止器、阻火器等）；

③ 惰性气体注入设备；

④ 爆炸抑制装置或措施；

⑤ 气体检测报警装置；

⑥ 通风措施及装置；

⑦ 确定危险区和电器防爆等级；

⑧ 防静电措施；

⑨ 避雷措施与设备；

⑩ 装置内安全管理（动火管理等）；

⑪ 耐火结构；

⑫ 防油、防液堤；

⑬ 紧急断流装置；

⑭ 防火、防爆墙；

⑮ 防火、灭火设备；

⑯ 紧急通信设备；

⑰ 安全避难措施。

在诸多的安全控制技术中，建厂时的工艺选择和厂区布置及安全措施是保证运行本质安全的最根本条件，严格的安全管理制度和高水平的操作技术是装置安全运行的根本保证。

3.1.3 危险化学品生产安全的发展趋势

随着人类社会进入 21 世纪，一方面社会和经济的发展对危险化学品的生产和使用越来越广泛，单一产品的规模不断扩大，另一方面，人们对危险化学品的危害性认识不断加深，对环境保护和卫生健康的标准要求不断提高。

世界范围内对危险化学品的使用和生产不可避免，而解决这种需求与安全之间矛盾的唯一办法就是加强危险化学品的安全管理和不断提高危险化学品生产技术的安全性，从而达到安全生产和安全使用的目的。危险化学品生产安全的总的发展趋势是：采用更安全的生产技术，实施更科学严格的法规，建立更广泛的全球一体化合作机制。

我国近三十年来经济的持续高速发展为全国乃至世界人民的生活水品的提高做出了巨大贡献，这样一个高速发展的经济社会必然导致对危险化学品使用和生产的巨大需求。由于我国还处于发展中国家的技术水平，因而我国的危险化学品的安全生产技术和管理水平还相对比较落后。另一方面，人们对危险化学品的危害认识还处于较低的水平，往往只从经济利益考虑而忽略对安全、健康和环境的要求，同时一些发达国家将高污染高危险的化学品的生产转移到类似中国这样的发展中国家，同样加剧了这些国家的危险化学品的危害程度。

随着我国经济社会的不断发展，人们对经济和社会的健康、协调和可持续发展的认识和需求不断提高。北京作为社会经济综合发展水平相对较高的大型城市，其对危险化学品生产、使用和经营的监督管理水平处于全国前列，但是相对于建设国际化城市的标准，继续提升对危险化学品的生产监督管理水平十分必要也是十分紧迫的。

从世界范围来看，责任与关怀是危险化学品业界为加强安全、健康与环境保护而自愿采取的管理体系，它包括危险化学品的生产、销售、储运、回收、废弃处置的各个环节，强调要有员工、客户、供应商、社区公众的共同参与。责任与关怀有五大要素，即指导原则、管理原则、自我评价、业内互助与社区共同参与。责任与关怀的最终目标是实现"零污染排放、零人员伤亡、零财产损失"，从而保持经济可持续发展。

一个事故的发生必然有它产生的原因。根据事故致因理论，事故的直接原因是人的不安全行为与物的不安全状态，因此防止危险化学品生产安全事故，提高危险化学品生产企业的安全性，应从人和物两个方面着手。作为政府监管部门，就是要加强安全法制化建设，加强企业生产活动监管，加强安全培训教育，提高本质安全可靠性等。

危险化学品生产安全是一个系统工程，根据 MMEM（Man-Machine-Environment-Management）系统理论，任何事故都是由于"人、机、环境和管理"要素（图 3-2）的不匹配、相互作用而造成的出乎人们意料的和不希望发生的事件。要避免和减少事故发生，就必须有效控制和协调人、机、环境和管理之间的关系，并事先采取有效措施进行预防。

任何生产安全系统的基本要素都是由人、机、环境和管理构成的，图 3-2 中，a 区为人-机关系区，表现为机对人的安全影响、人能熟练掌握机的操作技能；b 区为人-环境关系区，表现为环境对人的安全影响、人要适应和改善作业环境；c区为机-环境关系区，表现为环境对机的安全影响、机要适应并保护环境；d区为人-机-环境综合关系区，是事故的多发区域和安全控制的重点区域。

管理要素则通过对安全事务的计划、组织、领导和监控，实现对管理体系自身的控制和使用该体系对人、机、环境要素的控制，并用法律、技术、规范、标准、程序和方法充分地覆盖人、机、环境要素及各关系区。

依据MMEM理论，可以从"管理"系统的安全性和技术层面"人-机-环境"系统的安全性两方面进行危害因素的识别和控制，从而实现对生产系统的安全控制。

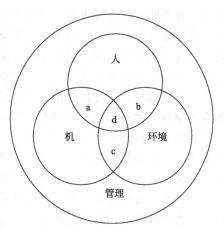

图3-2 生产安全系统的构成

"管理"系统的安全性 从"管理"系统的安全性来说，存在的安全事故风险主要包括：

① 安全生产管理体系不健全；

② 管理方法不完善；

③ 安全技术不完备。

预防这类事故的基本措施如下。

① 建立健全安全生产管理体系，完善管理方法，并根据实际情况不断修订完善，提高可操作性。当前，职业安全健康体系（OSHMS）、安全健康环保体系（HSE）、化学品分类及标记全球协调制度（GHS）等一些先进的管理方法和规则正在世界范围内受到认可，并与企业的形象、市场竞争力有着前所未有的密切关系。安全管理正朝着安全、健康，环境、质量一体化的方向发展，我国政府正在大力推进的安全生产标准化制度就属于这类体系，对此有关部门也发布了相关的标准，成立了相应的体系认证机构，这对全方位地提高化工企业的安全管理水平，保障从业人员的安全健康发挥了巨大的推动作用。危险化学品生产企业必须进一步加强对员工进行相关知识的教育培训，使得他们不断更新观念，及时掌握新知识、新方法，使他们的综合安全素质持续不断地提高，努力杜绝人的不安全行为，从而推动安全生产的稳步前进。

② 大力加强技术和安全教育培训。提高人的技术水平和安全素质，提高人的行为安全性，要不断强化人员培训，培养高素质的员工。要搞好安全，既要熟悉生产，掌握特殊的生产知识，又要具备系统的安全知识，二者缺一不可。既不能让管理人员只懂安全，不懂生产，也不能让操作人员只懂生产，不懂安全。要做到这些，就必须对相关人员进行分专业、有层次的系统培训，这是消除人的不安全因素的重要途径。

实行安全生产责任制，运用管理方法和各项规章制度约束人的行为，防止和减少人为失误、"三违"现象。建立事故责任追究制度，对违反动火作业、高处作业、进设备作业等直接作业环节安全管理制度和规定的人员，要从重处罚。对造成严重后果的要追究相关人员的刑事责任。

③ 加强硬件建设，提高工艺、设备本质安全程度。硬件安全是保证生产安全的根本保证。对于安全生产监管部门，其主要责任不是对危险化学品生产企业建设阶段进行监管，而是监管企业的生产过程。这一阶段的主要任务是要针对企业生产过程的不安全因素，监督、

督促企业不断改进设备质量，以此提高设备的安全可靠性；不断开发应用安全防护设施，提高事故的防范控制能力；对于中小型化工企业，更应加速技术改造，在设备操作上加强密闭化、机械化和集中控制，增强防护设施，使操作人员脱离不良的劳动环境。监督企业将安全设施、职业病防治设施投资纳入工艺设备改造预算中。

要大力借鉴、开发、应用安全新技术。如对于大型化工企业的安全问题，首先要考虑设备和控制技术的可靠性，当前设备故障诊断技术发展很快，如断裂力学在评价压力容器寿命方面的应用，机械零部件失效分析，振动监测、声发射技术测定容器裂纹的发展，易燃易爆及有害气体自动报警装置，自动防故障技术在加强控制系统可靠性方面的应用等，都是保障设备和工艺安全运转的重要手段，应在生产实践中加强引进、吸收和推广。

化工生产过程的计算机控制系统是随着计算机软硬件发展而开发出来的程序控制系统，目前主要的计算机控制系统类型包括集散控制系统（DCS）、可编程序控制器（PLC）和现场总线控制系统（FCS）。这些先进的控制系统配合以先进的控制元件为危险化学品的生产安全提供了可靠的保障，特别是近年来 FCS 技术发展迅速，化工装置的操作安全性大大提高。

④ 积极开展安全评估。安全管理中一项重要基础工作是安全评价。危险性具有潜在性质，在一定条件下它可以发展成为事故，但也可以采取措施抑制它的发展，新技术的采用也可能带来新的危险性。所以辨识危险性已构成一个十分重要的问题，在危险性辨识的基础上，对危险性进行定性和定量评价，并根据评价结果采取优化的安全措施，使安全管理上升一个新台阶。当前，我国政府十分重视安全评价工作，一是从法律上提出了明确的要求，发布了一系列的评价规范、标准，初步建立起了安全评价的法规、标准体系；二是各地依法成立了安全评价中介机构，为开展安全评价提供了组织保障；三是对评价人员依法进行资格培训，有效保证了安全评价工作的质量。

目前流行的安全评价方法很多，其中主要有安全检查表法（Safety Checklist Analysis，SCA）、危险指数方法（Risk Rank，RR）、预先危险分析方法（Preliminary Hazard Analysis，PHA）、故障假设分析方法（What…If，WI）、危险和可操作性研究方法（Hazard and Operability Study，HAZOP）以及故障类型和影响分析法（Failure Model Effect Analysis，FMEA）。

"人-机-环境"系统的安全性　"人-机-环境"系统是影响危险化学品企业安全生产的直接原因，它反映着生产系统中存在的固有危险性。其中，人、机、环境三个要素中的任一要素出现问题，都会导致安全事件，因此分别对人、机、环境的不安全因素识别分析并采取有效措施进行防范，便可控制或消除危险，提高"人-机-环境"系统的安全可靠性。

① 人的因素。人的因素是影响安全生产最直接、最主要的因素，主要表现为安全意识淡薄、知识技能低下、身体状况不佳等。预防措施包括：加强教育培训，提高人的文化和技术素质；加强安全文化建设，提高职工安全责任意识；提供职工职业卫生保障条件和标准，注意劳逸结合，定期组织职工体检。

② 机的因素。机的因素，也是影响安全生产的重要因素，主要表现为设备性能不良、设备磨损老化、安全设施缺陷等。

预防此类事故的措施包括：严把工程质量关，从设计、采购、制造、安装几个环节层层严格把关，保障工程本质安全。加强设备维护保养，定期进行设备故障排查检测，确保设备完好备用；加强对设备的安全检查和监督，发现问题及时解决；建立统一的设备状态评价和退役标准，对"低、老、坏"设备及时进行改造或淘汰，确保安全设施有效可靠。

③ 环境因素。环境因素是影响安全生产的客观因素，它会影响人的行为，对机械设备产生一定的作用。环境因素，主要表现为作业场所混乱、自然环境恶劣以及偶发的自然灾害。

这类事故的预防措施包括：开展"5S"活动，改善作业环境。5S 管理源于日本，是整理（Seiri）、整顿（Seiton）、清扫（Seiso）、清洁（Seiketsu）和修身（Shitsuke）这 5 个词的缩写。遇恶劣天气时提前通知，做好预防。完善应急预案的编制和演练。针对不同季节的气候特点制订相应措施确保安全生产。

对于偶发的自然灾害，要提前制订预案，采取必要的预防措施。

北京市安全生产监督管理局目前正在推行的危险化学品企业安全生产标准化工作是从安全系统的各个环节全面预防危险化学品生产事故发生的重要举措，这项工作的意义重大，通过实施安全标准化，能够使企业各部门、生产岗位、作业环节的安全工作和各种设备、设施、环境等，达到和保持安全生产的条件和标准，使企业生产始终处于良好的安全运行状态。

3.2 化工单元操作基本安全技术

化工单元操作是化工生产工艺过程的基本组成单元，了解化工单元操作的概念、目的、性质、操作要点及危险性，对于科学和有针对性地监督管理危险化学品的生产经营及使用企业是非常必要的。

化工单元操作内容丰富，对不同的工艺过程同一单元操作又有所区别，下面仅就在北京市范围内常见的主要的化工单元操作设备作逐一介绍。

3.2.1 物料输送

在化工生产过程中，经常需要将各种物料（包括原料、中间体、产品以及副产品和废弃物）从一个设备输送到另一个设备。根据所输送物料的相态的不同（气体、液体、粉状、块状），所采用的输送机械也各不相同。

3.2.1.1 气体输送

用于气体输送的机械设备主要有通风机、鼓风机、压缩机和真空泵等，其中通风机主要用于环境通风，在危险化学品生产中，压缩机和真空泵比较常见。

气体输送设备按气体运动方式主要分为离心式、往复式、旋转式和流体动力作用式。按工业应用中被压缩的气体种类，可分为空气压缩机、氨气压缩机、氢气压缩机、甲烷压缩机、液化石油气压缩机、乙炔压缩机、裂解气压缩机等。

通风机和鼓风机主要用于空间通风和低压缩比的气体输送（图 3-3）；压缩机主要用于高压缩比的流体输送（图 3-4）；真空泵主要用于产生负压的设备（图 3-5）。

离心式气体输送设备的核心部件是离心叶轮，其原理是利用离心力将能量传递给气体使其压强增高。图 3-6 是不同形式的叶轮结构。

产生高压缩比的往复压缩机是利用汽缸内活塞的往复运动压缩气体的，其原理如图 3-7 所示；旋转压缩机是利用机壳中一个或两个转子的不断旋转与机壳间歇地形成一种密闭的空间将气体吸入，在连续旋转时，空间缩小将气体压缩，最后排入或压出导管。

气体输送和压缩机械广泛应用在化工生产中，其主要目的是：

(a) 轴流式通风机　　　　　　　　　　　　　(b) 离心式鼓风机

图 3-3　通风机和鼓风机

(a) 防爆型无油空气压缩机　　　　(b) 液化石油气压缩机　　　　(c) 化工特殊气体压缩机

图 3-4　气体压缩机

(a) 旋片式真空泵　　　　　　(b) 罗茨无油立式真空机组　　　　(c) 水环式真空泵

图 3-5　真空泵

(a) 离心式叶轮　　　　　　　(b) 轴流式叶轮　　　　　(c) 气体压缩机离心式叶轮

图 3-6　不同形式的叶轮结构

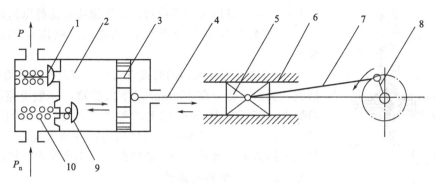

图 3-7　活塞式压缩机的工作原理
1—排气阀；2—汽缸；3—活塞；4—活塞杆；5—滑块；6—导轨；
7—连杆；8—偏心轮；9—进气阀；10—弹簧

① 输送气体。为了克服输送过程中的流动阻力，需提高气体的压强。

② 产生高压气体。有些单元操作或化学反应需要在高压下进行，如用水吸收二氧化碳、冷冻、氨的合成等。

③ 产生真空。有些化工单元操作，如过滤、蒸发、蒸馏等往往要在低于大气压的条件下进行，这就需要从设备中抽出气体，以产生真空。

气体输送设备的危险性分析：

① 气体输送介质大多数是易燃、易爆、有毒的气体，在高压条件下极易泄漏，易形成爆炸性混合物，很可能引起爆炸事故。

② 对于氧气压缩机而言，当润滑液突然中断或供给不足时，将造成汽缸"干磨"导致高温，汽缸内的密封件等因高温发生分解产生的可燃气体，与氧反应而引起自燃促使爆炸事故的发生。

③ 物料压缩机和空气压缩机的汽缸润滑大都采用矿物润滑油，它是一种可燃物。当气体的温度剧升，就有燃烧爆炸的危险。

④ 润滑油分子在高温高压条件下易形成积炭。积炭是一种易燃物。高温及静电火花等条件下都有可能引起积炭自燃，积炭燃烧后产生大量的一氧化碳，甚至导致爆炸。

⑤ 在压缩机启动过程中，没有用惰性气体置换压缩机系统中的空气或置换不彻底（氧的含量超过 4% 或残存有可燃物等杂质）就启动，易引起燃烧爆炸事故。

气体输送危险控制技术与对策：

① 输送可燃气体宜采用液环泵。液环泵密封性能好，通常在抽送或压送可燃气体时，进气口应保持一定余压，以免造成负压吸入空气而形成爆炸性混合物。

② 确保各类密封可靠，防止泄漏。

③ 压缩机汽缸、储气罐以及输送管路要有足够的强度，要安装经过检验、准确可靠的压力表和安全阀（或爆破片）。安全阀泄压时应将其中的危险气体导至安全的地点。还可安装压力超高报警器、自动调节装置或压力超高自动停车装置。

④ 压缩机在运行中不能中断润滑油和冷却水，以免温升过高。并注意冷却水不能进入汽缸，以防发生水锤，应注意经常检查、及时修换。

⑤ 压送特殊气体的压缩机，应根据所压送气体物料的化学性质，采取相应的防火措施。如乙炔压缩机同乙炔接触的部件不允许用铜制的，以防止产生具有爆炸危险的乙炔铜等。

⑥ 可燃气体的输送管道应经常保持正压，并根据实际需要安装单向阀、水封和阻火器

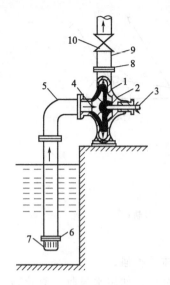

图 3-8　离心水泵

1—叶轮；2—泵壳；3—泵轴；
4—吸入口；5—吸入管；6—底阀；
7—滤网；8—排出口；9—排出管；
10—调节阀

等安全装置，管内流速不应过高。管道应有防静电措施。

⑦ 可燃气体和易燃蒸气的抽送、压缩应采用防爆电气设备。

⑧ 当输送可燃气体的管道着火时，应及时采取恰当的灭火措施。例如：管径在150mm以下的管道，一般可直接关闭阀门熄火；管径在150mm以上的管道着火时，不可直接关闭阀门熄火，应当采取逐渐降低气体压力，并通入大量水蒸气或氮气灭火的措施。当着火管道被烧红时，不得用水骤然冷却。

3.2.1.2　液体物料的输送

液体输送是危险化学品生产中最常见的单元操作之一。危险化学品生产中输送的液体种类繁多，性质（如黏度、腐蚀性等）各异，而且温度、压强和流量等输送条件也有较大的差别，因此用泵种类较多，常用的主要有离心泵、往复泵、旋转泵、流体作用泵等4类。不同种类的泵，其危险性也有差异。

主要液体输送机械的结构原理如下：

① 离心泵。离心泵的工作原理是将机械能通过泵体内高速旋转的叶片转化成流体的静压能，然后将流体排至泵外。其原理与离心式气体输送设备类似，由于离心力的作用，叶轮通道内的液体被排出，此时叶轮进口处呈负压，液体被吸入，泵出口处为正压，这样可使液体源源不断地被吸入和送出。图3-8、图3-9分别是离心水泵和IS型离心泵的结构简图。

离心泵的叶轮有三种形式：开式、半开式、闭式，如图3-10所示。离心泵的泵壳形状类似蜗牛壳，如图3-11所示，这种特殊的形状保证了来自电机的机械能最大程度转化为对流体输送有利的静压能。

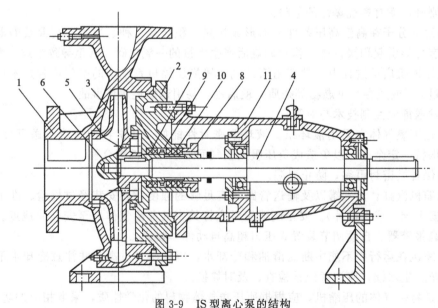

图 3-9　IS型离心泵的结构

1—泵体；2—泵盖；3—叶轮；4—轴；5—密封环；6—叶轮螺母；7—轴盖；
8—填料压盖；9—填料环；10—填料；11—悬架轴承部件

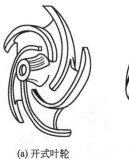
(a) 开式叶轮

(b) 半开式叶轮

(c) 闭式叶轮

图 3-10　开式、半开式、闭式叶轮示意图

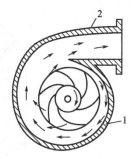

图 3-11　泵壳
1—蜗形泵壳；2—扩散管

② 往复泵。往复泵与往复式气体压缩机机构和原理类似，是一种容积式泵，应用较广。它依靠活塞的往复运动并依次开启吸入阀和排出阀，从而吸入和排出液体，如图 3-12 所示。往复泵还有以隔膜的往复运动作为推动力的隔膜泵，如图 3-13 所示。

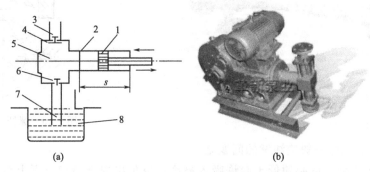

(a)　　　　　　　　　　(b)

图 3-12　往复泵工作原理及电动往复泵实例
1—活塞；2—活塞室；3—排出管；4—排出阀；5—泵缸；6—吸入阀；7—吸入管；8—储液池；s—活塞行程

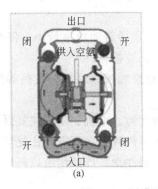
(a)

(b)

图 3-13　隔膜泵原理及实例

③ 旋转泵。旋转泵是靠泵内一个或一个以上的转子旋转来吸入与排出液体的。化工厂中较常用的有齿轮泵（图 3-14）、螺杆泵（图 3-15）、偏心旋转泵等。

④ 流体运动作用泵。这类泵的特点是无活动部分，液体物料的输送主要靠空气的压力或流体本身运动，因此结构简单，可衬以耐酸或耐腐蚀材料，适用于化工生产的特殊部位。例如引酸器（又名酸蛋，如图 3-16），是用压缩空气（蒸汽或惰性气体）压力，进行输送液体的装置；再如空气升液器是以空气为动力的设备。

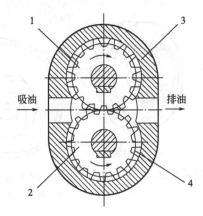

图 3-14　齿轮泵工作原理
1—主动齿轮；2—从动齿轮；3—泵体；4—啮合线

图 3-16　引酸器

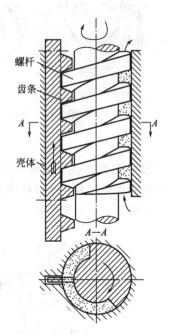

图 3-15　螺杆泵工作原理

离心泵安装和操作一般应注意的问题是：

① 离心泵的安装高度必须低于允许吸入高度，以免出现汽蚀和吸不上液体的现象。因此在管路布置时应尽可能减小吸入管路的流动阻力。

② 离心泵在启动前必须向泵内充满待输送的液体，保证泵内和吸入管路内无空气积存，避免发生"气缚"现象。

③ 离心泵应在出口阀关闭的条件下启动，这样启动功率最小。停泵前也应先关闭出口阀，以免排出管路内液体倒流，使叶轮受冲击而被损坏。

④ 离心泵运转中应定时检查和维修，注意泵轴液体泄漏、发热等情况，保持泵的正常操作。

往复泵可以由电机驱动，也可以以蒸汽为动力。电机驱动的往复泵易产生电火花，而蒸汽驱动的可避免产生电火花，特别适用于输送易燃液体。而隔膜往复泵对输送酸性和悬浮液体较为安全。往复泵是正位移泵，操作时应特别注意，严禁用出口阀门调节流量，否则将造成事故。

旋转泵也属正位移泵，故流量不能用出口阀调节，而用改变转子的转速或装回流支路进行调节。旋转泵的流量仅与转子的转速有关，几乎不随压强而变化，较往复泵更均匀。

旋转泵压力大、流量小，因为它无阀门，故适用于输送黏度较大的液体，例如油类物料。

流体运动作用泵都应该具有足够的耐压强度，当输送易燃易爆物料时，其动力气体要采用氮、二氧化碳及惰性气体代替压缩空气，以防空气与易燃气体（蒸气）混合后着火或爆炸。

为了防止液体泄漏等原因而引发的着火、爆炸及中毒事件，通常要做到：

① 根据液体的性质选择合适的泵。输送易燃液体宜采用蒸汽往复泵。如选用离心泵，泵的叶轮应采用有色金属或塑料制造，以免撞击产生火花；设备和管道均应有良好的接地装置，以防静电引起火灾。若输送条件允许，最好采用虹吸和自流的输送方式。输送易爆、有毒的液化气体时应在压出管线上装有压力调节和超压切断泵的联锁装置、温控和超温信号等安全装置。输送液氨、液氯应使用专用泵，泵轴密封要好，以防泄漏。

② 对易燃液体不应采用压缩空气压送，由于空气与易燃液体蒸气混合，可形成爆炸性混合物。对闪点低的可燃液体，一般采用氮气、二氧化碳或惰性气体压送。对闪点较高且沸点在130℃以上的可燃液体，若装有良好的接地装置，可采用空气压送，但要注意监测。

③ 多数易燃液体容易带静电，因此，输送管道和设备以及泵，必须要有良好的接地装置，以免产生静电，发生事故。

④ 避免泵内输送的物料过热，使不稳定液体蒸发或分解，在泵和管道内形成气塞，在流动液体的冲击下使压力上升而发生破裂导致爆炸。

⑤ 用于临时输送可燃液体的泵和管道连接处要紧密、牢固，以免脱落造成危险。不得使用塑料管输送易燃液体，以防产生静电引发着火和爆炸。

⑥ 输送可燃液体时，要求管内液体流速小于安全流速，同时要避免吸入口产生负压而使空气进入系统发生爆炸或抽瘪设备。

3.2.1.3 块状料和粉料输送

(1) 常见输送形式及设备

固体块状物料与粉料的输送在危险化学品的生产过程中较少使用。这类物料在生产中多采用带式输送机、螺旋输送机、刮板输送机、链斗输送机、斗式提升机以及气力输送机等多种形式，如图3-17所示。

(a) 移动带式输送机　(b) 螺旋输送机　(c) 刮板输送机　(d) 连续斗式输送机

图3-17　各种形式块料和粉料输送机

气力输送工作原理是利用安装在输送系统起点的风机将高于大气压的正压空气通入旋转给料器装置中，物料从料斗中加入，在重力作用下进入旋转给料器进行定量供料，料和气一起经输送管道送到终点的分离器或储仓内。料与气分离后，空气经布袋过滤器过滤后排入大气。如化工行业PVC粉、ABS树脂、PE等送风系统，其原理如图3-18所示。

按气力输送的特点，可分为吸送式系统、压送式系统、封闭循环系统和特殊式系统。

(2) 固体物料输送危险性分析

固体块状物料与粉料输送的危险主要来自设备和所输送物料的特性。由于输送的方式、设备及物料不同，所产生的危险性也有差别。这类输送设备除本身会发生故障外，还会造成人身伤害。因此除了要加强对机械设备的常规维护外，还应对齿轮、皮带、链条等部位采取防护措施。

① 气力输送。气力输送的最大危险是由粉尘和静电火花所引起的着火和粉尘爆炸。特

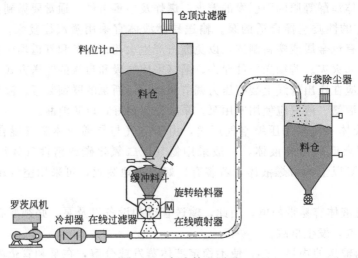

图 3-18　气力输送原理

别是一些易燃的粉尘，其颗粒度越小越易飘浮在空气中被氧化分解，经碰撞摩擦产生静电而导致爆炸。其次是造成输送系统堵塞。其主要原因是：气流速度小；物料具有黏性、颗粒度不均匀或湿度过高，易黏附于管壁。另外，管道连接不同心，有错偏或焊渣突起障碍；大管径长距离输送的阻力增大；管径突然变化、管路弯曲等也会造成堵塞。

②　带式输送。传送带式输送机转动部位多，极易产生碰撞打火和摩擦生热引燃物料。例如，传送带安装过松，皮带滚筒之间打滑，过紧会增加摩擦阻力，皮带与轮之间会造成摩擦高热；缺乏润滑油也会增高摩擦热。除此以外，电机及线路还容易损坏绝缘而发生漏电、短路，造成触电或火灾事故，运转部位会致人伤害。

③　提升机输送。斗式提升机用于可燃粉状或颗粒状物料输送时，若密封不严，则极易形成粉尘飞扬，进而有被引燃爆炸的危险。此外，牵引的链条长期使用能拉长，从而引起料斗与机壳碰撞发生火花，成为点火源。电气部分也容易发生漏电、短路等导致火灾事故。

桥式提升机可能发生断绳、脱钩、吊物坠落以及啃道事故，电气设备故障还会引发电气火灾。

（3）固体物料输送危险控制技术与对策

①　输送固态物料的管道，特别是气力输送粉体、颗粒状物料的管道，应选用导电性能好的管材制作，并要设置良好的静电导除装置。操作中要严格控制流速，防止因风速过小造成的沉积和堵塞。管道应密封严密，防止因泄漏造成的粉尘飞扬。

②　合理选择传送带。传送带应依据输送物料的性质、负荷、运转速度及传动功率大小，选择其材质、类型和规格，要保证足够的强度；胶接部位也要平滑；张紧装置应便于调节，并应根据负荷变化，及时调整松紧度，避免运行中摩擦生热引起自燃或撞击打火引燃可燃物品。皮带与皮带轮等部位应安装防护罩。

③　具有火灾危险的输送设备应设置安全控制装置。输送设备的开停车均设置手动和自动双重操作装置，并宜安装超负荷（或超行程）及应急事故自动停车的安全联锁控制装置。特别是对于输送距离较长的传输设备，应设置开、停车联系信号，以及给料、输送、中转系统的自动等距离控制装置。轴、联轴节、联轴器等部位应安装防护罩。斗式提升机应设有防止链条拉断而坠落的防护装置。

3.2.2 加热过程

温度是化工生产中最常见的需要控制的参数之一，是干燥、熔融、蒸发、蒸馏的必要条件。加热是控制温度的重要手段，其操作的关键是按规定严格控制温度的范围和升温速度。温度高会使化学反应速度加快，若化学反应是放热反应，一旦散热不及时，温度失控，易发生冲料，甚至会引起燃烧和爆炸。

3.2.2.1 加热方法与设备

加热设备普遍用于化工生产中，化工生产中的加热方式有直接火焰加热（包括烟道气加热）、蒸汽或热水加热、载体加热以及电加热。通常加热温度在100℃以下的，常用热水或蒸汽加热；100～140℃用蒸汽加热；超过140℃则用加热炉直接加热或用热载体加热；超过250℃时，一般用电加热。

直接火焰、烟道气加热主要以煤、天然气、液化石油气、燃料油等作燃料，采用的设备有反应器、管式加热炉、转筒式加热炉等。

石油化工生产中，管式加热炉最为常用，管式加热炉在工业生产中的作用是利用燃料在炉膛内燃烧时产生的高温火焰与烟气作为热源，加热炉管中高速流动的介质，使其达到后续工艺过程所要求的温度或在炉管内进行化学反应。管式加热炉的炉型有几十种，通常按外形或用途来分类。

管式加热炉按外形，可分为四类：箱式炉、立式炉、圆筒炉、大型方炉。另一种是从工艺用途上来分的，如常压炉、减压炉、焦化炉、制氢炉、沥青炉等。管式加热炉结构原理如图 3-19 所示。

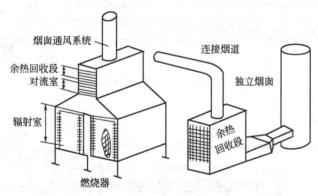

图 3-19　管式加热炉的一般结构

用水蒸气或热水作热载体进行加热的设备通常是采用带有间壁的换热设备，如列管式换热器、套管式换热器、板式换热器、螺旋板式换热器、板翅式换热器、夹套式换热器等。

列管式换热器在化工生产中最为参见，它主要有三种形式：固定管板式（图 3-20）、浮头式（图 3-21）和 U 形管式（图 3-22）。另外，有一类称为釜式换热器，这类换热器是在壳体上部设置适当的蒸发空间。主要在石油化工和化学工业中用作再沸器和蒸发器，如凯特尔式再沸器（图 3-23）。

用各种导热油作载热体加热的设备，绝大多数为浴式或夹套式，其加热有三种方式：一是用直接火焰加热反应器的油夹套，油通过器壁加热物料；二是油在车间外面被加热后，再将它输送到需要加热的设备内进行循环；三是使用封闭式电加热器浸入夹套的油内加热。

电加热分电炉和电感两种方式加热。

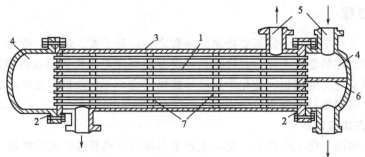

图 3-20 固定管板双管程管壳式换热器

1—传热管；2—管板；3—壳体；4—端盖；5—接管；6—隔板；7—折流板

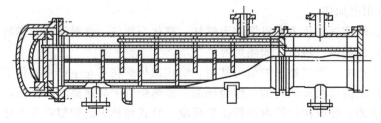

图 3-21 浮头式换热器

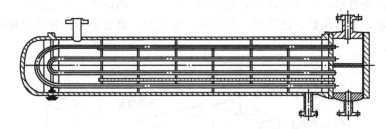

图 3-22 U 形管式换热器

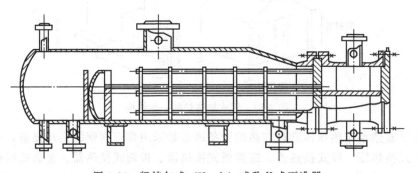

图 3-23 凯特尔式（Kettle）或称釜式再沸器

3.2.2.2 加热过程的危险性分析

① 直接火焰加热。直接火焰加热是采用火焰或烟道气直接对加热对象进行加热的方法，它具有较大的危险性，如果是处理易燃物料时，其危险性更大。原因是设备易因腐蚀、疲劳等而发生泄漏，温度不易控制，极易造成超温及局部过热现象。设备密封不严和超温易导致溢料、物料分解和设备超压爆炸着火危险；局部过热使设备结焦，造成设备烧穿使物料泄漏起火。以气体或液体为燃料的加热炉，在点火前，炉内所积存的爆炸性混合气体不排除干净，会发生爆炸。

② 水蒸气或热水加热。用水蒸气或热水作载体加热易燃易爆物料，温度易控制，既适用又简单，但也存在一定危险。当加热温度较高时，水蒸气压力也需很高，超温超压易造成设备及管道发生爆炸。高压水蒸气加热设备及管道表面温度较高与可燃物接触时间过长会引起积热自燃。换热器容易泄漏形成爆炸性气氛，造成爆燃事故。

在处理与水可能发生反应的物料时，不宜采用水蒸气或热水加热的方法。

③ 载体加热。采用载体进行加热时，所用的载热体种类很多，由于载热体的性质及类别不同，其危险性也不同。

矿物油加热时，矿物油一般为机油、锭子油等。它具有加热均匀、加热温度较高的特点，但是，由于本身属可燃液体，其蒸气与空气易形成爆炸性混合气体。另外，其黏度较大，加之温度高，易在油浴或油管内结焦、堵塞管路或造成局部过热烧坏管道。

有机载体加热时，有机载热体多用联苯醚（联苯和二苯醚的混合物），俗称道生油。其温度易控制、较稳定、加热效率高。但是，联苯醚在操作温度下易燃烧，闪点为102℃、自燃点为680℃，当加热至闪点时，其蒸气与空气形成爆炸性混合气体，且爆炸极限较宽，易发生爆炸。联苯醚还具有热膨胀特性，若温度高，体积增大，压力上升，在高温下能发生分解，其分解产物具有燃烧爆炸的危险。

另外随温度的升高联苯醚会产生结焦、炭化，易因堵塞管路而导致爆炸。在加热联苯醚时，不得混入低沸点杂质特别是水，若有水渗漏，加热时水会迅速汽化使夹层内压力骤增而导致爆炸。

无机载体加热时，加热载体常用熔盐和金属两种。熔盐一般为7％硝酸钠、40％亚硝酸钠和53％硝酸钾组成的混合物。加热时，盐类处于熔融状态，温度高，氧化性增强，若硝酸盐漏入燃烧室或与有机物接触，均可发生着火和爆炸。

采用金属作加热载体，由于温度达上千摄氏度，若有低沸点液体或水等进入，可发生急剧汽化导致爆炸。活泼金属遇水能产生氢气，发生爆炸后果更加严重。

④ 电加热。电加热因温度易控制和调节，发生事故时可迅速切断电源，是一种较安全的加热方法。电加热有电炉和电感两种加热方式。电炉和电感加热的危险主要是电炉丝绝缘受到破坏、受潮后线路的短路及接点接触不良而产生电火花、电弧或电线发热等，均可引燃易燃物料。

3.2.2.3 加热安全技术控制措施

（1）针对不同的加热需求选择适宜的加热方式及设备

加热方式应依据工艺条件和安全性进行选择，尽量选择能满足工艺要求且温度较低又安全的热源，如热水、水蒸气或热风等。

① 处理易燃易爆物料时，不宜使用直接火焰加热方式。

② 选用蒸汽（或热水）加热时，设备及管道应能承受一定的压力，防止使用中出现破裂，保证设备不漏。

③ 熔盐加热要确保设备耐压强度、密封性，避免渗漏，并在设备上加装安全附件，如压强表、安全阀、放空管等。

④ 电加热设备要采用防潮、防腐蚀、耐高温的绝缘材料，电热管进线及外露接线应加套管及防护装置。电炉丝与被加热器壁之间应有良好的绝缘。

（2）采取密闭及隔离措施

高危险性加热设备应设单独房间，油加热循环系统、有机载体的容器及加热循环系统应密闭，应采用封闭电炉加热易燃物料，高压蒸汽加热设备及管道应与可燃物隔离并采取良好保温措施，以防止接触发生受热自燃。

（3）严格控制工艺操作

在生产过程中应严格控制操作温度，避免超温、超压，重要参数应采用联锁控制，对燃油、燃气的加热炉应设置可燃气体浓度检测报警装置和自动安全点火控制装置。对油加热系统应定期消除沉积物和结焦物，以防堵塞管路造成超压或局部过热分解而发生爆炸。

3.2.3 冷却冷凝过程

从原理上来说，冷却、冷凝过程和加热过程都是类似的传热过程，只不过关注的对象（一般为物料）在此时是被降低温度。如果物料只是温度降低而没有发生相变化，我们称其为冷却，而如果其过程中有气相变为液相的过程发生，则称其为冷凝。冷凝冷却过程采用的设备与加热过程也类似。

3.2.3.1 冷却冷凝分类及设备

冷却与冷凝在化工生产过程中应用较为广泛，按方法可分为直接冷却和间接冷却两类。

① 直接冷却法。这种方法是在不影响物料性质或不致引起化学变化时，直接向所需冷却的物料加入冷却介质，或者将物料置入敞口槽中或喷洒于空气中，使之自然汽化而达到冷却目的的方法，后者也称为自然冷却法。直接冷却法所用冷却剂一般采用冷却水或空气，也可能是物料中的某种组分。冷却水依季节不同，其温度变化为 4～25℃，地下水温度较低，平均为 8～15℃。直接冷却法的缺点是物料被稀释。

② 间接冷却法。间接冷却通常是在间壁式的换热器（冷却器）中进行的，金属间壁的一侧为低温载体，另一侧为需要冷却的物料，通常用的低温载体是冷水、盐水、冷冻混合物或某种冷物料等。把物料冷却到环境大气温度以上时，可以用空气或循环水作为冷却介质；冷却温度在 15℃以上，可以用地下水。一般冷却水所达到的冷却效果不能低于 0℃，浓度约 20%的盐水，冷却效果可达 0～-15℃；冷冻混合物（以压碎的冰或雪与盐类混合制成），依据成分不同，冷却效果可达 0～-45℃。

为达到冷凝、冷却目的，还可以借某种沸点较低的介质的蒸发从需冷却的物料中取得热量来实现冷却，常用的介质有氟利昂（氟氯烷）、氨等。此时，物料被冷却的温度可达 -15℃左右。更低温度的冷却，属于冷冻的范围，如石油气、裂解气的分离采用深度冷冻，介质需冷却至 -100℃以下。

冷凝、冷却所使用的设备统称为冷凝、冷却器。冷凝、冷却器就其实质而言均属换热器。按其传热面的形状和结构可分为：管式冷凝、冷却器，如蛇管式、套管式和列管式等；板式冷凝、冷却器，如夹套式、螺旋式、平板式、翼片式等；直接冷凝冷却方式可采用混合式冷凝、冷却设备，如填料塔、喷淋式冷却塔、泡沫冷却塔、瀑布式混合冷凝器等。

3.2.3.2 冷凝冷却过程的危险性分析

① 换热设备的泄漏仍是发生事故的最大隐患，特别是能与水或其他换热介质发生反应的换热过程。

② 冷却冷凝操作时冷却介质不能中断，否则会造成积热，系统温度、压力骤增，引起爆炸。

③ 开车时应先通冷却介质；停车时应先撤出物料，后停冷却系统。

④ 有些凝固点较高的物料，遇冷易变得黏稠或凝固，在冷却时要注意控制温度，防止物料堵塞换热设备及管道。

⑤ 以水为冷却剂的换热设备易于结垢堵塞管路。

3.2.3.3 冷却、冷凝过程安全控制对策

冷凝、冷却的操作在化工生产中产生的危险易被人们忽视，实际上是很严重的，如反应设备和加温后的物料由于未能及时得到应有的冷却或冷凝，常常会导致着火、爆炸，故必须予以重视，并注意以下要点：

① 要根据被冷却物料的温度、压力、理化性质以及所要求冷却的工艺条件，正确选用冷却设备和冷却剂。忌水物料的冷却不允许用水作冷却剂，必要时应采取特别措施。

② 严格注意冷却设备的密闭性，不允许物料窜入冷却剂中，也不允许冷却剂窜入被冷却的物料中。

③ 冷却设备所用的冷却水不能中断，否则反应热不能及时导出会使反应失控，系统压力增高，甚至发生爆炸。许多高分子聚合反应都是放热反应，如果反应所放出的热量不及时导出，热量聚积，压力增高，危险性很大，这类事故屡有发生。另外，冷凝、冷却器断水，会使后部系统温度升高，未冷凝的危险气体外逸排空，可导致着火或爆炸。反应器中采用夹套或蛇管的冷却方式，若以冷却水流量控制温度时，最好采用自动调节装置。

④ 开车前，首先应清除冷凝器中的积液，再打开冷却水，然后通入高温物料，为保证不凝可燃气体安全排空，可充氮进行保护。停车时，应先撤出物料，后停冷却系统。

3.2.4 冷冻过程

冷冻是一种使物料的温度降低到比周围环境温度还要低的操作过程，在某些化工生产过程中，如低温反应、气体的液化、低温分离，以及某些物品的槽送、储藏等，常需将物料降到比环境温度更低的温度，这就需要进行冷冻操作。

3.2.4.1 冷冻原理与设备

冷冻操作的实质是利用制冷剂不断地将热量由被冷冻物料中取出，并传给环境或其他物质（水或空气），从而使被冷冻物料温度降低。

冷冻操作分为直接制冷和间接制冷两种方式。直接制冷是用一种盐类的水溶液作为载冷体，使其在被冷冻物料和制冷剂之间循环，从被冷冻物料中吸取热量，然后再将热量传给制冷剂，其过程类似冷却冷凝过程。在直接制冷中，常用的载冷体是氯化钠、氯化钙和氯化镁等盐类的水溶液，通常称为冷冻盐水。

工业上深度制冷通常采用间接制冷过程，使用的冷冻方法有压缩式制冷和吸收式制冷两种。它们共同的基本原理是利用液体蒸发和气体膨胀时吸取四周热量的原理来产生低温。间接制冷时，冷冻设备主要由压缩机（冷冻机）、冷凝器、膨胀阀和蒸发器等组成，如图3-24

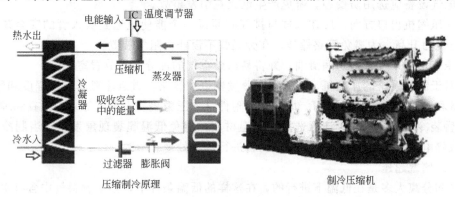

图 3-24　压缩制冷原理及工业用制冷压缩机

所示。此外，还包括油分离器、气液分离器等辅助设备，以及用来调节控制与显示的仪表、仪器等。

间接制冷采用的制冷剂有氨、氟利昂，但目前氟利昂因对环境破坏的原因已被广泛禁用，代之以更加环保的无氟制冷剂。在石油化工生产中常用乙烯、丙烯作为深冷分离裂解气的冷冻剂。

3.2.4.2 冷冻过程的危险性分析与安全控制对策

（1）制冷剂和物料

在冷冻过程中所采用的制冷剂种类较多，但多数具有易燃易爆危险，常见的制冷剂有氨、氟利昂，石化工业常用乙烯、丙烯等石油裂解产品。其中氨、乙烯、丙烯属可燃气体，它们不仅易燃易爆，而且具有一定毒害性。对氨、乙烯、丙烯发生的火灾事故，灭火时一定要采取防毒措施。

某些被冷冻的物料也是易燃易爆、有毒有害的物质，冷冻过程中应对物料的危险特性有所了解和掌握，特别是处于高压低温下的操作，更应注意潜在的危险。

制冷剂和被冷冻的物料有的导电性很差，在输送、流动过程中能产生静电，如果除静电措施不当，就会造成静电荷积聚而产生静电放电火花。当乙烯、丙烯和氨气等气体从泄漏口高速喷出时，也可发生静电放电。此外，各种电力电气设备如接触不良、绝缘破坏或发生其他故障，也有产生电火花的危险。同时，也存在人为所致的撞击火花和明火等点火源的可能。

（2）制冷系统泄漏

由于冷冻操作是在高压和低温条件下进行的，所以设备系统极易遭受破坏而发生泄漏。泄漏的部位主要是法兰、阀门的密封处，管线和设备的接口处，以及罐体破裂、泵损坏破裂处等。制冷剂泄漏、喷出扩散易引起人员中毒和爆炸火灾。

防止出现泄漏的根本方法是合理地按照设备操作条件选择设备材料，设备材料应具有耐高压、抗低温和耐腐蚀的性能。同时要定期进行耐压强度试验和气密性试验，并做好日常检查与维护。发现跑、冒、滴、漏，及时检修，尤其对容易发生泄漏部位的操作，要作为安全管理的重点。容易发生泄漏的冷冻机间等场所，应设置可燃气体检测报警装置，并要求通风良好。裂解气分离系统的设备应尽量露天或半露天布置，以防止形成爆炸性气体混合物。

（3）氨气制冷系统

在化工生产、食品低温储藏中冷冻设备所用的压缩机常见为氨压缩机，大型氨气制冷压缩机组使用时应特别注意以下几点：

① 电气设备应选用防爆型，避免产生电火花引发事故。

② 在压缩机出口方向，应在汽缸与排气阀间设一个能使氨通到吸入管的安全装置，可有效预防压力升高。为避免管路爆裂，在旁通管不设任何阻气装置。

③ 压缩机要采用合适的润滑油，并将易污染空气的油分离器放置室外。

④ 对于制冷系统的压缩机、冷凝器、蒸发器以及管路，重点注意其耐压程度和气密性，防止设备和管路出现裂纹、泄漏。加强安全附件（如压力表、安全阀等）的检查和维护。

⑤ 盛装冷料的容器，应注意选择耐低温材质，避免低温脆裂现象发生，当制冷系统发生事故或停电而紧急停车时，应对被冷物料进行排空处理。

（4）防堵塞超压

制冷和分离大多是在低温下进行的，在这样的低温条件下，如果物料气中含有水分或设备系统内残留有水分，就会发生冻结堵塞管线，造成增压所致的爆炸事故。操作中如操作不当也有造成超压爆炸的危险，尤其是压缩系统的设备和管线更容易发生增压爆炸事故。

裂解气冷冻分离过程中，要预先干燥后再送分离塔，检修后要彻底排净分离系统内的水及其他液体。

在生产过程中，如果发现设备系统有冻结堵塞现象时，可用甲醇解冻疏通，严重时应停车处理冻堵。绝对禁止用喷灯等明火作热源烘烤，可考虑以水蒸气、热水等加热介质在管外加热熔融疏通。在设计上，应考虑在容易发生冻结堵塞部位加设旁通管，以防结冰堵塞超压爆炸。

（5）操作中应将温度、压力及流量作为控制的重点，严格按操作程序进行控制

压缩机的出口管线、深冷分离的分离塔等压力设备上，均要配备安全阀等安全泄压装置、紧急放空管线。低压系统和高压系统之间应设止逆阀，防止高压物料窜入低压系统而发生超压爆炸。

（6）建筑与消防

压缩机房建筑宜为隔离的防爆泄压结构，压缩机房内应设置卤代烷、二氧化碳等固定灭火设施。裂解气深冷的生产装置区应设置固定的氮气保护装置和灭火蒸汽管线，以及高压消防供水管网及消防水炮等灭火设施。

3.2.5 熔融过程

熔融过程是利用加热将固态物料熔化为液态的单元操作。在化工生产中常常需将某些固体物料（如苛性钠、苛性钾、萘、硝酸盐等）熔融之后进行化学反应。另外，还有某些固体物质需熔融后以利于使用和加工，如沥青、石蜡和松香的使用。

3.2.5.1 熔融设备

熔融设备分敞开式和密封式。熔融过程一般在 150～350℃ 下进行，加热方式根据物料的熔点可以选择介质加热（如热水、水蒸气或高温导热油）或直接火焰加热。

3.2.5.2 熔融过程的危险性分析

在熔融操作过程中，主要危险来源于被熔融物料的化学特性、熔融时的黏稠程度、熔融过程所生成的副产物、熔融设备、加热方式等方面。

① 熔融物料的危险性。对闪点低、熔点低、自燃点低的固体物料进行熔融时，如采用明火加热会因温度过高引起火灾，特别是熔融物料中含有杂质时，如沥青、石蜡等可燃物料中含水极易形成喷油而引发火灾；另外，碱熔过程中的碱屑或碱液飞溅到皮肤上或眼睛里会造成灼伤。碱熔物和硝酸盐中若含有无机盐等杂质应尽量除掉，否则这些无机盐因不熔融会造成局部过热、烧焦，致使熔融物喷出，容易造成烧伤。

② 加热过程的危险性。熔融温度一般为 150～350℃，可采用烟道气、油浴或金属浴加热，这些加热介质在操作过程中都有很大的危险性。使用煤气加热时应注意煤气泄漏会引起爆炸或中毒。

③ 熔融物的局部过热危险。进行熔融时是否安全，与物质的黏稠度有关。一般来讲，熔融物的黏稠度越大，物料易粘贴在加热管壁或锅底，当温度升高时易结焦，产生局部过热引发着火或爆炸。

④ 熔融挥发物。熔融过程因高温会产生很多小分子的挥发物，当空气中挥发物达到一定浓度时易发生爆炸，挥发物对人员身体健康和环境有害。

3.2.5.3 熔融过程危险控制对策

① 选择安全的加热方式。在熔融过程中加热方式的选择和温度控制是防火防爆的重要

方面。根据熔融物料的性质选择合适的加热方式和升温速率，加热温度要控制在熔融物料的自燃点以下，以免温度达到自燃点而起火。一般要尽可能避免采用直接火焰加热，如果必须使用时，尽量将火焰避开熔融物质。

② 防止物料外溢。进行熔融操作时，设备内物料不能装太少，也不能过多。物料太少温度不易控制，容易结焦而起火；物料过多，特别是含水分或杂质时，一旦沸腾外溢会造成危险，一般盛装物料不超过设备容量的 2/3，并在熔融设备上设置防溢装置，避免溢出物料与明火接触。如需对某种熔融物料进行稀释，必须在安全温度以下进行，如用煤油稀释沥青时，必须在煤油的自燃点以下进行，以免发生着火事故。

③ 熔融设备安全。为了确保熔融设备的安全，在熔融设备上应安装必要的安全设施，应定期进行设备维修检查，发现隐患及时检修，如采用高压蒸汽的熔融设备，应安装压力表和安全阀等安全附件，熔融操作场所应安装可燃、有毒气体检测报警系统。

3.2.6 干燥过程

在化工生产中利用热能将含湿（水或溶剂）固体中的液体深度分离的操作方法称为干燥。干燥操作按不同操作压强可分为常压干燥和减压干燥，按操作的连续性可分为连续干燥和间歇干燥，按温度的高低可分为加热干燥和冷冻干燥，按传热方式可分为传导干燥、对流干燥、辐射干燥、介电加热干燥，有时干燥方式可以是两个以上形式的组合。用来干燥的加热介质有空气、烟道气等。此外还有高频干燥和红外干燥等。

3.2.6.1 干燥设备

干燥设备根据物料、干燥方式的不同有多种不同形式的设备以达到不同的干燥目的。在化工生产过程中，对流干燥器是应用最广的一类干燥器，对流干燥器主要包括隧道式干燥器、流化床干燥器、气流干燥器、厢式干燥器、喷雾干燥器等。此类干燥器的主要特点是：

① 热气流和固体直接接触，热量以对流传热方式由热气流传给湿固体，所产生的水汽由气流带走；

② 热气流温度可提高到普通金属材料所能耐受的最高温度（约 730℃），在高温下辐射传热将成为主要的传热方式，并可达到很高的热量利用率；

③ 气流的湿度对干燥速率和产品的最终含水量有影响；

④ 使用低温气流时，通常需对气流先作减湿处理；

⑤ 汽化单位质量水分的能耗较传导式干燥器高，最终产品含水量较低时尤甚；

⑥ 需要大量热气流以保证水分汽化所需的热量，如果被干燥物料的粒径很小，则除尘装置庞大而耗资较多；

⑦ 宜在接近常压条件下操作。

隧道式干燥器是一种物料移动型的干燥器，如图 3-25 所示，被干燥的物料在干燥室中沿通道前进运动，并只经过通道一次，热空气通过通道将湿气带走从而使湿物料干燥。物料

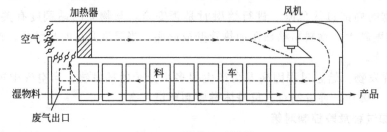

图 3-25　隧道式干燥器

在运送它的机构上处于静止状态，被干燥物料的加料和卸料在干燥室两端进行。

流化床干燥器又称沸腾床干燥器，流化干燥是指干燥介质使固体颗粒在流化状态下进行干燥的过程。散粒状固体物料由加料器加入流化床干燥器中，经过过滤后的洁净空气加热后由鼓风机送入流化床底部经分布板与固体物料接触，形成流化态达到气固的热质交换。物料干燥后由排料口排出，废气由沸腾床顶部排出经旋风除尘器和布袋除尘器回收固体粉料后排空。流化床干燥器原理及实例如图 3-26 所示。

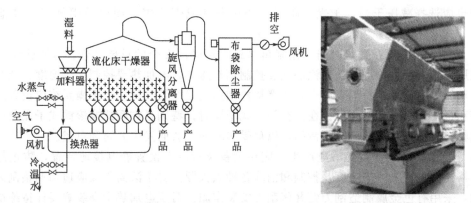

图 3-26　流化床干燥器原理及实例

喷雾干燥器的工作原理是在干燥塔顶部导入热风，同时将料液送至塔顶部，通过雾化器喷成雾状液滴，这些液滴群的表面积很大，与高温热风接触后水分迅速蒸发，在极短的时间内便成为干燥产品，从干燥塔底排出的热风经与液滴接触后温度显著降低，湿度增大，它作为废气由排风机抽出，废气中夹带的微粒用分离装置回收。图 3-27 是喷雾干燥器工作原理。

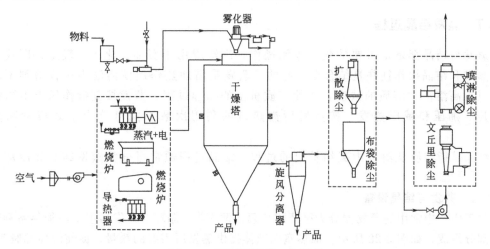

图 3-27　喷雾干燥器工作原理

3.2.6.2　干燥过程的危险性分析

① 超温和自燃。在干燥过程中，无论是间歇还是连续干燥，如果加热温度过高、时间过长，物料在干燥器内发生积料、结焦，极易产生局部过热而导致分解、变质以至引起自燃。

② 静电和粉尘爆炸。在对流干燥过程中，由于气流携带粉状物料激烈旋转、碰撞及摩擦，易产生静电火花，如气流、喷雾及沸腾干燥器。在滚筒干燥器中使用的刮刀和滚筒间产生摩擦也易产生机械和静电火花。如果上述干燥器内所干燥的物料具有可燃性，又采用空气

或烟道气作为干燥介质时，极易形成粉尘混合物而发生粉尘性爆炸。

③ 形成爆炸性混合物。在干燥操作过程中，许多被干燥物料中的湿分是易燃或可燃液体，若采用空气作为加热介质，则在干燥器内会形成爆炸性混合物；若加热汽化后发生泄漏或逸散在空气中，极易形成爆炸性气体混合物。

3.2.6.3 干燥过程安全控制对策

① 合理选择干燥方法。热敏性、易氧化的物料应选择减压（真空）干燥。易燃、易爆物料也应选择减压干燥，干燥介质不应选用空气或烟道气，而应采用氮气或其他惰性介质。

② 控制物料温度及受热时间。控制超温超时是保证安全的重要措施。危险化学品干燥应杜绝用明火进行加热干燥，蒸汽加热要控制蒸汽压力，电加热要控制加热温度，及时切断电源。对热敏感且易燃易爆物料干燥要严格控制加热温度及时间，在干燥系统应设置超温超时报警和自动调节等控制装置。在进行间歇式干燥时，特别是在厢式或滚筒式干燥器内，要防止积料、结垢、结焦，应经常清扫，以免受热时间过久而发生分解和自燃。

③ 消除火源。为了避免静电产生，应在设备及管道上设置静电接地装置，防止静电累积，严格控制干燥气流的速度，控制和消除各种点火源。对于滚筒干燥应适当调整刮刀与筒壁间隙，采用有色金属制造刮刀，并将刮刀安装牢固。对于电加热干燥装置要保持绝缘性能良好，防止出现短路打火，以防粉尘遇明火发生爆炸。

④ 保持密封良好。处于正压操作下的干燥，密封良好可以防止可燃气体及粉尘泄漏至作业环境中；处于负压操作下的干燥，可以避免空气被吸入而发生危险。对于易燃易爆物料的真空干燥，在解除真空时，一定要使温度降低后方可使空气进入，否则可能引起干燥物料自燃乃至爆炸。

3.2.7 蒸发结晶过程

蒸发与结晶都是很重要的化工单元操作，广泛应用于石油、化工、轻工、医药等工业。蒸发和结晶操作往往是结合在一起的，蒸发是借加热作用使溶液中所含溶剂不断汽化，以提高溶液中溶质的浓度，或使溶质析出的物理过程。蒸发按其操作压力不同可分为常压、加压和减压蒸发。按蒸发所需热量的利用次数不同可分为单效蒸发和多效蒸发。

结晶是指溶质从溶液中凝结析出的过程，结晶过程通常可分为蒸发结晶和冷却结晶两种。

3.2.7.1 蒸发与结晶设备

化工生产中常用的蒸发器分为循环式和膜式两大类。循环式蒸发器主要由加热室和蒸发室两部分组成，如图3-28所示。加热室向液体提供蒸发所需要的热量，促使液体沸腾汽化；蒸发室使气液两相完全分离。加热室中产生的蒸气带有大量液沫，到了较大空间的蒸发室后，这些液体借自身重力、凝聚或除沫器等的作用得以与蒸气分离。通常除沫器设在蒸发室的顶部。

膜式蒸发器分为降膜式蒸发器和升膜式蒸发器，其区别在于物料的运动方向。降膜式蒸发器（图3-29）料液是从蒸发器的顶部加入，在重力作用下沿管壁成膜状下降，并在此过程中蒸发增浓，在其底部得到浓缩液。由于成膜机理不同于升膜式蒸发器，故降膜式蒸发器可以蒸发浓度较高、黏度较大、热敏性的物料。但因液膜在管内分布不易均匀，传热系数比升膜式蒸发器小，不适用易结晶或易结垢的物料。

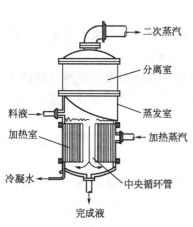

图 3-28　中央循环式蒸发器

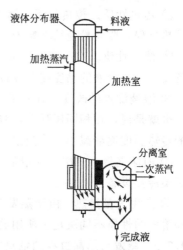

图 3-29　降膜式蒸发器

结晶器是用于结晶操作的设备。结晶器的类型很多，按溶液获得过饱和状态的方法可分蒸发结晶器和冷却结晶器；按流动方式可分母液循环结晶器和晶浆（即母液和晶体的混合物）循环结晶器；按操作方式可分连续结晶器和间歇结晶器。

图 3-30 是一种晶浆循环式连续结晶器。操作时，料液自循环管下部加入，与离开结晶室底部的晶浆混合后，由泵送往加热室。晶浆在加热室内升温（通常为 2～6℃），但不发生蒸发。热晶浆进入结晶室后沸腾，使溶液达到过饱和状态，于是部分溶质沉积在悬浮晶粒表面上，使晶体长大，作为产品的晶浆从循环管上部排出。强制循环蒸发结晶器生产能力大，但产品的粒度分布较宽。

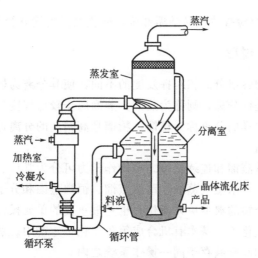

图 3-30　晶浆循环式连续结晶器

3.2.7.2　蒸发与结晶操作的危险性分析

蒸发的溶液如果溶质在浓缩过程中可能有结晶、沉淀和污垢生成，这些都能导致传热效率的降低，并产生局部过热，促使物料分解、燃烧和爆炸。

对具有腐蚀性溶液的蒸发或结晶过程，蒸发器的材质易发生腐蚀。

蒸发和结晶是利用加热使液态混合物发生相变而分离的物理操作过程。蒸发过程的实质是传热壁面一侧的蒸汽冷凝与另一侧的溶液沸腾间的传热过程，具有如下特点：

① 传热性质。传热壁面一侧为加热蒸汽进行冷凝，另一侧为溶液进行沸腾，属于间壁式传热过程，壁面易受结垢影响降低传热效果。

② 溶液性质。有些溶液在蒸发过程有晶体析出，易结垢或产生泡沫。有些在高温下易分解或聚合。溶液的黏度在蒸发过程中逐渐增大，腐蚀性逐渐增强。

③ 溶液沸点的改变。含有不挥发溶质的溶液，其蒸气压较同温度下溶剂（即纯水）的低，也就是说，在相同压强下，溶液的沸点高于纯水沸点。当加热蒸汽温度一定时，蒸发溶液的传热温度逐渐减小，溶液浓度越高这种现象越显著。

④ 泡沫夹带。二次蒸汽中常夹带大量泡沫，冷凝前必须设法除去，否则不但损失物料且污染冷凝设备。

⑤ 产生大量潜热。由于蒸发时产生大量二次蒸汽，因此存在大量潜热。蒸发过程的特点和溶液的性质不同决定了所用的蒸发设备有差别。

3.2.7.3 蒸发与结晶过程的危险控制对策

① 加热方式。根据被蒸发溶液的特点选择加热方式。对易燃性溶剂，要选择间接加热方式。

② 温度控制。对于热敏性溶液，在蒸发浓缩过程中，溶质往往产生结晶、沉淀及污垢，这些将导致传热效率低，并且产生局部过热，温度过高极易使结晶或沉淀物分解变质而发生着火爆炸。因此，要控制蒸发温度，为防止热敏性物质的分解，可采用真空蒸发的方法，以降低蒸发温度，或采用高效蒸发器，尽量缩短溶液在蒸发器内停留时间。

③ 避免设备腐蚀。对于腐蚀性溶液的蒸发，蒸发器及相关设备的腐蚀是危险控制的重要部位，可考虑选择耐腐蚀的设备，定期检测设备受腐蚀的状况，及时维修，以免危险增大发生事故。

④ 防管路堵塞。定期检查清理易结垢部位，防止结晶物堵塞管路造成压强超压事故。

3.2.8 蒸馏（精馏）过程

蒸馏是借液体混合物各组分的相对挥发度的不同，使其分离为较纯组分的操作。如果混合物只经过一次相平衡进行分离，则称为蒸馏，蒸馏属于较低程度的分离。如果混合物分离过程经过多次相平衡，这样的分离称为精馏，精馏是高精度的分离过程。但在工业上一般将上述两种过程通称为蒸馏。

蒸馏操作可分为间歇蒸馏和连续蒸馏。按操作压力可分为常压、减压和加压（高压）蒸馏。此外还有特殊蒸馏——水蒸气蒸馏、萃取蒸馏、恒沸蒸馏和分子蒸馏等。

蒸馏是分离液体混合物的典型单元操作，也是最重要的单元操作之一，它广泛应用于石油炼制、石油化工、炼焦化工、基本有机合成等各类化工生产中。蒸馏过程的最大特点是加热、蒸发、分馏、冷却和冷凝共存于同一操作系统之内。

3.2.8.1 蒸馏过程设备

将混合物简单分离的设备称为蒸馏釜（图3-31），主要适用于化工、制药、食品等工业部门对液料的简单浓缩。其结构简单，主要包括浓缩罐（蒸发罐）、冷凝器（第一、二）、气液分离器、冷却器、受液桶等部件组成。浓缩罐（蒸发器）可采用夹套结构、电加热等加热方式，冷凝、冷却器可采用列管式、蛇管式等。

工业上，特别是大型石油化工工业多采用大型精馏塔对混合物进行高精度分离。精馏塔分为板式精馏塔（图3-32）和填料精馏塔两类。

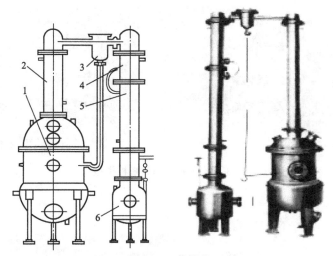

图 3-31　蒸馏釜

1—浓缩罐；2—第一冷凝器；3—气液分离器；4—第二冷凝器；5—冷却器；6—受液桶

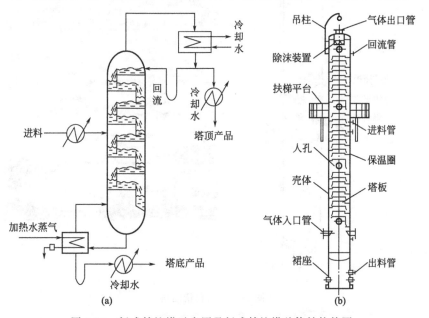

图 3-32　板式精馏塔示意图及板式精馏塔总体结构简图

　　板式精馏塔是由若干块塔板组成的，一块塔板只进行一次部分汽化和部分冷凝，塔板数越多，分离的效果越好。整个精馏过程，最终由塔顶得到高纯度的易挥发组分（塔顶馏出物），塔釜得到的基本上是难挥发的组分。精馏塔的最上部分称为塔顶，塔的最下部称为塔釜。精馏塔中进料板以下的部分称为提馏段（包括进料板），它的作用是将进塔中的重组分提浓，在塔釜得到高纯度的难挥发组分。进料板以上称为精馏段，它的作用是将进塔中的轻组分浓度提浓，在塔顶得到含轻组分浓度高的产品。

　　板式塔的核心部件是塔板，塔板在塔内按一定间距分层排布。塔板的类型较多，常用的有筛孔塔板、浮阀塔板、泡罩塔板等，图 3-33 是塔内塔板结构和塔板类型。

　　填料精馏塔与板式精馏塔的主要区别在于，填料精馏塔（图 3-34）中安装填料来代替板式精馏塔中的塔板，填料是一些比表面积较大的材料，如陶瓷环、不锈钢环或片等，如图 3-35 所示。

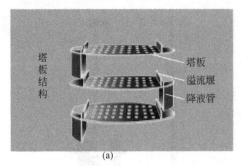
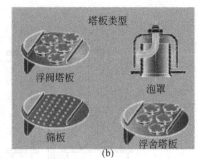

图 3-33　塔板结构和塔板类型

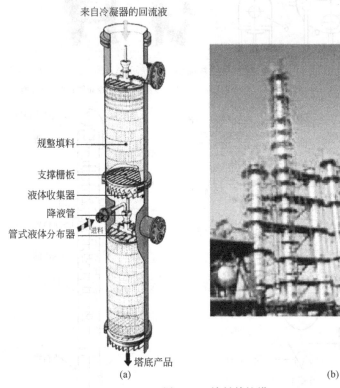

图 3-34　填料精馏塔

图 3-35　各种精馏塔填料

　　对于沸点差较大、容易进行分离或产品纯度要求不高的液体混合物宜采用简单蒸馏塔。但用于易燃、可燃液体蒸馏的蒸馏釜不宜采用直接加热方式；而宜选用密闭的夹套或内置蛇管加热或电感加热方式。在常压下沸点较高或易于分解的液体，以及高沸点物料与不挥发杂质的分离，均宜选用水蒸气直接蒸馏方式操作。

对于沸点接近、产品纯度要求很高的液体分离，宜选用精馏塔。精馏塔的种类较多，如填料塔、筛板塔、浮阀塔、泡罩塔、舌形塔等，选用时主要根据物料性质及纯度要求来确定。比如，对于容易起泡的蒸馏操作，若塔径不大时，应选填料塔。对于含有固体颗粒的混合物精馏，应选液流通道较大的塔型，一般选大孔筛板塔和无溢流装置板式塔。对于具有腐蚀性的物料，可选非金属材料填料塔。在处理高温易发生分解、聚合或热敏性很强的物料时，必须采用减压操作，以降低其沸点，因而要求塔有较小的压降，所以首先选用填料塔。当真空度要求不高时，也可采用筛板塔或浮阀塔。

处理难于挥发的物料时（常压下沸点在150℃以上）应采用真空蒸馏，这样可以降低蒸馏温度，防止物料在高温下分解、变质或聚合。

在处理中等挥发性物料（沸点为100℃左右）时，一般采用常压蒸馏。对于沸点低于30℃的物料，则应采用加压蒸馏。

水蒸气蒸馏通常用于在常压下沸点较高，或在常压时容易分解的物质的蒸馏；也常用于高沸点物与不挥发杂质的分离，但只限于所得到的产品完全不溶于水。

萃取蒸馏与恒沸蒸馏主要用于分离由沸点极接近或恒沸组成的各组分所组成的、难以用普通蒸馏方法分离的混合物。

分子蒸馏是一种相当于绝对真空下进行的一种真空蒸馏。在这种条件下，分子间的相互吸引力减小，物质的挥发度提高，使液体混合物中难以分离的组分容易分开。由于分子蒸馏降低了蒸馏温度，所以可以防止或减少有机物的分解，但其设备和操作成本较高。

3.2.8.2 蒸馏过程的危险性分析

① 易形成爆炸性气氛。蒸馏装置复杂，除蒸馏塔本身外，还有再沸器、预热器、冷凝器、冷却器以及各种输送泵，泄漏极易发生，从而形成起火或爆炸性气氛。在蒸馏易燃或可燃液体过程中，由于体系内始终呈现气液共存状态，如果设备发生泄漏或吸入空气，均可与空气形成爆炸性气体混合物，达到爆炸极限时遇明火即可发生爆炸。

② 残留物及自燃。蒸馏釜底的残留物是较危险的，特别是间歇蒸馏过程中，残留物通常都是高沸点、高黏度且高温下易分解或发生聚合、成分较复杂的混合物，极易在高温下发生热分解、自聚或积热自燃。如果残留物中含有热敏性爆炸物，其危险性更大。

③ 操作复杂。蒸馏过程操作环节复杂，操作指标或某一操作环节出现偏差，都会影响整个蒸馏系统的平衡而导致危险。若蒸馏温度过高，有超压、泛液、冲料、过热分解及自燃危险。相反，温度过低，则有淹塔危险。若加料量超负荷，会使釜式蒸馏造成沸溢性火灾，对塔式蒸馏可使汽化量增大，使未冷凝的蒸气进入受液槽，导致槽体超压而爆炸。回流量增大，不但会降低体系内的操作温度，而且易出现淹塔致使操作失控。蒸馏设备的出口管道被凝结、堵塞，会使设备内压升高，发生爆炸。当在高温下操作时，冷却水或其他低沸点物质进入蒸馏设备内，会瞬间使大量液体汽化造成设备内压力急剧上升而发生爆炸事故。

④ 点火源。在蒸馏的操作过程中都需加热，如塔式蒸馏设备底部有蒸馏釜或再沸器、釜式蒸馏设备的内部或外部有加热盘管或夹套，直接火焰加热的蒸馏釜下部设有明火装置或电热丝等，危险很大。

蒸馏烃类物料时，管内流速过快易产生静电火花危险。另外，釜底残液排出时，压缩空气与液态残渣也易产生静电火花导致着火爆炸。

⑤ 腐蚀泄漏及局部过热。当蒸馏腐蚀性液体时，易引起蒸馏设备腐蚀，发生泄漏引起火灾。另外，蒸馏设备易结垢使传热不均，造成塔盘及管道堵塞而发生超压爆炸。若蒸馏黏度较高或杂质含量较多的物料时，超温易使釜底结焦或聚合形成局部过热而发生爆炸。

3.2.8.3 蒸馏操作危险控制对策

（1）选择合适蒸馏方法及设备

根据物料的性质、分离要求选择正确的蒸馏方法是保证安全运行的前提。

① 对于难挥发的物料，即常压下沸点为150℃以上的物料及高温易发生分解、聚合或热敏性物料应采用减压蒸馏。如硝基甲苯在高温下易分解爆炸，因此在进行提纯分离时采用减压蒸馏方法。

② 对于常压下沸点为100℃左右的中等挥发性物料或低沸点含杂质的溶剂精制，宜采用常压蒸馏方法。

③ 对于常压下沸点低于30℃的物料，应采用加压蒸馏，但应注意设备密闭。低沸点的溶剂也可采用常压蒸馏，但应设一套冷却系统，否则不适宜。

④ 对于不能采用以上几种蒸馏方法进行分离的物料，可采用特殊蒸馏方法。

⑤ 对于易燃、可燃液体蒸馏，不宜采用明火或电加热作热源，应利用水蒸气、过热水或油浴等方法加热。

⑥ 蒸馏能与水进行化学反应的物料时，不应采用水及水蒸气作为加热载体或制冷剂，以免发生泄漏引起反应失控导致火灾或爆炸。

⑦ 对于腐蚀性物料应合理选择设备材质。

（2）根据不同蒸馏方式采取相应措施

① 常压蒸馏。在常压蒸馏中注意蒸馏系统的密闭性，防止易燃液体或蒸气泄漏遇空气而着火；对于高温蒸馏系统，应防止冷却水突然漏入塔内，以免水迅速汽化导致塔内压力突然增高而将物料冲出或发生爆炸，故开车前应将塔内和蒸汽管道内的冷凝水放尽然后使用。

在常压蒸馏系统中，还应注意防止管道被凝固点较高的物质凝结堵塞，使塔内压增高而引起爆炸。

避免采用直接火焰加热。如采用直接火焰加热蒸馏高沸点物料时（如苯二甲酸酐），应防止产生自燃点很低的树脂油状物遇空气而自燃。同时，应防止蒸干使残渣脂化后结垢，引起局部过热而着火、爆炸。油焦和残渣应及时清除。

冷凝器中的冷却水或冷冻盐水不能中断，否则，未冷凝的易燃蒸气逸出后会使后部系统温度增高，或窜出遇明火而引起着火。

② 减压蒸馏（真空蒸馏）。减压蒸馏亦应保持设备密闭性，如果吸入空气，对于某些易燃物料（如硝基化合物）有引起着火或爆炸的危险。真空泵应安装单向阀，以防止突然停泵造成空气倒入设备内。

对减压蒸馏的操作，应严格操作顺序。先打开真空阀门然后开冷却器阀门，最后打开蒸汽阀门，否则物料会被吸入真空泵，并引起冲料，使设备受压甚至爆炸。减压蒸馏易燃物质时，其排气管应通至厂房外管道上，并应安装阻火器。当蒸馏完毕时，应待蒸馏釜冷却，补充入氮气后，再停止真空泵运转，以防空气进入热的蒸馏釜引起着火或爆炸。

③ 加压蒸馏。在加压蒸馏时，因内部压力较大，气体或蒸气极易从装置的不严密处泄漏，因此，对设备应进行严格的气密性和耐压试验检查，并安装安全阀和温度、压力调节控制装置，严格控制蒸馏温度与压力。在石油产品的蒸馏中，应将安全阀的排气管与火炬系统相接，安全阀起跳时即可将物料排入火炬烧掉。

在蒸馏易燃液体时，应注意消除系统静电，特别是苯、丙酮、汽油等不易导电液体的蒸馏，更应将蒸馏设备、管道良好接地。室外安装的蒸馏塔应安装可靠的避雷装置。蒸馏设备应注意经常检查、维修，认真做好停车后、开车前的系统清洗、置换，避免发生事故。对易燃易爆物料的蒸馏，其厂房应符合防火防爆要求，有足够的泄压面积，室内电机、照明等电气设备，均应符合场所的防爆要求。

3.2.9 筛分与过滤

3.2.9.1 筛分

（1）筛分操作设备

筛分是将固体颗粒按照粒度大小进行分级的操作过程，如在化工生产中将不同颗粒度的合成树脂分开等。筛分操作所用的设备是分级筛，筛子主要分固定筛和运动筛两大类，按筛网形状又可分为转动式和平板式两类。固体物料的粒度是通过筛网尺寸控制的，在筛分过程中，有时是为了得到筛余物，有时是为了得到筛下物。

（2）筛分过程的危险性分析

① 粉尘对健康的危害。筛分过程会产生粉尘，粉尘对人体有巨大危害，长期处于粉尘环境而不注意防护，极易患硅沉着病等。

② 粉尘爆炸危险。由于筛分是把不同级别的固体颗粒进行分离的过程，因此筛分过程必定存在粉尘飘浮现象，如果固体具有可燃性，粉尘飘浮于空气中，极易形成爆炸性混合物而引起粉尘爆炸。

③ 产生静电及电火花。在筛分过程中，由于筛子不断运动，固体物料间及筛子与物料间都会产生摩擦或碰撞，因此易产生静电电荷，若静电荷大量聚集得不到消除，就存在产生静电火花的危险。另外，机械筛分中所用的电气设备，如电动机、电磁阀及开关等，也可能产生电火花，如果遇到空气与粉尘混合物都有引起火灾和爆炸的危险。

（3）筛分危险控制对策

① 注意操作人员人身防护和工作时间，定期采取保健措施。

② 采用密闭和通风设施。为了防止大量的粉尘飞扬至空中，应采用密闭的方式即对设备及产生粉尘大的部位进行封闭式操作。其次，应在工作场所设置通风除尘系统，及时消除粉尘。

③ 防止设备故障。筛分设备主要是机械性运动，为了防止筛孔被黏物堵塞或破损，应经常进行检查；对运动部件定期润滑，防止磨损发热。

④ 防静电。选用防爆型电器，经常对电气设备进行检查维护，筛分设备要接静电保护装置，避免静电和电气设备产生火花。

3.2.9.2 过滤

过滤是借助于重力、真空、加压或离心力的作用，使悬浮液通过多孔物质而将固体微粒截留，从而达到液、固分离的过程。

过滤过程一般包括悬浮液的过滤、滤饼洗涤、滤饼干燥和卸料等四道工序。按操作方式可分为间歇过滤和连续过滤两种，若按推动力又可分为重力过滤、加压过滤、真空过滤、离心过滤。

（1）过滤单元操作设备

生产中应用较广泛的过滤设备有间歇式的板框压滤机、加压叶滤机，连续式的转筒真空过滤机；还有用于对采用一般方法难分离的悬浮液进行分离的过滤式离心机等。

板框过滤机是由板和框交替组合安装形成的间歇式过滤装置，如图 3-36 所示。其操作强度大，易泄漏。

(a)

(b)

图 3-36　板框过滤机

化工生产中最常采用的是连续式的转筒真空过滤机（图 3-37），其特点是把过滤、洗涤、吹干、卸渣和清洗滤布等几个阶段的操作在转筒的一次旋转过程中完成，转筒每旋转一周，过滤机完成一个循环周期。该过滤机连续操作，不易泄漏，操作稳定性好，是石油化工首选的过滤设备。

图 3-37　转筒真空过滤机

（2）过滤操作的危险性分析

① 泄漏危险。一些过滤设备本身易于泄漏，如板框过滤机。过滤机运动部件多，长时间磨损或腐蚀易于发生泄漏。

② 火灾及爆炸危险。许多需要过滤的悬浮液都含有有机溶剂，如汽油、煤油、酒精等，这些有机溶剂大多数具有易燃易爆和易挥发特性，其蒸气与空气易形成爆炸性混合物。另外，有些滤饼也具有易燃易爆的特性。如有机过氧化物的过滤过程就很危险，因为有机过氧化物（滤饼）极不稳定，受撞击、挤压、摩擦易发生燃烧或爆炸。

③ 静电及火花。过滤设备特别是离心式过滤设备具有摩擦生热和产生静电的危险，如滤料中混入坚硬物品，高速运转经撞击会产生火花；离心机装料不均匀，转筒负荷过重，偏心运转，致使转筒与机壳摩擦起火；离心机下料管紧固螺栓松动，与推料器相碰撞产生火花等。另外电气设备如维护不当产生漏电、短路也易造成危险。

（3）过滤操作危险控制对策

① 选择合适的过滤设备。选择过滤设备的基本原则是根据滤浆的过滤特性及理化性质，以及生产规模等因素来选型。一般对黏度大的滤浆，因其过滤阻力大，宜采用加压过滤式设备；滤浆温度高、蒸气压高也宜采用加压过滤式设备。而对具有易燃易爆、挥发性强和有毒的物料，应采用密闭型加压过滤式设备。火灾爆炸危险性大的物料过滤时，宜采用转筒式、带式等真空过滤设备。

② 防静电措施。对具有易燃易爆危险的过滤场所，应选用防爆型电气设备，经常维护检查；过滤设备应有可靠的接地，以免产生静电。

③ 规范操作。操作中要严格防止超温、超压、超负荷运转，不许高速启动；离心机应设限速装置，避免超速，以防因摩擦、撞击发热而产生火花。

④ 仪表及通风。设置可燃气体检测和报警装置，设置有效的通风设施。

3.2.10 粉碎操作

在化工生产中，为满足某些工艺上的要求，常需要将固体物料粉碎。粉碎有时是产品的性能指标要求，有时是化学反应的需要。在化学反应中，粉碎的作用一是增加其接触面积，进而缩短化学反应时间，使反应更完全；二是使某些物料混合更均匀，使其分散度更好。在某些悬浮液、乳液及固液混合物的制备中，经常需要这样的操作，如涂料生产中树脂和颜料的研磨分散、各种颜料的成品粉碎等。

3.2.10.1 粉碎操作设备

由于被粉碎物料的性质和对粉料粒度要求的不同，粉碎的方法主要有挤压、撞击、研磨和劈裂等。但是，在实际运用中，往往是几种方法联合使用效果更佳。常用的典型设备有粗碎设备中的颚式破碎机（图 3-38）、圆锥式破碎机（图 3-39）、中碎或细碎设备中的滚碎机（图 3-40）、锤式粉碎机（图 3-41）等，磨碎或研磨设备中的球磨机（图 3-42）、环滚研磨机及气流粉碎机等。

图 3-38　颚式破碎机

图 3-39　圆锥式破碎机

图 3-40　滚碎机

图 3-41　锤式粉碎机

圆锥式破碎机（圆锥破碎机）工作时，电动机的旋转通过皮带轮或联轴器、传动轴和圆锥部在偏心套的迫动下绕一固定锥作旋摆运动，从而使圆锥破碎机的破碎壁时而靠近又时而离开装在调整套上的固锥表面，使矿石在破碎腔内不断受到冲击、挤压和弯曲作用而实现矿石的破碎。圆锥破碎机的结构主要由机架、水平轴、动锥体、平衡轮、偏心套、上破碎壁（固定锥）、下破碎壁（动锥）、液力偶合器、润滑系统、液压系统、控制系统等几部分组成。

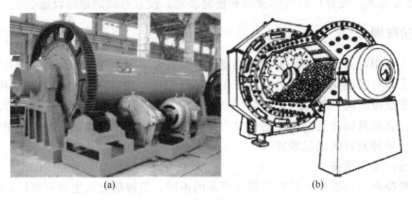

(a)   (b)

图 3-42　球磨机原理及实例

　　滚碎机又称滚筒轧碎机。利用一个带齿或不带齿的滚筒与轧板将其间物块借挤压和剪力作用而使之粉碎，或利用两个滚筒互相作相反方向的转动而将其间物块粉碎。前者称单滚筒轧碎机，后者称双滚筒轧碎机。

　　球磨机是由水平的筒体、进出料空心轴及磨头等部分组成的，筒体为长的圆筒，筒内装有研磨体，筒体为钢板制造，有钢制衬板与筒体固定，研磨体一般为钢制圆球，并按不同直径和一定比例装入筒中，研磨体也可用钢段。根据研磨物料的粒度加以选择，物料由球磨机进料端空心轴装入筒体内，当球磨机筒体转动的时候，研磨体由于惯性和离心力作用，摩擦力的作用使它贴附在筒体衬板上被筒体带走，当被带到一定高度的时候，由于其本身的重力作用而被抛落，下落的研磨体像抛射体一样将筒体内的物料击碎。

　　气流粉碎机由粉碎机、旋风分离器、除尘器、引风机组成一整套粉碎系统（图 3-43）。压缩空气经过滤干燥后，通过拉瓦尔喷嘴高速喷射入粉碎腔，在多股高压气流的交汇点处物料被反复碰撞、摩擦、剪切而粉碎，粉碎后的物料在风机抽力作用下随上升气流运动至分级区，在高速旋转的分级涡轮产生的强大离心力作用下，使粗细物料分离，符合粒度要求的细颗粒通过分级轮进入旋风分离器和除尘器收集，粗颗粒下降至粉碎区继续粉碎。气流粉碎机的粉碎机理决定了其适用范围广、成品细度高等特点。典型的物料有超硬的金刚石、碳化硅、金属粉末等，高纯要求的陶瓷色料、医药、生化等，低温要求的医药、PVC 等。通过将气源部分的普通空气变更为氮气、二氧化碳气等惰性气体，可使其成为惰性气体保护设备，适用于易燃易爆、易氧化等物料的粉碎分级加工。

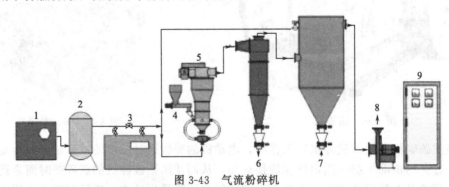

图 3-43　气流粉碎机

1—空气压缩机；2—储气罐；3—冷干机；4—进料系统；5—粉碎系统；
6—旋风收集器；7—除尘器；8—引风机；9—控制柜

3.2.10.2 粉碎过程的危险性分析

（1）健康危害

易产生粉尘，粉碎设备的噪声一般都较大，会危及工人健康。

（2）易形成粉尘爆炸环境

在物料粉碎过程中，如果物料易燃，最大的危险是在系统内易形成粉尘爆炸性环境。粉体物料泄漏至作业场所，亦会形成粉尘爆炸性环境。因此，容易引起粉尘爆炸。

（3）易产生点火源

① 撞击火花。进行物料粉碎时，最易产生的点火源是物料中掺杂有坚硬的铁石杂物，如铁钉、石块及设备本身脱落的零件等，如果这些杂物混入粉碎的物料中，在撞击或研磨过程中能产生火花。

② 摩擦生热。粉碎时物料之间或物料与研磨体之间都存在激烈的摩擦，摩擦热量积聚可引起危险。另外，粉碎设备的转动部位如润滑不良，也会温升过高。

③ 静电和电气火花。一般粉末状的物料在粉碎和输送过程中，会由于摩擦易产生静电。各类电气设备如果选择或维护不当，也易产生电气火花。

3.2.10.3 粉碎操作危险控制对策

① 合理选择工艺与设备。在粉碎过程中，对一些遇空气发生氧化反应的物料，必须与空气隔绝，否则易发生危险，因此，应采用惰性气体保护装置及相关的泄压安全装置。对热敏性物料，可采用在粉碎区停留时间短的气流粉碎机；对与水有反应的物料，禁止采用以水为介质的湿法粉碎；而在其他场合，可优先考虑湿法粉碎以避免扬尘。在爆炸性环境中的电气设备应选取相应的防爆电气设备。

② 隔离与密闭。应对设备采取隔离和密闭措施。一般将粉碎设备放置在防爆的单独隔间内，减少噪声危害并能防止爆炸灾害扩大，对重要部位进行密闭，以防粉尘飞扬，必要时可装喷淋或吸尘装置。另外，在生产场所应设置良好的通风和除尘装置，以减少空气中粉尘含量，防止粉尘爆炸。

③ 消除点火源。为避免产生撞击火花，在粉碎设备前最好设置磁性等检测仪器将铁制或坚硬杂物除掉，对易燃性物料研磨时，应选用内衬橡胶或其他柔软衬料的球磨机和不产生火花材料的球体。设置静电消除装置，做好设备维护。

3.2.11 混合操作

混合是指两种或两种以上物料相互分散，从而达到温度、浓度、组成均匀一致的操作。混合过程按物料的状态分为：液态与液态物料的混合、固态与液态物料的混合、固态与固态物料的混合，其中固体混合又分为粉末、散粒的混合。

3.2.11.1 混合设备

混合机械是利用机械力和重力等，将两种或两种以上物料均匀混合起来的机械。混合机械广泛用于各类工业和日常生活中。混合设备可以将多种物料配合成均匀的混合物，如将水泥、砂、碎石和水混合成混凝土湿料等；还可以增加物料接触表面积，以促进化学反应；还能够加速物理变化，例如粒状溶质加入溶剂，通过混合机械的作用可加速溶解、混匀。

常用的混合设备分为气体和低黏度液体混合器、中高黏度液体和膏状物混合机械、热塑性物料混合机械、粉状与粒状固体物料混合机械四大类。

3.2.11.2 混合过程的危险性分析

① 喷溅危害。剧烈混合易发生物料喷溅，有物理或化学反应的混合过程如果大量放热

也会产生喷溅，如浓硫酸与水的混合（稀释）中，如果将水加入浓硫酸中就容易发生硫酸溅出现象。

② 在易燃液态物料的混合过程中，易产生挥发性可燃蒸气，若泄漏能与空气形成爆炸性气体混合物；粉体物料的混合易造成粉尘飘浮而导致粉尘爆炸。

③ 某些物料在混合过程中，物料反应放出大量热量时，若搅拌停止或搅拌不均匀会造成局部过热或温度过高引起混合器（常常是反应器）中的反应失控，最终发生超压爆炸或使物料发生自燃。

④ 对易燃液体的混合，若搅拌速度过快，易产生静电；对固态物料混合如有坚硬杂质，混合时撞击会产生火花引燃物料。

⑤ 在混合操作中，如果加料过多、过快且不均匀，易造成因负荷过大而烧坏电机，损坏搅拌器及传动装置。

3.2.11.3　混合操作危险控制对策

① 首先要根据物料的性质和工艺要求正确选择混合设备。

② 对易燃易爆物料的混合，应采取密闭防漏措施，操作时采用充氮或惰性气体保护，并设置安全泄压及防爆灭火等系统。对具有易燃蒸气和粉尘扩散的场所应设置完善的通风和除尘装置，及时排出可燃蒸气和粉尘。

③ 在混合操作中，应控制加料速度，特别是在混合时放热的场合，除要保障搅拌运转正常、混合均匀外，必要时应附设冷却装置或采用气流搅拌，以免局部过热或温度过高而发生危险。

④ 对存在静电火花引燃危险的混合设备，应安装消除静电装置；对混合时产生静电的物料，应加入抗静电剂等。

⑤ 按正确的操作规程进行混合操作。如浓硫酸的稀释过程应该是，将浓硫酸缓慢地加入水中并不断搅拌和冷却降温。

3.2.12　非常压操作

在危险化学品生产过程中，非常压操作过程非常普遍，特别是石油化工、基础化工原料等企业。非常压操作是指工艺设备中操作压力高于或低于大气压的操作过程，即加压操作和负压（真空）操作。根据操作压力高于大气压的程度不同，加压操作又可分为低压操作、高压操作和超高压操作；根据真空度的不同，负压操作又可分为低真空度操作和高真空度操作。

加压操作所使用的设备要符合压力容器的标准要求，对于有化学反应的工艺装置，压强设计余量要考虑可能发生的极端情况。加压设备要保证正确安装，系统不得泄漏，否则在压力下物料以高速喷出，产生静电，极易发生火灾爆炸，即使没有发生火灾爆炸事故，也可能发生人身伤害事故。

加压操作系统应具有完善的安全（如爆破泄压片、紧急排放管等）预防措施，有高性能的联锁控制系统，所用的各种仪表及控制元件要按规定定期检查维护和标定。

负压系统的设备也和加压设备一样，必须符合强度要求，特别是大容积的负压操作设备，以防在负压下把设备抽瘪。负压系统必须有良好的密封，否则一旦空气进入设备内部，易形成爆炸混合物而引起爆炸。当需要恢复常压时，应待温度降低后，缓缓放进空气或惰性气体，以防自燃或爆炸。

3.3 典型化学反应基本安全技术

化工企业属于危险性较大的行业，根据企业生产的产品不同，生产中会遇见各种化学反应，如氧化、氯化、磺化、聚合等，多数反应具有一定的危险性，其所涉及的生产工艺装置常具有较大的危险性，如何确保生产的安全有效进行，就必须了解各种类型反应的安全特点。2009 年 6 月国家安全生产监督管理总局发布首批 15 种重点监控的危险化工工艺，北京市通过普查涉及其中的 8 种危险化工工艺。本节就北京地区重点监控的危险化工工艺所涉及的化学反应基本安全知识加以介绍。

3.3.1 氧化反应安全技术

3.3.1.1 工业常见的氧化反应及氧化剂

氧化反应为反应物失去电子或反应物与氧化合的反应，绝大多数氧化反应都是放热反应。工业中常见的邻二甲苯氧化制苯酐、乙烯氧化制环氧乙烷、异丙苯氧化制过氧化氢异丙苯、甲醇氧化制备甲醛、环己烷氧化制环己酮、丁醛氧化制丁酸、氨氧化制硝酸等过程都是氧化反应。工业中常用的氧化剂有氧气（或空气）、高锰酸钾、氯酸钾、铬酸酐、过氧化氢、过氧化苯甲酰、重铬酸钾、重铬酸钠等。工业中常见的氧化反应：

① 邻二甲苯氧化制苯酐。邻苯二甲酸酐是生产增塑剂、聚酯树脂及医药、燃料的重要原料。氧化过程为：

$$\text{（邻二甲苯）} + 3O_2 \longrightarrow \text{（苯酐）} + 3H_2O + 放热$$

② 乙烯氧化制环氧乙烷。环氧乙烷是生产乙二醇的中间产物，乙二醇主要用作抗冻剂、合成洗涤剂、乳化剂等。乙烯氧化过程为：

$$C_2H_4 + 1/2 O_2 \longrightarrow C_2H_4O + 放热$$

③ 异丙苯氧化生产过氧化氢异丙苯。过氧化氢异丙苯主要用作高分子聚合反应的引发剂，在酸催化剂作用下，能分解生成苯酚和丙酮。

$$C_6H_5C_3H_7 + O_2 \xrightarrow[110\sim120℃]{0.32\sim0.34MPa} C_6H_5C_3H_6OOH$$
$$\text{（异丙苯）} \qquad\qquad\qquad \text{（过氧化氢异丙苯）}$$

④ 丙烯氨氧化生产丙烯腈。丙烯腈是三大合成材料——合成纤维、合成橡胶、塑料的基本且重要的原料，在有机合成工业中用途广泛。常用丙烯胺氧化制得。

$$CH_2=CH-CH_3 + NH_3 + O_2 \xrightarrow[400\sim500℃]{催化剂} CH_2=CH-CN + 3H_2O$$

3.3.1.2 氧化反应的危险特征

氧化反应的危险特征为火灾和爆炸危险。氧化反应为放热过程，且一般都是在 250～600℃的高温下进行的，若在反应过程中移热不及时，反应器的温度会迅速升高而失控，极易爆炸起火。某些氧化反应的物料配比接近于爆炸下限，如氨、甲醇蒸气在空气中氧化，若原料配比失调，温度控制不当，极易爆炸起火。在以空气和纯氧作氧化剂时，反应物料的配比应控制在爆炸范围之外。且进入反应器的空气须经过气体净化装置，清除空气中的灰尘、水汽、油污以减少起火和爆炸的危险。

某些氧化过程中会产生危险性较大的过氧化物，如乙醛氧化生产醋酸的过程中有过氧乙酸生成，过氧乙酸性质极不稳定，受高温、摩擦或撞击便会分解或燃烧。而像高锰酸钾、氯酸钾、铬酸酐等强氧化剂，由于具有很强的助燃性，遇高湿或受撞击、摩擦以及与有机物、酸类接触，均能引起燃烧或爆炸。

3.3.1.3 氧化反应的安全技术

① 氧化温度的控制。严格控制反应器及系统的操作温度和压力，防止超温、超压引起的爆炸。加强日常管理和维护，保证反应器的冷却设施安全运行，避免冷却系统发生故障，必要时应用备用冷却系统。

② 氧化物质的控制。使用硝酸、高锰酸钾等氧化剂进行氧化时要严格控制加料速度，防止多加、错加。固体氧化剂应该粉碎后使用，最好呈溶液状态使用，反应时要不断地搅拌。有些高温下的氧化反应，在设备及管道内可能产生焦化物，应及时清除以防自燃。清焦一般在停车时进行。另外还应防止在氧化反应器内形成爆炸混合物。

③ 氧化过程控制。防止反应器发生爆炸，应有泄压装置，对于工艺控制参数，应尽可能采用自动控制或自动调节，以及警报联锁装置，通常是将氧化反应釜内温度和压力与反应物的配比和流量、氧化反应釜夹套冷却水进水阀、紧急冷却系统形成联锁关系，在氧化反应釜处设立紧急停车系统，当氧化反应釜内温度超标或搅拌系统发生故障时自动停止加料并紧急停车。且联锁、报警装置应定期校验，确保正常使用。

④ 氧化反应器的安全防护装备。通常氧化反应器均配备安全阀、爆破片等安全设施。为了防止氧化反应器在发生爆炸或燃烧时危及人身和设备安全，在反应器前后管道上还应安装阻火器，阻止火焰蔓延，防止回火，使燃烧不致影响其他系统。氧化反应系统，一般应设置氮气或水蒸气灭火装置。

⑤ 原料及产品储存控制。氧化反应的原料及产品应隔离存放、远离火源、避免高温和日晒、防止摩擦和撞击、安装除静电接地装置。须符合危险品的管理规定。

3.3.1.4 重点监控工艺参数及安全控制手段

氧化反应重点监控的工艺参数有：氧化反应釜内温度和压力；氧化反应釜内搅拌速率；氧化剂流量；反应物料的配比；气相氧含量；过氧化物含量等。

对氧化反应釜内温度和压力的安全控制，通常采用温度和压力联锁和报警系统进行控制；对氧化反应釜内搅拌速率、氧化剂流量、反应物料的配比的控制，通常采用反应物料的比例控制和联锁，并配有紧急切断动力系统、紧急断料系统和紧急冷却系统；对系统内气相氧含量和过氧化物的含量可采用监测仪、报警和联锁手段实时对系统进行监控和控制，并备有紧急送入惰性气体的系统。对系统内可燃和有毒气体备有检测报警装置。

3.3.2 磺化反应安全技术

3.3.2.1 工业常见的磺化反应及磺化剂

磺化是在有机化合物分子中引入磺（酸）基（—SO_3H）的反应。磺化可采用三氧化硫磺化法、氯磺酸磺化法、亚硫酸盐磺化法等。磺化反应除了增加产物的水溶性和酸性外，还可以使产品具有表面活性。芳烃经磺化后，其中的磺酸基可进一步被其他基团取代，生产多种衍生物。常用的磺化剂有发烟硫酸、亚硫酸钠、亚硫酸钾、三氧化硫等。工业中常见的磺化反应工艺有：

① 苯磺化制备苯磺酸。苯磺酸主要用于生产苯酚、间苯二酚等，或用作催化剂。

② 甲苯磺化生产对甲基苯磺酸和对甲酚。对甲酚是制造防老剂 264（2，6-二叔丁基对甲酚）和橡胶防老剂的原料。在塑料工业中可制造酚醛树脂和增塑剂。在医药上用作消毒剂。此外，还可作染料和农药的原料。

③ 气体三氧化硫和十二烷基苯等制备十二烷基苯磺酸钠。十二烷基苯磺酸钠广泛用于制造洗涤用品，如普通（无磷）洗衣粉，浓缩（无磷）洗衣粉，固体洗涤剂，浆状洗涤剂，膏状洗涤剂。纺织工业的清洗剂、染色助剂，电镀工业的脱脂剂，造纸工业的脱墨剂，化肥产品添加剂，以及其他工业清洗剂、乳化剂、分散剂等。

3.3.2.2 磺化反应的危险特征

磺化反应是放热反应，若反应器传热不好易造成爆炸或起火事故。磺化反应的原料，如苯、硝基苯、氯苯等都是可燃物。磺化剂浓硫酸、发烟硫酸（三氧化硫）、氯磺酸都具有强烈的氧化性和腐蚀性或毒性，若泄漏会造成灼烧、腐蚀、中毒等危害，所以使用过程中应严加防护。

3.3.2.3 磺化反应的安全技术

① 磺化物料的控制。注意磺化反应的投料顺序，若投料顺序颠倒、投料速度过快、搅拌不良、冷却效果不佳等，都有可能造成事故。

② 磺化过程控制。严格控制磺化反应釜内温度、磺化反应釜内搅拌速率、磺化剂流量和冷却水流量等工艺参数，通常是将磺化反应釜内温度与磺化剂流量、磺化反应釜夹套冷却水进水阀、釜内搅拌电流形成联锁关系，以防反应温度升高，使磺化反应变为燃烧反应，引起着火或爆炸事故。

③ 磺化反应的安全防护装置。磺化反应器应设置反应釜温度的报警和联锁、搅拌的稳定控制和联锁系统、紧急冷却系统、紧急停车系统、安全泄放系统和三氧化硫泄漏监控报警系统等防护措施。

3.3.2.4 重点监控工艺参数及安全控制手段

氧化反应重点监控的工艺参数主要有磺化反应釜内温度、磺化反应釜内搅拌速率、冷却水流量、磺化剂流量等。

对磺化反应釜内温度的控制手段，通常采用反应釜的温度报警和联锁系统控制，当釜内温度向下波动较大时，磺化反应温度较低，磺化反应速度较慢，此时可能积累较多的未反应物料，使反应物料浓度增加，若再使反应温度快速恢复到较高的正常值时，会造成剧烈的磺化反应，瞬间放出大量的热而导致超温，引起着火或爆炸事故。

对磺化反应釜内搅拌速率和冷却水流量的控制手段，通常采用搅拌的稳定控制和联锁系统控制，保证磺化反应器内的传热和传质均匀，并及时移走反应放出的热量，避免反应温度失控。

对磺化剂进料流量的控制，应严格按工艺条件控制，当磺化反应的磺化剂为浓硫酸、三氧化硫、氯磺酸时，由于这类磺化剂为强氧化剂，因此磺化反应时放出的大量热，可能会使磺化反应变为燃烧反应，引起着火或爆炸。

所有重点监控的工艺参数都应与紧急冷却系统、紧急停车系统和紧急断料系统进行联锁控制，当磺化反应釜内各参数偏离工艺指标时，能自动报警、停止加料，甚至紧急停车。此外磺化反应系统还应设有安全泄放系统、三氧化硫泄漏监控报警系统等，以保证生产安全。

3.3.3 氯化反应安全技术

3.3.3.1 工业常见的氯化反应及氯化剂

以氯原子取代有机化合物中氢原子的过程称为氯化。主要包括取代氯化、加成氯化、氧氯化等过程。常用的氯化剂有液态或气态的氯、气态氯化氢和各种浓度的盐酸、磷酰氯（三氯氧化磷）、三氯化磷（用来制造有机酸的酰氯）、硫酰氯（二氯硫酰）、次氯酸钙［漂白粉

Ca(OCl)$_2$] 等。工业中常见的氯化工艺有：

① 甲醇与氯反应生产氯甲烷。氯甲烷主要用作有机硅的生产原料、溶剂、冷冻剂、香料等。

② 醋酸与氯反应生产氯乙酸。氯乙酸用作淀粉胶黏剂、醚化剂。

③ 乙烯与氯加成氯化生产1,2-二氯乙烷。1,2-二氯乙烷常用作溶剂，能溶解有机玻璃、ABS、聚苯乙烯、聚砜、氯丁橡胶等。

3.3.3.2 氯化反应的危险特征

氯气为剧毒化学品，一旦泄漏很危险。氯化反应的原料大多为有机物，所以生产过程有火灾和爆炸的危险性。反应中会产生氯化氢气体，因此设备必须防腐蚀，严保不漏。

3.3.3.3 氯化反应的安全技术

① 氯化物料的控制。常采用汽水混合法来对液氯进行升温汽化，加热温度不超过50℃。若在汽化过程，由于汽化吸热而使液氯冷却造成汽化的氯气流量降低无法满足生产时，可将钢瓶的一端置于温水中加温。

② 氯化过程控制。氯化反应为放热过程，对高温下的氯化过程，反应更激烈。因此一般氯化反应设备须有良好的冷却系统，严格控制氯气的流量，以避免因氯气流量过快，温度剧升而引起事故。鉴于生产过程有火灾爆炸危险，所以生产中应严格控制各种火源，必要部位安装可燃气体监测和报警系统，电气设备应符合防火防爆的要求。

③ 氯化反应的安全防护装置。氯化反应除了设置相应的温度报警和联锁、搅拌控制和联锁系统、紧急冷却系统、紧急停车系统等常规安全防护外，还应包括安全阀、高压阀、紧急放空阀、液位计、单向阀及紧急切断装置等安全设备。对生产过程中产生氯化氢气体的工艺过程应增设吸收和冷却装置，以除去尾气中绝大部分氯化氢。也可以采用活性炭吸附和化学处理方法。在放空管处应安装自动信号分析器，以检查吸收处理进行得是否完全。

3.3.3.4 重点监控工艺参数及安全控制手段

氯化反应重点监控的工艺参数有：氯化反应釜温度和压力；氯化反应釜搅拌速率；反应物料的配比；氯化剂进料流量；冷却系统中冷却介质的温度、压力、流量等；氯气杂质含量（水、氢气、氧气、三氯化氮等）；氯化反应尾气组成等。

鉴于氯化反应也是放热反应，所以氯化反应设备也必须具备良好的冷却系统、严格投料配比、控制进料速度及反应温度，以防反应超温引发事故。对氯化反应的安全控制一般包括反应釜温度和压力的报警和联锁控制系统；反应物料的比例控制和联锁控制系统；搅拌的稳定控制系统；进料缓冲器；紧急进料切断系统；紧急冷却系统；安全泄放系统；事故状态下氯气吸收中和系统；可燃和有毒气体检测报警装置等。通常是将氯化反应釜内温度、压力与釜内搅拌、氯化剂流量、氯化反应釜夹套冷却水进水阀形成联锁关系，并与紧急停车系统联锁。

3.3.4 电解过程安全技术

3.3.4.1 工业常见的电解过程

电解是电流通过电解溶液或熔融电解质时，在两个电极上所引起的化学变化。离子膜法电解原理如图 3-44 所示。工业中常见的电解工艺有：

① 氯碱工业。氯碱工业利用电解饱和食盐水溶液制取烧碱（氢氧化钠）和氯气并副产氢气的生产过程。

$$2NaCl + 2H_2O \xrightarrow{\text{电解}} 2NaOH + H_2 \uparrow + Cl_2 \uparrow$$

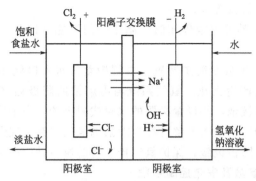

图 3-44　离子膜法电解原理

② 电解铝。采用冰晶石-氧化铝熔盐电解法，通过电解得到纯铝。

③ 丙烯腈电解二聚生产己二腈：己二腈（ADN）主要用于生产己二胺（尼龙 66 的原料）、己内酰胺等化工原料，在电子、轻工以及其他有机合成领域也有着广泛的应用，同时也可用于制取火箭燃料、电镀工业、洗涤添加剂和杀虫剂方面，丙烯腈（AN）电解二聚法是生产己二腈的重要方法之一。

$$2H_2C\!=\!\!CHCN+2e^-+2H^+\longrightarrow NC(CH_2)_4CN$$

④ 硝基苯制苯胺。苯胺是染料工业中最重要的中间体之一，可用于制造酸性墨水蓝 G、酸性媒介 BS、靛蓝，是橡胶助剂的重要原料，用于制造防老剂甲、防老剂丁、防老剂 RD 及防老剂 4010 等；也可作为医药磺胺药的原料，同时也是生产香料、塑料、清漆、胶片等的中间体；并可作为炸药中的稳定剂。

3.3.4.2　电解（氯碱）工艺的危险特征

电解食盐水过程中产生的氢气是极易燃的气体，氯气是氧化性很强的剧毒气体，两种气体混合极易发生爆炸，当氯气中氢含量达到 5% 以上，则随时可能在光照或受热情况下发生爆炸。

电解原料或化盐水中有氨或铵存在时，氨或铵在电解过程的酸性条件（pH 值 < 4.5）下与氯气或次氯酸反应生成三氯化氮，它是一种爆炸性物质，原料中铵盐含量过高或液氯排污不及时，易在液氯汽化系统富集，极易造成三氯化氮爆炸事故。

电解溶液腐蚀性强，此外，氢氧化钠、湿氯气、氯水、盐酸、次氯酸钠等均有较强的腐蚀性。液氯的生产、储运、包装、输送、运输过程可能发生液氯泄漏。

3.3.4.3　电解工艺（氯碱）的安全技术

① 严格控制氯气中氢气的含量。鉴于氯气中氢含量达 5% 以上时，在光照或受热情况下随时可能爆炸，所以在生产中，单槽氯含氢浓度一般控制在 2.0% 以下，总管氯含氢浓度控制在 0.4% 以下。造成氯气中混有氢气的原因有：电解槽氢气出口堵塞，引起阴极室压力升高，造成氯气含氢量过高；电解槽的隔膜吸附质量差；石棉绒质量不好；在安装电解槽时碰坏隔膜，造成隔膜局部脱落或者在送电前注入的盐水量过大将隔膜冲坏；阴极室中的压力等于或超过阳极室的压力时都可能使氢气进入阳极室，引起氯含氢量高。此时应该对电解槽的工艺参数进行全面监控，及时向阳极室补充盐水，维持规定的液面，防止盐水液面过低，氢气通过阳极网渗入阳极室与氯气混合。

② 保证盐水质量。盐水中的铁杂质，可产生第二阴极而放出氢气；盐水中带入铵盐，在适宜的条件下（pH 值 < 4.5 时），铵盐和氯作用产生三氯化氮，也是一种爆炸性物质。三氯化氮和许多有机物质接触或加热至 90℃ 以上，以及被撞击时，即可剧烈爆炸。因此在盐

水配制系统要严格控制无机铵含量。

③ 突发事件处理。突然停电或停车时，高压阀门不能立即关闭，以避免电解槽中氯气倒流而发生爆炸。

④ 电解（氯碱）过程的安全防护装置。电解槽食盐水入口处和碱液出口处应考虑采取电气绝缘措施，以免漏电产生火花。氢气系统与电解槽的阴极箱之间亦应有良好的电气绝缘。整个氢气系统应良好接地，并设置必要的水封或阻火器等安全装置。电解槽应安置在自然通风良好的单层建筑物内，以防电解过程中泄漏的氢气引起火灾爆炸危险。厂房应有足够的防爆泄压面积，应安装防雷设施，保护氢气排空管的避雷针应高出管顶 3m 以上。

3.3.4.4　重点监控工艺参数及安全控制手段

电解（氯碱）工艺重点监控的工艺参数有：电解槽进出物料流量；电解槽内液位；电解槽内电流和电压；可燃和有毒气体浓度；电解槽的温度和压力；原料中铵含量；氯气杂质含量（水、氢气、氧气、三氯化氮等）等。

电解槽进出物料流量的安全控制包括对树脂塔再生用纯水流量、进槽盐水流量、进槽盐酸流量、进槽纯水流量、循环碱流量进行集中的显示、调节、报警和联锁控制；液位控制则包括对阳极液循环槽液位、阴极液循环槽液位的集中显示、调节、报警及联锁的控制，对过滤盐水储槽液位、纯水储槽液位、盐酸储槽液位等进行集中显示和报警控制；电解槽内压力控制包括对阴极室压力、阳极室压力、阴极室和阳极室压力差、氯气总管压力、氢气总管压力等进行集中显示、调节、报警和联锁控制；电解槽内温度控制包括对电解槽阴极液温度、进槽盐水温度等进行报警和联锁控制。

此外还有电解供电整流装置与电解槽供电的报警和联锁；紧急联锁切断装置，即将电解槽内压力、槽电压等形成联锁关系，系统设立的联锁停车系统；事故状态下氯气吸收中和系统；可燃和有毒气体检测报警装置等。电解工艺中的安全设施，包括安全阀、高压阀、紧急排放阀、液位计、单向阀及紧急切断装置等。

3.3.5　聚合反应安全技术

3.3.5.1　工业常见的聚合反应

聚合是一种或几种小分子化合物变成大分子化合物（也称高分子化合物或聚合物，通常相对分子质量为 $1\times10^4\sim1\times10^7$）的反应，涉及聚合反应的工艺过程为聚合工艺。聚合工艺的种类很多，按聚合方法可分为本体聚合、悬浮聚合、乳液聚合、溶液聚合等。工业中常见的聚合反应有：加聚反应，如聚氯乙烯生产、聚丙烯生产、聚苯乙烯生产；缩聚反应，如己二胺和己二酸反应生成尼龙66、涤纶生产、锦纶生产。

3.3.5.2　聚合反应的危险特征

聚合反应多在高压下进行，聚合的单体又多是易燃、易爆物质，若聚合单体在压缩过程中或在高压系统中发生泄漏，易引发火灾爆炸。

聚合反应中加入的引发剂都是化学活泼性很强的过氧化物，一旦配料比控制不当，容易引起爆聚，反应器压力骤增易引起爆炸。

聚合反应本身是放热过程，若聚合釜内传热不及时，或反应条件控制不当，极易造成反应釜局部过热或反应釜飞温，发生爆炸事故。

3.3.5.3　聚合反应的安全技术

① 聚合反应的温度控制。聚合反应为放热反应，需及时移出反应放出的热量，可采用冷却系统、加强搅拌等措施，如搅拌发生故障、停电、停水，或由于反应釜内壁的聚合物黏

壁作用，使釜的传热受到影响，易造成温度失控，发生爆炸。

② 聚合反应器进料的控制。严格控制单体在压缩过程中或高压系统中的泄漏，防止发生火灾爆炸；对聚合反应的催化剂和引发剂，应严格控制配料比例，防止因爆聚热量引起的反应器压力剧增。

③ 聚合反应的过程控制。反应釜的搅拌和温度应有检测和联锁，发现异常自动停止进料。

④ 原料安全控制。对催化剂、引发剂要加强储存、运输、调配、注入等工序的严格管理。

⑤ 聚合反应器的安全防护装备。高压聚合反应釜设有防爆墙和泄爆面，高压分离系统应设置爆破片、导爆管等安全泄放系统，并有良好的静电接地系统，一旦出现异常，及时泄压。

3.3.5.4 重点监控工艺参数及安全控制手段

聚合反应重点监控的工艺参数有：聚合反应釜内温度、压力，聚合反应釜内搅拌速率；引发剂流量；冷却水流量；料仓静电、可燃气体监控等。

由于聚合反应是放热反应，所以安全控制手段包括反应釜温度和压力的报警和联锁控制；搅拌的稳定控制和联锁系统；紧急冷却系统；紧急切断系统；紧急加入反应终止剂系统；通常将聚合反应釜内温度、压力与釜内搅拌电流、聚合单体流量、引发剂加入量、聚合反应釜夹套冷却水进水阀形成联锁关系，在聚合反应釜处设立紧急停车系统。当反应超温、搅拌失效或冷却失效时，能及时加入聚合反应终止剂。

为了防止设备、管道中可燃气体泄漏而引发的火灾事故，应设置料仓静电消除、可燃气体置换系统，可燃和有毒气体检测报警装置，并与紧急停车系统联锁，一旦发现危险自动停车。

3.3.6 裂解（裂化）反应安全技术

3.3.6.1 工业常见的裂解（裂化）反应

裂解是指石油系的烃类原料在高温条件下，发生碳链断裂或脱氢反应，生成烯烃及其他产物的过程。产品以乙烯、丙烯为主，同时副产丁烯、丁二烯等烯烃和裂解汽油、柴油、燃料油等产品。工业上裂化可分为热裂化、催化裂化、加氢裂化 3 种类型。常见的裂解（裂化）反应为重油催化裂化制汽油、柴油、丙烯、丁烯，乙苯裂解制苯乙烯等。

热裂化在加热和加压下进行，根据所用压力的不同分为高压热裂化和低压热裂化。产品有裂化气体、汽油、煤油、残油和石油焦。热裂化装置的主要设备有管式加热炉、分馏塔、反应塔等。催化裂化在高温和催化剂的作用下进行，用于由重油生产轻油的工艺。

催化裂化装置主要由反应再生系统、分馏系统、吸收稳定系统组成。

加氢裂化是在催化剂及氢存在条件下，使重质油发生催化裂化反应，同时伴有烃类加氢、异构化等反应，从而转化为质量较好的汽油、煤油和柴油等轻质油的过程。加氢裂化是 20 世纪 60 年代发展起来的新工艺。加氢裂化装置类型很多，按反应器中催化剂放置方式的不同，可分为固定床、沸腾床等。

3.3.6.2 裂解（裂化）反应的危险特征

裂解（裂化）反应的危险因素主要包括爆炸危险、高温高压危险、低温危险、失控反应危险、单体聚合爆炸危险、毒物危险、腐蚀性危险。对三种不同的裂化过程其危险特征也不完全相同，下面分别讨论三种裂化过程的危险特征。

① 热裂化。热裂化在高温、高压下进行，装置内的油品温度一般超过其自燃点，漏出会立即着火。热裂化过程产生大量的裂化气，如泄漏会形成爆炸性气体混合物，遇加热炉等明火，会发生爆炸。

② 催化裂化。催化裂化在160～520℃的高温和0.1～0.2MPa的压力下进行，火灾、爆炸的危险性也较大。操作不当时，再生器内的空气和火焰可进入反应器引起恶性爆炸事故。U形管上的小设备和阀门较多，易漏油着火。裂化过程中，会产生易燃的裂化气。活化催化剂不正常时，可能出现可燃的一氧化碳气体。

③ 加氢裂化。加氢裂化在高温、高压下进行，且需要大量氢气，一旦油品和氢气泄漏，极易发生火灾或爆炸。加氢是强烈的放热反应。氢气在高压下与钢接触，钢材内的碳分子易被氢气夺走，强度降低，产生氢脆。

④ 裂化过程中裂解炉。炉管内壁结焦会使流体阻力增加，影响传热，当焦层达到一定厚度时，因炉管壁温度过高，而不能继续运行下去，必须进行清焦，否则会烧穿炉管，裂解气外泄，引起裂解炉爆炸；断电或引风机机械故障会使引风机突然停转，则炉膛内很快变成正压，会从窥视孔或烧嘴等处向外喷火，严重时也会引起炉膛爆炸；裂解炉燃料系统大幅度波动，燃料气压力过低，则可能造成裂解炉烧嘴回火，使烧嘴烧坏，甚至会引起爆炸。

⑤ 单体聚合爆炸危险。有些裂解工艺产生的单体会自聚或爆炸，需要向生产的单体中加阻聚剂或稀释剂等。

此外裂解（裂化）反应还存在裂解（裂化）反应原料和产品的爆炸危险性；裂解（裂化）反应失控危险性；副产物的爆炸危险性。

3.3.6.3 裂解（裂化）反应的安全技术

① 热裂化反应过程的安全技术。严格遵守操作规程，严格控制温度和压力；由于热裂化的管式炉经常在高温下运转，要采用高镍铬合金钢制造；裂解炉炉体应设有防爆门，备有蒸气吹扫管线和其他灭火管线，以防炉体爆炸和用于应急灭火；设置紧急放空管和放空罐，以防止因阀门不严或设备漏气造成事故；设备系统应有完善的消除静电和避雷措施；高压容器、分离塔等设备均应安装安全阀和事故放空装置；低压系统和高压系统之间应有止逆阀；配备固定的氮气装置、蒸汽灭火装置；应备有双路电源和水源，保证高温裂解气直接喷水急冷时的用水用电，防止烧坏设备；发现停水或气压大于水压时，要紧急放空；应注意检查、维修、除焦，避免炉管结焦，使加热炉效率下降，出现局部过热，甚至烧穿。

② 催化裂化过程的安全技术。催化裂化反应中最重要的安全问题是保持反应器与再生器压差的稳定；分馏系统要保持塔底油浆经常循环，防止催化剂从油气管线进入分馏塔，造成塔盘堵塞。要防止回流过多或太少造成的憋压和冲塔现象；再生器应防止稀相层发生二次燃烧，损坏设备；应备有单独的供水系统。降温循环水应充足，同时应注意防止冷却水量突然增大，因急冷损坏设备；关键设备应备有两路以上的供电。

③ 加氢裂化过程的安全技术。加强对设备的检查，定期更换管道、设备，防止氢脆造成事故；加热炉要平稳操作，防止局部过热，防止炉管烧穿；反应器必须通冷氢以控制温度。

3.3.6.4 重点监控工艺参数及安全控制手段

裂解工艺重点监控的工艺参数有：裂解炉进料流量；裂解炉温度；引风机电流；燃料油进料流量；稀释蒸汽比及压力；燃料油压力；滑阀差压超驰控制、主风流量控制、外取热器控制、机组控制、锅炉控制等。

由于裂解过程是在高温、高压下进行的，所以常用的安全控制手段包括：

① 裂解炉进料压力、流量控制报警与联锁。将燃料油压力与燃料油进料阀、裂解炉进料阀之间形成联锁关系，燃料油压力降低，则切断燃料油进料阀，同时切断裂解炉进料阀。

② 引风机电流与裂解炉进料阀、燃料油进料阀、稀释蒸汽阀之间形成联锁。一旦引风机故障停车，则裂解炉自动停止进料并切断燃料供应，但应继续供应稀释蒸汽，以带走炉膛内的余热。

③ 紧急裂解炉温度报警和联锁、紧急冷却系统、紧急切断系统，将裂解炉电流与锅炉给水流量、稀释蒸汽流量之间形成联锁。一旦水、电、蒸汽等公用工程出现故障，裂解炉能自动紧急停车。

④ 反应压力与压缩机转速及入口放火炬控制。反应压力正常情况下由压缩机转速控制，开工及非正常工况下由压缩机入口放火炬控制。

⑤ 再生压力的分程控制。再生压力由烟机入口蝶阀和旁路滑阀（或蝶阀）分程控制。

⑥ 滑阀差压与料位控制。再生、待生滑阀正常情况下分别由反应温度信号和反应器料位信号控制，一旦滑阀差压出现低限，则转由滑阀差压控制。

⑦ 温度的超驰控制、再生温度与外取热器负荷控制。再生温度由外取热器催化剂循环量或流化介质流量控制。

⑧ 外取热器汽包和锅炉汽包液位的三冲量控制。外取热汽包和锅炉汽包液位采用液位、补水量和蒸发量三冲量控制。

⑨ 锅炉的熄火保护。带明火的锅炉设置熄火保护控制。

⑩ 机组相关控制。大型机组设置相关的轴温、轴震动、轴位移、油压、油温、防喘振等系统控制。

⑪ 分离塔应安装安全阀和放空管，低压系统与高压系统之间应有逆止阀并配备固定的氮气装置、蒸汽灭火装置。

⑫ 可燃与有毒气体检测报警装置。在装置存在可燃气体、有毒气体泄漏的部位设置可燃气体报警仪和有毒气体报警仪。

3.3.7 加氢反应安全技术

3.3.7.1 工业常见的加氢反应

加氢是在有机化合物分子中加入氢原子的反应，主要包括不饱和键加氢、芳环化合物加氢、含氮化合物加氢、含氧化合物加氢、氢解等。常见的加氢催化剂有金属催化剂、骨架催化剂。工业上常见的加氢反应有：不饱和炔烃、烯烃的加氢，如环戊二烯加氢生产环戊烯；芳烃加氢，如苯加氢生成环己烷；含氧化合物加氢，如一氧化碳加氢生产甲醇；含氮化合物加氢；油品加氢，如馏分油加氢裂化生产石脑油、柴油和尾油。

3.3.7.2 加氢反应的危险特征

加氢反应的物料具有燃爆危险性，氢气的爆炸极限为 $4\%\sim75\%$，具有高燃爆危险特性；加氢为强烈的放热反应，氢气在高温高压下与钢材接触，钢材内的碳分子易与氢气发生反应生成碳氢化合物，使钢制设备强度降低，发生氢脆；加氢反应的催化剂为活性较强的金属催化剂或雷尼镍催化剂，催化剂再生和活化过程中易引发爆炸；加氢反应尾气中有未完全反应的氢气和其他杂质，在排放时易引发着火或爆炸。

3.3.7.3 加氢反应的安全技术

催化加氢过程中，应留意压缩工段的安全性，氢气在高压下，爆炸范围加宽、燃点降低，从而增加了危险。高压氢气一旦泄漏将立即充满压缩机，易发生静电火花引起的爆炸，压缩机各段都应装有压力表和安全阀。高压设备和管道的选材应考虑氢腐蚀问题，管材选用优质无缝钢管，设备和管线应按相关规定进行检验。冷却水不得含有腐蚀性物质，在开车或检修设备、管线之前，须用氮气吹扫，由于停电或无水而停车的系统，应保持余压，以免空气进入系统。无论在任何情况下处于压力下的设备不得进行拆卸检修。

3.3.7.4 重点监控工艺参数及安全控制手段

加氢反应重点监控的工艺参数有：加氢反应釜或催化剂床层温度、压力；加氢反应釜内搅拌速率；氢气流量；反应物质的配料比；系统氧含量；冷却水流量；氢气压缩机运行参数、加氢反应尾气组成等。

安全控制手段包括：温度和压力的报警和联锁；反应物料的比例控制和联锁系统；紧急冷却系统；搅拌的稳定控制系统；氢气紧急切断系统；加装安全阀、爆破片等安全设施；循环氢压缩机停机报警和联锁；氢气检测报警装置等。

通常将加氢反应釜内温度、压力与釜内搅拌电流、氢气流量、加氢反应釜夹套冷却水进水阀形成联锁关系，设立紧急停车系统。当加氢反应釜内温度或压力超标或搅拌系统发生故障时自动停止加氢，泄压，并进入紧急状态。

3.3.8 烷基化反应安全技术

3.3.8.1 工业常见的烷基化反应及催化剂

把烷基引入有机化合物分子中的碳、氮、氧等原子上的反应称为烷基化反应。涉及烷基化反应的工艺过程为烷基化工艺，可分为 C-烷基化反应、N-烷基化反应、O-烷基化反应等。常见的烷基化试剂有烯烃、卤代烃、醇等。工业常见的烷基化反应有乙烯、丙烯以及长链 α-烯烃制备乙苯、异丙苯和高级烷基苯；苯胺和甲醚烷基化生产苯甲胺；苯酚与丙酮在酸催化下制备 2,2-对（对羟基苯基）丙烷（俗称双酚 A）。

3.3.8.2 烷基化反应的危险特征

① 烷基化反应介质具有燃爆危险性。被烷基化的物质大都有燃爆的危险性，如苯是甲类液体，闪点 -11℃，爆炸极限 1.5%～9.5%；苯胺是丙类液体，闪点 71℃，爆炸极限 1.3%～4.2%。而烷基化剂一般比烷基化物的燃爆危险性更大，如丙烯是易燃气体，爆炸极限 2%～11%；甲醇是甲类液体，闪点 7℃，爆炸极限 6%～36.5%；十二烯是乙类液体，闪点 35℃，自燃点 220℃。

② 烷基化催化剂的反应活性较强，遇水剧烈反应，放出大量热量。如三氯化铝是忌湿物品，有强烈的腐蚀性，遇水或水蒸气分解放热，放出氯化氢气体，有时能引起爆炸；三氯化磷是腐蚀性忌湿液体，遇水或乙醇剧烈分解，放出大量的热和氯化氢气体，有极强的腐蚀性和刺激性，有毒，遇水及酸（硝酸、醋酸）发热，有发生火灾危险。

③ 烷基化反应都是在加热条件下进行的，原料、催化剂、烷基化剂等加料次序颠倒、加料速度过快或者搅拌中断停止等异常现象容易引起局部剧烈反应，造成跑料，引发火灾或爆炸事故。

3.3.8.3 烷基化反应的安全技术

① 烷基化反应原料及产品的安全控制。鉴于烷基化反应介质的高燃爆性，所以烷基化反应的原料及产品存放应注意防火安全。妥善保存烷基化催化剂，避免与水、蒸汽、乙醇等物质接触。

② 烷基化反应过程的安全控制。烷基化反应过程应注意控制反应速度，避免发生剧烈反应引起跑料，造成火灾或爆炸事故。

③ 烷基化反应的安全防护装备。烷基化反应器应备有安全阀、爆破片、紧急放空阀、紧急切断装置等安全设施；严格控制各种点火源，车间内电气设备要防爆，通风良好。易燃、易爆设备和部位应安装可燃气体和有毒气体检测报警仪，设置完善的消防措施。

3.3.8.4　重点监控工艺参数及安全控制手段

烷基化工艺重点监控的工艺参数有：烷基化反应釜内温度和压力；烷基化反应釜内搅拌速率；反应物料的流量及配比等。

安全控制手段包括：将烷基化反应釜内温度和压力与釜内搅拌、烷基化物料流量、烷基化反应釜夹套冷却水进水阀形成联锁控制，当烷基化反应釜内温度超标或搅拌系统发生故障时，紧急冷却系统或反应物料的紧急切断系统启动，自动停止加料并紧急停车。

安全泄放系统：当系统内压力超限时，启动安全泄放系统，并紧急切断装置进料。

3.4　常见化工设备安全运行与管理

在化工、石油行业的生产工艺过程中所使用的设备，多数情况下是在高温、高压等苛刻条件下操作的，因此就要求运行的设备既要满足工艺过程要求，又能安全可靠地运行，本节重点讨论化工厂中常见的反应釜、精馏塔、锅炉、压力容器等设备的安全运行与管理。

3.4.1　反应釜的安全运行与管理

反应釜主要用于石油化工、橡胶、农药、燃料、医药等工业，用以完成化工工艺过程的反应装置。反应釜内进行化学反应的种类很多，操作条件差异很大，物料的聚集状态也各不一样，按工艺要求可进行间歇式、半间歇式及连续操作。

3.4.1.1　反应釜的结构

反应釜在工业生产中应用非常广泛，由于工艺条件、介质不同，反应釜的材料选择及结构也不一样，但基本组成是相同的，它包括釜体、工艺接管、传动装置等。图 3-45 为一般

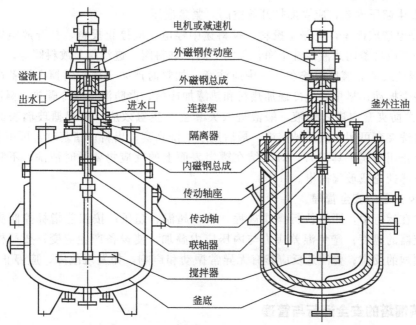

图 3-45　反应釜结构图

反应釜的结构图。

为了维持反应的最佳温度，反应釜常采用夹套式、盘管式换热方式为反应提供热量或移除反应产生的热量。

3.4.1.2　反应釜的危险性分析

① 釜体选材不当可能引发事故，如陶瓷反应釜适用于工作温度小于90℃、常压下的耐腐蚀介质的反应；搪瓷反应釜适用于工作温度小于240℃、压力小于0.6MPa的耐腐蚀介质的反应。

② 釜体和传热夹套应具备满足工艺要求的厚度和强度，因为多数反应釜都为压力容器，当釜体的厚度和强度不够时，易引发爆炸危险。

③ 反应釜在运行期间应保持平稳运行，以防压力及温度的突然变化引起釜体材料应力发生变化而引发事故，对安全运行产生不利影响。

④ 反应釜要严格控制反应进料量、反应温度，防止反应失控或物料受热膨胀而使反应釜超压。

3.4.1.3　反应釜的安全运行

反应釜是化工生产中的主要装置，要保证其安全运行，生产时必须做到以下几点：

① 检查与反应釜有关的管道和阀门，在确保符合受料条件的情况下，方可投料。

② 检查搅拌电机、减速机、机封等是否正常，减速机油位是否适当，机封冷却水是否供给正常。

③ 在确保无异常情况下，启动搅拌，按规定量投入物料。10m³以上反应釜或搅拌有底轴承的反应釜严禁空运转，确保底轴承浸在液面下时，方可开启搅拌。

④ 严格执行工艺操作规程，密切注意反应釜内温度和压力以及反应釜夹套压力，严禁超温和超压。

⑤ 反应过程中，应做到巡回检查，发现问题，应及时处理。

⑥ 若发生超温现象，立即用水降温。降温后的温度应符合工艺要求。

⑦ 若发生超压现象，应立即打开放空阀，紧急泄压。

⑧ 若停电造成停车，应停止投料；投料途中停电，应停止投料，打开放空阀，给水降温。长期停车应将釜内残液清洗干净，关闭底阀、进料阀、进汽阀、放料阀等。

⑨ 对搪瓷或搪玻璃反应釜在使用中应注意：加料时严防金属硬物掉入设备内、运转时要防止设备受振动；尽量避免冷罐加热料和热罐加冷料，严防温度骤冷骤热，温度剧变易小于120℃；严防夹套内进入酸液，酸液进入夹套会产生氢效应，引起搪玻璃表面大面积脱落。一般清洗夹套可用次氯酸钠溶液，最后用水清洗夹套；出料口堵塞时，可用非金属体轻轻疏通，禁止用金属工具铲打。对黏结在罐内表面上的反应物要及时清洗，不宜用金属工具，以防损坏搪瓷或玻璃衬里。

3.4.1.4　反应釜的安全管理

反应釜在运行中，严格执行操作规程，禁止超温、超压；按工艺指标控制夹套（或蛇管）及反应器的温度；避免温差应力与内压应力叠加，使设备产生应变；要严格控制配料比，防止剧烈的反应；要注意反应釜有无异常振动和声响，如发现故障，应停止检查检修，及时消除。

3.4.2　蒸馏塔的安全运行与管理

蒸馏塔广泛用于各类化工工业，用以完成化工工艺中各物料之间的分离。

3.4.2.1 蒸馏塔的组成

一套完整的蒸馏系统一般由蒸馏塔、再沸器、冷凝冷却器、回流罐、物料泵、产品储罐等部分组成，也可能是其中两个或几个部分的组合。简单蒸馏系统通常是由蒸馏釜及其加热装置、冷凝冷却器及受液槽组成的。釜式蒸馏的加热装置有釜外夹套式、釜内盘管式，有些物料还采用釜外直接火加热式或电热式。

塔顶冷凝器用来冷凝塔顶的气相物料，部分冷凝液作为回流液流回塔内，部分作为塔顶产品。

塔底再沸器用来加热塔底液相物料，使之汽化作为塔内上升的气相物料。

3.4.2.2 蒸馏塔的危险性分析

蒸馏的物料，绝大多数易燃、易爆、有毒或有腐蚀性；蒸馏过程中，还涉及系统（设备）内压力的变化。因此，蒸馏系统的主要危险性有火灾、爆炸、中毒、窒息、灼烫等。

蒸馏过程为连续蒸馏时，由于辅助设备多，蒸馏过程某一控制指标或某一操作环节出现偏差，都会影响整个蒸馏系统的平衡，导致事故发生。如蒸馏温度过高，有造成超压爆炸、泛液、冲料、过热分解及自燃的危险；若温度过低，则有淹塔的危险。当加料量超负荷，对于塔式蒸馏，则可使汽化量增大，使未冷凝的蒸气进入受液槽，导致槽体超压爆炸。当回流量增大时，不但会降低体系内的操作温度，而且容易出现淹塔致使操作失控。

蒸馏过程为间歇蒸馏时，若加热介质流量过大，会造成汽化过量，导致设备超压。若馏出物放料阀关闭就开始加热，也易造成系统超压。对于易燃易爆物料，因周期性地加料放料，易置换不彻底而混入氧气引发事故。若蒸馏釜液位过低，会导致烧干蒸馏釜，引发事故。

减压蒸馏需要特别注意的是防止误操作使空气吸入减压塔内，以引发火灾，甚至减压塔发生爆炸事故。

3.4.2.3 蒸馏塔设备的安全运行

蒸馏塔也是化工生产中的主要装置，要保证其安全运行，生产时必须做到以下几点：

① 精馏操作前应检查仪器、仪表、阀门等是否齐全、正确、灵活，做好启动前的准备。

② 预进料时，应先打开放空阀，充氮气置换系统中的空气，以防在进料时出现事故，当压力达到规定的指标后停止，再打开进料阀，打入指定液位高度的料液后停止。

③ 再沸器投入使用时，应先打开塔顶冷凝器的冷却水（或其他介质），再对再沸器通蒸汽加热。

④ 在全回流情况下继续加热，直到塔温、塔压均达到规定指标。

⑤ 进料与出产品时，应打开进料阀进料，同时从塔顶和塔釜采出产品，调节到指定的回流比。

⑥ 控制调节精馏塔，控制与调节的实质是控制塔内气、液相负荷大小，以保持塔设备良好的质热传递，获得合格的产品；但气、液相负荷是无法直接控制的，生产中主要通过控制温度、压力、进料量和回流比来实现；运行中，要注意各参数的变化，及时调整。

⑦ 停车时，应先停进料，再停再沸器，停产品采出，降温降压后再停冷却水。

3.4.2.4 重点监控的工艺参数

蒸馏过程中，应重点严格控制温度、压力、液位、进料量、回流量等操作参数，还要注意它们之间的相互制约、相互影响，尽量使用自动控制操作系统，减少人为操作失误。重点监控的工艺参数有塔釜的温度和液位，重点塔板温度和组分，进料流量和温度，塔顶温度、压力（真空度）、回流量。再沸器的温度和压力（真空度），加热介质的流量、温度、压力。冷凝器的温度，冷却介质流量、温度、压力。回流罐的液位和压力（真空度）。

3.4.3　储罐的安全运行与管理

储罐是用来存储原料和产品的密闭容器。由于储存的介质种类繁多，以及储存条件的多样化，相应有不同类型的储罐。

3.4.3.1　储罐的分类

由于储存介质的不同，储罐的分类也是多种多样的。

① 按位置分类。可分为地上储罐、地下储罐、半地下储罐、海上储罐、海底储罐等。

② 按油品分类。可分为原油储罐、燃油储罐、润滑油罐、食用油罐、消防水罐等。

③ 按材质分类。可分为金属储罐和非金属储罐，金属储罐应用较为广泛，非金属储罐主要用于储存有腐蚀性及压力要求较低的介质。

④ 按形式分类。可分为立式储罐、卧式储罐等。大型油库及化工厂的罐区一般采用立式储罐。

⑤ 按结构分类。可分为固定顶储罐、浮顶储罐、球形储罐等。固定顶储罐又分为锥顶储罐、拱顶储罐。

⑥ 按大小分类。100m³ 以上为大型储罐，多为立式储罐；100m³ 以下的为小型储罐，多为卧式储罐。

下面就化工行业较常见的储罐进行简单介绍：

① 立式储罐。立式储罐的容积一般都大于 100m³ 以上，为大型储罐。见图 3-46，通常用于生产环节，适用于储存非人工制冷、非剧毒的石油、化工等液体介质。

② 卧式储罐。卧式储罐的容积一般都小于 100m³，为小型储罐。见图 3-47，通常用于生产环节中间罐或加油站。

图 3-46　立式储罐

图 3-47　卧式储罐

③ 球形储罐。球罐为大容量、承压的球形储存容器，见图 3-48，广泛应用于石油、化工、冶金等部门，常用来作为液化石油气、液化天然气等沸点较低的物料储罐，如丙烷、丙烯、乙烯、丁烷等。

④ 拱顶储罐。拱顶储罐是指罐顶为球冠状、罐体为圆柱形的一种钢制容器。见图 3-49，最常用的容积为 1000～10000m³，通常用于大型化工厂的罐区，适用于储存常压（包括微内压）的石油、化工产品及其他类似液体。

⑤ 浮顶储罐。浮顶储罐又分为浮顶储罐和内浮顶储罐。其中内浮顶储罐是带罐顶的浮

图 3-48　球形储罐

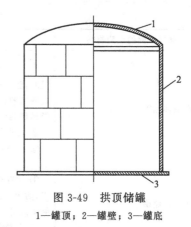

图 3-49　拱顶储罐

1—罐顶；2—罐壁；3—罐底

顶罐，是拱顶罐和浮顶罐结合的新型储罐，外部为拱顶，内部为浮顶。浮顶罐是由漂浮在介质表面上的浮顶和立式圆柱形罐壁所构成的。浮顶随罐内介质储量的增加或减少而升降，浮顶外缘与罐壁之间有环形密封装置，罐内介质始终被内浮顶直接覆盖，使罐内液体在顶盖上下浮动时与大气隔绝，从而大大减少了储液在储存过程中的蒸发损失。在减少空气污染的同时减少了火灾危险的程度。采用浮顶罐存储油品时，可比固定顶罐减少油品损失 80％ 左右。因此浮顶罐一般用于储存易挥发的有机液体及油品物料。

3.4.3.2　储罐选择的原则

根据储罐储存物料的性质、储存条件、容积及经济条件等因素来选择适宜的储罐。如要储存常压的腐蚀性液体，可选用非金属的聚乙烯储罐，聚乙烯罐具有耐腐蚀、不渗漏、不剥离、耐磨损等特点，可存放无机酸（稀硫酸、稀硝酸、盐酸、磷酸、氢氟酸、氢溴酸、次氯酸等）、有机酸（甲酸、醋酸、丙酸、丁烯酸、月桂酸、脂肪酸、乳酸、乙醇酸、过氧乙酸、草酸等）、碱及氢氧化物（氢氧化钠、氢氧化钾、氢氧化铵、氢氧化钙、氢氧化镁、氢氧化钡、氢氧化铝等）。金属不锈钢储罐主要用于食品、制药、乳业、酿酒及腐蚀的化工原料的存储。大型储罐采用立式拱顶罐或浮顶罐，小型罐采用卧式罐，对于沸点较低的石油气和液化气采用球罐。

3.4.3.3　储罐的危险性分析

储罐的危险性主要来自以下几个方面：

① 装灌过量引起储罐超压或由于系统产生负压造成罐体损坏；另外对球形储罐由于储存的都是沸点低的液化石油气或液化天然气，所以当室外温度变化时（如夏天），罐内物料气温上升，使罐体温度或压力升高，易造成球形储罐损坏。

② 罐内产生的爆炸性混合气体被引燃，因而产生爆炸的危险。

③ 储罐上连接的配管损坏或腐蚀等各种原因造成的泄漏危险，并由此引发火灾危险。

④ 低温罐应注意低温脆性造成破坏，储罐与基础连接的部分由于土地中的水分冻结将罐底拱起，或者由于基础的温差造成弯曲破坏，气温上升，结果使罐中的内压上升，造成夹套壁罐的内壁破坏，引发泄漏危险。

3.4.3.4　储罐存储危险物料的类型及安全要求

当储罐储存的介质是比较容易燃烧或者是容易爆炸的液体或液化气时，其安全要求见表 3-1。此类储罐还需要设安全泄放装置及其他的安全附件。大型储罐都有消防水喷淋系统，以及防雷、防静电、防火等附属的装置。

表 3-1 储罐区的安全要求

储罐存储的危险物料	储罐区的安全要求
易燃液体储罐	① 对易燃液体储罐区应按 GB 50351 设置不燃烧体防火堤。当罐区为固定顶储罐区时,防火堤的有效容量不应小于一个最大罐体的容量;浮顶或内浮顶的储罐区,防火堤的有效容量不应小于一个最大罐体的容量的一半;当固定顶和浮顶或内浮顶危险化学品储罐同时布置时,防火堤的有效容量应取最大值 ② 防火堤或围堰内地面应采取防渗措施 ③ 有毒或有刺激性危险化学品储罐区应设置现场急救用品、洗眼器、淋洗器
液化气体储罐	① 储存介质相对蒸气密度(空气=1)>1 的危险化学品储罐区应设置防火堤或围堤,防火堤或围堤的有效容积不应小于储罐区内 1 个最大储罐的容积。无毒不燃气体储罐区可不设置围堤 ② 有毒或有刺激性气体储罐区应配备正压式空气呼吸器
腐蚀性液体储罐	① 储罐区内的地面应采取防渗漏和防腐蚀措施 ② 储罐区应设置围堤,围堤的有效容积不应小于罐组内 1 个最大储罐的容积 ③ 储罐区应设置现场急救用品、洗眼器、淋洗器

3.4.3.5 储罐的安全运行

操作人员必须熟悉所用储罐的结构及储存物料的化学性质及防护急救常识。储罐进料之前必须做如下检查:

① 阀门是否完好,开或闭是否正确。

② 液位计及防护套是否完好或液位显示是否正确、灵敏可靠;防止液位计不准造成的假液位指示。

③ 打料泵的电器开关是否完好、灵敏可靠;如果采用压缩气体进行压料则检查压力表是否灵敏可靠。每次进料之前必须与有关部门和人员取得联系,并应配合操作。

④ 当进行有腐蚀物料、有毒物料的打压操作时应佩戴必要的防护用品,尤其要保护眼睛,且防止物料进入口腔、触及皮肤,并应站在安全地方观察液位,罐的最大装载负荷不得超过其容积的 85%。

⑤ 储罐中所储存的物料为易燃易爆物料时,开关阀门所用扳手应为铜或合金材质制品,不准用铁器敲打。

⑥ 压料时应严格控制其压力不得超过规定压力,压料完毕应谨慎地开启放空阀。

⑦ 储罐及其安全附件必须定期进行检修、校验。压力表每半年至少校验一次,安全阀每年至少校验一次。

⑧ 储罐检修前必须将其内物料清理干净,同时严格遵守《安全检修制度》中有关规定并办理"进入容器作业证"后方可检修。

3.4.3.6 储罐的安全管理

储罐的安全管理主要包括生产安全管理、消防安全管理、电气安全管理、监控与报警系统的安全管理。

在生产安全管理时应注意储罐进出口管道紧邻罐壁的第一道阀门是否设置了有效的自动或手动紧急切断阀或阀门组;固定顶储罐是否设置了配有阻火器及呼吸阀挡板的通气管或呼吸阀,阀的防冻措施是否有效;罐区作业场所是否设置安全标志以公示化学品危险性。对储存易燃、易爆、有毒危险化学品的罐区和有刺激性、窒息性气体的罐区应在显著位置设置风向标。另外罐区应设置有效的现场急救用品,如洗眼器、淋洗器等。

消防安全管理则包括检查企业罐区的防火间距是否符合 GB 50160 的规定，油库罐区的防火间距是否符合 GB 50074 的规定，其他罐区的防火间距是否符合 GB 50016 的规定。罐区的灭火装备是否完善，并根据罐区储存危险化学品的特性，配备适当的消防水、泡沫、干粉、气体等灭火剂。

为了防止静电、雷电对罐区的危害，对罐区的电气安全管理包括涉及危险化学品的装卸区、泵房、防火堤内或围堰区域应采用防静电地面，整个罐区应设有防雷保护系统，罐区内涉及的设备应采用防爆电气设备，且选型要求应符合 GB 50058 的规定。

对罐区的安全监控参数主要包括：罐内介质的液位、温度、压力、流量/流速、罐区内可燃/有毒气体浓度和风向、风速、环境温度等；储罐应设置压力上限报警、高低位液位报警、温度报警、气体浓度报警及罐区入侵报警、视频监控报警等安全监控，所有这些安全监控信号应能自动巡查并记录，视频监控图像应保存 30d 以上，其他安全监控信号应保存 180d 以上。

图 3-50 锅炉示意图

3.4.4 锅炉的安全运行与管理

锅炉是指利用各种燃料、电或其他能源，将所盛装的液体加热到一定温度并承载一定压力的密闭设备。见图 3-50。锅炉作为一种产生热能和动力的工艺设备，广泛地应用于电力、机械、化工、纺织造纸等工业部门及宾馆、居民区采暖供热等方面。常见的工业锅炉有三种：蒸汽锅炉、热水锅炉、有机热载体锅炉。

3.4.4.1 锅炉的分类

锅炉的分类方法很多，常按锅炉的蒸发量和蒸汽压力大小进行分类，见表 3-2。

表 3-2 锅炉的分类

分类类型	类别
按蒸发量分类	小型锅炉（蒸发量小于 20t/h）、中型锅炉（蒸发量 20～100t/h）、大型锅炉（蒸发量大于 100t/h）
按蒸汽压力分类	低压锅炉（≤2.45MPa）、中压锅炉（2.45～3.82MPa）、高压锅炉（9.8MPa）、超高压锅炉（13.7MPa）

3.4.4.2 锅炉安全附件

锅炉的安全附件包括安全阀、压力表、水位计；温度测量装置；保护装置；排污阀或放水装置、防爆门、自动控制装置。

安全阀的作用是当锅炉压力超过设定值时，安全阀自动开启泄压，将系统压力降至允许范围内，同时发出警报。压力表是显示锅炉蒸汽系统压力大小的仪表。水位计是用来显示锅内水位高低的仪表。锅炉操作人员可通过水位计观察并调节锅内的水位。

温度测量装置是用来测量关键部位温度的设备。

保护装置包括超温报警和联锁保护装置、高低水位警报和低水位联锁保护装置、锅炉熄火保护装置。

3.4.4.3 锅炉的危险性分析

锅炉的危险性可分为介质失控和燃烧失控。出现介质失控时会有爆炸、泄漏、缺水、满水、超温等事故发生。出现燃烧失控时会发生燃爆事故，从而造成爆炸、爆燃、灼烫等人员伤亡事故。此外，检修时人员进入锅炉内部，还易出现缺氧窒息；运行操作时易出现机械伤害、触电等事故。锅炉常见的爆炸、爆管、缺水、满水、汽水共腾、炉膛及尾部烟道爆炸、泄漏、变形等事故大多是由以下因素引起的。

① 超压运行。由于压力表失灵或操作人员对压力监视不严，致使压力上升，此时安全阀失效，从而造成锅炉锅筒内的压力超过其承受能力而破裂爆炸。

② 超温运行。锅炉出口汽温过高、受热面温度过高，易造成金属烧损或发生爆管事故。

③ 锅炉水位过低或过高。严重缺水会使锅炉蒸发受热面管子过热变形甚至爆破，处理不当还会导致锅炉爆炸事故；严重满水时，锅水可进入蒸汽管道和过热器，造成水击和过热器结垢，并降低蒸汽品质。

④ 水质管理不善。锅炉进水水质应符合《工业锅炉水质》（GB/T 1576—2008）的规定。进入锅炉的原水若不经处理，就会在锅炉内结垢并产生腐蚀，使受热面损坏，影响锅炉的安全运行。

⑤ 水循环被破坏。受热面管子将发生倒流或停滞，或者造成"汽塞"，在停滞水流的管子内产生泥垢和水垢堵塞，从而烧坏受热面管子或发生爆炸事故。

⑥ 错误操作、检修，不定期检查等。锅炉工的错误操作、错误的检修方法和不对锅炉进行定期检查等都可能导致事故的发生。

3.4.4.4 锅炉的安全运行及管理

锅炉在投入使用前或投入使用后 30 日，锅炉使用单位应向特种设备安全监督管理部门登记，并在使用运行中严格按表 3-3 进行安全管理。

表 3-3 锅炉安全运行及管理的方法

锅炉安全运行及管理的内容	具体措施
安全管理措施	使用定点厂家合格产品，登记建档，专责管理，持证上岗，照章运行，定期检验，监控水质，报告事故
锅炉使用安全技术	在锅炉准备启动时需按顺序完成检查准备、上水、烘炉、煮炉、点火升压、暖管与并汽等工作
	在点火升压阶段应控制升温升压速度，严密监视和调整仪表，保证强制流动受热面的可靠冷却，防止炉膛爆炸
	锅炉正常运行中需监督调节锅炉的水位、锅炉汽压、汽温及燃烧，注意锅炉的排污和吹灰
	停炉及停炉保养时需注意正常停炉和紧急停炉的次序，紧急停炉的情况

3.4.5 压力容器的安全运行与管理

压力容器是指盛装一定工作介质，能够承受压力（包括内压和外压）载荷作用的密闭容器。是一种具有爆炸危险的特种设备。由于生产过程的需要，压力容器在化工企业中广泛应用，由于压力容器中大多盛装的是化学危险品，因而一旦失效损坏，往往造成极其严重的后果，因此化工企业对压力容器的安全运行必须十分重视。

当密闭容器同时具备下列条件时才可视为压力容器：最高工作压力大于或等于 0.1MPa（不液柱压力）；内直径大于或等于 0.15m，且容积≥0.025m^2；介质为气体、液体化气体或最高工作温度等于标准沸点的液体。

在压力容器的使用过程中一定要使用定点厂家合格产品、登记建档、专责管理、持证上岗。

3.4.5.1 压力容器的分类

（1）按压力等级分

压力容器按设计压力（P）分为低压、中压、高压、超高压四个压力等级，见表 3-4。

表 3-4 压力容器设计压力等级

低压（代号 L）	中压（代号 M）	高压（代号 H）	超高压（代号 U）
$0.1MPa \leqslant P < 1.6MPa$	$1.6MPa \leqslant P < 10MPa$	$10MPa \leqslant P < 100MPa$	$P \geqslant 100MPa$

（2）按压力容器品种划分

压力容器按在生产工艺过程中的作用原理分为反应压力容器、分离压力容器、换热压力容器、储存压力容器，压力容器的品种及代号见表 3-5。

表 3-5 压力容器的品种及代号

压力容器的品种	适用场合
反应压力容器（代号 R）	主要用于完成介质的物理、化学反应的压力容器。如反应器、反应釜、聚合釜、合成塔、煤气发生炉等
分离压力容器（代号 S）	主要用于完成介质的流体平衡和气体净化分离的压力容器。如过滤器、缓冲器、吸收塔、干燥塔、洗涤器等
换热压力容器（代号 E）	主要用于完成介质的热量交换的压力容器。如管壳式余热锅炉、冷凝器、预热器、蒸发器、硫化锅等
储存压力容器（代号 C，其中球罐代号 B）	主要用于盛装生产用气体、液体、液化气体等的压力容器。如各种形式的储罐

（3）按安全技术管理分类

压力容器按其压力等级、介质及所起的作用分为三类，见表 3-6。

表 3-6 压力容器的压力等级

压力容器等级	具体属性
第一类压力容器	符合下列情况之一为第一类压力容器 介质的毒性程度为低毒的低压容器 易燃介质或毒性程度为中度危害介质的低压换热容器和分离容器
第二类压力容器	中压容器 低压容器（仅限毒性程度为极度和高度危害介质） 低压反应容器和储存容器（仅限易燃或毒性程度为中度危害介质） 低压管壳式余热锅炉 低压搪玻璃压力容器
第三类压力容器	符合下列情况之一的为第三类压力容器 毒性程度为极度或高度危害介质的中压容器和 $PV \geqslant 0.2MPa \cdot m^3$ 的低压容器 易燃或毒性程度为中度危害介质且 $PV \geqslant 0.2MPa \cdot m^3$ 的中压反应容器和 $PV \geqslant 10MPa \cdot m^3$ 的中压储存容器 高压、中压管壳式余热锅炉 高压容器

注：易燃介质指爆炸下限小于 10%，或爆炸上限和下限之差 ≥20% 的气体。介质毒性程度参照 GB 5044《职业性接触毒物危害程度分级》的规定。

例如，氨合成塔的设计压力为 32MPa，介质为氢气、氮气及氨，该合成塔属于第三类高压反应容器。氯气分配器的设计压力为 0.6MPa（低压），介质为氯气（极毒），该容器也属于第三类低压分离压力容器。

3.4.5.2 压力容器的安全附件

压力容器的安全附件是指为了使压力容器能够安全运行而装设在设备上的一种附属装置，包括安全泄压装置和计量显示装置。常用的安全泄压装置有安全阀、爆破片、安全阀与爆破片装置的组合、防爆帽、易熔塞、紧急切断阀、减压阀；计量显示装置有压力表、温度计、液位计等。

① 安全阀。当设备压力超过设定值时，安全阀在压力作用下自行开启，使容器泄压，以防止容器或管线的破坏。安全阀装设位置，应便于它的日常检查、维护和检修，并应考虑能听到安全阀开启时的响声。

② 防爆片。防爆片又称防爆膜、防爆板，是一种断裂型的安全泄压装置。它是通过膜片的断裂来泄压的，所以泄后不能继续使用，容器也被迫停止运行。因此它只在不宜装设安全阀的压力容器上使用。

③ 防爆帽。防爆帽又称爆破帽，也是一种断裂型安全泄压装置。其主要元件是一个一端封闭、中间具有一薄弱断面的厚壁短管。当容器的压力超过规定时，防爆帽即从薄弱断面处断裂，气体从管孔中排出。为了防止防爆帽断裂后飞出伤人，在它的外面应装有保护装置。

④ 压力表。压力表的安装、使用要求，可参见锅炉安全装置部分。

⑤ 液面计。一般压力容器的液面显示多用玻璃板液面计。另外根据石化装置的压力容器用途及存储物料，可选用各种不同构造和性能的液面计。如介质为粉体物料的压力容器，多数选用放射性同位素料位仪，指示粉体的料位高度。

3.4.5.3 压力容器安全运行要点

① 平稳操作、防止超载。压力容器开始加载时，速度不宜过快，要防止因压力的突然升高，造成材料的韧性降低而引起的脆性断裂；高温容器或工作壁温在 0℃ 以下的容器，加热和冷却都应缓慢进行，以减小壳壁中的热应力；保持操作压力平稳，避免操作中压力频繁和大幅度地波动，造成容器的抗疲劳强度降低。储装液化气体的容器，为了防止液体受热膨胀而超压，一定要严格计量。对于液化气体储罐和槽车，除了密切监视液位外，还应防止容器意外受热，造成超压。除了防止超压以外，压力容器的操作温度也应严格控制在设计规定的范围内，长期的超温运行也可以直接或间接地导致容器的破坏。

② 时时检查工艺、设备及装置的安全状况。容器专职操作人员在容器运行期间应经常检查容器的工作状况，以便及时发现设备上的不正常状态，采取相应的措施进行调整或消除，防止异常情况的扩大或延续，保证容器安全运行。

工艺方面，主要检查操作压力、操作温度、液位是否在安全操作规程规定的范围内，容器工作介质的化学组成，特别是那些影响容器安全（如产生应力腐蚀、使压力升高等）的成分是否符合要求。

设备方面，主要检查各连接部位有无泄漏、渗漏现象，容器的部件和附件有无塑性变形、腐蚀以及其他缺陷或可疑迹象，容器及其连接道有无振动、磨损等现象。

装置方面，主要检查安全装置以及与安全有关的计量器具是否保持完好状态，注重日常维护保养。

③ 存在安全隐患须紧急停运。压力容器在运行中出现下列情况时，应立即停止运行：容器的操作压力或壁温超限，无法控制；部件裂纹、鼓包变形、焊缝等迹象；安全装置全部失效；火灾；泄漏。

压力容器的维护保养见表 3-7。

表 3-7　压力容器的维护保养

压力容器的维护保养的内容	保养内容的具体说明
保持完好的防腐层	工作介质对容器材料有腐蚀作用的,常采用防腐层来防止介质对器壁的腐蚀。如果防腐层损坏,工作介质将直接接触器壁而产生腐蚀,要经常保持防腐层完好无损
消除产生腐蚀的因素	有些工作介质只有在某种特定条件下才会对容器的材料产生腐蚀,因此要尽力消除这种能引起腐蚀的、特别是应力腐蚀的条件
消灭容器的"跑、冒、滴、漏",经常保持容器的完好状态	"跑、冒、滴、漏"不仅浪费原料和能源,污染工作环境,还常常造成设备的腐蚀,严重时还会引起容器的破坏事故
加强容器在停用期间的维护	对停用的容器,必须将内部的介质排除干净,腐蚀性介质要经过排放、置换、清洗等技术处理。要注意防止容器的"死角"积存腐蚀性介质
经常保持容器的完好状态	安全装置和计量仪表,应定期进行调整校正,使其始终保持灵敏、准确;容器的附件、零件必须保持齐全和完好无损,连接紧固件残缺不全的容器,禁止投入运行

3.4.6　气瓶的安全运行与管理

气瓶属于移动式的可重复充装的压力容器，见图 3-51。除了要符合压力容器的一般要求外，还需要有一些特殊要求。为了区别起见，一般把容积不超过 1000L（常用的为 35～60L），用于储存和运输永久气体、液化气体、溶解气体或吸附气体的瓶式金属或非金属密闭容器叫作气瓶。

图 3-51　工业气瓶

3.4.6.1　气瓶的分类

气瓶的分类见表 3-8，常用气瓶的类别和标准见表 3-9。

表 3-8　气瓶的分类

气瓶的分类	说　　明
按气瓶的构造分	无缝气瓶、焊接气瓶、溶解乙炔气瓶、吸附气瓶、玻璃钢气瓶
按气瓶的工作压力分	永久气体气瓶、高压液化气气瓶、低压液化气气瓶、溶解气体气瓶

表 3-9 常用气瓶的类别及标准

常用气瓶类别	定 义	常用标准压力系列	充装气体
永久气体气瓶	盛装永久气体的气瓶。临界温度小于−10℃为永久气体	15MPa 、20MPa 、30MPa	空气、氧、氢、氮、氩、氦、氖、氪、甲烷、煤气、天然气
高压液化气气瓶	盛装高压液化气体的气瓶。−10℃≤临界温度≤70℃为高压液化气体	8MPa、12.5MPa	二氧化碳、一氧化二氮（氧化亚氮）、乙烷、乙烯、硅烷、氯化氢、氟乙烯
低压液化气气瓶	盛装低压液化气体的气瓶。临界温度大于70℃为低压液化气体	1MPa、2MPa、3MPa、5MPa	液氯、液氨、硫化氢、丙烷、丁烷、丁烯、二氧化硫、氯甲烷、液化石油气等

3.4.6.2　气瓶的颜色标记和钢印标志

气瓶的颜色标记指气瓶外表面的瓶色、字样、字色和色环，具有识别气瓶种类和防止气瓶锈蚀的作用，色环、字样、防震圈之间，均应保持适当距离。表 3-10、表 3-11 为相关气瓶的颜色标记，图 3-52 为气瓶外观漆色、标志。

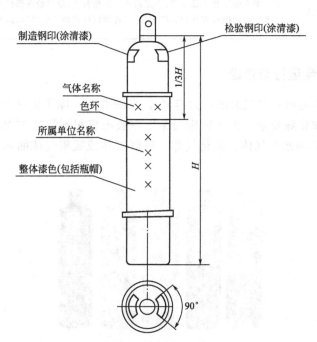

图 3-52　气瓶外观漆色、标志示意图

注：1. 字样一律采用仿宋，字体高度一般为 80mm。

2. 色环宽度一般为 40mm。

（1）气瓶的颜色标记

表 3-10　常用介质的气瓶颜色标记

序号	介质名称	化学式	瓶色	字样	字色	色环
1	氢	H_2	淡绿	氢	大红	$P=20MPa$ 淡黄色环一道 $P=30MPa$ 淡黄色环两道
2	氧	O_2	淡酞蓝	氧	黑	$P=20MPa$ 白色环一道
3	氨	NH_3	淡黄	氨		$P=30MPa$ 白色环两道

续表

序号	介质名称	化学式	瓶色	字样	字色	色环
4	氯	Cl_2	深绿	氯	白	$P=20MPa$ 白色环一道 $P=30MPa$ 白色环两道
5	空气		黑	空气		
6	氮	N_2		氮	淡黄	

表 3-11 其他介质的气瓶颜色标记

充装介质	瓶 色		字 色	色 环
剧毒类	白		可燃气体:大红	深绿
氟氯烷类	铝白		不可燃气体:黑	
烃类	烷烃	棕	白	淡黄
	烯烃		淡黄	白
特种气体类	橘黄		深绿	
其他气体类	银灰		可燃气体:大红 不可燃气体:黑	无机气体:深绿 有机气体或混合气体:淡黄

（2）气瓶的钢印标志

气瓶的钢印标志是识别气体的依据。气瓶的钢印标志包括制造钢印标志和检验钢印标志，其位置见图 3-53。

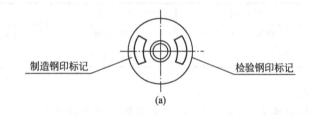

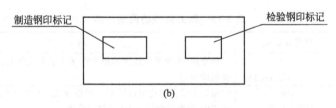

图 3-53 气瓶的钢印标志

3.4.6.3 气瓶安全附件

气瓶安全附件是指瓶帽、瓶阀、易熔合金塞和防震圈。气瓶安全附件是气瓶的重要组成部分，对气瓶安全使用起着非常重要的作用。

3.4.6.4 气瓶安全使用、保管规定

气瓶应在通风良好的场所存放，避免日光曝晒。严禁和易燃易爆物品混放在一起，不得与带电物体接触，不得沾油脂。严禁靠近热源，气瓶与明火距离不得小于 10m。严禁与所装气体混合后能引起燃烧、爆炸的气瓶一起存放。乙炔气瓶应保持直立，应有防止倾倒措施。严禁放在有放射性射线的场所，必须放在橡胶或绝缘体上。

各类气瓶严禁不装减压器直接使用。严禁使用不合格的减压器。气瓶阀及管接头处漏气，应进行修理，并经常检查丝堵和角阀丝扣的磨损及锈蚀情况，发现损坏应立即更换。瓶

阀冻结时严禁用火烘烤，可用浸 40℃ 热水的棉布盖上使其缓慢解冻。气瓶应配两个防震圈。

乙炔气瓶的使用压力不得超过 0.147MPa（1.5kgf/cm²），输气流速不得超过 1.5～2m³/(h·瓶)。乙炔气瓶必须装设专用的减压器、回火防止器，开启乙炔气瓶时应站在阀口的侧后方，应缓慢开启。

气瓶内的气体不得全部用尽，应留有 0.2MPa（2kgf/cm²）的剩余压力，乙炔气瓶必须留有不低于有关规定的剩余压力，用后的气瓶应关紧气瓶阀门并标注"空瓶"字样。

3.4.7 压力管道的安全运行与管理

压力管道，是指利用一定的压力，用于输送气体或者液体的管状设备，其范围规定为最高工作压力大于或者等于 0.1MPa（表压）的气体、液化气体、蒸汽介质或者可燃、易爆、有毒、有腐蚀性、最高工作温度高于或者等于标准沸点的液体介质，且公称直径大于 25mm 的管道。

3.4.7.1 压力管道的分类

压力管道一般可以按主体材料、敷设装置、输送介质特性和用途等管道使用特性进行分类。

（1）按压力分类

压力管道的压力分类见表 3-12。

表 3-12 压力管道的压力分类

压力管道	压力范围	压力管道	压力范围
低压管道	工程压力<1.6MPa	高压管道	工程压力 6.4～10MPa
中压管道	工程压力 1.6～6.4MPa	超高压管道	工程压力 10～20MPa

（2）按其用途分类

压力管道的用途分类见表 3-13，压力管道的级别代号见表 3-14。

表 3-13 压力管道的用途分类

压力管道用途	代号及级别	用途
工业管道	GC（GC1、GC2、GC3）	指企业、事业单位所属的用于输送工艺介质的管道、公用工程管道及其他辅助管道
公用管道	GB（GB1、GB2）	指城市或乡镇范围内用于公用事业或民用的燃气管道和热力管道。其中 GB1 为燃气管道，GB2 为热力管道
长输管道	GA（GA1、GA2）	指产地、储存库、使用单位间用于输送商品介质的管道

表 3-14 压力管道的级别代号

代号级别	输送介质
GA1	① 输送有毒、可燃、易爆气体介质，设计压力 $P>1.6$MPa 的管道 ② 输送有毒、可燃、易爆液体流体介质，输送距离（输送距离指产地、储存库、用户间的用于输送商品介质管道的直接距离）≥200km 且管道公称直径 DN≥300mm 的管道 ③ 输送浆体介质，输送距离≥50km 且管道公称直径 DN≥150mm 的管道
GA2	① 输送有毒、可燃、易爆气体介质，设计压力 P≤1.6MPa 的管道 ② GA1② 范围以外的管道 ③ GA1③ 范围以外的管道

代号级别	输送介质
GC1	① 输送 GB 5044《职业性接触毒物危害程度分级》中规定毒性程度为极度危害介质的管道 ② 输送 GB 50160《石油化工企业设计防火规范》及 GB 50016—2014《建筑设计防火规范》中规定的火灾危险性为甲、乙类可燃气体或甲类可燃液体介质且设计压力 $P \geqslant 4.0$MPa 的管道 ③ 输送可燃流体介质、有毒流体介质,设计压力 $P \geqslant 4.0$MPa 且设计温度 $\geqslant 400$℃的管道 ④ 输送流体介质且设计压力 $P \geqslant 10.0$MPa 的管道
GC2	① 输送 GB 50160《石油化工企业设计防火规范》及 GB 50016—2014《建筑设计防火规范》中规定的火灾危险性为甲、乙类可燃气体或甲类可燃液体介质且设计压力 $P < 4.0$MPa 的管道 ② 输送可燃流体介质、有毒流体介质,设计压力 $P < 4.0$MPa 且设计温度 $\geqslant 400$℃管道 ③ 输送非可燃流体介质、无毒流体介质,设计压力 $P < 10$MPa 且设计温度 $\geqslant 400$℃的管道 ④ 输送流体介质,设计压力 $P < 10$MPa 且设计温度 < 400℃的管道
GC3	① 输送可燃流体介质、有毒流体介质,设计压力 $P < 1.0$MPa 且设计温度 < 400℃的管道 ② 输送非可燃流体介质、无毒流体介质,设计压力 $P < 4.0$MPa 且设计温度 < 400℃的管道

3.4.7.2 压力管道的安全使用管理

（1）压力管道前期管理

为了保证管道在使用周期安全运行,须实施管道从设计、选材、制造、安装、使用、定期检验、计划检验、故障分析、改造直至报废更新的全过程管理,具体管理内容见表 3-15。

表 3-15 压力管道安全管理的内容

前期管理	具体内容
压力管道的设计	压力管道设计合理是压力管道安全运行的基础保证。经过严密设计好的管道,其结构走向、支吊架形式和位置、使用弹簧支吊架的场合、各支吊架使用的弹簧型号和弹簧预压缩量都有明确的规定
管道组成件及管道附件质量管理	管道由若干元件组成,如管子、三通、弯头、异经管、阀门、法兰、垫片、过滤器等。管道中基本组成元件的质量必须首先得到保证,这样由它们组成的管道的安全才有保证
管道的施工安装	前期管道的重点和难点是施工安装,管道施工安装一般都在生产现场,环境和工作条件比较差,因此承担施工任务的单位,技术装备水平必须达到施工条件规定,否则不能施工。在设计时也要考虑尽量减少现场施工的工作量,努力提高预制深度
管道的材料选用	合理选择材料也是管道安全的重要因素,选材的差错主要发生在以下几种情况 ① 对介质成分缺乏细致的研究 ② 维护时暂没有设计选用的材料,当时间紧迫而不得不用代替的材料时,又未作周密考虑而采用了不合格的材料 ③ 领用的管件和管道附件的材料没有认真查对而造成错用

（2）压力管道的运行管理

压力管道的可靠性首先取决于其设计、制造和安装的质量。在用压力管道由于介质和环境的侵害、操作不当、维护不力,往往会引起材料性能的恶化、失效而降低使用性能和周期,甚至发生事故。压力管道的安全可靠性与使用方式的关系极大,只有强化控制工艺操作指标和工艺纪律、坚持岗位责任制、认真执行巡检,才能保证压力管道的安全使用。压力管道的安全运行控制内容见表 3-16。

表 3-16　压力管道的安全运行控制内容

安全运行控制内容	说　明
压力和温度的控制	压力和温度是压力管道使用过程中两个主要的工艺控制指标。使用压力和使用温度是管道设计、选材、制造和安装的依据。只有严格按照压力管道安全操作规程中规定的操作压力和操作温度运行，才能保证管道的安全使用
腐蚀性介质含量控制	压力管道的设计、选材、安装的焊接工艺、焊接材料、焊后热处理等均取决于管道输送的介质、介质的成分及相应的运行工况。在用压力管道对腐蚀介质含量及工况应有严格的工艺指标进行监控。腐蚀介质含量超标、原料性质恶劣，必然对压力管道产生危害。如对于高强钢压力管道。H_2S 含量超过一定值，并在伴有水分的情况下，大大增加了管壁产生应力腐蚀开裂的可能性。压力管道介质成分的控制是压力管道运行控制的极为重要的内容之一

（3）压力管道的日常检验管理

压力管道的异常情况是逐渐形成和发展的，因此要加强压力管道在运转中的检查和定期检验，做到早期发现早期处理，防止事故的发生。质量检验是整个质量保证体系中十分重要的环节。压力管道的安全运行离不开质量检验，新装置安装过程中也要及时做好质量检查。

在管道检验中，应着重留意以下易发生泄漏部位：泵、压缩机的出口部位；膨胀节、三通、弯头、大小头、支管连接部位及排气排液部位、流动的死角部位；注入点部位；支吊架损坏部位的管道及焊缝；曾经出现过影响管道安全运行问题的部位；生产流程中的重要管道和重要装置以及和关键设备直接连接的管道；工作条件苛刻及载荷反复变化的管道。

（4）压力管道的档案管理

在压力管道管理的各项工作中，抓好技术档案资料管理同样重要。建立技术档案并通过档案管理，可以掌握每条管道在设计、制造、维修、检验、使用过程中遗留的质量问题。如由于设计人员的素质或经验局限，或是科学技术的发展，管道系统的原设计往往不可能是完美无缺的；制造安装过程中材料性能、原始数据的准确性、缺陷的漏检和安全评定的结果，需要通过长期使用中的跟踪复检来不断评定其技术状况和可靠性。档案资料残缺，意味着压力管道的技术状况不明，将无法通过安全状况等级评定，也就不能容许继续使用。

3.4.8　泵站的安全运行与管理

泵站是能提供有一定压力和流量的动力装置系统。主要由泵房、主泵、进料管道和泵房内出口管道及相关辅助设备组成，如供油设备、压缩空气设备、充水设备、供水设备、排水设备等。

泵站可分为灌溉泵站、排水泵站、工业与城镇供水泵站、油气集输泵站。

在泵站的安全运行中，泵房的安全是重点检查的部位，以油气集输泵站的泵房为例说明安全运行的要点。

在油气集输泵站中，泵房是油气集输泵站的心脏，是油气收发转输作业的动力源，是泵站作业最频繁的场所。泵房的操作设备多，易产生油品失控、跑、冒、滴、漏等现象，若油品蒸气浓度达到爆炸极限范围，遇明火就会爆炸，引起火灾，造成重大损失。为确保泵房的安全，应加强人员的专业基础知识和理论学习，增强安全意识，提高人员素质，严格执行各种规章制度和操作规程，确保各种点火源不失控，降低泵房内油品蒸气浓度。

泵站的安全运行管理应注意以下几点：

① 保养好泵房内的设备设施，杜绝跑、冒、滴、漏现象，防止电气设备漏电。

② 检修设备时不能将油料滴洒在地面，并及时把设备内放出的油料妥善处理，尽量缩短油料在泵房内的存放时间。

③ 每次作业前后要及时检测油蒸气浓度，适时进行自然通风和机械通风，确保油气浓度保持在爆炸下限的 4% 以内。

④ 泵房内严禁堆放带油的棉纱、破布等易燃物质，在维修过程中使用的棉纱等吸附物，应拿出泵房作妥善处理，不可随意丢弃。

⑤ 严禁作业人员携带火种、穿钉子鞋进入油泵房。

⑥ 严禁使用非防爆工具进行维护保养、随意敲打设备。

⑦ 做好巡检工作。在巡检过程中要做到"观、听、嗅、找"，并做好巡检记录，以达到检查、预防目的。

3.5 化工生产岗位操作安全

化工生产具有易燃、易爆、高温、高压、有腐蚀、易中毒的危险性，因此较其他工业部门有更大的危险性。化工生产岗位安全操作对保证生产安全至关重要，如吉林石化公司爆炸事故就是由于当班操作工停车时，疏忽大意，未将应关闭的阀门及时关闭，导致进料系统温度超高，长时间后引起爆裂，并引发更大范围的爆炸。再如重庆市垫江县英特化工公司一号车间的爆炸，是由于添加双氧水量过大引起的，这两起事故均是由操作不当引起的。鉴于化工生产中易燃易爆、有毒、有腐蚀性的物质多，高温、高压设备多，工艺复杂、操作要求严格，如果管理不当或者生产中出现失误，就可能发生火灾、爆炸、中毒或者灼伤等事故，影响到生产的正常进行，甚至毁灭整个工厂，因此生产中应加强对人员、设备、工艺及生产环境等各方面的安全管理。

3.5.1 化工生产安全运行要求

安全生产是化工生产的前提，化工生产需按产品质量和数量的要求、原料供应以及公共设施情况来组织生产。生产过程中干扰因素的出现、设备特性的改变以及操作条件的稳定性都将影响化工生产的安全运行。

3.5.1.1 影响化工生产过程安全稳定的因素

① 物料的因素。生产装置均是按照一定的生产规模、进料组成及产品规格而设计的，但由于市场需求的改变而导致的原料的组成、产品规格及生产规模的改变，都将会严重影响生产的安全运行。如原料中易燃、易爆及毒性组分含量的增加，是否会出现新的火灾爆炸及中毒的危险；装置设备中温度、压力的原设计负荷是否能满足新生产负荷的变化。

② 设备的因素。在化工生产工艺设备中，有些重要的设备其特性随着生产过程的进行将会发生变化，称生产设备特性的漂移，如热交换器由于结垢而影响传热效果，化学反应器中的催化剂的活性随化学反应的进行而衰减，有些管式裂解炉随着生产的进行而结焦等。这些特性的漂移和扩展的问题都将严重影响装置的安全运行。另外设备的日常保养是否及时到位，设备中的故障和隐患是否及时消除，防止设备故障或隐患进一步扩大。如果无设备维修保养制度或有制度不落实或维修保养人员素质低、责任心不强造成设备失养失修，这都是安

全的重大隐患。

③ 操作单元之间的关联匹配。在生产过程中，物料与能量在各装置之间或工厂之间有着密切的关系，由于前后的联结调度等原因，要求生产过程的运行作出相应的改变，以满足整个生产过程物料与能量的平衡与安全运行的需要。

④ 控制系统及信号的准确性。仪表自动化系统是监督、管理、控制工业生产的关键设备与手段，自动控制系统本身的故障或特性变化也是生产过程的主要扰动来源。例如测量仪表测量过程的噪声、零点的漂移、控制过程特性的改变、控制器的参数没有及时调整以及操作者的操作失误等，这些都是影响装置的安全运行的扰动来源。另外工业生产过程的变量很难在线测量，有些可能测不准，噪声大且不可靠，特别是物料性质和产品质量的参数，只能通过取样送实验室化验分析才能获得，而反馈控制系统完全依赖于工业生产过程信号测量的准确性。

⑤ 人的因素。生产岗位人员的安全意识、安全技能、安全责任心和安全责任感是减少安全事故的必然条件。安全意识越高越强，安全系数越大，发生安全责任事故的概率越小。而必要的安全技能是防止各类事故发生的根基和后盾，一个没有安全技能的操作员，不发生安全事故是偶然的，发生事故是必然的。有了安全意识、安全技能，没有安全责任心和责任感，同样是不安全的，再好的设备没有优秀的操作者操作，很难发挥其应有的效能，甚至发生安全事故。

现代化工生产过程规模大，设备关联严密，强化生产，对于扰动十分敏感。例如炼油工业中催化裂化生产过程，采用固体催化剂流态化技术，该生产过程不仅要求物料和能量的平衡，而且要求压力保持平衡，使固体催化剂保持在良好的流态化状态。再如芳烃精馏生产过程，各精馏塔之间不仅物料紧密相连，而且采用热集成技术，前后装置的热量耦合在一起。因此，现代工业生产过程，一个局部的扰动，就会在整个生产过程传播开来，给安全生产带来威胁。表 3-17 分析了塔、釜、罐发生爆炸事故的主要原因。

表 3-17　塔、釜、罐发生爆炸事故的主要原因

事故原因	主 要 表 现
违章作业	① 未对设备进行置换或置换不彻底就试车或打开人孔进行焊接检修,空气进入塔内形成爆炸性混合物而爆炸 ② 用可燃性气体(如合成系统的精炼气、碳化系统的变换气)补压、试压、试漏 ③ 未作动火分析、动火处理(如未加盲板将检修设备与生产系统进行隔离,或盲板质量差,或采用石棉板作盲板),未办理动火证就动火作业 ④ 带压紧固设备的阀门和法兰的螺栓 ⑤ 盲目追求产量,超压、超负荷运行 ⑥ 擅自放低储槽液位,使水封不起作用或因岗位间没有很好配合,造成压缩机、泵抽负,使空气进入设备形成爆炸性混合物 ⑦ 设备运行中离岗,没有及时发现设备内工艺参数的变化,致使系统过氧爆炸
操作失误	① 设备置换清扫时,置换顺序错误 ② 操作中错开阀门,或开关阀门不及时,或开关阀门顺序错误,致使设备憋压或气体倒流超压,引起物理爆炸 ③ 投料过快或加料不均匀引起温度剧增,或使设备内母液凝固 ④ 未及时排放冷凝水或操作不当,使设备操作带水超压 ⑤ 由操作原因引起的压缩机、泵抽负,使空气进入设备,形成爆炸性混合物 ⑥ 过早地停泵停水,造成设备局部过热、烧熔、穿孔 ⑦ 投错物料,使其在回收工序中受热分解爆炸 ⑧ 错开油罐出口阀,导致冒顶外溢,遇明火爆炸

事故原因	主要表现
维护不周	① 设备运行中,因仪表接管漏气、阀门密封不严等引起可燃性气体泄漏 ② 未及时清理沉积物(如黄磷、砖泥、积炭),使管道堵塞,造成设备真空度上升,空气通过水封进入煤气管道,设备内形成爆炸性混合物,或高温下引起积炭自燃爆炸 ③ 仪表装置失灵、损坏,如氢气自动放空装置损坏,空气进入;开车时造气炉煤气下行阀失灵,致使氧含量提高,甚至高达 4.2%;缩合罐的真空管道上的止回阀失灵,部分水进入罐内引起激烈化学反应而爆炸,铜液液位计破裂而引爆 ④ 不凝性气体没有排出或排尽,导致超压爆炸 ⑤ 用环氧树脂作防腐剂,涂在设备上引起着火 ⑥ 设备长期储存,温度过高引起自聚反应,或充装可燃性液化气体过满,高温下储存和运输中气体受热膨胀,压力剧升而导致爆炸 ⑦ 油蒸气排放源向大气中排放的油蒸气积累以及失控,残留品的挥发,使油罐区周围形成易燃易爆体系,在油罐作业搅动时,使沉积的油气挥发,遇焊渣时燃着火 ⑧ 存在点火源,主要指焊火、机动车尾气火花、静电消除装置失灵发生静电放电、雷击起火和其他点火源,如铁器相互碰撞、钉子鞋与路面摩擦产生的火星等
制造缺陷	① 自制或自制改装的设备,材质不符合要求,没按有关规定和技术要求进行加工 ② 焊接质量太差,设备焊接处有明显的与母材未熔合、连续点状夹渣、气孔或细小裂纹等现象,或外壁采用单面焊、未开坡口、焊肉厚薄不均、焊缝中夹垫圆钢等金属 ③ 设备没严格按图纸加工,给设备事故留有隐患。如水解釜联苯加热水套因回流管头加工错误,管头下部积水无法排除,致使受热沸腾而引起水解釜突然爆炸 ④ 选用旧设备或代用设备,因材料性能不明或自身的缺陷,如设备陈旧,阀门、封头长期打不开,止逆阀安装位置错误,不能阻止流体倒流等,或常压设备加压使用而发生爆炸
设计缺陷	① 工艺不成熟,如未经物料、热量的衡算,盲目将小试数据用于大生产装置,致使设备强度不够,发生爆炸 ② 违反压力容器的有关规定,错误地将方形容器焊在夹套上,而且安装位置偏离,在高温高压下因强度不够而爆炸 ③ 设备按常压设计,操作时其压力超过设计压力,因强度不够而爆炸 ④设备在使用过程中发生如下腐蚀:电化学腐蚀、氢腐蚀严重,使设备局部壁厚减薄或变脆;塔壁腐蚀严重,局部穿孔;由腐蚀造成设备及零部件断裂,如合成塔中心管断,高压氧腐蚀使合成塔出现裂纹而爆炸;因设备腐蚀而泄漏

3.5.1.2 化工生产过程安全运行

化工生产安全运行时须有详细的生产工艺流程手册,根据工艺规定和安全管理制度编制操作规程,严格按操作规程进行操作。当需要改变或修正工艺指标时,必须由工艺管理部门以书面形式下达,操作者必须遵守工艺纪律,不得擅自改变工艺指标,不得擅自离开自己的岗位。严格安全纪律,禁止无关人员进入操作岗位和动用生产设备、设施和工具。

在现场检查时,不准踩踏管道、阀门、电线、电缆架和各种仪表管线等设施,去危险部位检查,必须有人监护。安全附件和联锁不得随意拆除和排除,声、光报警不能随意切断。

正确判断和处理异常情况。在工艺过程或机电设备处于异常状态时,不准交接班。岗位操作人员必须懂本岗位火灾危险性;懂预防火灾的措施;懂灭火知识。要求会使用消防器材;穿防静电服、戴防护用品等。

3.5.2 化工装置开车安全要求

化工生产中的开车包括基建完工后的第一次开车、装置检修后的开车及特殊事故停车后的开车。基建完工后的第一次开车,一般按四个阶段进行:开车前的准备工作;单机试车;

联动试车；化工试车（装置的正式开车）。

3.5.2.1 装置开车前安全检查

检查检修项目是否全部完工，质量全部合格，劳动保护安全卫生设施是否全部恢复完善，设备、容器、管道内部是否全部吹扫干净、封闭，盲板是否按要求抽加完毕，确保无遗漏，检修现场是否工完料尽，检修人员、工具是否撤出现场，达到了安全开工条件。并按表3-18顺序完成开车前的安全检查工作。

表3-18 装置开车前的安全检查

安全检查项目	检查内容
焊接检验	焊接检验内容包括整个生产过程中所使用的材料、工具、设备、工艺过程和成品质量的检验,分为三个阶段:焊前检验、焊接过程中的检验、焊后成品的检验。检验方法根据对产品是否造成损伤可分为破坏性检验和无损探伤两类
试压和气密试验	任何设备、管线在检修复位后,为检验施工质量,应严格按有关规定进行试压和气密性试验,防止生产时跑、冒、滴、漏,造成各种事故
吹扫、清洗	在新建装置开工前应对全部管线和设备彻底清洗,把施工过程中遗留在管线和设备内的焊渣、泥沙、锈皮等杂质清除掉,使所有管线都贯通
烘炉	各种反应炉在检修后开车前,应按烘炉规程要求进行烘炉
传动设备试车	也称单机试车,是为了确认传动和待动设备是否合格好用。化工生产装置中机、泵起着输送液体、气体、固体介质的作用,如空气压缩机、制冷用氨压缩机、离心泵等,由于操作环境复杂,一旦单机发生故障,就会影响全局。因此要通过试车,对机、泵检修后能否保证安全投料一次开车成功进行考核。单机试车是在不带物料和无载荷的情况下进行的。试车时应断开联轴器,单独开动电机,运转48h,观察电机是否发热、振动,有无杂音,转动方向是否正确等。之后再和设备连接在一起进行测试,一般也转48h,观察温度、压力、转速是否合格
联动试车	联动试车是用水、空气或与生产物料相类似的其他介质,代替生产物料所进行的一种模拟生产状态的试车。目的是检验生产装置连续通过物料的性能。联动试车后应将水或其他介质放空并清洗干净

3.5.2.2 装置正式开车

① 贯通流程。用蒸汽、氮气通入装置系统，一方面扫去装置检修时可能残留的部分焊渣、焊条头、铁屑、氧化皮、破布等，防止这些杂物堵塞管线，另一方面验证流程是否贯通。这时应按工艺流程逐个检查，确认无误，做到开车时不窜料、不憋压。按规定用蒸汽、氮气对装置系统置换，分析系统氧含量达到安全值以下的标准。

② 装置进料。装置进料前、要关闭所有的放空、排污、倒淋等阀门，然后按规定流程，经检查无误后，启动机泵进料。进料过程中，应沿管线进行检查，防止物料泄漏或物料走错流程。装置开车过程中，严禁乱排乱放各种物料。装置升温、升压、加量，按规定缓慢进行。操作调整阶段，应注意检查阀门开度是否合适，逐步提高处理量，使其达到正常生产为止。

正常检修后的开车和装置正式开车的程序类似。

3.5.3 化工装置停车安全要求

化工企业的生产工艺流程长、装置结构复杂，具有易燃、易爆、高温、高压、有毒、腐蚀性强等特点。装置停车时，操作人员要在较短的时间内开关很多阀门和仪表，密切注意各部位温度、压力、流量、液位等参数变化。为了避免出现差错，停车时必须按确定的方案进行。根据停车前化工装置的生产状态不同，停车方法及停车后的处理方法也不同，一般有以下几种方式。

3.5.3.1 正常停车

（1）停车后大修

因装置的设计和制造不良等原因进行较大规模的修改，或化工装置在运行一个周期后（通常为1～2年）安排的一次系统停车检修，停车时间为2～3周，称为化工装置停车大修。这时由于必须打开塔、槽类的人孔，所以在停车后应完全清除装置内部的易燃物质、有毒物质及其他存留物等。并且对内部进行水洗、蒸汽清洗或化学清洗等，以保证在安全状态下开始施工。

（2）停车小修

这种停车是只打开某些设备进行维修，例如在运转中发生泄漏而采取应急处理进行部分的修理和拆卸，清扫严重污染的设备等情况进行的停车，没有必要动其他设备。但是，由于装置所处理的物质性质不同，有时会在停车中引起杂质的沉积和凝固等，妨碍再启动，所以必须进行必要的处理。

（3）停车后没必要修理

这是中断时间极短、停车操作接近上述小修的情况，使全部装置准备再启动，处于待命状态。但是，这时由于塔等设备内部温度下降，有时会从外部吸入空气等，所以对主要阀的操作及其他操作应充分注意。

3.5.3.2 紧急停车

紧急停车是因某些原因不能继续运转的情况下，为了装置的安全，全部在尽量短的时间内安全地停车。紧急停车的原因有下列几种：

① 装置外原因。电力、蒸汽、压缩空气、工业用水、冷却水、净化水等公用工程停止供给或供给不足；地震、雷击、水灾、相邻区域发生火灾、爆炸等灾害；原料供给不足。

② 装置内部原因。设备发生重大故障、泄漏严重，不能应急处理时，装置内发生火灾、爆炸事故。

当装置紧急停车时，应该立即通知前步工序采取紧急处理措施，把物料暂时储存或向事故排放部分（如火炬、放空等）排放。并停止入料，转入停车待产的状态，绝不许向局部停车部分输送物料，以免造成事故。同时立即通知下步工序停止生产或处于待开工状态。

3.5.3.3 停车操作及注意事项

停车方案一经确定，应严格按停车方案确定的停车时间、停车程序以及各项安全措施有秩序地进行停车。停车操作及应注意的问题如下：

① 卸压。系统卸压要缓慢，由高压降至低压，应注意压力不得降至零，更不能造成负压，一般要求系统内保持微弱正压。在未做好卸压前，不得拆动设备。

② 降温。降温应按规定的降温速率进行降温，须保证达到规定要求。高温设备不能急降温，避免造成设备损伤，以切断热源后强制通风或自然冷却为宜，一般要求设备内介质温度要低于60℃。

③ 排净。排净生产系统（设备、管道）内储存的气、液、固体物料。如物料确实不能完全排净，应在"安全检修交接书"中详细记录，并进一步采取安全措施，排放残留物必须严格按规定地点和方法进行，不得随意放空或排入下水道，以免污染环境或发生事故。可燃、有毒气体应排至火炬系统烧掉。

④ 大型传动设备的停车，必须先停主机、后停辅机。

⑤ 加热炉的停车操作，应按工艺规程中规定的降温曲线进行，并注意炉膛各处降温的均匀性。加热炉未全部熄灭或炉膛温度很高时，有引燃可燃气体的危害性。因此装置不得进

行排空和低点排凝,以免有可燃气体飘进炉膛引起爆炸。

总之,停车阶段执行的各种操作应准确无误,关键操作采取监护制度。降温降压的速度应严格按工艺规定进行。停车操作期间,装置周围应杜绝一切火源。停车操作前所制订的停车和物料处理方案,要向操作人员进行技术交底。车间技术负责人要在现场监视指挥,按规程操作,严防误操作。对发生的异常情况和处理方法,要随时做好记录。

3.5.4 装置停车后的安全处理

化工装置停车后的安全处理步骤主要有隔绝、置换、吹扫与清洗,以及检修前生产部门与检修部门应严格办理安全检修交接手续等。

3.5.4.1 隔绝

隔绝是将盲板插入与检修设备相连的管路内侧的法兰上,一般不装在阀门后面。盲板见图 3-54。抽插盲板属于危险作业,应办理"抽插盲板作业许可证",并同时落实各项安全措施。由于隔绝不可靠致使有毒、易燃易爆、有腐蚀、令人窒息和高温介质进入检修设备而造成的重大事故时有发生。

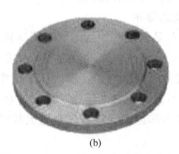

(a)   (b)

图 3-54 盲板

首先应绘制盲板抽堵作业图,按图进行抽堵作业,并做好记录和检查。加入盲板的部位要有明显的挂牌标志,严防漏插、漏抽。

盲板必须符合安全要求并进行编号。盲板的尺寸应符合阀门或管道的口径;盲板的厚度需通过计算确定,原则上盲板厚度不得低于管壁厚度。盲板及垫片的材质,要根据介质特性、温度、压力选定。盲板应有大的突耳并涂上特别颜色,用于挂牌编号和识别。

在盲板抽堵现场应确认系统物料排尽,压力、温度降至规定要求;要注意防火防爆,凡在禁火区、抽堵易燃易爆介质窗口或管道盲板时,应使用防爆工具和防爆灯具,在规定范围内严禁用火,作业中应有专人巡回检查和监护;在室内抽堵盲板时,必须打开窗户或采用符合安全要求的通风设备强制通风;抽堵有毒介质管路盲板时,作业人员应按规定佩戴合适的个体防护用品,防止中毒;在高处抽堵盲板作业时,应同时满足高处作业安全要求,并佩戴安全帽、安全带;危险性特别大的作业,应有抢救后备措施及气防站,医务人员、救护车应在现场;操作人员在抽堵盲板连续作业中,时间不宜过长,应轮换休息。

3.5.4.2 置换作业

为保证检修动火和进入设备内作业的安全,在检修范围内的所有设备和管线中的易燃易爆、有毒有害气体应进行置换。对易燃、有毒气体的置换,大多采用蒸汽、氮气等惰性气体作为置换介质,也可采用注水排气法。将易燃、有毒气体排出。

置换作业应注意下列安全事项:被置换的设备、管道等必须与系统进行可靠隔绝;置换前应制订置换方案，绘制置换流程图，防止出现置换死角；用水作为置换介质时，一定要保证设备内注满水，严禁注水未满。用惰性气体作置换介质时，必须保证惰性气体用量（一般为被置换介质容积的3倍以上）；按置换流程图规定的取样点取样、分析，并应达到合格。

3.5.4.3　吹扫与清洗作业

① 吹扫。对设备和管道内没有排净的易燃、有毒液体，一般采用以蒸汽或惰性气体进行吹扫的方法清除。

吹扫作业应注意的安全事项：吹扫作业应该根据停车方案中规定的吹扫流程图，按管段号和设备位号逐一进行，并填写登记表。在登记表上注明管段号、设备位号、吹扫压力、进气点、排气点、负责人等。吹扫结束时应先关闭物料闸，再停气，以防管路系统介质倒流。吹扫结束应取样分析，合格后及时与运行系统隔绝。

② 清洗和铲除。对置换和吹扫都无法清除的沉积物及结垢物质，还必须采用清洗和铲除的办法进行处理。清洗一般有蒸煮和化学清洗两种。

③ 蒸煮。一般说来，较大的设备和容器在清除物料后，都应用蒸汽、高压热水喷扫或用碱液（氢氧化钠溶液）通入蒸汽煮沸，蒸汽宜用低压饱和蒸汽；被喷扫设备应有静电接地，防止产生静电火花引起燃烧、爆炸事故，防止烫伤及碱液灼伤。

④ 化学清洗。常用碱洗法、酸洗法、碱洗与酸洗交替使用等方法。碱洗和酸洗交替使用法适于单纯对设备内氧化铁沉积物的清洗，若设备内有油垢，先用碱洗去油垢，然后用清水洗涤，接着进行酸洗，氧化铁沉积即溶解。若沉积物中除氧化铁外还有铜、氧化铜等物质，仅用酸洗法不能清除，应先用氨溶液除去沉积物中的铜成分，然后进行酸洗。采用化学清洗后的废液应予以处理后方可排放。

对某些设备内的沉积物，也可用人工铲刮的方法予以清除。进行此项作业时，应符合进设备作业安全规定，特别应注意的是，对于可燃沉积物的铲刮应使用铜质、木质等不产生火花的工具，并对铲刮下来的沉积物妥善处理。

3.5.4.4　其他

清理检修现场和通道：检修现场应根据GB 2894《安全标志及其使用导则》的规定，设立相应的安全标志，并且检修现场应有专人负责监护；与检修无关人员禁止入内；在易燃易爆和有毒物品输送管道附近不得设临时检修办公室、休息室、仓库、施工棚等建筑物；影响检修安全的坑、井、洼、沟、陡坡等均应填平或铺设与地面平齐的盖板，或设置围栏和危险标志，夜间应设危险信号灯；检修现场必须保持排水通畅，不得有积水，检修现场应保持道路通畅、路面平整、路基牢固及良好的照明措施；检修现场道路应设置交通安全标志。

切断待检设备的电源，并经启动复查确认无电后，在电源开关处挂上"禁止启动"的安全标志并加锁。及时与公用工程系统（水、电、气、汽）联系并妥善处置。

安全交接：检修前生产部门与检修部门应严格办理安全检修交接手续。交接双方按上述要求进行认真检查和确认，符合安全检修交接条件后，双方负责人在"安全交接书"上签字认可，生产车间在不停车情况下进行检修或抢修，也应详细填写"安全交接书"。

3.5.5　化工设备检修中的安全要求

化工设备检修的安全要求意义在于消除检修过程中对作业人员和机械设备所形成的危害因素，有效预防工伤事故和职业病的发生，在各种检修作业中易发生的危害和事故见表3-19。

表 3-19　各种作业容易发生的事故

作业方式	管阀维修	冷加工	热加工	焊接作业	热处理	沟井作业	土方作业	水下作业	衬里保温	喷涂电镀	爆破作业	射线探伤	压力试验
烧伤	✓			✓									
炸伤	✓										✓		✓
烫伤	✓		✓	✓					✓	✓			
化学灼伤	✓									✓			
电弧灼伤	✓			✓									
窒息						✓	✓	✓	✓				
中毒	✓								✓	✓			
中暑			✓										
触电	✓					✓		✓					
射频伤害												✓	
物体击打	✓	✓				✓					✓		✓
机械伤害		✓					✓	✓					
高空坠落	✓					✓				✓			
滑跌						✓	✓						
溺水								✓					
倒塌							✓						
车辆伤害						✓							

3.5.5.1　化工设备检修中常存在的危险因素

① 火灾和爆炸。火灾和爆炸是化工设备检修中发生较多、危害性最大的事故。用于化工生产的原材料及成品，用于设备维修的常用材料，如油品、乙炔、氧气等，大部分都属于易燃、易爆、有毒的物质，若检修前工艺处理不当，工器具使用不合理，安全措施不到位，容易引起火灾甚至爆炸，导致众多的伤亡和物质上的严重损失，甚至毁灭整个工厂。

② 窒息和中毒。化工设备检修中，进行入塔、进罐、漏点处理等作业时，不可能全部在停车状态进行作业，如防护或处理不当，容易发生窒息和中毒，对人体产生不同程度的危害，甚至危及人的生命安全。

3.5.5.2　化工设备检修中的安全要求

① 检修前准备。修订检修方案，进行安全教育，认真执行安全检修票证制度。

② 检修前的安全交接。生产系统为交方，检修系统为接方。在生产运行中的设备、带有温度、压力或尚有物料的设备不能交接。

③ 检查落实各项其他准备工作。开好检修班前会，向参加检修的人员进行"五交"，即交施工任务、交安全措施、交安全检修方法、交安全注意事项、交遵守有关安全规定，认真检查施工现场，落实安全技术措施。

④ 检修作业中安全要求。包括人员穿戴相应的防护措施，电气设备检修应遵守电气安全工作规程，严禁涂改、转借《设备检修安全作业证》等。

3.5.5.3 化工设备检修中特殊作业的要求

（1）动火作业

在化工装置中，凡是动用明火或可能产生火种的作业都属于动火作业。例如：电焊、气焊、切割、熬沥青、烘砂、喷灯等明火作业；凿水泥基础、打墙眼、电气设备的耐压试验、电烙铁、锡焊等易产生火花或高温的作业。因此凡检修动火部位和地区，必须按国家安全监管总局《危险化学品从业单位安全生产标准化评审标准》安监总管三〔2011〕93号发布的要求，采取措施，办理审批手续。

动火作业一般分为特殊动火作业、一级动火作业和二级动火作业。

特殊动火作业指在生产运行状态下的易燃易爆生产装置、输送管道、储罐、容器等部位上及其他特殊危险场所进行的动火作业。

一级动火作业指在易燃易爆场所进行的除特殊动火作业以外的动火作业，厂区管廊上的动火作业按一级动火作业管理。

二级动火作业指除特殊动火作业和一级动火作业以外的禁火区的动火作业，凡生产装置或系统全部停车，装置经清洗、置换、取样分析合格并采取安全隔离措施后，可根据其火灾、爆炸危险性的大小，经厂安全部门批准，动火作业可按二级动火作业管理。

动火作业的安全管理要点：

① 审证。在禁火区内动火应办理动火证的申请、审核和批准手续，明确动火地点、时间、动火方案、安全措施、现场监护人等。要做到"三不动火"，即没有动火证不动火，防火措施不落实不动火，监护人不在现场不动火。

② 联系。动火前要和生产车间、工段联系，明确动火的设备、位置。事先由专人负责做好动火设备的置换、清洗、吹扫、隔离等解除危险因素的工作，并落实其他安全措施。

③ 隔离。动火设备应与其他生产系统可靠隔离，防止运行中设备、管道内的物料泄漏到动火设备中来；将动火地区与其他区域采取临时隔火墙等措施加以隔开，防止火星飞溅而引起事故。

④ 移去可燃物。将动火地点周围10m范围以内的一切可燃物，如溶剂、润滑油、未清洗的盛放过易燃液体的空桶、木柜、竹篓等转移到安全场所。

⑤ 灭火措施。动火期间，动火现场准备好足够数量的适用灭火器具，动火地点附近的水源要保证充足，不能中断。在危险性大的重要地段动火，消防车和消防人员应到场。

⑥ 检查与监护。根据动火制度的规定，厂、车间或安全保卫部门负责人进行现场检查。对照动火方案中提出的安全措施，检查是否落实，并再次明确落实现场监护人和动火现场指挥，交代安全注意事项。

⑦ 动火分析。取样与动火间隔不得超过半小时，如果超过此间隔或动火作业中断时间超过半小时，必须重新取样分析。分析试样要保留到动火之后，分析数据应作记录，分析人员应在分析报告上签字。动火分析合格的标准按国家安全监管总局《危险化学品从业单位安全生产标准化评审标准》安监总管三〔2011〕93号令执行。

⑧ 动火。动火作业应由经安全考试合格的持特种作业上岗证的人员担任。

⑨ 善后处理。动火作业结束后应清理现场，熄灭余火，做到不遗留任何火种，切断动火作业所用的电源。

（2）动土作业

凡从地面向下开挖（插管）0.5m以上，地面堆放负重在50kg/m² 以上，使用推土机、压路机等施工机械进行填土或平整场地的作业，必须办理动土作业许可手续。

动土作业的安全要求：

① 施工现场应根据需要设置护栏、盖板和警告标志，夜间应悬挂红灯示警；施工结束后要及时回填、夯实，并恢复地面设施。

② 动土施工单位在作业中要注意施工安全，特别是在靠近地下管线、电缆、建筑物、构筑物和设施基础等处施工时，不能采用机械挖掘，尤其对于下方铺设电缆的部位，禁止使用镐头和铁棒施工，还须采取必要的安全措施，防止造成生产或人身事故。如需使用机械开挖，必须由项目负责人再次签字确认。

③ 在挖掘深度超过 1.5m 的坑、槽、井、沟时，要视土壤性质设置安全边坡或固壁支架，挖出的泥土堆放和材料堆放至少要距离坑、槽、井、沟的边沿 0.8m，高度不得超过 1.5m，并且不得占用消防通道或绿化带。遇大雨或暴雨时严禁挖掘深度超过 1.5m 的坑、槽、井、沟。

④ 动土施工作业中，挖出的土石方等要堆放在指定地点，严禁影响正常生产操作及安全通行或阻碍交通。竣工后要及时平整、清理施工现场，使其符合环境保护的要求。

⑤ 当动土作业涉及占用或挖断消防通道时，必须获得厂区安全管理部门和消防部门的确认签字后方可实施，施工单位负责在路口设置交通挡杆和断路标识。

⑥ 在动土作业附近存在设备和框架基础的情况下，若动土作业的深度可能达到或者超过设备和框架的基础深度时，由基建部门确定和基础保持足够的安全间距，若不能保证安全间距，必须在开挖时对基础采取可靠的加固保护措施。

⑦ 动土作业临近地上工艺及化学品管道时，必须进行有效防护。

⑧ 在地下电缆、管道等隐蔽物品/设施附近动土作业时，必须由专人进行监护。

⑨ 动土中如暴露出电缆、管线以及不能辨认的物品时，应立即停止作业，妥善加以保护，报告项目负责人处理，采取措施后方可继续动土作业。

⑩ 动土过程中发现异常或发生意外，监护人必须立即向项目负责人报告，并由项目负责人决定采取妥善措施，同时向相关部门报告。

（3）高处作业

凡在坠落高度基准面 2m 以上（含 2m）有可能坠落的高处进行作业，均称为高处作业。

高处作业可分为四个等级。一级高处作业：作业高度在 2～5m。二级高处作业：作业高度在 5～15m。三级高处作业：作业高度在 15～30m。特级高处作业：作业高度在 30m 以上。

高处作业的一般安全要求：

① 作业人员。患有精神病等职业禁忌证的人员不准参加高处作业。检修人员饮酒、精神不振时禁止登高作业。作业人员必须持有作业证。

② 作业条件。高处作业必须戴安全帽、系安全带。作业高度 2m 以上应设置安全网，并根据位置的升高随时调整。高度超 15m 时，应在作业位置垂直下方 4m 处，架设一层安全网，且安全网数不得少于 3 层。

③ 现场管理。高处作业现场应设有围栏或其他明显的安全界标，除有关人员外，不准其他人在作业点的下面通行或逗留。

④ 防止工具材料坠落。高处作业应一律使用工具袋。

⑤ 防止触电和中毒。脚手架搭建时应避开高压线。高处作业地点如靠近放空管，万一有毒有害气体排放，应按计划路线迅速撤离现场，并根据可能出现的意外情况采取应急安全措施。

⑥ 注意结构的牢固性和可靠性。在槽顶、罐顶、屋顶等设备或建筑物及构筑物上作业时，除了临空一面装设安全网或栏杆等防护措施外，事先应检查其牢固可靠程度，防止失稳或破裂等可能出现的危险。严禁不采取任何安全措施，直接站在石棉瓦、油毛毡等易碎裂材料的屋顶上作业。若必须在此类结构上作业时，应架设人字梯或铺上木板以防坠落。

3.5.5.4 有限空间作业或罐内作业

有限空间内作业，主要是指进入塔釜、槽罐、炉膛、锅筒、管道、容器以及地下室、地坑、窨井、下水道或其他闭塞场所内进行的作业，进入有限空间作业时，存在缺氧窒息、气体中毒、爆炸等危险，容易发生生产安全事故，有限空间内作业必须办理作业证。

有限空间作业或罐内作业的安全管理要点：

① 可靠隔离。需要进行作业的罐槽必须与其他设备可靠隔离，并将与罐槽相连的一切管线切断或用盲板堵死，避免其他设备中的介质进入检修的罐内。

② 切断电源。进入有搅拌或其他有动力电源的罐内作业前，必须切断电源、上锁或设专人看管，并在电源处悬挂"严禁合闸"的警告牌。

③ 清洗和置换。对盛装酸、碱和有毒物质溶液的罐清理时，首先应采取正常方法排出液体物质。对刷洗的废水废液应处理后方可排放，严防中毒、着火、腐蚀和环境污染。凡用惰性气体置换过的设备，进入前必须用空气置换出惰性气体，设备内空气的含氧量在18％～21％范围时，方可进入。

④ 气体分析。入罐内作业前必须对罐内空气中的含氧量进行测量，氧含量应在18％～21％的范围内。若罐内介质是有毒的，工业卫生人员还应测定罐内空气中有毒有害气体的浓度。

⑤ 个人防护。入罐内作业应穿戴好规定的劳动保护用具，穿戴好工作帽、工作服、工作鞋、防毒面具（或氧气呼吸器）等。

⑥ 预救措施。企业应根据作业情况做好相应的预救方案。

⑦ 现场监护。在罐内作业时，应指派两人以上进行罐外现场监护。

⑧ 办理手续。落实好各项安全措施后，应按有关规定到技安管理部门办理作业手续，并经技安人员、主管领导检查批准后方可作业。

⑨ 善后处理。罐内作业结束后应清理现场，把所有工具、材料等拿出罐外，防止遗漏在罐内。

3.5.6 生产危险要害岗位安全管理

凡是易燃、易爆、危险性较大的岗位，易燃易爆、剧毒、放射性物品的仓库，重机械、精密仪器场所，以及生产过程中具有重大影响的关键岗位，都属于生产危险要害岗位。

危险要害岗位一般应由保卫、安全和生产技术部门共同认定，经厂长审批，并报上级有关部门备案。危险要害岗位界定后，应挂牌明示。标志牌上要标明危险要害岗位名称，安全注意事项，公司、二级单位领导定点联系人，车间安全负责人，安全管理人员，岗位操作人员及管理级别。

危险要害岗位的人员必须具备较高的安全意识和较好的技术素质，应建立、健全严格的要害岗位管理制度。操作人员应加强对机器设备的维护管理，提高警惕，不得擅离职守，并要加强对机器设备的巡回检查，发现问题及时处理、及时报告。凡外来人员，必须经厂主管部门审批，并在专人陪同登记后方可进入危险要害岗位。

危险要害岗位是企业安全生产大检查的重点，应编制重大事故应急救援预案，并定期组织有关单位、人员演习，提高处置突发事故的能力。危险要害岗位的施工、检修时必须编制严格的安全防范措施，认真检查，施工检修现场应设监护人。

3.5.7　危化企业装置（设备）处置安全管理

危化企业装置（设备）在转产、停产、停业、搬迁、关闭或者解散过程中需进行严格的安全管理。对拟拆除的装置（设备）应严守拆除作业的程序。首先应清理统计装置（设备）中存留危险化学品名、数量、危险特性、清除方式、清除物的收集、储存及最终去向；其次要对拆除装置（设备）中有毒、有害、易燃易爆物质进行检测；最后雇佣具备资质和能力的单位或个人承担化工生产、储存装置及设备的拆除作业。拆除作业是指对已经建成或部分建成的化工建筑物或化工装置进行拆除的工程。拆除作业可以分成人工拆除、机械拆除、爆破拆除、静力拆除。其作业特点是作业流动性大、作业人员素质较低、若无原图纸则制订拆除方案困难、易产生判断错误、潜在的危险性更大、操作作业多为露天作业、对周围环境的污染较大。

对作业单位的安全管理应包括以下几个方面：

① 拆除作业要由有相应资质或化工装置拆除经验的施工单位承担，施工单位必须同时遵守公司的有关安全制度，并接受监督。施工单位在施工前，应对全部拆除建筑物、构筑物及化工装置的周围场所进行全面检查，制订拆除方案，拆除方案要有安全措施，并经安全、技术等部门审查确认，主管安全经理或总工程师签字批准。

② 在拆除作业过程中，涉及动火作业、起重作业、高处作业等特殊作业的，应按有关规定办理相应的特殊作业证，经批准后方可作业。拆除可燃、有毒有害气体装置的，作业前要彻底清洗置换拆除设备，对拆除设备和作业场所进行可燃、有毒有害气体分析，符合安全条件方可进行拆除作业。

③ 拆除工程施工前，工程负责人要向参与施工的人员详细交底，应书面告知危险岗位的操作规程和违章操作的危害，进行施工前的安全教育，并组织落实方案中的安全措施，不经安全措施交底的工程项目不得施工。拆除工程的施工必须在工程负责人的统一指挥、监督下进行。拆除作业现场拆除设备所在单位要安排专人监护，配备必要的应急器材，为作业人员提供符合要求的个人防护用品。

④ 拆除过程中，对危险部位应先消除危险后再拆除，拆除时按自上而下、先外后内的顺序进行，禁止数层同时拆除，不准用挖切或推倒的方法拆除，未拆除的部分应保持稳固。

⑤ 施工现场内的坑、井、孔洞、陡坡、悬崖、高压电气设备、易燃、易爆场所等，必须设置围栏、盖板、危险标志；夜间要设信号灯，必要时指定专人负责；各种防护设施、安全标志，未经施工负责人批准，不得移动或拆除。阴暗场所和夜间施工现场应有足够的照明。拆除的物件不准由上部向下抛掷，要采用吊运和顺槽溜放的方法，并及时清理现场。

 思考题

1. 危险化学品生产过程的危险性主要表现在哪里？
2. 危险化学品生产的危险性因素主要有哪两个？

3. 什么是"单元操作"？举出几个例子。

4. 简述氧化反应的危险性。

5. 简述电解（氯碱）过程的危险性及主要控制参数。

6. 什么是压力容器？压力容器的分类是什么？

7. 动火作业一般分为几类？

8. 影响化工生产过程安全稳定的因素有哪些？

4 危险化学品的包装和储运安全

危险化学品的储存运输是危险化学品生产经营的重要环节，本章围绕危险化学品的储存、运输安全管理，重点论述了我国关于危险化学品的包装、储存、运输方面的安全技术和安全管理规范。

4.1 危险化学品的包装

化学品包装是化学工业中不可缺少的组成部分。一种产品从生产、销售到使用，在经过装卸、储存、运输等过程中，产品将不可避免地受到碰撞、跌落、冲击和震动。一个好的包装，将会很好地保护产品，减少运输过程中的破损，使产品安全地到达用户手中。

我国对危险化学品的包装有着严格的要求，先后制定了相关的规章和标准，如国家标准《危险货物运输包装通用技术条件》（GB 12463—2009），《危险货物包装标志》（GB 190—2009），《危险货物运输包装类别划分方法》（GB/T 15098—2008），《公路运输危险货物包装检验安全规范》（GB 19269—2009）等。

国务院令第 591 号《危险化学品安全管理条例》中关于危险品的包装，明确规定：危险化学品的包装应当符合法律、行政法规、规章的规定以及国家标准、行业标准的要求。危险化学品包装物、容器的材质以及危险化学品包装的型式、规格、方法和单件质量（重量），应当与所包装的危险化学品的性质和用途相适应。

合格的包装是化学品储运、经营和使用安全的基础。合格的包装物应具有如下功能：

① 减少运输中各种外力的直接作用；

② 防止危险品撒漏、挥发和不当接触；

③ 便于装卸、搬运。

危险品包装从使用角度分为销售包装和运输包装。运输包装通常包括常规包装容器（最大容量≤450L 且最大净重≤450kg）、中型散装容器、大型容器等。另外还包括压力容器、喷雾罐和小型气体容器、便携式罐体和多元气体容器等。

4.1.1 包装的分类

国家标准《危险货物分类和品名编号》（GB 6944—2012）规定，除了第 1 类爆炸品、第 2 类气体、第 7 类放射性物质、第 5.2 项有机过氧化物和第 4.1 项自反应物质、第 6.2 项感染性物质以外，其他物质按其呈现的危险程度，划分为三种包装类别：

Ⅰ类包装——适用于危险性较大的货物；

Ⅱ类包装——适用于危险性中等的货物；

Ⅲ类包装——适用于危险性较小的货物。

具体包装类别划分见《危险货物分类和品名编号》（GB 6944—2012）。

4.1.2 包装的基本要求

根据《危险货物运输包装通用技术条件》（GB 12463—2009），合格的危险化学品包装要具备下列基本要求：

① 包装应结构合理、具有一定强度、防护性能好。其构造和封闭形式应能承受正常运输条件下的各种作业风险，不应因温度、湿度或压力的变化而发生任何渗（撒）漏，包装表面不允许黏附有害的危险物质。

包装与内装物直接接触部分，必要时应有内涂层或进行防护处理，包装材质不得与内装物发生化学反应而形成危险产物或导致削弱包装强度。复合包装的内容器和外包装应紧密贴合，外包装不得有擦伤内容器的凸出物。易碎性物应使用与内装物性质相适应的衬垫材料或吸附材料衬垫妥实。

盛装液体的容器，应能经受在正常运输条件下产生的内部压力，灌装时必须留有足够的膨胀余量（预留容积），除另有规定外，并应保证在温度55℃时，内装液体不致完全充满容器。包装封口应根据内装物性质采用严密封口、液密封口或气密封口。

② 盛装需浸湿或加有稳定剂的物质时，其容器封闭形式应能有效地保证内装液体（水、溶剂和稳定剂）的百分比，在储运期间保持在规定的范围以内。有降压装置的包装，其排气孔设计和安装应能防止内装物泄漏和外界杂质进入。

③ 包装所采用的防护材料及防护方式，应与内装物性能相容且符合运输包件总体性能的需要，能经受运输途中的冲击与震动，当内容器破坏、内装物流出时也能保证外包装安全无损。

④ 盛装爆炸品的包装除上述要求外，还应满足如下要求：盛装液体爆炸品容器的封闭形式，应具有防止渗漏的双重保护；除内包装能充分防止爆炸品与金属物接触外，铁钉和其他没有防护涂料的金属部件不得穿透外包装；双重卷边接合的钢桶，金属桶作以金属作衬里的包装箱，应能防止爆炸物进入隙缝，钢桶或铝桶的封闭装置必须有合适的垫圈。

包装内的爆炸物质和物品，包括内容器，必须衬垫妥实，在运输中不得发生危险性移动。盛装有对外部电磁辐射敏感的电引发装置的爆炸物品，包装应具备防止所装物品受外部电磁辐射源影响的功能。

4.1.3 包装的标志

为了便于大众识别，危险化学品包装物应设有明显的标志。国标《危险货物包装标志》（GB 190—2009），对此作了明确的要求。

4.1.3.1 标记与标签

危险化学品的包装标志包括标记和标签，其中标记4个，标签26个，见表4-1、表4-2。

标记分别为危害环境物质标记、方向箭头标记和高温标记。一般情况下，当危险化学品具有危害水环境的危险性时，需要标上危害环境物质标记；当盛装液体或冷冻液化气体时，需要方向箭头标记；当运输温度不低于100℃的液态物质或温度不低于240℃的固态物质时需要高温标记。具体设置要求见国标《危险货物包装标志》（GB 190—2009）。

标签表现内装货物的危险性分类，当危险货物具有不止一种危险性时，应根据国标 GB

6944—2012 中的规定来确定货物的主要危险性类别和次要危险性类别，标上主要危险性标签和次要危险性标签。

表 4-1　标记图形

序号	标记名称	标记图形
1	危害环境物质和物品标记	
2	方向标记	
3	高温标记	

表 4-2　标签图形

序号	标签名称	标签图形	对应的危险货物类项号
1	爆炸性物质或物品		1.1 1.2 1.3
			1.4
			1.5
			1.6
2	易燃气体		2.1

续表

序号	标签名称	标签图形	对应的危险货物类项号
2	非易燃无毒气体		2.2
	毒性气体		2.3
3	易燃液体		3
4	易燃固体		4.1
	易于自燃的物质		4.2
	遇水易放出易燃气体的物质		4.3
5	氧化性物质		5.1
	有机过氧化物		5.2
6	毒性物质		6.1
	感染性物质		6.2

序号	标签名称	标签图形	对应的危险货物类项号
7	一级放射性物质类		7A
	二级放射性物质类		7B
	三级放射性物质类		7C
	裂变性物质		7E
8	腐蚀性物质		8
9	杂项危险物质和物品		9

4.1.3.2 包装的代号

危险化学品的包装代号包含了包装物的材质、包装类别、包装型式等信息，其中包装类别用小写英文字母 x，y，z 表示，具体见表4-3。包装容器的型式用阿拉伯数字 1，2，3，4，5，6，7，8，9 表示，见表4-4。包装容器的材质用大写英文字母 A、B、C、D、F、G、H、L、M、N、P、K 表示，见表4-5。

表 4-3　包装类别的标记代号

类别代号	包装类别
x	表示符合Ⅰ、Ⅱ、Ⅲ类包装要求
y	表示符合Ⅱ、Ⅲ类包装要求
z	表示符合Ⅲ类包装要求

表 4-4　包装容器的标记代号

数　字	类　型	数　字	类　型
1	桶	6	复合包装
2	木琵琶桶	7	压力容器
3	罐	8	筐、篓
4	箱、盒	9	瓶、坛
5	袋、软管		

表 4-5　包装容器的材质标记代号

代号	材　质	代号	材　质
A	钢	H	塑料材料
B	铝	L	编织材料
C	天然木	M	多层纸
D	胶合板	N	金属(钢、铝除外)
F	再生木板(锯末板)	P	玻璃、陶瓷
G	硬质纤维板、硬纸板、瓦棱纸板、钙塑板	K	柳条、荆条、藤条及竹篾

危险品的包装代号，分单一包装组合标记代号和复合包装组合标记代号。

① 单一包装。单一包装代号由一个阿拉伯数字和一个英文字母组成，英文字母表示包装容器的材质，其左边平行的阿拉伯数字代表包装容器的型式。英文字母右下方的阿拉伯数字，代表同一类型包装容器不同开口的型号。

例：1A——钢桶；$1A_1$——闭口钢桶；$1A_2$——中开口钢桶；$1A_3$——全开口钢桶。

② 复合包装。复合包装代号由一个表示复合包装的阿拉伯数字"6"和一组表示包装材质和包装型式的字符组成。这组字符为两个大写英文字母和一个阿拉伯数字。第一个英文字母表示内包装的材质，第二个英文字母表示外包装的材质，右边的阿拉伯数字表示包装型式。例：$6HA_1$ 表示内包装为塑料容器、外包装为钢桶的复合包装。

危险货物常用的运输包装及包装组合代号见国标《危险货物运输包装通用技术条件》(GB 12463—2009) 附录 。

除了上述组合代号以外，包装代号还包括如下内容：

S——拟装固体的包装标记；

L——拟装液体的包装标记；

R——修复后的包装标记；

GB——符合国家标准要求；

⊙$\frac{u}{n}$——符合联合国规定的要求。

一个完整的包装代号见例 1 和例 2。

例 1：新的钢桶

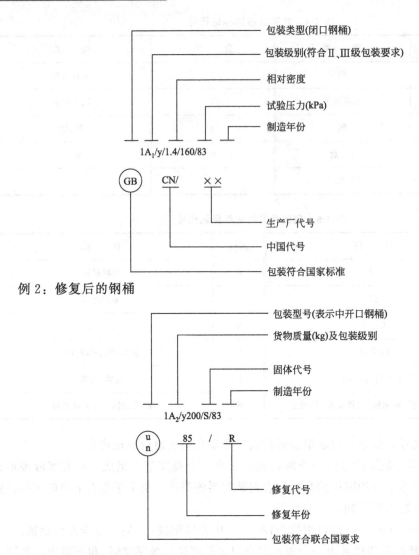

例2：修复后的钢桶

4.1.4 包装的性能试验

危险化学品包装物出厂前必须通过性能试验，各项指标符合相应标准后，才能打上包装标记投入使用。如果包装设计、规格、材料、结构、工艺和盛装方式等有变化，都应分别重新做试验。试验合格标准由相应包装产品标准规定。

国标《危险货物运输包装通用技术条件》（GB 12463—2009）规定了包装的4种试验方法：堆码试验、跌落试验、气密试验和液压试验。必要时可以根据流通环境条件或包装容器的需要，增加气候条件、机械强度等试验项目。包装容器不同，所要求的性能试验项目也不同。经检验合格的包装，应由国家质监部门授权的检验单位出具包装检验合格证书。

4.2 危险化学品的储存安全

4.2.1 危险化学品的仓库分类及防火措施

根据《建筑设计防火规范》（GB 50016—2014），储存仓库根据储存物品的火灾危险性分为五类，即甲类、乙类、丙类、丁类和戊类仓库，各类仓库的火灾危险性特征见表4-6。

表4-6 储存物品的火灾危险性分类

储存物品的火灾危险性类别	储存物品的火灾危险性特征
甲	1. 闪点小于28℃的液体 2. 爆炸下限小于10%的气体，受到水或空气中水蒸气的作用能产生爆炸下限小于10%气体的固体物质 3. 常温下能自行分解或在空气中氧化能导致迅速自燃或爆炸的物质 4. 常温下受到水或空气中水蒸气的作用，能产生可燃气体并引起燃烧或爆炸的物质 5. 遇酸、受热、撞击、摩擦以及遇有机物或硫黄等易燃的无机物，极易引起燃烧或爆炸的强氧化剂 6. 受撞击、摩擦或与氧化剂、有机物接触时能引起燃烧或爆炸的物质
乙	1. 闪点不小于28℃，但小于60℃的液体 2. 爆炸下限不小于10%的气体 3. 不属于甲类的氧化剂 4. 不属于甲类的易燃固体 5. 助燃气体 6. 常温下与空气接触能缓慢氧化，积热不散引起自燃的物品
丙	1. 闪点不小于60℃的液体 2. 可燃固体
丁	难燃烧物品
戊	不燃烧物品

储存物品的火灾危险性不同，建筑物的耐火等级、工艺布置、电气设备型式，以及防火防爆泄压面积、安全疏散距离、消防用水、采暖通风方式、灭火器设置数量等均有不同要求。具体请参见国标《建筑设计防火规范》（GB 50016—2014）。表4-7列举了应采取的部分防火措施。

建筑物的耐火等级是按组成建筑物构件的燃烧性能和耐火极限来划分的，构件的燃烧性能和耐火极限与构成构件的材料和构件的构造做法有关，由消防检测部门试验检测确定。

建筑物的耐火等级分为四级。

① 一级耐火等级建筑是钢筋混凝土结构或砖墙与钢混凝土结构组成的混合结构；
② 二级耐火等级建筑是钢结构屋架、钢筋混凝土柱或砖墙组成的混合结构；
③ 三级耐火等级建筑物是木屋顶和砖墙组成的砖木结构；
④ 四级耐火等级是木屋顶、难燃烧体墙壁组成的可燃结构。

表4-7 不同火灾危险性库房应采取的防范措施举例

措施举例	甲类	乙类	丙类	丁类	戊类
建筑耐火等级	一、二级	一、二级	一～三级	一～四级	一～四级
防爆泄压面积 /(m²/m³)	0.05～0.1	0.05～0.1	通常不需要	通常不需要	通常不需要
安全疏散距离 （多层厂房)/m	不大于25	不大于50	不大于50	不大于50	不大于75
室外消防用水量(1500m³库房一次灭火用量) /(L/s)	15	15	15	10	10

措施举例	甲类	乙类	丙类	丁类	戊类
通风	空气不应循环使用，排送风机防爆	空气不应循环使用，排送风机防爆	空气净化后可以循环使用	不作专门要求	不作专门要求
采暖	热水蒸气或热风采暖，不得用火炉	热水蒸气或热风采暖，不得用火炉	不作具体要求	不作具体要求	不作具体要求

危险物品的火灾类别根据物质及其燃烧特性划分为以下几类，见表4-8。

表4-8　储存可燃物的火灾类别

火灾类别	火灾特征
A类火灾	指含碳固体可燃物，如木材、棉、毛、麻、纸张等燃烧引起的火灾
B类火灾	指甲、乙、丙类液体，如汽油、煤油、柴油、甲醇、乙醚、丙酮等燃烧引起的火灾
C类火灾	指可燃气体，如煤气、天然气、甲烷、丙烷、乙炔、氢气等燃烧引起的火灾
D类火灾	指可燃金属，如钾、钠、镁、钛、锆、锂、铝镁合金等燃烧引起的火灾

注：此分类不适用于生产储存火药、炸药、弹药、火工品、花炮厂房等。

储存可燃物的各种场所要配置灭火器。在建筑中即使安装了消防栓、灭火系统，也应配置灭火器用于扑救初期火灾。各种灭火器适用的火灾类别见表4-9，不同易燃易爆品库房灭火器的选择和数量设置见表4-10。

表4-9　各种灭火器适用的火灾类别

灭火器类型		A类火灾	B类火灾		C类火灾
			油品火灾	水溶性液体火灾	
水型	清水	适用	不适用		不适用
	酸碱				
干粉型	磷酸铵盐	适用	适用		适用
	碳酸氢钠	不适用			
化学泡沫		适用	适用	不适用	不适用
卤代烷型	1211	适用	适用		适用
	1301				
二氧化碳		不适用	适用		适用

表4-10　储存不同易燃易爆品库房灭火器的选择和数量设置

场　所	类型选择	数量设置
甲、乙类火灾危险性的库房	泡沫灭火器 干粉灭火器	1个/80m²
丙类火灾危险性的库房	泡沫灭火器 清水灭火器 酸碱灭火器	1个/100m²
液化石油气	干粉灭火器	按储罐数量计算，每个设2个

注：表内灭火器的数量是指手提式灭火器(即10L泡沫灭火器，8kg干粉灭火器、5kg二氧化碳灭火器)的数量。

4.2.2 危险化学品储存的基本要求

4.2.2.1 储存建筑物

储存危险化学品的库房应符合国家标准、规范等要求，其耐火等级、层数、占地面积应符合表 4-11 的要求。

乙、丙类库房之间的防火间距应符合表 4-12 的要求。甲类仓库之间及与其他建筑、明火等的防火间距应符合表 4-13 的要求。

乙类物品库房（乙类 6 项物品除外）与重要公共建筑之间防火间距不宜小于 30m，与其他民用建筑不宜小于 25m。库区的围墙与库区内建筑的距离不宜小于 5m，并应满足围墙两侧建筑物之间的防火距离要求。

表 4-11 危险化学品库房的耐火等级、层数和占地面积

储存物品类别		耐火等级	最多允许层数	最大允许建筑面积/m²						
				单层库房		多层库房		高层库房		库房地下室、半地下室
				每座库房	防火墙间	每座库房	防火墙间	每座库房	防火墙间	防火墙间
甲	3、4 项	一级	1	180	60	—	—	—	—	—
	1、2、5、6 项	一、二级	1	750	250	—	—	—	—	—
乙	1、3、4 项	一、二级 三级	3 1	2000 500	500 250	900 —	300 —	—	—	—
	2、5、6 项	一、二级 三级	5 1	2800 900	700 300	1500 —	500 —	—	—	—
丙	1 项	一、二级 三级	5 1	4000 1200	1000 400	2800 —	700 —	—	—	150
	2 项	一、二级 三级	不限 3	6000 2100	1500 700	4800 1200	1200 400	4000 —	1000 —	300

在同一个库房或同一个防火间内，如储存数种火灾危险性不同的物品时，其库房或隔间的最低耐火等级、最多允许层数和最大允许占地面积，应按其中火灾危险性最大的物品确定。甲、乙类物品库房不应设在建筑物的地下室、半地下室，50°以上的白酒库房不宜超过三层。甲、乙、丙类液体库房，应设置防止液体流散的设施。遇水燃烧爆炸的物品库房，应设有防止水浸渍损失的设施。有粉尘爆炸危险的筒仓，其顶部盖板应设置必要的泄压面积。

表 4-12 乙、丙类物品库房之间的防火间距

耐火等级	与不同耐火等级库房的防火距离/m		
	一、二级	三级	四级
一、二级	10	12	14
三级	12	14	16
四级	14	16	18

表 4-13　甲类仓库之间及与其他建筑、明火或散发火花地点、铁路、道路等的防火间距

单位：m

名　　称		甲类仓库（储量，t）			
		甲类储存物品第 3、4 项		甲类储存物品第 1、2、5、6 项	
		≤5	>5	≤10	>10
高层民用建筑、重要公共建筑		50			
裙房、其他民用建筑、明火或散发火花地点		30	40	25	30
甲类仓库		20	20	20	20
厂房和乙、丙、丁、戊类仓库	一、二级	15	20	12	15
	三级	20	25	15	20
	四级	25	30	20	25
电力系统电压为 35～500kV 且每台变压器容量不小于 10 MV·A 的室外变、配电站，工业企业的变压器总油量大于 5t 的室外降压变电站		30	40	25	30

注：甲类仓库之间的防火间距，当第 3、4 项物品储量不大于 2t，第 1、2、5、6 项物品储量不大于 5t 时，不应小于 12m，甲类仓库与高层仓库的防火间距不应小于 13m。

库房或每个防火隔间（冷库除外）的安全出口数目不宜少于两个。但一座多层库房的占地面积不超过 300m² 时，可设一个疏散楼梯；面积不超过 100m² 的防火隔间，可设置一个门。高层库房应采用封闭楼梯间。库房（冷库除外）的地下室、半地下室的安全出口数目应不少于两个，但面积少于 100m² 时，可设一个。

甲、乙类库房内不应设置办公室、休息室。设在丙、丁类库房的办公室、休息室，应采用耐火极限不低于 2.5h 的不燃烧体隔墙和 1.00h 的楼板隔开，其出口应直通室外或疏散通道。

危险化学品储存仓库内照明、电气设备等应采用防爆型，开关设置在仓库外，应可靠接地，并安装过压、过载、触电、漏电保护设施。储存易燃、易爆危险化学品的建筑，必须安装避雷设备。

储存建筑物必须安装通风设备，并注意设备的防护措施。建筑通、排风系统应设有导除静电的接地装置。通风管应采用非燃烧材料制作，通风管道不宜穿过防火墙等防火分隔物，如必须穿过时应用非燃烧材料分隔。建筑采暖的热媒温度不应过高，热水采暖不应超过 80℃。

考虑防爆的建筑，应设置一定的泄压面积，设置标准为 0.05m²/m³。泄压方向应向上，侧面泄压应避开人员集中场所、主要通道及能引起二次爆炸的车间、仓库。泄压设施应采用轻质屋面板、轻质墙体和易于泄压的门、窗等，门窗应向外开启。

危险化学品仓库地面应防潮、平整、坚实、易于清扫，不发生火花，储存腐蚀性危险品的仓库的地面、踢脚应作防腐蚀处理。

4.2.2.2　安全设施

根据国家安全生产监督管理总局 2007 年 225 号令印发的关于《危险化学品建设项目安全设施目录（试行）》的规定，安全设施是指企业（单位）在生产经营活动中将危险因素、有害因素控制在安全范围内以及预防、减少、消除危害所配备的装置（设备）和采取的措

施。分为预防事故设施、控制事故设施、减少与消除事故影响设施。

危险化学品仓库应根据所储存的危险物质的种类安装相应的安全设施，包括监测、监控、通风、防晒、调温、防火、灭火、防爆、泄压、消毒、中和、防潮、防雷、防腐、防静电、防渗漏、防护围或隔离操作等设施、设备。

另外，北京市地方标准《危险化学品仓库建设及储存安全规范》（DB 11/755—2010）规定，危险化学品仓库及其出入口还应设置视频监控设备等。

4.2.2.3 储存方式及储存限量

危险化学品的储存方式分为隔离储存、隔开储存和分离储存。

隔离储存是指在同一房间或同一区域内，不同的物料之间分开一定的距离，非禁忌物料间用通道保持空间的储存方式。

隔开储存是指在同一建筑或同一区域内，用隔板或墙，将禁忌物料分离开的储存方式。

分离储存是指在不同的建筑物或远离所有建筑的外部区域内的储存方式。

禁忌物料是指化学性质相抵触或灭火方法不同的化学物料。禁忌物料禁止混合储存，如果储存管理不当，往往会酿成严重的事故。例如：无机酸本身不可燃，但是与可燃物质相遇能引起着火及爆炸；氯酸盐与可燃的金属相混合时能使金属着火或爆炸；松节油、磷及金属粉末在卤素中能自行着火等。表4-14中列举了几种混合能引起燃烧的物质。

表4-14 接触或混合后能引起燃烧的物质

序号	接触或混合后能引起燃烧的物质	序号	接触或混合后能引起燃烧的物质
1	溴与磷、锌、镁粉	5	高温金属磨屑与油性织物
2	浓硫酸、浓硝酸与木材、织物	6	过氧化钠与乙酸、甲醇、乙二醇等
3	铝粉与氯仿	7	硝酸铵与亚硝酸钠
4	王水与有机物		

《常用危险化学品储存通则》（GB 15603—1995）中规定的危险化学品储存量及储存安排见表4-15。

表4-15 危险化学品储存量及储存安排

储存要求	储存类别			
	露天储存	隔离储存	隔开储存	分离储存
平均单位面积储存量/(t/m²)	1.0～1.5	0.5	0.7	0.7
单一储存区最大储存量/t	2000～2400	200～300	200～300	400～600
垛距限制/m	2	0.3～0.5	0.3～0.5	0.3～0.5
通道宽度/m	4～6	1～2	1～2	5
墙距宽度/m	2	0.3～0.5	0.3～0.5	0.3～0.5
与禁忌物品距离/m	10	不得同库储存	不得同库储存	7～10

北京市关于危险化学品库房的存储量在京标 DB 11/755—2010 中有明确规定，其限量标准远远低于表4-15的要求。标准要求：对于生产单位，小型企业危险化学品仓库内的危险化学品储存量应不大于《危险化学品重大危险源辨识》（GB 18218—2009）中危险化学品临界量的50%，小型企业的仓库总使用面积应不大于300m²；经营单位，除了化工商店、建材市场、气体经营单位以外，其他经营单位，仓库内的危险品储存量应不大于

GB 18218—2009中所列临界量的 30%；使用单位的仓库的储存限量见表 4-16。大中型企业的危险化学品储存量应不大于 GB 18218—2009 中所列的危险化学品临界量的 50%。

大中小企业的划分依据《统计上大中小型企业划分办法（暂行）》。

表 4-16　北京市危险化学品使用单位危险化学品存储限量表

危险化学品类型	危险化学品储存量	危险化学品类型	危险化学品储存量
压缩气体和液化气体	≤50 瓶	氧化剂和有机过氧化物	≤0.5t
易燃液体	≤3t	有毒品(不包括剧毒化学品)	≤0.5t
易燃固体、自燃物品和遇湿易燃物品	≤1t	腐蚀品	≤10t

4.2.2.4　危险化学品的养护及出入库管理

储存危险化学品的仓库，必须建立严格的出入库管理制度。出入库前均应按合同进行检查验收、登记。验收内容包括数量、包装、危险标志、安全技术说明书、安全标签等。经核对后方可入库、出库，当物品性质未弄清时不得入库。

化学危险品入库后应采取适当的养护措施，在储存期内，定期检查，发现其品质变化、包装破损、渗漏、稳定剂短缺等，应及时处理。库房温度、湿度应严格控制、经常检查，发现变化及时调整。

进入危险化学品储存区域的人员、机动车辆和作业车辆，必须采取防火措施。装卸、搬运危险化学品时应按有关规定进行，做到轻装、轻卸，严禁摔、碰、撞、击、拖拉、倾倒和滚动。装卸对人身有毒害及腐蚀性的物品时，操作人员应根据危险性，穿戴相应的防护用品。

不得用同一车辆运输互为禁忌的物料。修补、换装、清扫、装卸易燃、易爆物料时，应使用不产生火花的铜制、合金制或其他工具。

禁止在危险化学品储存区域内堆积可燃废弃物品。泄漏或渗漏危险品的包装容器应迅速移至安全区域。按化学危险品特性，用化学的或物理的方法处理废弃物品，不得任意抛弃、污染环境。

仓库工作人员应进行教育培训，配备专职安全管理人员，经考核合格后持证上岗。仓库各个岗位应制订安全操作规程，对作业人员要进行必要的教育培训，使其具备必要的安全技术知识。消防人员除了具有一般消防知识之外，还应进行在危险品库工作的专门培训，使其熟悉各区域储存的危险化学品种类、特性、储存地点、事故的处理程序及方法等。

4.2.3　易燃易爆危险品储存的安全管理

4.2.3.1　储存要求

《易燃易爆性商品储存养护技术条件》（GB 17914—2013）对易燃易爆品的储存提出了详细的要求。标准规定其库房耐火等级不低于三级。库房应冬温夏凉，易于通风、密封和避光，应根据各商品的不同性质、库房条件、灭火方法等进行严格分区、分类、分库存放。

爆炸品应储存于一级轻顶耐火建筑内，低、中闪点液体，一级易燃固体，自燃物品，压缩气体和液化气体宜储存于一级耐火建筑；遇湿易燃物品、氧化剂和有机过氧化物可储存于一、二级耐火建筑；二级易燃固体、高闪点液体储存于耐火等级不低于三级的库房里。

商品应避免阳光直射，远离火源、热源、电源，无产生火花的条件。爆炸性商品应专库储存；易燃气体、不燃气体和有毒气体分别专库储存；易燃液体均可同库储存，但甲醇、乙醇、丙酮等应专库储存。

易燃固体可同库储存，但发乳剂 H 与酸或酸性化合物分别储存，硝酸纤维素酯、安全火柴、红磷及硫化磷、铝粉等金属粉类应分别储存。自燃物品黄磷、烃基金属化合物，含动、植物油制品后必须专库储存。遇湿易燃物品应专库储存。

氧化剂和有机过氧化物，一、二级无机氧化剂与一、二级有机氧化剂必须分别储存，硝酸铵、氯酸盐类、高锰酸盐、亚硝酸盐、过氧化钠、过氧化氢等必须分别专库储存。存放氧化剂的仓库必须设置温度计或湿度计监视系统，按有关规定定时观察和记录温湿度的变化情况，以便及时调节温湿度，防止储存物品发生变化。

易燃易爆危险品适宜储存的温、湿度条件见表 4-17。

表 4-17　易燃易爆危险品适宜储存的温、湿度条件

类　　别	品　　名	温度/℃	相对湿度/%
爆炸品	黑火药、化合物	≤32	≤80
	水作稳定剂的爆炸品	≥1	<80
压缩气体和液化气体	易燃、不燃、有毒压缩气体和液化气体	≤30	—
易燃液体	低闪点易燃液体	≤29	—
	中、高闪点易燃液体	≤37	—
易燃固体	易燃固体	≤35	
	硝酸纤维素酯	≤25	≤80
	安全火柴	≤35	≤80
	红磷、硫化磷、铝粉	≤35	<80
自燃固体	黄磷	>1	—
	烃基金属化合物	≤30	≤80
	含油制品	≤32	≤80
遇湿易燃物品	遇湿易燃物品	≤32	≤75
氧化剂和有机过氧化物	氧化剂和有机过氧化物	≤30	≤80
	过氧化钠、过氧化镁、过氧化钙等	≤30	≤75
	硝酸锌、硝酸钙、硝酸镁等	≤28	≤75
	硝酸铵、亚硝酸钠	≤30	≤75
	盐的水溶液	>1	—
	结晶硝酸锰	<25	—
	过氧化苯甲酰	2~25	含稳定剂
	过氧化丁酮等有机氧化剂	≤25	—

各种商品不允许直接落地存放，应根据库房条件、商品性质和包装形态采取适当的堆码和垫底方法。根据库房地势高低，一般应垫高 15cm 以上。遇湿易燃物品、易吸潮溶化和吸潮分解的商品应根据情况加大下垫高度。多数易燃固体吸潮后会发生变质，有时还有可能发生燃烧事故，如火柴、硫黄、赛璐珞及各种磷的化合物等，可在垫板上加一层油毡，再铺一层芦席以达到防潮的目的。

易挥发的樟脑、萘等应堆密封垛，垛上宜用聚乙烯塑料薄膜之类的物料密封，以防物品挥发。但聚乙烯薄膜易吸收挥发的蒸气，发生溶胀。

各种商品应码行列式压缝货垛，做到牢固、整齐、美观、出入库方便，一般垛高不超过

3m。堆垛间距：主通道≥180cm；支通道≥80cm；墙距≥30cm；柱距≥10cm；垛距≥10cm；顶距≥50cm。

4.2.3.2 养护技术及在库检查

库房内应设温湿度表（重点库可设自记温湿度计），按规定时间观测和记录。根据商品的不同性质，采取密封、通风和库内吸潮相结合的温、湿度管理办法，严格控制并保持库房内的温湿度，使之符合表4-17的要求。

安全检查：每天对库房内外进行安全检查，检查易燃物是否清理、货垛牢固程度和异常现象等。

质量检查：根据商品性质，定期进行以感官为主的在库质量检查，每种商品抽查1～2件，主要检查商品自身变化，商品容器、封口、包装和衬垫等在储藏期间的变化。

爆炸品：一般不宜拆包检查，主要检查外包装；爆炸性化合物可拆箱检查。

压缩气体和液化气体：用称量法检查其重量。检查钢瓶是否漏气可用气球将瓶嘴扎紧；也可用棉球蘸稀盐酸液（用于氨）、稀氨水（用于氯）、肥皂水等涂在瓶口处。如果漏气会立即产生大量烟雾或泡沫。

易燃液体：主要查封口是否严密，有无挥发或渗漏，有无变色、变质和沉淀现象。

易燃固体：查有无溶（熔）化、升华和变色、变质现象。含稳定剂的要检查稳定剂是否足量，否则立即添足补满。例如，对于硝酸纤维素（硝化棉、火棉胶），如果用手触动有粉末飞扬，说明稳定剂酒精已挥发，应立即添加；对于赛璐珞板及其制品，发现板上有不规则的斑点时，说明已发生物质分解，有酸性物质产生，应拒绝入库。

自燃物品：温度升高会加速物品的氧化速度，使物品发热。热量散发不及时，就会引发着火事故。商品的检查，应根据物品的性质和包装条件的功能采取不同的方法。例如，黄磷，应重点检查商品是否露出水面，必要时可以打开包装；三乙基铝和铝铁熔剂，一般为充氮密封包装，因此不宜开启包装，即使包装破损也不宜打开，必须用不带水分的糊补剂修补，并通知商家尽快取走；对于硝酸纤维素片和桐油配料制品，可用温度计插入物品检测，如发现物品温度比室温高，则说明已发热，应尽快采取措施散热。

遇湿易燃物品：查有无包装破损、渗漏、吸潮等，如电石入库时要检查容器设备是否完好，对未充氮气的铁桶应放气，发现温度较高时更应放气。活泼金属类一般都采用液体石蜡或煤油为稳定剂，金属锂用固体石蜡密封保存。金属氢化物一般不加稳定剂，但包装封口要严密，如果发现封口破损，应及时修补或串倒。电石类的碳化物，如果发现已经受潮，应选择安全的地点及时放出具有恶臭气味的乙炔气体，再用熔化的沥青和浓硅酸钠糊毛头纸封闭，防止吸水变质。其他，如保险粉，为白色粉状，吸潮后容易结块，同时放出有毒的二氧化硫气体，如果包装破损，应及时用修补剂修补。

氧化剂和有机过氧化物：主要是检查包装封口是否严密，有无吸潮溶化、变色、变质现象；有机过氧化物、所含稳定剂要足量，封口严密有效。

有些有机过氧化物，如过氧化叔丁酯，受热后不仅易于挥发和膨胀，而且还能起到加速分解的作用，因此，库房温度不应超过28℃；一些含有结晶水的硝酸盐类，如硝酸铟、硝酸锰等熔点低，受热后能溶解于本身的结晶水中，如果密封不严，又极易吸潮溶化，所以库房温度必须保持在28℃以下。

有些过氧化物易吸潮溶化，如硝酸铵、硝酸钙、硝酸镁、硝酸铁等，还有的易吸潮变质，如过氧化钠、三氧化铬等。储存这些物品的库房应保持干燥，相对湿度不宜超过75％。

每次质量检查后，外包装上均应作出明显的标记，并做好记录。

4.2.3.3 安全操作及应急情况处理

易燃易爆品作业人员应穿防静电工作服，戴手套、口罩等必要的防护用具，禁止穿带钉鞋。操作中轻搬轻放，防止摩擦和撞击。各项操作不得使用能产生火花的工具，作业现场应远离热源与火源。大桶不得直接在水泥地面流动。出入库汽车要戴好防护罩，排气管不得直接对准库房门。桶装各种氧化剂不得在水泥地面滚动。

库房内不准进行分、改装操作，开箱、开桶、验收和质量检查等需在库房外进行。

易燃易爆物品易发生火灾，灭火方法见表 4-18。

表 4-18　易燃易爆物品灭火方法

类　别	品　名	灭火方法	备　注
爆炸品	黑火药	雾状水	—
	化合物	雾状水、水	—
压缩气体和液化气体	压缩气体和液化气体	大量水	冷却钢瓶
易燃液体	中、低、高闪点易燃液体	泡沫、干粉	
	甲醇、乙醇、丙酮	抗溶泡沫	
易燃固体	易燃固体	水、泡沫	
	发乳剂	水、干粉	禁用酸碱泡沫
	硫化磷	干粉	禁用水
自燃物品	自燃物品	水、泡沫	—
	烃基金属化合物	干粉	禁用水
遇湿易燃物品	遇湿易燃物品	干粉	禁用水
	钠、钾	干粉	禁用水、二氧化碳、四氯化碳
氧化剂和有机过氧化物	氧化剂和有机过氧化物	雾状水	
	过氧化钠、钾、镁、钙等	干粉	禁用水

各种物品在燃烧过程中会产生不同程度的毒性气体和毒害性烟雾。在灭火和抢救时，应站在上风头，佩戴防毒面具或自救式呼吸器。如发现头晕、呕吐、呼吸困难、面色发青等中毒症状，立即离开现场，移至空气新鲜处或做人工呼吸，重者送医院诊治。

4.2.4　腐蚀品储存的安全管理

腐蚀品按化学性质分为三类：酸性腐蚀品、碱性腐蚀品和其他腐蚀品。腐蚀品的总体特性如下：

① 强烈的腐蚀性。它对人体、设备、建筑物、构筑物、车辆、船舶的金属结构都易发生化学反应，而使之腐蚀并遭受破坏。

② 氧化性。腐蚀性物质如浓硫酸、硝酸、氯磺酸、漂白粉等都是氧化性很强的物质，与还原剂接触会发生强烈的氧化还原反应，放出大量的热，容易引起燃烧。

③ 稀释放热反应。多种腐蚀品遇雨水会放出大量热，使液体四处飞溅，造成人体灼伤。

除此以外，有些腐蚀品挥发的蒸气，能刺激眼睛、黏膜，吸入会中毒，有机腐蚀品还具有可燃性或易燃性。

《腐蚀性商品储存养护技术条件》（GB 17915—2013）中规定了腐蚀性商品的储藏条件、储藏技术、储藏期限等。

4.2.4.1 储存要求

储存腐蚀品库房应是阴凉、干燥、通风、避光的防火建筑。库房建筑及各种设备符合国标《建筑设计防火规范》（GB 50016—2014）的规定。按不同类别、性质、危险程度、灭火方法等分区、分类储藏，性质相抵的禁止同库储藏。

建筑材料最好经过防腐蚀处理。储藏发烟硝酸、溴素、高氯酸的库房应是低温、干燥通风的一、二级耐火建筑；氢溴酸、氢碘酸要避光储藏；露天储存的货棚应阴凉、通风、干燥，露天货场应比地面高、干燥。

库房的温、湿度条件应符合表 4-19 的规定。库房内应设置温、湿度计，根据库房条件、商品性质，采用机械、自控、自然等方法通风、去湿、保温，控制与调节库内温湿度在适宜范围之内。每天观测、记录两次。

每天对库房内外进行安全检查，检查易燃物是否清理、货垛是否牢固、有无异常、库内有无过浓刺激性气味。遇特殊天气及时检查商品有无水湿受损，货场、货垛苫垫是否严密。

根据商品性质，定期进行商品质量感官检查，每种商品抽查 1～2 件，发现问题，扩大检查比例。检查商品包装、封口、衬垫有无破损、渗漏，商品外观有无质量变化。入库检重量的商品，抽检其重量以计算保管损耗。

表 4-19 腐蚀品库房温、湿度条件

类 别	主要品种	适宜温度/℃	适宜相对湿度/%
酸性腐蚀品	发烟硫酸、亚硫酸	0～30	≤80
	硝酸、盐酸及氢卤酸、氟硅（硼）酸、氯化硫、磷酸等	≤30	≤80
	磺酰氯、氯化亚砜、氧氯化磷、氯磺酸、溴乙酰、三氯化磷等多卤化物	≤30	≤75
	发烟硝酸	≤25	≤80
	溴素、溴水	0～28	
	甲酸、乙酸、乙酸酐等有机酸类	≤32	≤80
碱性腐蚀品	氢氧化钾（钠）、硫化钾（钠）	≤30	≤80
其他腐蚀品	甲醛溶液	10～30	—

4.2.4.2 安全操作及应急处置

腐蚀品操作人员必须穿工作服，戴护目镜、胶皮手套、胶皮围裙等必要的防护用具。操作时必须轻搬轻放，严禁背负肩扛，防止摩擦震动和撞击。不能使用沾染异物和能产生火花的机具，作业现场远离热源和火源。分装、改装、开箱质量检查等在库房外进行。

有些腐蚀品易发生火灾，灭火时消防人员应在上风口处并佩戴防毒面具。采用表 4-20所示灭火方法，禁止用高压水（对强酸）以防爆溅伤人。

表 4-20 部分腐蚀品消防方法

品 名	灭火剂	禁用灭火剂
发烟硝酸、硝酸	雾状水、砂土、二氧化碳	高压水
发烟硫酸、硫酸	干砂、二氧化碳	水
盐酸	雾状水、砂土、干粉	高压水
磷酸、氢氟酸、氢溴酸、溴素、氢碘酸、氟硅酸、氟硼酸	雾状水、砂土、二氧化碳	高压水

品　名	灭火剂	禁用灭火剂
高氯酸、氯磺酸	干砂、二氧化碳	—
氯化硫	干砂、二氧化碳、雾状水	高压水
磺酰氯、氯化亚砜	干砂、干粉	水
氯化铬酰、三氯化磷、三溴化磷	干粉、干砂、二氧化碳	水
五氯化磷、五溴化磷	干粉、干砂	水
四氯化硅、三氯化铝、四氯化钛、五氯化锑、五氧化磷	干砂、二氧化碳	水
甲酸	雾状水、二氧化碳	高压水
溴水	干砂、干粉、泡沫	高压水
苯磺酰氯	干砂、干粉、二氧化碳	水
乙酸、乙酸酐	雾状水、砂土、二氧化碳、泡沫	高压水
氯乙酸、三氯乙酸、丙烯酸	雾状水、砂土、泡沫、二氧化碳	高压水
氢氧化钠、氢氧化钾、氢氧化锂	雾状水、砂土	高压水
硫化钠、硫化钾、硫化钡	砂土、二氧化碳	水或酸碱式灭火剂
水合肼	雾状水、泡沫、干粉、二氧化碳	
氨水	水、砂土	
次氯酸钙	水、砂土、泡沫	
甲醛	水、泡沫、二氧化碳	

　　腐蚀品进入呼吸道受到刺激或呼吸中毒立即移至新鲜空气处吸氧。接触眼睛或皮肤，用大量水或小苏打水冲洗后敷氧化锌软膏，然后送医院诊治。腐蚀品急救方法见表 4-21。

表 4-21　腐蚀品急救方法

类　别	急救方法
强酸	皮肤沾染，用大量水冲洗，或用小苏打、肥皂水洗涤，必要时敷软膏；溅入眼睛用温水冲洗后，再用 5% 小苏打溶液或硼酸水洗；进入口内立即用大量水漱口，服大量冷开水催吐，或用氧化镁悬浊液洗胃，呼吸中毒立即移至空气新鲜处保持体温，必要时吸氧
强碱	接触皮肤用大量水冲洗，或用硼酸水、稀乙酸冲洗后涂氧化锌软膏；触及眼睛用温水冲洗；吸入中毒者(氢氧化氨)移至空气新鲜处；严重者送医院治疗
氢氟酸	接触眼睛或皮肤，立即用清水冲洗 20min 以上，可用稀氨水敷浸后保暖，再送医诊治
高氯酸	皮肤沾染后用大量温水及肥皂水冲洗，溅入眼内用温水或稀硼酸水冲洗
氯化铬酰	皮肤受伤用大量水冲洗后，用硫代硫酸钠敷伤处后送医诊治，误入口内用温水或 2% 硫代硫酸钠洗胃
氯磺酸	皮肤受伤后用水冲洗后再用小苏打溶液洗涤，并以甘油和氧化镁润湿绷带包扎，送医诊治
溴(溴素)	皮肤灼伤以苯洗涤，再涂抹油膏；呼吸器官受伤可嗅氨
甲醛溶液	接触皮肤先用大量水冲洗，再用酒精洗后涂甘油，呼吸中毒可移到新鲜空气处，用 2% 碳酸氢钠溶液雾化吸入以解除呼吸道刺激，然后送医院治疗

4.2.5　毒害品储存的安全管理

　　《毒害性商品储存养护技术条件》（GB 17916—2013）规定了毒害性商品的储藏条件、储藏技术、储藏期限等技术要求。

4.2.5.1 储存要求

毒害品库房应设强制排风设施，机械通风要有必要的安全防护措施。库房耐火等级不低于二级。

仓库应远离居民区和水源。商品避免阳光直射、曝晒，远离热源、电源、火源，库内在固定方便的地方配备与毒害品性质相适应的消防器材、报警装置和急救药箱。

不同种类毒品要分开存放，危险程度和灭火方法不同的要分开存放，性质相抵的禁止同库混存。

剧毒品应专库储存或存放在彼此间隔的单间内，需安装防盗报警器，库房门装双锁。

库区和库房内要经常保持整洁。对散落的毒品、易燃、可燃物品和库区的杂草及时清除。用过的工作服、手套等用品必须放在库房外安全地点，妥善保管或及时处理。更换储藏毒品品种时，要将库房清扫干净。

库房温度以不超过 35℃ 为宜，易挥发的毒品应控制在 32℃ 以下。相对湿度应在 85% 以下，对于易潮解的毒品应控制在 80% 以下。库房内设置温湿度表，按时观测、记录。

每天对库区进行检查，检查易燃物等是否清理，货垛是否牢固，有无异常。遇特殊天气及时检查商品有无受损。定期检查库内设施、消防器材、防护用具是否齐全有效。根据商品性质，定期进行质量检查，每种商品抽查 1～2 件，发现问题扩大检查比例。

4.2.5.2 安全操作

毒害品装卸人员应具有操作毒品的一般知识，操作时轻拿轻放，不得碰撞、倒置，防止包装破损、商品外溢。

作业人员要佩戴手套和相应的防毒口罩或面具，穿防护服；作业中不得饮食，不得用手擦嘴、脸、眼睛。每次作业完毕，必须及时用肥皂（或专用洗涤剂）洗净面部、手部，用清水漱口，防护用具应及时清洗，集中存放。

部分毒害品消防方法见表 4-22。

表 4-22 部分毒害品消防方法

类别	品名	灭火剂	禁用灭火剂
无机剧毒品	砷酸、砷酸钠	水	—
	砷酸盐、砷及其化合物、亚砷酸、亚砷酸盐	水、砂土	—
	无机亚硒酸盐、硒及其化合物	水、砂土	—
	硒粉	砂土、干粉	水
	氯化汞	水、砂土	—
	氰化物、氰熔体、淬火盐	水、砂土	酸碱泡沫
	氢氰酸溶液	二氧化碳、干粉、泡沫	
有机剧毒品	敌死通、氟磷酸异丙酯、1240 乳剂、3911、1440	砂土、水	
	四乙基铅	干砂、泡沫	
	马钱子碱	水	—
	硫酸二甲酯	干砂、泡沫、二氧化碳、雾状水	
	1605 乳剂、1059 乳剂	水、砂土	酸碱泡沫
无机有毒品	氟化钠、氟化物、氟硅酸盐、氧化铅、氯化钡、氧化汞、汞及其化合物、碲及其化合物、碳酸铵、铍及其化合物	砂土、水	

类 别	品 名	灭火剂	禁用灭火剂
有机 有毒品	氰化二氯甲烷、其他含氰的化合物	二氧化碳、雾状水、砂土	—
	苯的氯代物(多氯代物)	砂土、泡沫、二氧化碳、雾状水	—
	氯酸酯类	泡沫、水、二氧化碳	
	烷烃(烯烃)的溴代物,其他醛、醇、酮、酯、苯等的溴化物	泡沫、砂土	
	各种有机物的钡盐、对硝基苯氯(溴)甲烷	砂土、泡沫、雾状水	
	胂的有机化合物、草酸、草酸盐类	砂土、水、泡沫、二氧化碳	
	草酸酯类、硫酸酯类、磷酸酯类	泡沫、水、二氧化碳	
	胺的化合物、苯胺的各种化合物、盐酸苯二胺(邻、间、对)	砂土、泡沫、雾状水	
	二氨基甲苯、乙萘胺、二硝基二苯胺、苯肼及其化合物、苯酚的有机化合物、硝基的苯酚钠盐、硝基苯酚、苯的氯化物	砂土、泡沫、雾状水、二氧化碳	—
	糠醛、硝基萘	泡沫、二氧化碳、雾状水、砂土	—
	滴滴涕原粉、毒杀酚原粉、666原粉	泡沫、砂土	
	氯丹、敌百虫、马拉松、烟雾剂、安妥、苯巴比妥钠盐、阿米妥及其钠盐、赛力散原粉、1-萘甲腈、炭疽芽孢苗、粗蒽、依米丁及其盐类、苦杏仁酸、戊巴比妥及其钠盐	水、砂土、泡沫	—

发生中毒急救时,采取下列方法。

呼吸道中毒:有毒的蒸气、烟雾、粉尘被人吸入呼吸道各部,发生中毒现象,多为喉痒、咳嗽、流涕、气闷、头晕、头疼等。发现上述情况后,中毒者应立即离开现场,到空气新鲜处静卧。对呼吸困难者,可使其吸氧或进行人工呼吸。人工呼吸至恢复正常呼吸后方可停止,并立即予以治疗。无警觉性毒物的危险性更大,如溴甲烷,在操作前应测定空气中的气体浓度,以保证人身安全。

消化道中毒:经消化道中毒时,中毒者可用手指刺激咽部,或注射1%阿扑吗啡0.5mL以催吐,或用当归三两、大黄一两、生甘草五钱,用水煮服以催泻,如1059、1605等油溶性毒品中毒,禁用蓖麻油、液体石蜡等油质催泻剂。中毒者呕吐后应卧床休息,注意保持体温,可饮热茶水。

皮肤中毒或被腐蚀品灼伤时,立即用大量清水冲洗,然后用肥皂水洗净,再涂一层氧化锌药膏或硼酸软膏以保护皮肤,重者应送医院治疗。

毒物进入眼睛时,应立即用大量清水或低浓度医用氯化钠(食盐)水冲洗10～15min,然后去医院治疗。

4.3 危险化学品的运输安全

我国关于危险化学品的运输实行行政许可制度,未经许可,任何单位或个人不允许从事危险化学品的运输。《危险化学品安全管理条例》规定由交通、铁路、民航部门负责各自行业危险化学品运输单位和运输工具、相关人员的安全监督、检查以及资质认定。

运输的危险化学品分类，依据国标《危险货物分类和品名编号》（GB 6944—2012）规定，危险化学品的名称统一采用《危险货物品名表》（GB 12268—2012）中的化学品名称。

4.3.1 危险化学品运输、装卸作业的安全要求

4.3.1.1 汽车运输装卸的一般要求

根据《汽车运输、装卸危险货物作业规程》（JT 618—2004），危险货物的装卸应在装卸管理人员的现场指挥下进行。在危险货物装卸作业区应设置警告标志，无关人员不得进入装卸作业区。

进入易燃、易爆危险货物装卸作业区应做到：

① 禁止随身携带火种；

② 关闭随身携带的手机等通信工具和电子设备；

③ 严禁吸烟；

④ 穿着不产生静电的工作服和不带铁钉的工作鞋。

雷雨天气装卸时，应确认避雷电、防湿潮措施有效。

禁止在装卸作业区内维修运输危险货物的车辆。对装有易燃易爆的和有易燃易爆残留物的运输车辆，不得动火修理。确需修理的车辆，应向当地公安部门报告，根据所装载的危险货物特性，采取可靠的安全防护措施，并在消防员监控下作业。

（1）车辆准备

运输危险货物车辆出车前，车辆的有关证件、标志应齐全有效，技术状况应为良好，并按照有关规定对车辆安全技术状况进行严格检查，发现故障应立即排除。

运输危险货物车辆的车厢底板应平坦完好、栏板牢固。对于不同的危险货物，应采取相应的防护措施，例如道路运输易燃易爆危险货物的车辆车厢为铁底板的，应当铺垫木板、胶合板、橡胶板等，以防止产生摩擦火花。车厢或罐体内不得有与所装危险货物性质相抵触的残留物。检查车辆配备的消防器材，发现问题应立即更换或修理。

驾驶人员、押运人员应检查随车携带的"道路运输危险货物安全卡"是否与所运危险货物一致。根据所运危险货物特性，应随车携带遮盖、捆扎、防潮、防火、防毒等工、属具和应急处理设备、劳动防护用品等。

装车完毕后，驾驶员应对货物的堆码、遮盖、捆扎等安全措施及对影响车辆启动的不安全因素进行检查，确认无不安全因素后方可起步。

（2）车辆装卸

装卸时，装卸作业现场要远离热源，通风良好；电气设备应符合国家有关规定要求，严禁使用明火灯具照明，照明灯应具有防爆性能；易燃易爆货物的装卸场所要有防静电和避雷装置。

运输危险货物的车辆应按装卸作业的有关安全规定驶入装卸作业区，应停放在容易驶离作业现场的方位上，不准堵塞安全通道。停靠货垛时，应听从作业区业务管理人员的指挥，车辆与货垛之间要留有安全距离。待装卸的车辆与装卸中的车辆应保持足够的安全距离。

装卸作业前，车辆发动机应熄火，并切断总电源（需从车辆上取得动力的除外）。在有坡度的场地装卸货物时，应采取防止车辆溜坡的有效措施。

装卸作业前应对照运单，核对危险货物名称、规格、数量，并认真检查货物包装。货物的安全技术说明书、安全标签、标识、标志等与运单不符或包装破损、包装不符合有关规定的货物应拒绝装车。

装卸作业时应根据危险货物包装的类型、体积、重量、件数等情况和包装储运图示标志的要求，采取相应的措施，轻装轻卸，谨慎操作。

车辆货物堆码时应做到：

① 堆码整齐，紧凑牢靠，易于点数。

② 装车堆码应桶口、箱盖朝上，允许横倒的桶口及袋装货物的袋口应朝里；卸车堆码时，桶口、箱盖朝上，允许横倒的桶口及袋装货物的袋口应朝外。

③ 堆码时应从车厢两侧向内错位骑缝堆码，高出栏板的最上一层包装件，堆码超出车厢前挡板的部分不得大于包装件本身高度的1/2。

④ 装车后，货物应用绳索捆扎牢固；易滑动的包装件，需用防散失的网罩覆盖并用绳索捆扎牢固或用毡布覆盖严密；需用多块毡布覆盖货物时，两块毡布中间接缝处须有大于15cm的重叠覆盖，且货厢前半部分毡布需压在后半部分的毡布上面。

⑤ 包装件体积为450L以上的易滚动危险货物应紧固。

⑥ 带有通气孔的包装件不准倒置、侧置，防止所装货物泄漏或混入杂质造成危害。

装卸过程中需要移动车辆时，应先关上车厢门或栏板。若车厢门或栏板在原地关不上时，应有人监护，在保证安全的前提下才能移动车辆。起步要慢，停车要稳。

装卸危险货物的托盘、手推车应尽量专用。装卸前，要对装卸机具进行检查。装卸爆炸品、有机过氧化物、剧毒品时，装卸机具的最大装载量应小于其额定负荷的75％。

危险货物装卸完毕，作业现场应清扫干净。装运过剧毒品和受到危险货物污染的车辆、工具应按《汽车运输危险货物规则》（JT 617—2004）中车辆清洗消毒方法洗刷和除污。危险货物的撒漏物和污染物应送到当地环保部门指定地点集中处理。

4.3.1.2 各类包装货物的运输、装卸要求

（1）爆炸品的运输、装卸要求

爆炸品运输应使用厢式货车。厢式货车的车厢内不得有酸、碱、氧化剂等残留物。不具备有效的避雷电、防湿潮条件时，雷雨天气应停止对爆炸品的运输、装卸作业。

装卸时严禁接触明火和高温；严禁使用会产生火花的工具、机具。车厢装货总高度不得超过1.5m。无外包装的金属桶只能单层摆放，以免压力过大或撞击摩擦引起爆炸。火箭弹和旋上引信的炮弹应横装，与车辆行进方向垂直。凡从1.5m以上高度跌落或经过强烈震动的炮弹、引信、火工品等应单独存放，未经鉴定不得装车运输。任何情况下，爆炸品不得配装；装运雷管和炸药的两车不得同时在同一场地进行装卸。

（2）压缩气体和液化气体的运输、装卸要求

出车前应检查车厢，车厢内不得有与所装货物性质相抵触的残留物。夏季运输应检查并保证瓶体遮阳、瓶体冷水喷淋降温设施等安全有效。

除另有限运规定外，当运输过程中瓶内气体的温度高于40℃时，应对瓶体实施遮阳、冷水喷淋降温等措施。

装卸时，装卸人员应根据所装气体的性质穿戴防护用品，必要时需戴好防毒面具。用起重机装卸大型气瓶或气瓶集装架（格）时，应戴好安全帽。装车时要旋紧瓶帽，注意保护气瓶阀门，防止撞坏。车下人员须待车上人员将气瓶放置妥当后，才能继续往车上装瓶。在同一车厢内不准有两人以上同时单独往车上装瓶。气瓶应尽量采用直立运输，直立气瓶高出栏板部分不得大于气瓶高度的1/4。不允许纵向水平装载气瓶。水平放置的气瓶均应横向平放，瓶口朝向应统一；水平放置最上层气瓶不得超过车厢栏板高度。妥善固定瓶体，防止气瓶窜动、滚动，保证装载平衡。

卸车时，要在气瓶落地点铺上铅垫或橡皮垫；应逐个卸车，严禁溜放。装卸作业时，不要把阀门对准人身，注意防止气瓶安全帽脱落，气瓶应直立转动，不准脱手滚瓶或传接，气瓶直立放置时应稳妥牢靠。

装运大型气瓶（盛装净重在 0.5t 以上的）或气瓶集装架（格）时，气瓶与气瓶、集装架与集装架之间需填plt充物，在车厢后栏板与气瓶空隙处应有固定支撑物，并用紧绳器紧固，严防气瓶滚动，重瓶不准多层装载。

装卸有毒气体时，应预先采取相应的防毒措施。装货时，漏气气瓶、严重破损瓶（报废瓶）、异形瓶不准装车。收回漏气气瓶时，漏气气瓶应装在车厢的后部，不得靠近驾驶室。

装卸氧气瓶时，工作服、手套和装卸工具、机具上不得沾有油脂；装卸氧气瓶的机具应采用氧溶性润滑剂，并应装有防止产生火花的防护装置；不得使用电磁起重机搬运。库内搬运氧气瓶应采用带有橡胶车轮的专用小车，小车上固定氧气瓶的槽、架也要注意不产生静电。

配装时应做到：

① 易燃气体中除非助燃性的不燃气体、易燃液体、易燃固体、碱性腐蚀品、其他腐蚀品外，不得与其他危险货物配装。

② 助燃气体（如空气、氧气及具有氧化性的有毒气体）不得与易燃、易爆物品及酸性腐蚀品配装。

③ 不燃气体不得与爆炸品、酸性腐蚀品配装。

④ 有毒气体不得与易燃易爆物品、氧化剂和有机过氧化物、酸性腐蚀物品配装。

⑤ 有毒气体液氯与液氨不得配装。

（3）易燃液体的运输、装卸要求

出车前根据所装货物和包装情况（如化学试剂、油漆等小包装），随车携带好遮盖、捆扎等防散失工具，并检查随车灭火器是否完好，车辆货厢内不得有与易燃液体性质相抵触的残留物。运输装运易燃液体的车辆不得接近明火、高温场所。

装卸作业现场应远离火种、热源。操作时货物不准撞击、摩擦、拖拉；装车堆码时，桶口、箱盖一律向上，不得倒置；箱装货物，堆码整齐；装载完毕，应罩好网罩，捆扎牢固。

钢桶盛装的易燃液体，不得从高处翻滚溜放卸车。装卸时应采取措施防止产生火花，周围需有人员接应，严防钢桶撞击致损。钢制包装件多层堆码时，层间应采取合适衬垫，并应捆扎牢固。

对低沸点或易聚合的易燃液体，若发现其包装容器内装物有膨胀（鼓桶）现象时，不得装车。

（4）易燃固体、自燃物品和遇湿易燃物品的运输、装卸要求

出车前运输危险货物车辆的货厢、随车工、属具不得沾有水、酸类和氧化剂。运输遇湿易燃物品，应采取有效的防水、防潮措施。

搬运时应轻装轻卸，不得摩擦、撞击、震动、摔碰。装卸自燃物品时，应避免与空气、氧化剂、酸类等接触；对需用水（如黄磷）、煤油、石蜡（如金属钠、钾）、惰性气体（如三乙基铝等）或其他稳定剂进行防护的包装件，应防止容器受撞击、震动、摔碰、倒置等造成容器破损，避免自燃物品与空气接触发生自燃。遇湿易燃物品，不宜在潮湿的环境下装卸。若不具备防雨雪、防湿潮的条件，不准进行装卸作业。

装卸容易升华、挥发出易燃、有害或刺激性气体的货物时，现场应通风良好、防止中毒；作业时应防止摩擦、撞击，以免引起燃烧、爆炸。

装卸钢桶包装的碳化钙（电石）时，应确认包装内有无填充保护气体（氮气）。如未填充的，在装卸前应侧身轻轻地拧开桶上的通气孔放气，防止爆炸、冲击伤人。电石桶不得倒置。

装卸对撞击敏感，遇高热、酸易分解、爆炸的自反应物质和有关物质时，应控制温度；且不得与酸性腐蚀品及有毒或易燃脂类危险品配装。配装时还应做到：

① 易燃固体不得与明火、水接触，不得与酸类和氧化剂配装；

② 遇湿易燃物品不得与酸类、氧化剂及含水的液体货物配装。

（5）氧化剂和有机过氧化物的运输、装卸要求

出车前，有机过氧化物应选用控温厢式货车运输；若车厢为铁质底板，需铺有防护衬垫。车厢应隔热、防雨、通风、保持干燥。运输货物的车厢与随车工具不得沾有酸类、煤炭、砂糖、面粉、淀粉、金属粉、油脂、磷、硫、洗涤剂、润滑剂或其他松软、粉状等可燃物质。性质不稳定或由于聚合、分解在运输中能引起剧烈反应的危险货物，应加入稳定剂；有些常温下会加速分解的货物，应控制温度。

运输需要控温的危险货物应做到：

① 装车前检查运输车辆、容器及制冷设备；

② 配备备用制冷系统或备用部件；

③ 驾驶人员和押运人员应具备熟练操作制冷系统的能力。

运输时，有机过氧化物应加入稳定剂后方可运输。有机过氧化物的混合物按所含最高危险有机过氧化物的规定条件运输，并确认自行加速分解温度（SADT），必要时应采取有效控温措施。

运输需控制温度的有机过氧化物时，要定时检查运输组件内的环境温度并记录，及时关注温度变化，必要时采取有效控温措施。运输过程中，环境温度超过控制温度时，应采取相应补救措施；环境温度超过应急温度，应启动有关应急程序。其中，控制温度应低于应急温度，应急温度应低于自行加速分解温度（SADT），三者之间的关系见表4-23。

表4-23　自行加速分解温度、控制温度和应急温度的关系　　　　单位：℃

容器类别	自行加速分解温度(SADT)	控制温度	应急温度
单一包装和中型散装容器(IBCs)	<20	比SADT低20	比SADT低10
	20～35	比SADT低15	比SADT低10
	>35	比SADT低10	比SADT低5
可移动罐体	<50	比SADT低20	比SADT低5

装卸对加入稳定剂或需控温运输的氧化剂和有机氧化物，作业时应认真检查包装，密切注意包装有无渗漏及膨胀（鼓桶）情况，发现异常应拒绝装运。装卸时，禁止摩擦、震动、摔碰、拖拉、翻滚、冲击，防止包装及容器损坏。装卸时发现包装破损，不能自行将破损件改换包装，不得将撒漏物装入原包装内，而应另行处理。操作时，不得踩踏、碾压撒漏物，禁止使用金属和可燃物（如纸、木等）处理撒漏物。

外包装为金属容器的货物，应单层摆放。需要堆码时，包装物之间应有性质与所运货物相容的不燃材料衬垫并加固。有机过氧化物装卸时严禁混有杂质，特别是酸类、重金属氧化物、胺类等物质。

配装时还应做到：

① 氧化剂不能和易燃物质配装运输，尤其不能与酸、碱、硫黄、粉尘类（炭粉、糖粉、面粉、洗涤剂、润滑剂、淀粉）及油脂类货物配装；

② 漂白粉及无机氧化剂中的亚硝酸盐、亚氯酸盐、次亚氯酸盐不得与其他氧化剂配装。

（6）毒害品和感染性物品的运输、装卸要求

毒害品出车前除有特殊包装要求的剧毒品采用化工物品专业罐车运输外，毒害品应采用厢式货车运输。运输毒害品过程中，押运人员要严密监视，防止货物丢失、撒漏。行车时要避开高温、明火场所。

装卸作业前，对刚开启的仓库、集装箱、封闭式车厢要先通风排气，驱除积聚的有毒气体。当装卸场所的各种毒害品浓度低于最高容许浓度时方可作业。

作业人员应根据不同货物的危险特性，穿戴好相应的防护服装、手套、防毒口罩、防毒面具和护目镜等。认真检查毒害品的包装，应特别注意剧毒品、粉状的毒害品的包装，外包装表面应无残留物。发现包装破损、渗漏等现象，则拒绝装运。

装卸作业时，作业人员尽量站在上风处，不能停留在低洼处。避免易碎包装件、纸质包装件的包装损坏，防止毒害品撒漏。货物不得倒置，堆码要靠紧堆齐，桶口、箱口向上，袋口朝里。对刺激性较强的和散发异臭的毒害品，装卸人员应采取轮班作业。在夏季高温期，尽量安排在早晚气温较低时作业；晚间作业应采用防爆式或封闭式安全照明。积雪、冰封时作业，应有防滑措施。

忌水的毒害品（如磷化铝、磷化锌等），应防止受潮。装运毒害品之后的车辆及工、属具要严格清洗消毒，未经安全管理人员检验批准，不得装运食用、药用的危险货物。

配装时应做到：

① 无机毒害品不得与酸性腐蚀品、易感染性物品配装。

② 有机毒害品不得与爆炸品、助燃气体、氧化剂、有机过氧化物及酸性腐蚀物品配装。

③ 毒害品严禁与食用、药用的危险货物同车配装。

感染性物品出车前应穿戴专用安全防护服和用具。认真检查盛装感染性物品的每个包装件外表的警示标识，核对医疗废物标签。标签内容包括：医疗废物产生单位、产生日期、类别及需要的特别说明等。标签、封口不符合要求时，拒绝运输。运输感染性物品，应经有关的卫生检疫机构的特许。

（7）腐蚀品的运输、装卸要求

出车前根据危险货物性质配备相应的防护用品和应急处理器具。

装卸作业前应穿戴具有防腐蚀的防护用品，并穿戴带有面罩的安全帽。对易散发有毒蒸气或烟雾的，应配备防毒面具，并认真检查包装、封口是否完好，要严防渗漏，特别要防止内包装破损。

装卸作业时，应轻装、轻卸，防止容器受损。液体腐蚀品不得肩扛、背负；忌震动、摩擦；易碎容器包装的货物，不得拖拉、翻滚、撞击；外包装没有封盖的组合包装件不得堆码装运。具有氧化性的腐蚀品不得接触可燃物和还原剂。有机腐蚀品严禁接触明火、高温或氧化剂。

配装时应做到：

① 腐蚀品不得与普通货物配装；

② 酸性腐蚀品不得与碱性腐蚀品配装；

③ 有机酸性腐蚀品不得与有氧化性的无机酸性腐蚀品配装；

④ 浓硫酸不得与任何其他物质配装。

4.3.1.3 散装货物运输、装卸要求

（1）散装固体的运输、装卸要求

运输散装固体车辆的车厢应采取衬垫措施，防止撒漏；应带好装卸工、属具和苫布。易撒漏、飞扬的散装粉状危险货物，装车后应用苫布遮盖严密，必要时应捆扎结实，防止飞扬，包装良好方可装运。行车中尽量防止货物窜动、甩出车厢。

高温季节，散装煤焦沥青应在早晚时段进行装卸。装卸硝酸铵时，环境温度不得超过40℃，否则应停止作业。装卸现场应保持足够的水源以降温和应急。装卸会散发有害气体、粉尘或致病微生物的散装固体，应注意人身保护并采取必要的预防措施。

（2）散装液体的运输、装卸要求

运输易燃液体的罐车应有阻火器和呼吸阀，应配备导除静电装置；排气管应安装熄灭火星装置；罐体内应设置防波挡板，以减少液体震荡产生静电。

装卸作业可采用泵送或自流灌装。作业环境温度要适应该液体的储存和运输安全的理化性质要求。作业中要密切注意货物动态，防止液体泄漏、溢出。需要换罐时，应先开空罐，后关满罐。

易燃液体装卸始末，管道内流速不得超过 1m/s，正常作业流速不宜超过 3m/s。其他液体产品可采用经济流速。装卸料管应专管专用。装卸作业结束后，应将装卸管道内剩余的液体清扫干净；可采用泵吸或氮气清扫易燃液体装卸管道。

（3）散装气体的运输、装卸要求

散装气体出车前应根据所装危险货物的性质选择罐体。与罐壳材料、垫圈、装卸设备及任何防护衬料接触可能发生反应而形成危险产物或明显减损材料强度的货物，不得充灌。

装卸前应对罐体进行检查，罐体应符合下列要求：

① 罐体无渗漏现象；

② 罐体内应无与待装货物性质相抵触的残留物；

③ 阀门应能关紧，且无渗漏现象；

④ 罐体与车身应紧固，罐体盖应严密；

⑤ 装卸料导管状况应良好无渗漏；

⑥ 装运易燃易爆的货物，导除静电装置应良好；

⑦ 罐体改装其他液体时，应经过清洗和安全处理，检验合格后方可使用。清洗罐体的污水经处理后，按指定地点排放。

在运输过程中罐体应采取防护措施，防止罐体受到横向、纵向的碰撞及翻倒时导致罐壳及其装卸设备损坏。

化学性质不稳定的物质，需采取必要的措施后方可运输，以防止运输途中发生危险性的分解、化学变化或聚合反应。

运输过程中，罐壳（不包括开口及其封闭装置）或隔热层外表面的温度不应超过70℃。

装卸作业现场应通风良好，装卸人员应站在上风处作业，装卸前要连好防静电装置，易燃易爆品的装卸工具要有防止产生火花的性能。装卸时应轻开、轻关孔盖，密切注意进出料情况，防止溢出。装料时，认真核对货物品名后按车辆核定吨位装载，并应按规定留有膨胀余位，严禁超载。装料后，关紧罐体进料口，将导管中的残留液体或残留气体排放到指定地点。

卸料时，储罐所标货名应与所卸货物相符；卸料导管应支撑固定，保证卸料导管与阀门的连接牢固；要逐渐缓慢开启阀门。卸料时，装卸人员不得擅离操作岗位。卸料后应收好卸

料导管、支撑架及防静电设施等。

(4) 散装液化气体的运输、装卸要求

一般规定：车辆进入储罐区前，应停车提起导除静电装置；进入充灌车位后，再接好导除静电装置。

灌装前，应对罐体阀门和附件（安全阀、压力计、液位计、温度计）以及冷却、喷淋设施的灵敏度和可靠性进行检查，并确认罐体内有规定的余压；如无余压的，经检验合格后方可充灌。严格按规定控制灌装量，做好灌装量复核、记录，严禁超量、超温、超压。

发生下列异常情况时，一律不准灌装，操作人员应立即采取紧急措施，并及时报告有关部门：

① 容器工作压力、介质温度或壁温超过许可值，采取各种措施仍不能使之下降；

② 容器的主要受压元件发生裂缝、鼓包、变形、泄漏等缺陷而危及安全；

③ 安全附件失效、接管端断裂或紧固件损坏，难以保证运输安全；

④ 雷雨天气，充装现场不具备避雷电作用；

⑤ 充装易燃易爆气体时，充装现场附近发生火灾。

卸液时禁止用直接加热罐体的方法卸液。卸液后，罐体内应留有规定的余压。

运输过程中应严密注视车内压力表的工作情况，发现异常，应立即停车检查；排除故障后方可继续运行。

对于非冷冻液化气体的运输：非冷冻液化气体的单位体积最大质量（kg/L）不得超过50℃时该液化气体密度的0.95倍；罐体在60℃时不得充满液化气体。装载后的罐体不得超过最大允许总重，并且不得超过所运各种气体的最大允许载重。

罐体在下列情况下不得交付运输：

① 罐体处于不足量状态，由于罐体压力骤增可能产生不可承受的压力；

② 罐体渗漏时；

③ 罐体的损坏程度已影响到罐体的总体及其起吊或紧固设备；

④ 罐体的操作设备未经过检验，不清楚是否处于良好的工作状态。

对于冷冻液化气体，不可使用保温效果变差的罐体，充灌度应不超过92%，且不得超重。装卸作业时，装卸人员应穿戴防冻伤的防护用品（如防冻手套），并穿戴有面罩的安全帽。

(5) 散装有机过氧化物（5.2项）和易燃固体（4.1项）中的自反应物质的运输、装卸要求

对于运输自行加速分解温度（SADT）为55℃或以上的有机过氧化物和易燃固体项中的自反应物质，运输罐体应配置感温装置，应有泄压安全装置和应急释放装置。在达到由有机过氧化物的性质和罐体的结构特点所确定的压力时，泄压安全装置就应启动。罐壳上不允许有易熔化的元件。

罐体的表面应采用白色或明亮的金属，罐体应有遮阳板隔热或保护。如果罐体中所运物质的自行加速分解温度（SADT）为55℃或以下，或者罐体为铝质的，罐体则应完全隔热。环境温度为15℃时，充灌度不得超过90%。

(6) 散装腐蚀品的运输装卸要求

运输腐蚀品的罐体材料和附属设施应具有防腐性能。罐车应专车专运。装卸操作时应注意：

① 作业时，装卸人员应站在上风处；

② 出车前或灌装前，应检查卸料阀门是否关闭，防止上放下漏；

③ 卸货前，应让收货人确认卸货储槽无误，防止放错储槽引发货物化学反应而酿成事故；

④ 灌装和卸货后，应将进料口盖严盖紧，防止行驶中车辆的晃动导致腐蚀品溅出；

⑤ 卸料时，应保证导管与阀门的连接牢固后，逐渐缓慢开启阀门。

4.3.1.4 集装箱货物运输、装卸要求

装箱作业前，应检查所用集装箱，确认集装箱技术状态良好并清扫干净，去除无关标志、标记和标牌。应检查集装箱内有无与待装危险货物性质相抵触的残留物。发现问题，应及时通知发货人进行处理。

应检查待装的包装件，破损、撒漏、水湿及沾污其他污染物的包装件不得装箱，对撒漏破损件及清扫的撒漏物交由发货人处理。不准将性质相抵触、灭火方法不同或易污染的危险货物装在同一集装箱内。如符合配装规定而与其他货物配装时，危险货物应装在箱门附近。包装件在集装箱内应有足够的支撑和固定。

装箱作业时，应根据装载要求装箱，防止集重和偏重。装箱完毕，关闭、封锁箱门，并按要求粘贴好与箱内危险货物性质相一致的危险货物标志、标牌。

熏蒸中的集装箱，应标贴有熏蒸警告符号。当固体二氧化碳（干冰）用作冷却目的时，集装箱外部门端明显处应贴有指示标记或标志，并标明"内有危险的二氧化碳（干冰），进入之前务必彻底通风！"字样。

集装箱内装有易产生毒害气体或易燃气体的货物时，卸货时应先打开箱门，进行足够的通风后方可进行装卸作业。对卸空危险货物的集装箱要进行安全处理；有污染的集装箱，要在指定地点、按规定要求进行清扫或清洗。

装过毒害品、感染性物品、放射性物品的集装箱在清扫或清洗前，应开箱通风。进行清扫或清洗的工作人员应穿戴适用的防护用品。洗箱污水在未作处理之前，禁止排放。

4.3.1.5 部分常见大宗危险货物运输、装卸要求

（1）液化石油气的运输、装卸要求

装卸作业前应接好安全地线，管道和管接头连接应牢固，并排尽空气。装卸人员应相对稳定。作业时，驾驶人员、装卸人员均不得离开现场。在正常装卸时，不得随意启动车辆。

新罐车或检修后首次充装的罐车，充装前应作抽真空或充氮置换处理，严禁直接充装。液化石油气罐车充装时须用地磅、液面计、流量计或其他计量装置进行计量，严禁超装。罐车的充装量不得超过设计所允许的最大充装量。充装完毕，应复检重量或液位，并应认真填写充装记录。若有超装，应立即处理。

液化石油气罐车抵达厂（站）后，应及时卸货。罐车不得兼作储罐用。一般情况不得从罐车直接向钢瓶直接灌装；如临时确需从罐车直接灌瓶，现场应符合安全防火、灭火要求，并有相应的安全措施，且应预先取得当地公安消防部门的同意。

禁止采用蒸汽直接注入罐车罐内升压，或直接加热罐车罐体的方法卸货。液化石油气罐车卸货后，罐内应留有规定的余压。凡出现下列情况，罐车应立即停止装卸作业，并作妥善处理：

① 雷击天气；

② 附近发生火灾；

③ 检测出液化气体泄漏；

④ 液压异常；

⑤ 其他不安全因素。

（2）油品的运输、装卸要求

用常压燃油罐车运输燃油时，当罐车的罐体内温度达到 40℃时，应采取遮阳或罐外冷水降温措施。在灌油前和放油后，驾驶人员应检查阀门和管盖是否关牢，查看接地线是否接牢，不得敞盖行驶，严禁罐车顶部载物。

燃油罐车可采用泵送或自流灌装。

罐车进加油站卸油时，要有专人监护，避免无关人员靠近。卸油时发动机应熄火。雷雨天气时，应确认避雷电措施有效，否则应停止卸油作业。卸油时应夹好导静电接线，接好卸油胶管，当确认所卸油品与储油罐所储的油品种类相同时方可缓慢开启卸油阀门。

卸油前要检查油罐的存油量，以防止卸油时冒顶跑油。卸油时应严格控制流速，在油品没有淹没进油管口前，油品的流速应控制在 $0.7 \sim 1 \text{m/s}$ 以内，防止产生静电。卸油过程要做到不冒、不洒、不漏，各部分接口牢固，卸油时驾驶人员不得离开现场，应与加油站工作人员共同监视卸油情况，发现问题随时采取措施。

管道运输液体危险化学品，不可使用绝缘泵，以防产生静电，发生危险；可采用铁壳铜芯的离心泵，最好用蒸汽往复泵。

输送液体危险品的管道内径应比输送泵的出口粗，以降低管道内壁所受的压力和液体运送中的阻力，减少跑、冒、滴、漏；同时可使管道内流速减慢，静电危险大大减少。

管道的材质要进行适当选择，材质要耐溶胀、耐腐蚀；管道要有足够的强度，使管道无爆炸危险。

凝固点高（0℃以下）或环境温度比物料凝固点低时，要采取保温措施。

易燃液体不得使用压缩空气输送，用惰性气体时，要严格控制压力，防止管道破裂。

管道输送气体时，要防止泄漏，不得超压。系统中要设停泵联锁装置，以防事故发生，确保安全。

4.3.2　危险化学品管道运输的安全管理

管道是输送流体物质的一种设备，化肥、化工、炼油采用的管道主要用于输送、分离、混合、排放、计量和控制或制止流体流动的场合。由于化工生产的连续性，生产过程除常温常压外，许多是在高温高压、低温高真空条件下进行的，而且许多介质具有易燃易爆、腐蚀性、有毒性等特点，因此如何保证化学品管道的运行安全，减少各种事故的发生至关重要。

国家安全生产监督管理总局 2011 年第 43 号令《危险化学品输送管道安全管理规定》对生产、储存危险化学品的单位在厂区外公共区域埋地、地面和架空的危险化学品输送管道及其附属设施的安全管理作出了具体的安全管理要求。此规定从危险化学品管道的规划、建设、运行、日常维护等方面都作出了明确的要求。

规定指出对危险化学品管道享有所有权或者运行管理权的单位（简称管道单位）应当依照有关安全生产法律法规和本规定，落实安全生产主体责任，建立、健全有关危险化学品管道安全生产的规章制度和操作规程并实施，接受安全生产监督管理部门依法实施的监督检查。

任何单位和个人不得实施危害危险化学品管道安全生产的行为。对危害危险化学品管道安全生产的行为，任何单位和个人均有权向安全生产监督管理部门举报。接受举报的安全生产监督管理部门应当依法予以处理。

各级安全生产监督管理部门负责危险化学品管道安全生产的监督检查，并依法对危险化学品管道建设项目实施安全条件审查。

4.3.2.1 压力管道的定义

压力管道是从安全的角度讲的，并不是简单意义上的受压管道。如蒸汽管道、有毒、易燃易爆介质的管道，煤气、天然气管道、长输油气管道，管内气体压力达 0.1MPa 的管道等，都是压力管道。如罐内是容易引起燃烧、爆炸和强腐蚀性的介质，即使是常压，该管道仍作压力管道管理。可见压力管道的分布极其广泛，若管理不善，极易发生事故从而造成人身伤亡和经济损失，故压力管道已与锅炉、压力容器并列为特种设备，实行国家安全监督检查。

压力管道是指在生产、生活中使用的可能引起燃烧、中毒等危险性较大的特种设备，更具体地说，凡是具有下列属性的管道均为压力管道：

① 输送 GBZ 230—2010《职业性接触毒物危害程度分级》中规定的毒性程度为极度危害介质的管道。

② 输送 GB 50160《石油化工企业设计防火规范》及 GB 50016《建筑设计防火规范》中规定的火灾危险性为甲、乙类介质的管道。

③ 最高工作压力大于等于 0.1MPa（表压，下同），输送介质为气（汽）体、液化气体的管道。

④ 最高工作压力大于等于 0.1MPa（表压，下同），输送介质为可燃、易爆、有毒、有腐蚀性的或最高工作温度高于标准沸点的液体的管道。

前四项规定的管道的附属设施及安全保护装置等是指管道体系中所用的管件（包括三通、弯头、异径管、管瓶等）、连接件（包括法兰、垫片、紧固件、盲板等）、管道设备（包括各种类阀门、过滤器、阻火器等特殊件）、支撑件（包括各种类型的管道支吊架）和阴极保护装置等；安全保护装置主要指超温、超压控制装置和报警装置等。

以下四条不属于压力管道监督检查范围：

① 设备本体所属管道。

② 军事装备、交通工具上和核装置中的管道；

③ 输送无毒、不可燃、无腐蚀性气体，其管道公称直径小于 150mm，且最高工作压力小于 1.6MPa 的管道。

④入户（居民楼、庭院）前的最后一道阀门之后的生活用燃气管道及热力点之后的热力管道。

4.3.2.2 压力管道的分类

根据锅炉压力容器安全监察局制定的《压力管道设计单位资格认定与管理办法》，将压力管道分为三类两级十六种。

（1）长输管道为 GA 类

符合下列条件之一的长输管道为 GA1 级：

① 输送有毒、可燃、易爆气体介质，设计压力＞1.6MPa 的管道。

② 输送有毒、可燃、易爆气体介质，输送距离≥200km 且管道直径 DN≥300mm 的管道。

③ 输送浆体介质，输送距离≥50km 且管道公称直径 DN≥150mm 的管道。

符合下列条件之一的长输管道为 GA2 级：

① 输送有毒、可燃、易爆气体介质，设计压力≤1.6MPa 的管道。

② GA1（②）范围以外的长输管道。

③ GA1（③）范围以外的长输管道。

（2）公用管道为 GB 类

GB1——燃气管道， GB2——热力管道。

（3）工业管道为 GC 类

符合下列条件之一的工业管道，为 GC1 级：

① 输送毒性程度为极度危险介质，高度危害气体介质和工作温度高于其标准沸点的高度危害的液体介质的管道。

② 输送火灾危险性为甲、乙类可燃气体或甲类可燃气体（包括液化烃）的管道，并且设计压力大于或者等于 4.0MPa 的管道。

输送除前两项介质的流体介质并且设计压力大于或者等于 10.0MPa，或者设计压力大于或者等于 4.0MPa，并且设计温度高于或者等于 400℃的管道。

除 GC3 级管道外，介质毒性程度、火灾危险性（可燃性）、设计压力和设计温度低于 GC1 级的管道为 GC2 级。

输送无毒、非可燃流体介质，设计压力小于或者等于 1.0MPa，并且设计温度高于 −20℃但是不高于 185℃的管道为 GC3 级。

压力管道中介质毒性程度的分级应当符合 GBZ 230—2010《职业性接触毒物危害程度分级》的规定，以急性毒性、急性中毒发病状况、慢性中毒患病状况、慢性中毒后果、致癌性和最高容许浓度等六项指标为基础的定级标准。具体详见 GBZ 230—2010《职业性接触毒物危害程度分级》国家标准。

4.3.2.3 压力管道的基本要求

使用单位自行设计工业管道，应经省级主管部门同意；使用单位自行安装工业管道，应经省级主管部门审查批准。

公用管道的建设必须符合城市规划、消防和安全的要求，在选线审查时，应征得有关当地主管部门的同意；压力管道用管子、管件、阀门、法兰、补偿器、安全保护装置等产品的制造单位，应当向省级主管行政部门或省级授权的地（市）级行政主管部门申请安全注册。安全注册的审查工作由主管部门会同同级主管行政部门认可的评审机构进行；制造单位应对其产品的安全质量负责，产品投产前应进行型式试验；主管行政部门负责型式试验的资格审查与批准，并颁发型式试验单位资格证书。

4.3.2.4 压力管道的安全管理

通过大量压力管道事故统计分析，管道设计不合理，材质与制造质量低劣，安装、检修、维护不当，操作失误，外部条件恶劣，液体冲击，化学腐蚀和高温下积炭自燃等均有可能导致管道破裂、燃烧爆炸事故。

在通常情况下，管道发生破裂泄漏的部位有管道与设备连接的焊缝处、阀门密封垫处、管段的变径和弯头处、管道阀门及法兰长期接触腐蚀性介质的管段等。管道堵塞易发生的部位有输送黏性或湿度较高的粉状、颗粒状的物料的进料处、转弯处、易黏附的管壁；输送低温液体或含水的介质，间歇使用的管道、介质流速减慢的管道变径处、可产生介质滞留和"冻堵"处等。

从人为因素方面，发生管道破裂与爆炸的主要原因有以下几方面。

（1）管道设计不合理

主要表现为：①管道挠性不足。由于管道的结构、管件与阀门的连接方式不合理或螺纹制式不一致等原因，会使管道挠性不足。如果管道的挠性不足，又未采取适用的固定方法，很容易因设备与机器的振动、气流脉动而引起振动，从而导致焊缝出现裂纹、疲劳和支点变形，最后导致管道破裂。②管道工艺设计缺陷。例如管道设计中未考虑管道受热膨胀而隆起的问题，致使管道支架下沉或温度变化时没有自由伸长的可能而破裂。

（2）材料缺陷、误用代材、制造质量低劣

主要表现为：①材料本身缺陷。如管壁有砂眼，弯管加工时所采用的方法与管道材料不匹配，或不适宜的加工条件使管道的壁厚太薄、厚薄不均、椭圆度超过允许范围等。②选材不符合要求或误用。材料的误用在设计、材料分类和加工各个环节都有可能发生。如误用碳钢钢管代替原设计的合金钢管，将使整个管道或局部管材的机械强度和冲击韧性大大降低，从而导致管道运行中发生断裂爆炸事故。③焊接质量低劣。管道的焊接缺陷主要是指焊缝裂纹、错位、烧穿、未焊透、焊瘤和咬边等。

（3）维护不善

主要表现为：①管道长期受母液、海水腐蚀，或长期埋入地下，或敷设在地沟内与排水沟相通，被水浸泡，腐蚀严重而发生断裂，致使大量可燃性气体外泄，形成爆炸性混合物。②装有孔板流量计的管道中，因流体冲刷厉害，壁减薄严重而破裂。③管道承受外载过大，如埋入地下的管道距地面太近，承受来往车辆重载压轧使管道受损，或回填土压力过大，致使管道破裂等。

因此应加强对管道的安全管理，定期进行安全检查。及时发现管道的腐蚀情况，特别是埋入地下的管道，应按有关规定或实际情况进行修复或更换。定期检查管道的泄漏情况，查明原因，及时采取有效措施。按规定铺设地下管道，避开交通来往频繁、重载交通干线或其他外载过重的地域，且回填土适度。定期校验压力表，重新调整安全阀开启压力，发现压力表、安全阀失灵时应及时修复或更换。

1. 一个合格的危险化学品包装应满足哪些条件？
2. 危险货物的包装标志有哪些规定？
3. 对于重复使用的包装物应注意检查哪些方面？
4. 储存甲类火灾危险性物品的库房应具备哪些安全防火设施？
5. 在不同火灾的灭火过程中，消防用水都发挥哪些不同的作用？哪些火灾不能用水？
6. 不同的危险化学品的养护技术有哪些不同？
7. 危险化学品的装卸如何防止火灾发生？
8. 不同的危险品的运输有哪些特殊要求？

5 危险化学品的经营、灌装和使用安全

本章从危险化学品经营单位、使用单位的安全管理方面介绍了危险化学品经营、使用的安全技术和管理知识，介绍了气瓶灌装、槽罐车装卸应遵守的操作规程，使执法人员掌握一定的安全知识，提高其安全技术水平。

5.1 危险化学品经营的安全管理

危险化学品经营单位主要是加油站、工业气体销售站、建材商店、油漆化工商店等。在北京市危险化学品从业单位中，经营企业占到了近 50%，其中加油加气站约占经营企业总数的 50% 以上，工业气体销售站约占 20%，其他类危险化学品经营单位约占 20%。另外还有剧毒品经营单位、溶解乙炔经营单位等。

我国对危险化学品经营（包括仓储经营）实行许可制度。未经许可，任何单位和个人不得经营危险化学品。依法设立的危险化学品生产企业在其厂区范围内销售本企业生产的危险化学品，不需要取得危险化学品经营许可。

5.1.1 危险化学品经营单位的要求

5.1.1.1 经营场所、储存设施和建筑物

危险化学品经营企业要有符合国家法律法规、标准规定的经营场所、储存设施、运输及装卸工具等。其中经营条件、储存条件要符合《危险化学品经营企业开业条件和技术要求》（GB 18265—2000）、《常用危险化学品储存通则》（GB 15603—1995）、《危险化学品仓库建设及储存安全规范》（DB 11/755—2010）等相关标准的规定；建筑物应符合《建筑设计防火规范》（GB 50016—2006）、《爆炸危险场所安全规定》、《仓库防火安全管理规定》等标准、规章的要求。建筑物应当经公安消防部门验收合格。

根据《危险化学品经营企业开业条件和技术要求》（GB 18265—2000），危险化学品经营企业应满足以下要求：

① 零售业务只许经营除爆炸品、放射性物品、剧毒物品以外的危险化学品。

② 经营场所应坐落在交通便利、便于疏散处。

③ 零售业务的店面应与繁华商业区或居住人口稠密区保持 500m 以上距离。

④ 店面经营面积（不含库房）应不小于 $60m^2$，其店面内不得设有生活设施，只许存放民用小包装的危险化学品，其存放总质量不得超过 1t。

⑤ 店面内危险化学品的摆放应布局合理，禁忌物料不能混放。综合性商场（含建材市场）所经营的危险化学品应有专柜存放。

⑥ 零售业务的店面内显著位置应设有"禁止明火"等警示标志。店面内应放置有效的消防、急救安全设施。

⑦ 所经营的危险化学品不得放在业务经营场所，店面与存放危险化学品的库房（或罩棚）应有实墙相隔。库房内单一品种存放量不能超过500kg，总质量不能超过2t。

⑧ 备货库房应根据危险化学品的性质与禁忌分别采用隔离储存、隔开储存或分离储存等不同方式进行储存。店面备货库房应报公安、消防部门批准，经营易燃易爆品的企业，应向县级以上（含县级）公安、消防部门申领易燃易爆品消防安全经营许可证。

⑨ 经营企业应向供货方索取并向用户提供危险化学品安全技术说明书。

5.1.1.2 北京市的相关规定

北京市标准《危险化学品仓库建设及储存安全规范》（DB 11/755—2010）对北京市各类危险化学品经营企业的经营条件作出了具体的要求。

（1）化工商店

位于三环路以内的化工商店不应存放危险化学品实物；位于三环路以外的化工商店不应设在居民楼和办公楼内，化工商店和自备危险化学品仓库应有实墙相隔；化工商店内不应存放单件包装质量大于50kg或容积大于50L的民用小包装的危险化学品，其存放总质量应不大于1t，自备仓库存放的总质量应不大于2t。

（2）建材市场

建材市场的危险化学品经营场所内不应存放危险化学品；建材市场应设立危险化学品仓库，仓库总使用面积应不大于200m²，每个经营单位（户）应设立使用面积不小于10m²的危险化学品仓库。

（3）气体经营单位

仓库围墙至少应为三面实墙，屋顶为轻质不燃材料；仓库门前应设置宽度不少于1m的装卸平台，并设置台阶。空瓶与实瓶应分区存放，并设置明显标志，气瓶应设置防倾倒链或其他防倾倒装置；对储存相对密度小于1.0的气体的仓库，库顶部应设置有通风的窗口，对储存相对密度大于1.0的气体的仓库，靠近地面的墙体上应设置通风口；储存气体（不包括惰性气体和压缩空气）实瓶总数应不大于300瓶。

（4）其他经营单位

仓库内的危险化学品储存量应不大于GB 18218—2009中所列的危险化学品临界量的30%；仓库总使用面积应不大于500m²。

5.1.1.3 安全管理要求

危险化学品经营企业应按照国家相关规定建立健全本单位的安全生产管理制度，包括建立各级安全生产责任制、各岗位安全操作规程、安全生产检查制度、安全生产培训教育制度、交接班制度、商品出入库制度、库房检查制度、事故调查报告处理制度、特种设备及特种作业人员安全管理制度、劳动保护用品发放管理制度、安全生产奖惩制度等。

应建立本单位的危险化学品储存档案，包括危险化学品出入库的核查登记记录，库存化学品品种、数量，定期检查记录。

应制订危险化学品泄漏、火灾、爆炸、急性中毒等事故应急救援预案，配备应急救援人员和必要的应急救援器材、物资等，并定期组织演练。

5.1.2 剧毒化学品、易制爆危险化学品的经营管理

剧毒化学品、易制爆危险化学品的危害大，管理不严还可能被不法分子利用作为作案工具，危害社会治安。公安部门为了保障人民群众的生命安全和社会公共安全，多年来，一直将剧毒品、易制爆危险化学品列为治安管理的范围。为了加强对危险化学品中剧毒化学品、易制爆危险化学品的经营管理，《危险化学品安全管理条例》明确规定了购买、销售剧毒品、易制爆危险化学品的手续，并规定不得将剧毒化学品销售给个人（除农药、灭鼠药、灭虫药除外）。

5.1.2.1 购买人的规定

购买剧毒品的单位，应具备下列条件：

① 具有危险化学品安全生产许可证、安全使用许可证、经营许可证的企业，凭相应的许可证件购买剧毒化学品、易制爆危险化学品；

② 民用爆炸物品生产企业凭民用爆炸物品生产许可证购买易制爆危险化学品；

③ 前款规定以外的单位购买剧毒化学品的，应当向所在地县级人民政府公安机关申请取得剧毒化学品购买许可证；

④ 购买易制爆危险化学品的，应当持本单位出具的合法用途说明；

⑤ 个人不得购买剧毒化学品（属于剧毒化学品的农药除外）和易制爆危险化学品。

5.1.2.2 对经营单位的要求

对剧毒品经营企业，应当遵守如下规定：

① 不得向不具有相关许可证件或者证明文件的单位销售剧毒化学品、易制爆危险化学品。

② 对持剧毒化学品购买许可证购买剧毒化学品的，应当按照许可证载明的品种、数量销售。

③ 应当如实记录购买单位的名称、地址、经办人的姓名、身份证号码以及所购买的剧毒化学品、易制爆危险化学品的品种、数量、用途。销售记录以及经办人的身份证明复印件、相关许可证件复印件或者证明文件的保存期限不得少于1年。

④ 销售企业、购买单位应当在销售、购买后5日内，将所销售、购买的剧毒化学品、易制爆危险化学品的品种、数量以及流向信息报所在地县级人民政府公安机关备案，并输入计算机系统。

⑤ 使用单位不得出借、转让其购买的剧毒化学品、易制爆危险化学品。

⑥ 因转产、停产、搬迁、关闭等确需转让的，应当向具有相关许可证件或者证明文件的单位转让，并在转让后将有关情况及时向所在地县级人民政府公安机关报告。

5.2 危险化学品的灌（充）装安全

5.2.1 气体的充装

5.2.1.1 永久气体气瓶的充装

永久气体是指临界温度低于 $-10℃$ 的气体经低温处理后气液两相共存的介质，如液氧、液氮、液氩等。对于工业用永久气体气瓶的充装和低温液化永久气体汽化后的气瓶充装，国标《永久气体气瓶充装规定》（GB 14194—2006）对此作了明确的规定。

（1）充装前气瓶的检查与处理

充装前的气瓶应由专人负责，逐只进行检查，具有表 5-1 所列情况之一的气瓶，禁止充装。

表 5-1　禁止充装的永久气体气瓶

序　号	禁止充装的气瓶
1	不具有"气瓶制造许可证"的单位生产的气瓶
2	进口气瓶未经安全监察机构批准认可的
3	将要充装的气体与气瓶制造钢印标记中充装气体名称或化学分子式不一致的
4	警示标签上印有的瓶装气体名称及化学分子式与气瓶制造钢印标记中的不一致的
5	将要充装的气瓶不是本充装站的自有产权气瓶,气瓶技术档案不在本充装单位的
6	原始标记不符合规定,或钢印标志模糊不清、无法辨认的
7	气瓶颜色标记不符合 GB 7144 气瓶颜色标记的规定,或严重污损、脱落,难以辨认的
8	气瓶使用年限超过 30 年的
9	超过检验期限的
10	气瓶附件不全、损坏或不符合规定的
11	氧气瓶或强氧化性气体气瓶的瓶体或瓶阀上沾有油脂的
12	气瓶生产国的政府已宣布报废的气瓶
13	经过改装的气瓶

颜色或其他标记以及瓶阀出口螺纹与所装气体的规定不相符的气瓶及有不明剩余气体的气瓶，除不予充气外，还应查明原因，报告上级主管部门和安全监察机构，进行处理。

无剩余压力的气瓶，充装前应充入氮气后抽真空。之后如发现瓶阀出口处有污迹或油迹，应卸下瓶阀，进行内部检查或脱脂。确认瓶内无异物，并按规定检查合格方可充气。

新投入使用或经内部检验后首次充气的气瓶，充气前都应按规定先置换，除去瓶内的空气及水分，经分析合格后方能充气。

在检验有效期内的气瓶，如外观检查发现有重大缺陷或对内部情况有怀疑的气瓶；发生交通事故后，车上运输的气瓶、瓶阀及其他附件，应先送检验单位，按规定进行技术检验与评定，检验合格后方可重新使用。库存和停用时间超过一个检验周期的气瓶，启用前应进行检验。

国外进口的气瓶，外国飞机、火车、轮船上使用的气瓶，要求在我国境内充气时，应先由安全监察机构认可和检验机构进行检验。

发现氧气瓶内有积水时，充气前应将气瓶倒置，轻轻开启瓶阀，完全排除积水后方可充气。

经检查不合格（包括待处理）的气瓶应分别存放，并作出明显标记，以防与合格气瓶相互混淆。

气瓶水压试验有效期前 1 个月应向气瓶检验机构提出定期检验要求。

（2）气瓶充装要求

气瓶充装气体时，必须严格遵守表 5-2 所列各项规定。

表 5-2　气瓶充装的规定

序　号	充装气体的要求
1	充气前必须检查确认气瓶是经过检查合格(应有记录)或妥善处理了(应有记录)的
2	用卡子代替螺纹连接进行充装时,必须认真仔细检查确认瓶阀出气口的螺纹与所装气体所规定的螺纹形式相符
3	防错装接头零部件是否灵活好用
4	开启瓶阀时应缓慢操作,并应注意监听瓶内有无异常声响
5	充装易燃气体的操作过程中,禁止用扳手等金属器具敲击瓶阀或管道
6	在瓶内气体压力达到 7MPa 以前,应逐只检查气瓶的瓶体温度是否大体一致,在瓶内压力达到 10MPa 时,应检查瓶阀的密封是否良好,发现异常时应及时妥善处理
7	气瓶的充气流量不得大于 8m³/h(标准状态气体)且充装的时间不应少于 30min
8	用充气汇流排充装气瓶时,在瓶组压力达到充装压力的 10% 以后,禁止再插入空瓶进行充装

气瓶的充装量应严格控制,确保气瓶在最高使用温度(国内使用的,定为 60℃),瓶内气体的压力不超过气瓶的许用压力。根据国标 GB 5099 的规定,国产气瓶的许用压力为水压试验压力的 0.8 倍。

用国产气瓶充装的各种常用永久气体,充装压力(表压)不得超过国标《永久气体气瓶充装规定》(GB 14194—2006)的相关规定。

低温液化永久气体汽化后的气瓶充装过程中还应遵守表 5-3 规定。

表 5-3　低温液化永久气体汽化后的气瓶充装规定

序　号	低温液化永久气体汽化后的气瓶充装规定
1	充装前应检查低温气体汽化器出口温度、压力控制装置是否处于正常状态
2	低温液体泵开启前,要有冷泵过程(冷泵时间参照泵的使用说明书)
3	气瓶充装过程中,低温液体汽化器出口温度不得低于 0℃,若出现上述现象应及时妥善处理
4	低温液体加压汽化充瓶装置中,低温泵排液量与汽化器的换热面积及充装量应匹配,每瓶气的充装时间不得小于 30min,汽化器的出口温度低于 0℃ 及超压时应有系统报警及联锁停泵装置
5	低温液体充装站的操作人员应佩戴可靠的防冻伤的劳保用品

充装后的气瓶,应有专人负责,逐只进行检查。不符合要求时,应进行妥善处理,并填写充装记录,保存时间不应少于 2 年。

5.2.1.2　液化气体气瓶的充装

国标《液化气体气瓶充装规定》(GB 14193—2009)规定了高压液化气体气瓶和在最高使用温度下饱和蒸气压力不小于 0.1MPa(表压)的低压液化气体气瓶的充装。

(1)充装前的检查与处理

充装操作人员应熟悉所装介质的特性(燃、毒及腐蚀性等)、安全防护措施及其与气瓶材料(包括瓶体及瓶阀等附件)的相容性。

充装前的气瓶应由专人负责,逐只进行检查,有下列情况之一的气瓶,禁止充装,见表 5-4。

表 5-4　液化气体禁止充装的气瓶

序号	禁止充装的气瓶
1	不具有"气瓶制造许可证"的单位生产的气瓶
2	进口气瓶未经省级安全监察机构批准认可且具有合格证的
3	将要充装的气体与气瓶制造钢印标记中充装气体名称或化学分子式不一致的
4	警示标签上印有的气体名称及化学分子式与气瓶制造钢印标记中的不一致的
5	不是本充装站的自有产权气瓶或气瓶技术档案不在本充装单位的
6	气瓶的原始标记不符合规定或钢印标志模糊不清、无法辨认的
7	颜色标志不符合 GB 7144 气瓶颜色标志的规定,或严重污损脱落、难以辨认的
8	使用年限超过规定的
9	超过检验期限的
10	经过改装的
11	附件不全、损坏或不符合规定的
12	瓶体或附件材料与所装介质性质不相容的
13	低压液化气体气瓶的许用压力小于所装介质在气瓶最高使用温度下的饱和蒸气压的(国内的低压液化气体气瓶最高使用温度定为 60℃)

颜色或其他标记以及瓶阀出口螺纹与所装气体的规定不相符的气瓶,除不予充气外,还应查明原因,报告上级主管部门或当地质监部门,进行处理。无剩余压力的气瓶,充装前应将瓶阀卸下,进行内部检查。经确认瓶内无异物,并按规定处理后方可充气。

新投入使用或经内部检验后首次充气的气瓶,充气前都应按规定先置换去除瓶内的空气,并经分析合格后方可充气。

检验期限已过的气瓶、外观检查发现有重大缺陷或对内部状况有怀疑的气瓶,应先送检验检测机构,按规定进行技术检验与评定。

国外进口的气瓶,外国飞机、火车、轮船上使用的气瓶,要求在我国境内充气时,应先经由质监部门认可或指定的检测机构进行检验。

经检查不合格(包括待处理)的气瓶,应分别存放,并作出明显标记,以防止相互混淆。

(2)充装规定

充装计量衡器应保持准确,其最大称量值不得大于气瓶实际质量(包括气瓶质量与充液质量)的 3 倍,也不得小于 1.5 倍。衡器应按有关规定定期进行校验,并且至少在每班使用前校验一次。衡器应设置气瓶超装报警或自动切断气源的联锁装置。

易燃液化气体中的氧含量超过 2%(体积分数)时,禁止充装。

气瓶充装液化气体时,必须遵守表 5-5 的规定。

表 5-5　液化气体气瓶的充装规定

序　号	充 装 规 定
1	充气前必须检查确认气瓶是经过检查合格的
2	用卡子连接代替螺纹连接进行充装时,必须认真检查确认瓶阀出气口螺纹与所装气体所规定的螺纹形式相符

序　号	充　装　规　定
3	开启阀门应缓慢操作,注意充装速度和充装压力,并应注意监听瓶内有无异常声响
4	充装易燃气体的操作过程中,应使用不产生火花的操作机检修工具
5	在充装过程中,应随时检查气瓶各处的密封状况。发现异常时应及时妥善处理

液化气体的充装量必须精确计量,关于充装系数的规定参见国标《液化气体气瓶充装规定》(GB 14193—2009)。

禁止用下列方法来确定充装量,见表5-6。

表 5-6　禁止计量充装量的方法

序　号	禁止计量充装量的方法
1	气瓶集合充装,统一称重均分计算,或在一个汇流排中仅使用一个衡器计量其中一瓶气体,其他气瓶参照该凭证数值计量
2	按气瓶充装前后实测的质量差计量
3	按气瓶充装前后储罐存液量之差计量
4	按气瓶容积装载率计量

液化气体的充装量必须严格控制,发现充装过量的气瓶,必须将超装的液体妥善排出。气瓶充装后,充装单位必须按规定在气瓶上粘贴符合国家标准 (GB 16804) 的警示标签和充装标签。

充装后的气瓶,应有专人负责,逐只进行检查。不符合要求时应进行妥善处理。充装单位要填写充装记录,保存时间不应小于 2 年。

5.2.2　易燃液体的灌装

5.2.2.1　灌装过程中的静电安全

液体石油产品在流动、过滤、混合、喷雾、喷射、冲洗、加注、晃动等情况下,由于静电荷的产生速度高于静电荷的泄漏速度,从而积聚静电荷。当积聚的静电荷,其放电的能量大于可燃混合物的最小引燃能,并且在放电间隙中油品蒸气和空气混合物处于爆炸极限范围时,将引起静电危害。

灌装过程中预防静电危害的基本方法如下。

(1) 静电接地

油品生产和储运设施、管道及加油辅助工具等应采取静电接地。例如对于油罐,接地点应设两处以上,沿设备外围均匀布置,其间距不应大于 30m。对于汽车罐车,装油鹤管、管道、罐车必须跨接和接地。当采用金属管嘴或金属漏斗向金属油桶装油时,各部分应保持良好的电气连接,并可靠接地。不应使用绝缘性容器加注汽油、煤油等。管路系统的所有金属件,包括护套的金属包覆层必须接地,管路两端和每隔 200～300m 处,应有一处接地。当平行管路相距 10cm 以内时,每隔 20m 应加连接。当管路与其他管路交叉间距小于 10cm 时,应相连接地。

(2) 改善工艺操作条件

在生产工艺的操作上,应控制油品处于安全流速范围内。在灌装过程中,应防止油品的飞散喷溅,从底部或上部入罐的注油管末端,应设计成不易使液体飞散的倒 T 形等形状或另加导流板；在上部灌装时，应使液体沿侧壁缓慢下流。

灌装宜采用金属管道或部件，当采用非导体材料时，应采取相应措施。

① 采用静电消除器。当不能以改善工艺条件等方法来减少静电积聚时，应采用液体静电消除器。静电消除器应装设在尽量靠近管道出口处。

② 采用抗静电添加剂。在油品中可加入微量的油溶性的防静电添加剂，使其电导率达到 250pS/m 以上。

③ 改善带电体周围的环境条件。在油品蒸气和空气的混合物接近爆炸浓度极限范围的场合下，必须加强作业场所通风措施，必要时可配置惰性气体系统。

④ 防止人体带电。爆炸危险场所作业人员应穿防静电服、防静电鞋（参见 GB 12014—2009 和 GB 21146—2007），不应在爆炸危险场所穿脱衣服、帽子或类似物。泵房的门外、油罐的上罐扶梯入口与采样装卸作业区内操作平台的扶梯入口及悬梯口处、装置区采样口处、码头入口处等作业场所应设人体静电消除装置。

5.2.2.2 槽罐车的灌装

易燃液体灌装过程中应注意如下事项：如气温在 30℃以上时，应在上午 10：00 以前或下午 16：00 以后进行，且必须在避光、通风的场所内进行。灌装现场严禁各类烟火，搬运易燃液体灌装空桶和满桶时均应尽量轻拿轻放，避免桶与桶之间的摩擦与碰撞。灌装作业过程中，应使用不产生火花的用具，如开桶器应使用铜制作的专用工具。

槽罐车灌装空桶前应做好相应的准备工作，见表 5-7；槽罐车灌装操作应制订安全操作规程，具体要求见表 5-8。

表 5-7 槽罐车灌装前的准备工作

序 号	准 备 工 作
1	在灌装现场准备好灭火器，要求使用 35kg 推车灭火器或 2 只 4kg 干粉灭火器
2	在槽罐车灌装管道法兰连接处，用静电专用接地线与大地作连接。如使用机械秤作计量的，机械秤也应用静电专用接地线与大地作连接
3	准备好灌装的空桶，要求使用铁桶
4	准备好可能发生泄漏的吸附材料

表 5-8 槽罐车灌装操作要求

序 号	操 作 要 求
1	易燃液体灌装人员应戴好塑胶防腐手套，穿防静电的工作服和工作鞋，必要时应戴好防毒口罩
2	灌装现场安全员必须亲临现场，做好危化品灌装过程中安全措施的落实与监督管理
3	灌装现场作业人员应集中精力，控制好槽罐车分装管道的流量和分装桶的容积，要求不能装得太满，桶内应留有 5%的空隙
4	易燃液体分装过程中，应以分装一桶盖好桶盖的方式进行，严禁灌装完毕对满桶不加盖作业
5	对已经灌装完毕的满桶，应及时运到库房内储存，要避免在灌装现场存放大量的桶装易燃液体
6	易燃液体槽罐车分装完毕后，应对现场进行清理。做到现场无易燃液体堆放，地面无泄漏的残液

5.2.3 易燃或可燃液体移动罐的清洗、维修

移动罐是指通过公路或铁路运输大量石油液体的常压储存容器，包括汽车罐车、铁路罐

车和撬装罐，用于海运的罐除外。

移动罐的清洗是易燃或可燃液体运输的一个重要环节，由于有很强的技术性，发生事故的概率很高。

行业标准《易燃或可燃液体移动罐的清洗》（SY/T 6555—2012）对易燃或可燃液体移动罐的清洗作出了明确规定。

5.2.3.1　清洗前的通风

在员工上罐或入罐进行热作业前，应对罐予以通风，应用可燃气体测定仪对空气的易燃性进行检测，满足罐内空气中易燃气体含量不会超过易燃下限的10％。

作业前，应该制订一个有关人身安全防护的计划，了解作业过程中有关的人身安全和健康风险信息，为作业人员配备合适的呼吸器，以及应采取的预防措施，对潜在的危险进行评估。

5.2.3.2　移动罐的排空

清除罐内气体或蒸气之前，应把罐移到远离引燃源（如机动车、加热器等）的通风良好的区域。该环境内其他地方释放的易燃或有毒气体不能进入到放置罐的工作区。应避免在封闭空间内排空罐，当封闭空间内的罐含有易燃液体必须排空时，必须提供充分的通风，确保在封闭空间内不产生易燃气体。

入罐或热作业前，所有罐的油舱及与其相连接的油管系统中的物质都宜彻底排空或泵入经批准的金属容器或罐内，或泵入具有足够容量的油水分离器内。通过把罐连接到金属容器上来消除排空罐时产生的静电。不宜使用非导体（如塑料）容器，因它们能积累大量静电荷。

从罐中排放的废水或废气宜依照法规要求和公司规定进行回收或恰当地处理。务必确保已消除罐附近区域及罐下风附近区域的所有引燃源。

在入罐或实施热作业前，宜核实阀或管线内没有易燃或有毒的液体或气体残留。

5.2.3.3　清除罐内气体

清除罐内气体可通过罐内注水、罐内注射水蒸气或通过自然通风完成。

① 罐内注水。罐内注水作业应当注意：仅当水排空后残留在罐油舱或隔板间的水不影响拟进行的热作业时才允许向罐内装水。在温度低于冰点的地方向罐内装水是不可行的。应当按照相关法律法规要求以及公司规程处理从罐中排放或溢出的废水。

② 罐内注射水蒸气。注射水蒸气可以清除石油产品包括那些具有高黏度的油品。在注射水蒸气前和注射过程中，水蒸气软管喷嘴宜固定在罐壁上，且罐应当接地以防止积累静电。

低压水蒸气宜慢慢注入罐内油舱中并让其排出直到罐内温度达到最低值77℃。在该温度下，水蒸气将置换罐内的氧气，因此罐内不会形成可燃混合物。

水蒸气注射完后，宜用水冲洗罐，按照要求处理冲洗罐的废水。

③ 罐内通风。可利用强制通风或自然通风清除罐内易燃或有毒蒸气或气体。可通过经常测试罐内空气中的蒸气或气体以及氧气来确定通风的效果。

根据法规或公司规程，需要回收和处理通风时释放的蒸气或气体。如气体或蒸气释放到露天的空气中，宜采取预防措施以消除其附近的引燃源。员工进入有毒气体或蒸气可能存在的区域，根据有毒物质的浓度和暴露的持续时间佩戴适宜的呼吸设备。

5.2.3.4　罐的检验

罐排空、无气体后，宜用可燃气体和有毒气体探测器对罐内空气进行测试，以确保满足安全作业条件。罐的里面可用一个镜子、一个经批准的照明灯或拉长的电灯来确定是否已清除掉所有产品。

5.3 危险化学品的使用安全

使用危险化学品从事生产的企业，涉及各行各业，从事生产的情况很复杂，使用的品种、数量差别很大，危险程度也各不相同。近年来的实践证明，使用危险化学品特别是使用危险化学品从事生产，在危险程度上并不亚于生产危险化学品，由此引发的事故占全部危险化学品事故的1/4左右。因此《危险化学品安全管理条例》修订后，对"使用安全"单设一章，目的就是突出和强调危险化学品使用的安全管理，其中最为重要的是确立了危险化学品安全使用许可证制度。

5.3.1 危险化学品使用中的不安全因素

危险化学品使用中的不安全因素主要表现在如下几方面：

① 安全知识缺乏，擅自使用危险化学品。

② 工艺不合理，工艺条件不当。例如工艺不成熟，盲目进行工业化生产；工艺设施不完善，盲目生产。

③ 设施存在缺陷，场所不符合安全要求。例如违章安装电气设备；厂房疏散通道不畅通；设计安装无资质，留下重大隐患；腐蚀穿孔，造成大量泄漏；敞口留隐患；违章存放危险品，引起火灾爆炸事故；易燃场所，使用高热灯具引起爆燃等。

④ 操作错误，缺乏应急处置能力。例如违章操作、违章运输、易燃易爆场所身着化纤服装，缺乏防火防爆知识等。

⑤ 管理不善，隐患变事故。例如设备未定期检查、气瓶混放、动火责任不落实、没有应急处理训练等。

5.3.2 危险化学品使用的基本要求

5.3.2.1 危险化学品使用设施安全控制的基本原则

危险化学品使用设施安全控制的目的是通过采取适当的工程技术措施，消除或降低工作场所的危害，防止操作人员在作业时受到危险化学品的伤害。

基本原则包括如下几个方面：

① 通过改进工艺或合理的设计，从根本上消除危险化学品的危害。

② 通过变更工艺降低或减弱化学品的危害。

③ 采取各种预防性的技术措施，防止危险变为事故和职业危害。

④ 通过封闭、设置屏障等措施，使作业人员与危险源隔离开，避免作业人员直接暴露于危险或有害环境中。

⑤ 借助于有效通风，使空气中的有害气体浓度降到安全浓度以下，防止火灾或职业危害。

⑥ 当操作失误或设备运行达到危险状态时，采取能自动终止危险、避免危害发生的本质安全措施。

⑦ 当操作过程发生异常或危险性较大的情况时，场所能产生报警或提示。

5.3.2.2 使用易燃、易爆危险品的安全控制措施

易燃、易爆化学品包括易燃气体、易燃液体、易燃固体、自燃物品和遇湿易放出易燃气体的固体。控制此类化学品的措施主要是防火防爆，可分为以下几类：

① 消除着火源或引爆源。例如严格管理明火、避免摩擦撞击、隔离高温表面、防止电气火花、消除静电、安装避雷装置、预防发热自燃等。

② 防止危险化学品混合接触的危险性。禁止禁忌物品混放。

③ 泄漏控制和通风控制。采取设备密闭、防止泄漏、加强通风等措施。

④ 惰化和稀释。使用惰性气体代替空气或添加稀释气体防止爆炸等措施。

⑤ 安全防护设施。阻火器、安全液封、过压保护、紧急切断、信号报警、可燃气体检测等。

⑥ 耐燃、抗爆建筑结构。合适的耐火等级、防火墙、防火门、不发火地面、防火堤、防火间距等。

⑦ 厂房防爆泄压措施。

5.3.2.3 使用有毒类危险化学品的安全控制措施

采取防毒技术措施就是要控制有毒物质，不让它从使用设施中散发出来危害操作人员。采取的措施如下：

① 以无毒或低毒物质代替有毒或高毒物质；

② 设备的密闭化、机械化，让有毒物质在设备中密闭运行、自动化操作，避免操作人员直接接触有毒物质；

③ 隔离操作和自动控制。把操作地点与使用设备隔离开来，采用自动控制系统，起到隔离操作人员的目的；

④ 通风排毒，采取强制通风，降低毒气浓度；

⑤ 有毒气体检测，设置有毒气体报警器；

⑥ 个体防护，包括佩戴各种防护器具，属于防御性措施，是防止毒气进入人体的最后一道屏障。

思考题

1. 对于工业气体，哪些气瓶是禁止充装的？
2. 对于液化气体充装，有哪些注意事项？
3. 如何防止易燃液体灌装过程中的静电危害？
4. 液体罐的清洗有哪些方法？
5. 北京市的危险化学品经营企业有哪些要求？
6. 剧毒品的购销环节有哪些要求？
7. 有毒品的使用单位应具备哪些安全措施？
8. 使用易燃液体应具备哪些安全措施？

6 危险化学品风险分析方法

本章介绍了危险化学品风险辨识的通用方法以及常用的系统安全分析方法。主要内容包括：风险辨识与评价通用知识、安全检查表法、危险与可操作分析、道化学火灾、爆炸指数分析、故障类型和影响分析、故障树分析法和事件树分析法等。针对常用的系统安全分析法作出了方法示例，使危险化学品执法、检查、监督人员能够更直观地了解各种分析法在实际问题中的应用。

6.1 风险源辨识与评价通用知识

6.1.1 风险源辨识的术语与定义

（1）常用术语

危险化学品（dangerous chemicals）：具有易燃、易爆、有毒等特性，会对人员、设施、环境造成伤害或损害的化学品。

单元（unit）：一个（套）生产装置、设施或场所，或同属一个生产经营单位的且边缘距离小于 500m 的几个（套）生产装置、设施或场所。

临界量（threshold quantity）：对于某种或某类危险化学品规定的数量，若单元中的危险化学品数量等于或超过该数量，则该单元定为重大危险源。

危险化学品重大危险源（major hazard installations for dangerous chemicals）：长期地或临时地生产、加工、搬运、使用或储存危险化学品，且危险化学品的数量等于或超过临界量的单元。

（2）常用定义

事故即"造成死亡、职业病、伤害、财产损失或其他损失的意外事件。"

事故是指造成主观上不希望看到的结果的意外事件，其发生所造成的损失可分为死亡、职业病、伤害、财产损失或其他损失共五大类。

2007 年国务院颁布的《生产安全事故报告和调查处理条例》规定，根据生产安全事故（以下简称事故）造成的人员伤亡或者直接经济损失，事故一般分为以下等级：①特别重大事故，是指造成 30 人以上死亡，或者 100 人以上重伤（包括急性工业中毒，下同），或者 1 亿元以上直接经济损失的事故；②重大事故，是指造成 10 人以上 30 人以下死亡，或者 50 人以上 100 人以下重伤，或者 5000 万元以上 1 亿元以下直接经济损失的事故；③较大事故，是指造成 3 人以上 10 人以下死亡，或者 10 人以上 50 人以下重伤，或者 1000 万元以上 5000

万元以下直接经济损失的事故；④一般事故，是指造成 3 人以下死亡，或者 10 人以下重伤，或者 1000 万元以下直接经济损失的事故。

职业病是指劳动者在生产劳动及其他职业活动中，接触职业性危害因素而引起的疾病。在我国，是指 2002 年卫生部和劳动保障部联合发布的《关于印发〈职业病目录〉的通知》中规定的职业病，其诊断应按 2002 年卫生部颁发《职业病诊断与鉴定管理办法》及有关规定执行。

风险源辨识即"识别风险的存在并确定其性质的过程"。生产过程中，风险不仅存在，而且形式多样，很多风险源不是很容易就被人们发现的，人们要采取一些特定的方法对其进行识别，并判定其可能导致事故的种类和导致事故发生的直接因素，这一识别过程就是风险源辨识。风险源辨识是控制事故发生的第一步，只有识别出风险源的存在，找出导致事故的根源，才能有效地控制事故的发生。辨识时应识别出风险危害因素的分布、伤害（危害）方式及途径和重大危险危害因素。

6.1.2 风险源辨识的主要内容

风险源辨识的主要内容主要包括厂区平面布局、厂址、建（构）筑物、生产工艺过程、生产设备、装置及其他。具体内容见表 6-1。

表 6-1 风险源辨识的主要内容

序号	名　称	分　析　内　容
1	厂址	工程地质、地形、自然灾害、周围环境、气象条件、资源交通、抢险救灾支持条件等
2	平面布局	总图：功能分区（生产、管理、辅助生产、生活区）布置；高温、有害物质、噪声、辐射、易燃、易爆、危险品设施布置；工艺流程布置；建筑物、构筑物布置；风向、安全距离、卫生防护距离等 运输线路及码头：厂区道路、厂区铁路、危险品装卸区、厂区码头
3	建（构）筑物	结构、防火、防爆、朝向、采光、运输、（操作、安全、运输、检修）通道、开门，生产卫生设施
4	生产工艺过程	物料（毒性、腐蚀性、燃爆性）温度、压力、速度、作业及控制条件、事故及失控状态
5	生产设备、装置	化工设备、装置：高温、低温、腐蚀、高压、振动、关键部位的备用设备、控制、操作、检修和故障、失误时的紧急异常情况 机械设备：运动零部件和工件、操作条件、检修作业、误运转和误操作 电气设备：断电、触电、火灾、爆炸、误运转和误操作，静电、雷电 危险性较大设备、高处作业设备
6	其他	粉尘、毒物、噪声、振动、辐射、高温、低温等有害作业部位 工时制度、女职工劳动保护、体力劳动强度 管理设施、事故应急抢救设施和辅助生产、生活卫生设施

6.1.3 风险源辨识的方法

（1）直接经验法

① 对照、经验法。对照有关标准、法规、检查表或依靠分析人员的观察分析能力，借助于经验和判断能力直观地评价对象危险性和危害性的方法。经验法是辨识中常用的方法，其优点是简便、易行，其缺点是受辨识人员知识、经验和占有资料的限制，可能出现遗漏。为弥补个人判断的不足，常采取专家会议的方式来相互启发、交换意见、集思广益，使危险、危害因素的辨识更加细致、具体。

对照事先编制的检查表辨识危险、危害因素，可弥补知识、经验不足的缺陷，具有方便、实用、不易遗漏的优点，但须有事先编制的、适用的检查表。检查表是在大量实践经验基础上编制的，美国职业安全卫生局（OHSA）制定、发行了各种用于辨识危险、危害因素的检查表，我国一些行业的安全检查表、事故隐患检查表也可作为借鉴。

② 类比方法。利用相同或相似系统或作业条件的经验和职业安全卫生的统计资料来类推、分析评价对象的危险、危害因素。多用于危害因素和作业条件风险因素的辨识过程。

（2）系统安全分析法

即应用系统安全工程评价方法的部分方法进行风险源辨识。系统安全分析方法常用于复杂系统、没有事故经验的新开发系统。常用的系统安全分析方法有事件树（ETA）、事故树（FTA）等。美国拉氏姆逊教授曾在没有先例的情况下，大规模、有效地使用了 FTA、ETA 方法，分析了核电站的危险、危害因素，并被以后发生的核电站事故所证实。

常用的系统安全分析方法包括安全检查表法、危险与可操作性分析、故障类型和影响分析、故障树分析、事件树分析以及原因后果分析法。

6.1.4　风险源辨识的过程

风险源辨识流程见图 6-1。风险源辨识过程具体涉及以下几个方面：

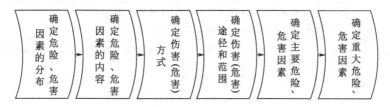

图 6-1　风险源辨识流程

① 确定危险、危害因素的分布。将危险、危害因素进行综合归纳，得出系统中存在哪些种类危险、危害因素及其分布状况的综合资料。

② 确定危险、危害因素的内容。为了有序、方便地进行分析，防止遗漏，宜按厂址、平面布局、建（构）筑物、物质、生产工艺及设备、辅助生产设施（包括公用工程）、作业环境危险几部分，分别分析其存在的危险、危害因素，列表登记。

③ 确定伤害（危害）方式。伤害（危害）方式指对人体造成伤害、对人身健康造成损坏的方式。例如，机械伤害的挤压、咬合、碰撞、剪切等，中毒的靶器官、生理功能异常、生理结构损伤形式（如黏膜糜烂、植物神经紊乱、窒息等），粉尘在肺泡内阻留、肺组织纤维化、肺组织癌变等。

④ 确定伤害（危害）途径和范围。大部分危险、危害因素是通过与人体直接接触造成伤害，爆炸是通过冲击波、火焰、飞溅物体在一定空间范围内造成伤害，毒物是通过直接接触（呼吸道、食道、皮肤黏膜等）或一定区域内通过呼吸的空气作用于人体，噪声是通过一定距离的空气损伤听觉的。

⑤ 确定主要危险、危害因素。对导致事故发生条件的直接原因、诱导原因进行重点分析，从而为确定评价目标、评价重点、划分评价单元、选择评价方法和采取控制措施计划提供基础。

⑥ 确定重大危险、危害因素。分析时要防止遗漏，特别是对可导致重大事故的危险、危害因素要给予特别的关注，不得忽略。不仅要分析正常生产运转、操作时的危险、危害因素，更重要的是要分析设备、装置破坏及操作失误可能产生严重后果的危险、危害因素。

6.1.5 风险评价

要确定采取什么行动消除或控制已经辨识的危险，就要进行事故风险评价。针对所辨识的每一种危险，评估它演变成为事故的风险，即严重程度和发生概率，从而确定它对人员、设备、设施、公众乃至环境的影响。事故风险评价越准确，越有利于决策者正确理解生产所面临的风险程度，有利于决策者决定进行怎样的安全投入以保证需要的安全水平。

事故风险评价的方法是给予风险概念本身的。首先根据系统的三要素（人、机、环境）确定事故的严重程度等级，再确定危险的发生概率等级，MIL-STD-882D对事故风险严重度等级和发生概率等级的分级标准见表 6-2 和表 6-3，表中给出各等级的具体描述。

表 6-2　危险严重度等级分级标准

级　别	表示	危险等级的描述
灾难性的	Ⅰ	人员死亡或永久性全部失能；或设备或社会财富损失超过 100 万美元；或违背法律、法规的不可逆转的环境破坏
严重的	Ⅱ	人员永久性部分失能或超过 3 人需要住院治疗的伤害或职业病；或设备或社会财富损失超过 20 万美元而低于 100 万美元；或违背法律、法规的、可逆转的环境破坏
中等的	Ⅲ	人员损失工日超过 1 天的伤害或职业病；或设备或社会财富损失超过 1 万美元而低于 20 万美元；或没有违背法律、法规的中等程度的、可恢复的环境破坏
可忽略的	Ⅳ	没有导致人员损失工日的伤害或疾病或设备或社会财富损失超过 2000 美元而低于 1 万美元；或没有违背法律、法规的很小的环境破坏

表 6-3　危险发生概率等级分级标准

级　别	表示	针对某特定事件的描述	用量次表示
经常发生	A	某事件在其生命周期经常发生，发生概率大于 10^{-1}	持续发生
很可能发生	B	某事件在其生命周期发生多次，发生概率大于 10^{-2} 而小于 10^{-1}	经常发生
偶尔发生	C	某事件在其生命周期发生数次，发生概率大于 10^{-3} 而小于 10^{-2}	多次发生
很少发生	D	某事件在其生命周期不容易但有可能发生，发生概率大于 10^{-6} 而小于 10^{-3}	不容易发生，但理论上有可能发生
不可能发生	E	事件不可能发生或假设没有经历过，发生概率小于 10^{-6}	不容易发生，但也有可能

根据表 6-2 和表 6-3，分别以严重程度和发生概率为轴形成风险矩阵，见表 6-4，先用的系统安全分析方法多采用坐标方式表达风险指数，有时也对矩阵中的每一个坐标确定其事故风险评估值，见表 6-5。

表 6-4　风险矩阵表（用矩阵坐标表述）

发生概率	严　重　度			
	灾难性的	严重的	中等的	可忽略的
经常发生	Ⅰ A	Ⅱ A	Ⅲ A	Ⅳ A
很可能发生	Ⅰ B	Ⅱ B	Ⅲ B	Ⅳ B
偶尔发生	Ⅰ C	Ⅱ C	Ⅲ C	Ⅳ C
很少发生	Ⅰ D	Ⅱ D	Ⅲ D	Ⅳ D
不可能发生	Ⅰ E	Ⅱ E	Ⅲ E	Ⅳ E

表 6-5   风险矩阵表 （用序号表示）

发生概率	严 重 度			
	灾难性的	严重的	中等的	可忽略的
经常发生	1	3	7	13
很可能发生	2	5	9	16
偶尔发生	4	6	11	18
很少发生	8	10	14	19
不可能发生	12	15	17	20

根据表 6-4 和表 6-5 表达的风险矩阵表，将对应的风险矩阵进行适当的划分形成风险等级见表 6-6 和表 6-7。

表 6-6   事故风险指数的分级

风 险 指 数	风险决定准则
ⅠA，ⅠB，ⅠC，ⅡA，ⅡB，ⅢA	不可接受，需要停止操作，立即整改
ⅠD，ⅡC，ⅡD，ⅢB，ⅢC	不合需要的，高层管理决定接受或拒绝风险
ⅠE，ⅡE，ⅢD，ⅢE，ⅣA，ⅣB	通过管理和检查以接受风险
ⅣC，ⅣD，ⅣE	接受风险且不需要检查

表 6-7   事故风险等级

事故风险评估值	事故风险等级	事故风险评估接受等级
1～5	高	项目执行总负责人
6～9	严重	项目执行负责人
10～17	中等	项目经理
18～20	低	项目指定人

通过事故风险分析可以了解系统中的潜在危险和薄弱环节，发生事故的概率和可能的严重程度等。事故风险评价大体可分为定性评价和定量评价。定性评价能够知道系统中危险性的大致情况，主要用于工厂考察、审核、诊断和安全检查，这包括系统各阶段审查、工程可行性研究和原有设备的安全评价，也可以按严重程度作概略的分级，主要方法有安全检查表形式、专家评议法、故障类型和影响分析法、危险与可操作性分析等。定量评价是在定性分析的基础上通过统计计算方法判定危险的发生概率以进行事故预防和控制，常用的定量分析法有道化学水灾、爆炸指数分析法、故障树分析法、事件树分析法和原因后果分析法等。

6.2   安全检查表法

6.2.1   安全检查表法概述

安全检查表（Safety Checklist Analysis，SCA）是依据相关的标准、规范，对工程、系统中已知的危险类别、设计缺陷以及与一般工艺设备、操作、管理有关的潜在危险性和有害性进行判别检查。为了避免检查项目遗漏，事先把检查对象分割成若干系统，以提问或打分的形式,将检查项目列表,这种表就称为安全检查表。它是系统安全工程的一种最基础、最简便、广泛应用的系统危险性评价方法。目前,安全检查表在我国不仅用于查找系统中各种潜在的事故隐患,还对各检查项目给予量化,用于进行系统安全评价。

6.2.2 安全检查表编制依据

① 国家、地方的相关安全法规、规定、规程、规范和标准,行业、企业的规章制度、标准及企业安全生产操作规程。

② 国内外行业、企业事故统计案例、经验教训。

③ 行业及企业安全生产的经验,特别是本企业安全生产的实践经验,引发事故的各种潜在不安全因素及成功杜绝或减少事故发生的成功经验。

④ 系统安全分析的结果,即为防止重大事故的发生而采用故障树分析方法,对系统进行分析得出能导致引发事故的各种不安全因素的基本事件,作为防止事故控制点源列入检查表。

6.2.3 安全检查表编制步骤

要编制一个符合客观实际、能全面识别、分析系统危险性的安全检查表,首先要建立一个编制小组,其成员应包括熟悉系统各方面的专业人员。安全检查表编制流程见图6-2。

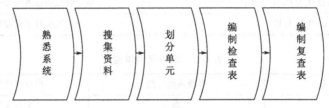

图 6-2 安全检查表编制流程

(1)熟悉系统

包括系统的结构、功能、工艺流程、主要设备、操作条件、布置和已有的安全消防设施。

(2)搜集资料

搜集有关的安全法规、标准、制度及本系统过去发生过事故的资料,作为编制安全检查表的重要依据。

(3)划分单元

按功能或结构将系统划分成若干个子系统或单元,逐个分析潜在的危险因素。

(4)编制检查表

针对危险因素,依据有关法规、标准规定,参考过去事故的教训和本单位的经验确定安全检查表的检查要点、内容和为达到安全指标应在设计中采取的措施,然后按照一定的要求编制检查表。

① 按系统、单元的特点和预评价的要求,列出检查要点、检查项目清单,以便全面查出存在的危险、有害因素。

② 针对各检查项目、可能出现的危险、有害因素,依据有关标准、法规列出安全指标的要求和应设计的对策措施。

(5)编制复查表

其内容应包括危险、有害因素明细,是否落实了相应设计的对策措施,能否达到预期的安全指标要求，遗留问题及解决办法和复查人等。

6.2.4 编制安全检查表的注意事项

编制安全检查表力求系统完整，不漏掉任何能引发事故的危险关键因素，因此，编制安全检查表应注意如下问题：

① 检查表内容要重点突出，简繁适当，有启发性。

② 各类检查表的项目、内容，应针对不同被检查对象有所侧重，分清各自职责内容，尽量避免重复。

③ 检查表的每项内容要定义明确，便于操作。

④ 检查表的项目、内容能随工艺的改造、设备的更新、环境的变化和生产异常情况的出现而不断修订、变更和完善。

⑤ 凡能导致事故的一切不安全因素都应列出，以确保各种不安全因素能及时被发现或消除。

6.2.5 应用安全检查表法的注意事项

为了达到预期目的，应用安全检查表法时，应注意以下几个问题：

① 各类安全检查表都有适用对象，专业检查表与日常定期检查表要有区别。专业检查表应详细、突出专业设备安全参数的定量界限，而日常检查表尤其是岗位检查表应简明扼要，突出关键和重点部位。

② 应用安全检查表实施检查时，应落实安全检查人员。企业厂级日常安全检查，可由安技部门现场人员和安全监督巡检人员会同有关部门联合进行。车间的安全检查，可由车间主任或指定车间安全员检查。岗位安全检查一般指定专人进行。检查后应签字并提出处理意见备查。

③ 为保证检查的有效定期实施，应将检查表列入相关安全检查管理制度，或制订安全检查表的实施办法。

④ 应用安全检查表检查，必须注意信息的反馈及整改。对查出的问题，凡是检查者当时能督促整改和解决的应立即解决，当时不能整改和解决的应进行反馈登记、汇总分析，由有关部门列入计划安排解决。

⑤ 应用安全检查表检查，必须按编制的内容，逐项目、逐内容、逐点检查。有问必答，有点必检，按规定的符号填写清楚。为系统分析及安全评价提供可靠准确的依据。

6.2.6 安全检查表法的优缺点

（1）安全检查表法的优点

① 检查项目系统、完整，可以做到不遗漏任何能导致危险的关键因素，避免传统的安全检查中的易发生的疏忽、遗漏等弊端，因而能保证安全检查的质量。

② 可以根据已有的规章制度、标准、规程等，检查执行情况，得出准确的评价。

③ 安全检查表采用提问的方式，有问有答，给人的印象深刻，能使人知道如何做才是正确的，因而可起到安全教育的作用。

④ 编制安全检查表的过程本身就是一个系统安全分析的过程，可使检查人员对系统的认识更深刻，更便于发现危险因素。

⑤ 对不同的检查对象、检查目的有不同的检查表，应用范围广。

（2）安全检查表法的缺点

针对不同的需要,须事先编制大量的检查表,工作量大且安全检查表的质量受编制人员的知识水平和经验影响。

某企业危险化学品重大危险源现场安全检查表见表 6-8。

表 6-8　危险化学品重大危险源现场安全检查表

被检查单位名称			
检查人			
企业负责人			
重大危险源名称、级别			
序号	检查内容	检查标准	发现问题
1	配备温度、压力、液位、流量、组分监测系统,可燃气体和有毒有害气体泄漏检测报警装置是否完好有效,并具备信息远传、连续记录、事故预警、信息存储等功能。记录的电子数据的保存时间不少于30d	《危险化学品重大危险源监督管理暂行规定》(安监总局令第 40 号)第 13 条之 1	
2	一级或者二级重大危险源是否具备紧急停车功能	《危险化学品重大危险源监督管理暂行规定》(安监总局令第 40 号)第 13 条之 1	
3	重大危险源的化工生产装置装备是否是自动化控制系统	《危险化学品重大危险源监督管理暂行规定》(安监总局令第 40 号)第 13 条之 2	
4	毒性气体、剧毒液体和易燃气体等重点设施,是否设置紧急切断装置	《危险化学品重大危险源监督管理暂行规定》(安监总局令第 40 号)第 13 条之 3	
5	毒性气体的设施,是否设置泄漏物紧急处置装置	《危险化学品重大危险源监督管理暂行规定》(安监总局令第 40 号)第 13 条之 3	
6	毒性气体、液化气体、剧毒液体的一级或者二级重大危险源,是否配备独立的安全仪表系统(SIS)	《危险化学品重大危险源监督管理暂行规定》(安监总局令第 40 号)第 13 条之 3	
7	储存剧毒物质的场所或者设施,是否设置视频监控系统	《危险化学品重大危险源监督管理暂行规定》(安监总局令第 40 号)第 13 条之 4	
8	是否定期对重大危险源的安全设施和安全监测监控系统进行检测、检验,并进行经常性维护、保养,保证重大危险源的安全设施和安全监测监控系统有效、可靠运行	《危险化学品重大危险源监督管理暂行规定》(安监总局令第 40 号)第 15 条	
9	关键装置、重点部位是否设有责任人或者责任机构,安全生产状况是否进行定期检查,是否落实整改措施、责任、资金、时限和预案	《危险化学品重大危险源监督管理暂行规定》(安监总局令第 40 号)第 16 条	
10	岗位操作人员是否进行安全操作技能培训并考核合格	《危险化学品重大危险源监督管理暂行规定》(安监总局令第 40 号)第 17 条	
11	在重大危险源所在场所是否设置显著的安全警示牌和危险物质安全周知牌,并写明所涉及的危险化学品的危险特性及数量、紧急情况下的应急处置办法	《危险化学品重大危险源监督管理暂行规定》(安监总局令第 40 号)第 18 条,《湖北省危险化学品重大危险源监督管理实施办法》第 19 条	

续表

序号	检查内容	检查标准	发现问题
12	是否将危害后果及应急措施等信息,告知可能受影响的单位、区域及人员	《危险化学品重大危险源监督管理暂行规定》(安监总局令第40号)第19条	
13	是否制定重大危险源应急预案,配备应急救援人员,配备便携式浓度检测设备、空气呼吸器、化学防护服、堵漏器材等应急器材和设备	《危险化学品重大危险源监督管理暂行规定》(安监总局令第40号)第20条	
14	是否建立了重大危险源档案,文件资料是否齐全,是否到当地安监部门备案	《危险化学品重大危险源监督管理暂行规定》(安监总局令第40号)第22、23条	

注:企业有两处及以上重大危险源的,要分别填写,一源一表。

6.3 危险与可操作性分析

6.3.1 危险与可操作性分析概述

危险与可操作性分析(Hazard and Operability Analysis,HAZOP)是英国帝国化学工业公司(ICI)于1974年开发的,是以系统工程为基础,主要针对化工设备、装置而开发的危险性评价方法。该方法研究的基本过程是以关键词为引导,寻找系统中工艺过程或状态的偏差,然后再进一步分析造成该变化的原因、可能的后果,并有针对地提出必要的预防对策措施。

运用危险与可操作性分析(HAZOP)方法,可以查出系统中存在的危险、有害因素,并能以危险、有害因素可能导致的事故后果确定设备、装置中的主要危险、有害因素。

危险与可操作性分析也能作为确定故障树"顶上事件"的一种方法。

6.3.2 常见术语

HAZOP对工艺或操作的特殊点进行分析,这些特殊点称为"分析节点",或工艺单元/操作步骤。通过分析每个"节点",识别出那些具有潜在危险的偏差,这些偏差通过引导词或关键词引出。一套完整的引导词用于每个可认识的偏差而不被遗漏。表6-9列出了HAZOP中经常遇到的术语及定义。表6-10列出了AAZOP常用的引导词。

表6-9 HAZOP 术语

常用 HAZOP 术语	
工艺单元	具有确定边界的设备单元,对单元内工艺参数的偏差进行分析;对位于PID图上的工艺参数进行偏差分析
操作步骤	间歇过程的不连续动作,或者是连续过程的控制操作步骤;可能是手动、自动或计算机自动控制,间歇过程的每一步使用的偏差可能与连续过程不同
工艺指标	确定装置如何按照希望的操作而不发生偏差,即工艺过程的正常操作条件;采用一系列的表格,用文字或图表进行说明,如工艺说明、流程图、PID等
引导词	用于定性或定量设计工艺指标的简单词语,引导识别工艺过程的危险

常用 HAZOP 术语	
工艺参数	与过程有关的物理和化学特性,包括概念性的项目如反应、混合、浓度、pH 值及具体项目如温度、压力、流量等
偏差	分析组使用引导词系统地对每个分析节点的工艺参数进行分析发现的一系列偏离工艺指标的情况;偏差的形式通常用"引导词+工艺参数"
原因	偏差的原因;一旦找到发生偏差的原因,就意味着找到了对付偏差的方法和手段
后果	偏差所造成的后果;分析组常常假定发生偏差时,已有安全保护系统失效;不考虑那些细小的与安全无关的后果
安全保护	指设计的工程系统或调节控制系统,用以避免或减轻偏差时所造成的后果
措施或建议	修改设计、操作规程或者进一步分析研究的建议(如增加压力报警、改变操作步骤的顺序等)

表 6-10　HAZOP 常用的引导词

引　导　词	意　　义	备　　注
NONE (不或没有)	完成这些意图是不可能的	任何意图都实现不了,但也不会有任何事情发生
MORE (过量)	数量增加	与标准值相比,数量偏大
LESS (减少)	数量减少	与标准值相比,数量偏小
AS WELL AS (伴随)	定性增加	所有的设计与操作意图均伴随其他活动或事件的发生
PART OF(部分)	定向减少	仅仅有一部分意图能实现,一些不能实现
REVERSE (相逆)	逻辑上与意图相反	出现与设计意图完全相反的事或物
OTHER THAN (异常)	完全替换	出现与设计要求不相同的事或物

　　引导词用于两类工艺参数,一类是概念性工艺参数,如反应、混合;另一类是具体的工艺参数,如温度、压力。当概念性的工艺参数与引导词组合偏差时常常会发生歧义,分析人员有必要对一些引导词进行修改。

6.3.3　危险与可操作性分析操作步骤

　　危险与可操作性研究方法的目的主要是调动生产操作人员、安全技术人员、安全管理人员和相关设计人员的想象性思维,使其能够找出设备、装置中的危险、有害因素,为制订安全对策措施提供依据。危险与可操作性分析流程见图 6-3。HAZOP 分析可按以下步骤进行:
　　① 成立分析小组。
　　根据研究对象,成立一个由多方面专家(包括操作、管理、技术、设计和监察等各方面人员)组成的分析小组,一般由 4~8 人组成,并指定负责人。
　　② 收集资料。
　　分析小组针对分析对象广泛地收集相关信息、资料,可包括产品参数、工艺说明、环境因素、操作规范、管理制度等方面的资料。尤其是带控制点的流程图。
　　③ 划分评价单元。
　　为了明确系统中各子系统的功能,将研究对象划分成若干单元,一般可按连续生产工艺过程中的单元以管道为主、间歇生产工艺过程中的单元以设备为主的原则进行单元划分。明确单元功能,并说明其运行状态和过程。
　　④ 定义关键词。
　　按照危险与可操作性分析中给出的关键词逐一分析各单元可能出现的偏差。

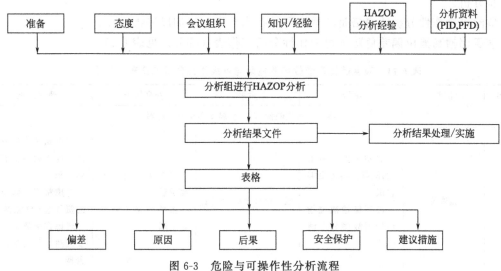

图 6-3　危险与可操作性分析流程

⑤ 分析产生偏差的原因及其后果。

⑥ 制订相应的对策措施。

6.3.4　危险与可操作性分析适用条件

危险与可操作性分析法是对系统中的某个节点或某项操作通过找偏差的方法辨识危险以提出控制措施的分析方法，其使用范围较为广泛，可对任何类型的系统或设备进行分析，当然也可分析系统、子系统、单元直至元器件的层次。这种方法还可对环境、软件程序以及人因失误等进行分析。危险与可操作性研究法既可以应用于设计阶段，还可用于现役生产装置的检查，使用范围较为广泛。尽管它是从化工行业发展起来的，但现已广泛应用于核工业、石油行业、铁路系统等。

6.3.5　危险与可操作性分析局限性

危险与可操作性分析法与故障类型和影响分析相同，在分析过程中只能关注单个节点、单个偏差，无法辨识系统元件间作用而引起的危险。尽管分析时依据引导词分析可以有序，但也容易使分析小组疏忽了引导词以外可能出现的危险。另外，这种分析方法较为耗费时间，通常和其他方法结合使用。

6.3.6　应用危险与可操作性分析的注意事项

进行危险与可操作性分析时，要组成分析小组，由设计、操作和安全等方面的人员参加，以 3～5 人自始至终参加分析为宜。参加人员要有实践经验，并具备有关安全法令、工艺等方面的知识，特别是小组负责人在危险与可操作性研究分析方面一定要有经验，当遇到具体问题时能够迅速作出决策。

分析过程中，在小组成员对分析对象还不太明了之前，负责人不要急于用引导词，只有经过讨论大家都清楚了危险所在以及改进的方法后，再使用引导词列表。

表格完成后，小组成员要反复审阅，进行讨论以评价改进措施。一般采取修改或部分修改设计，或者是改变或部分改变操作条件。对于危险性特别大的可能结果，可采用其他方法进一步分析。

危险可操作性分析的表格是非常重要的技术档案，应加以妥善保存。

液氨储槽高液位偏差危险与可操作性分析工作表（部分）见表 6-11。

表 6-11 液氨储槽高液位偏差危险与可操作性分析工作表（部分）

序号	偏差	原因	后果	安全保护	建议措施
1.0 容器——液氨储槽；在环境温度和压力下进料					
1.1	高液位	· 氨站来液氨量太大，液氨储槽无足够容积 · 液氨储槽液位指示器因故障显示液位低	氨可能释放到大气中	· 储槽上装有液位显示器 · 液氨储槽上装有安全阀	· 检查氨站来液氨量以保证液氨储槽有足够容积 · 考虑将安全阀排出的氨气送入洗涤器 · 考虑在液氨储槽上安装独立的高液位报警器

6.4 道化学火灾、爆炸指数分析

6.4.1 道化学火灾、爆炸指数分析概述

火灾爆炸指数评价法是美国道化学公司于 1964 年首先提出的一种安全评价方法，历经 29 年，不断修改完善，在 1993 年推出了第七版，以已往的事故统计资料及物质的潜在能量和现行安全措施为依据，定量地对工艺装置及所含物料的实际潜在火灾、爆炸和反应危险性进行分析评价。其目的是：

① 量化潜在火灾、爆炸和反应性事故的预期损失；

② 确定可能引起事故发生或使事故扩大的装置；

③ 向有关部门通报潜在的火灾、爆炸危险性；

④ 使有关人员及工程技术人员了解到各工艺部门可能造成的损失，以此确定减轻事故严重性和总损失的有效、经济的途径。

6.4.2 道化学火灾、爆炸指数分析步骤

（1）单元划分

多数工厂是由多个单元组成的。在计算工厂火灾、爆炸指数时，首先应充分了解所评价工厂各设备间的逻辑关系，然后再进行单元划分，而且只选择那些对工艺有影响的单元进行评价，这些单元称为评价单元。选择评价单元的内容有：物质的潜在化学能、危险物质的数量、资金密度、操作压力与温度、导致以往事故的要点、关键装置等。

一般说来，单元的评价内容越多，其评价就越接近实际危险的程度。但目前尚无一个明确可行的规程来确定单元选择和划分。

（2）确定物质系数（MF）

在火灾、爆炸指数计算和危险性评价过程中，物质系数是最基础的数值，也是表述由燃烧或化学反应引起的火灾、爆炸过程中潜在能量释放的尺度。数值范围为 1～40，数值大则

表示危险性高。

（3）确定工艺单元危险系数（F_3）

工艺单元危险系数值是由一般工艺危险系数（F_1）与特殊工艺危险系数（F_2）相乘求出的。一般工艺危险系数是确定事故危险程度的主要因素，其中包括 6 个方面的内容，这些内容基本上覆盖了多数作业场合。特殊工艺过程危险性是导致事故发生的主要原因，包括 12 个特殊的工艺条件，各种特殊的工艺条件常常是事故发生的主要原因。

（4）确定火灾、爆炸危险指数（F&EI）

火灾、爆炸危险指数用来估计生产过程中的事故可能造成的破坏。各种危险因素如反应类型、操作温度、压力和可燃物的数量等表征了事故发生的概率、可燃物的潜能以及由工艺控制故障、设备故障、整栋或应力疲劳等导致的潜能释放的大小。

（5）确定安全措施补偿系数

任何一个化工厂或建筑物在建造时，都应考虑使一些基础的设计特征符合有关规范和标准。安全措施可分为三类：C_1——工艺控制；C_2——危险物质隔离；C_3——防火设施，安全措施修正系数。

（6）确定影响区域

取计算所得的 F&EI 值乘以 0.84，即得到影响区域半径。该值表示在评价的工艺单元内发生火灾和爆炸时可能影响的区域。若以国际单位制计算，则有：$P = \text{F\&EI} \times 0.84 \div 3.281$（m）。

（7）影响区域内财产价值

影响区域内财产价值可由区域内含有的财产求得：更换价值＝原来成本×0.82×增长系数。

（8）确定危害系数

危害系数由工艺单元危险系数（F_3）和物质系数（MF）来确定，它代表了单元中物料泄漏或反应能量释放所引起的火灾、爆炸事故的综合效应。

（9）基本最大可能财产损失（基本 MPPD）

基本最大可能财产损失是由工艺单元影响区域内财产价值与危害系数相乘得到的，它以假定没有任何一种安全措施来降低损失为前提。

（10）实际最大可能的财产损失值（实际 MPPD）

基本最大可能的财产损失值（基本 MPPD）乘以安全措施的修正系数，就可得出实际的最大可能的财产损失值。这个乘积表示在采取适当的防护措施后，某个事故遭受的财产损失值。如果某些预防系统出了故障，损失可能接近基本的最大可能财产损失值。

（11）确定最大可能损失天数（MPDO）

最大可能损失天数以实际最大可能财产损失值（实际 MMPD）求出。

（12）停产损失（BI）

按美元计算，停产损失

$$\text{BI} = \text{MPDO} \div 30 \times \text{VPM} \times 0.7$$

式中　VPM——每月产值；

　　　0.7——固定成本和利润。

（13）单元危险分析汇总

工艺单元危险分析汇总表汇集了单元中 MF、F&EI、MPPD、MPDO、BI 的数据。

(14) 关于最大可能财产损失、停产损失和工厂平面布置的讨论

根据上述介绍，很容易会产生这样一个问题："可以接受的最大可能财产损失和停产损失的风险值为多少？"要确定这个界限值，一种方法是与技术领域类似的工厂进行比较，一个新装置的损失风险预测值不应超过具有同样技术的类似的工厂；另一种方法是采用生产单元（工厂）更换价值的 10% 来确定其最大可能财产损失。如果最大可能损失是不可接受的，那么关键要研究应该或可能采取哪些措施来降低它。

6.4.3　道化学火灾、爆炸指数分析适用条件

道化学火灾、爆炸指数分析不仅可用于评价生产、储存、处理具有可燃、爆炸、化学活泼性物质的化工过程，而且还可用于供、排水（气）系统、污水处理系统、配电系统以及整流器、变压器、锅炉、发电厂的某些设施和具有一定潜在危险的中试装置等。道化学火灾、爆炸指数分析流程见图 6-4。

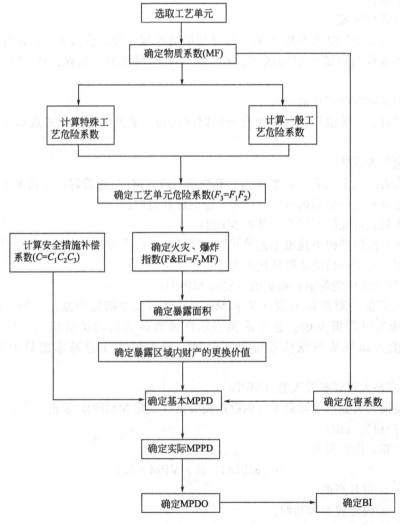

图 6-4　道化学火灾、爆炸指数分析流程

6.5　故障类型和影响分析

6.5.1　故障类型和影响分析概述

故障类型和影响分析（FMEA）是系统安全工程的一种方法，根据系统可以划分为子系统、设备和元件的特点，按实际需要，将系统进行分割，然后分析各自可能发生的故障类型及其产生的影响，以便采取相应的对策，提高系统的安全可靠性。

6.5.2　故障类型和影响分析基本概念

（1）故障

元件、子系统、系统在运行时，达不到设计规定的要求，因而完不成规定的任务或完成得不好。

（2）故障类型

系统、子系统或元件发生的每一种故障的形式称为故障类型。例如，一个阀门故障可以有四种故障类型：内漏、外漏、打不开、关不严。

（3）故障等级

根据故障类型对系统或子系统影响的程度不同而划分的等级称为故障等级。

列出设备的所有故障类型对一个系统或装置的影响因素，这些故障模式对设备故障进行描述（开启、关闭、开、关、泄漏等），故障类型的影响由对设备故障有系统影响确定。FMEA 辨识可直接导致事故或对事故有重要影响的单一故障模式。在 FMEA 中不直接确定人的影响因素，但人失误、误操作影响通常作为一种设备故障模式表示出来。一个 FMEA 不能有效地辨识引起事故的详尽的设备故障组合。

（4）故障原因

导致元器件、组件等形成故障模式的过程或机理，造成元件发生故障的原因在于如下几方面：设计上的缺陷、制造上的缺陷、质量管理方面的缺陷、使用上的缺陷以及维修方面的缺陷。

（5）故障结果

元件、组件的故障模式对元件、组件本身及系统的操作、功能或状态产生的后果。

6.5.3　故障类型和影响分析步骤

进行 FMEA 时，须按照下述步骤。故障类型和影响分析流程见图 6-5。

图 6-5　故障类型和影响分析流程

（1）明确系统本身的情况和目的

分析时首先要熟悉有关资料，从设计说明书等资料中了解系统的组成、任务等情况，查出系统含有多少子系统，各个子系统又含有多少单元或元件，了解它们之间如何接合，熟悉它们之间的相互关系、相互干扰以及输入和输出等情况。

(2) 确定分析程度和水平

分析时一开始便要根据所了解的系统情况，决定分析到什么水平，这是一个很重要的问题。如果分析程度太浅，就会漏掉重要的故障类型，得不到有用的数据；如果分析的程度过深，一切都分析到元件甚至零部件，则会造成手续复杂，搞起措施来也很难。一般来讲，经过对系统的初步了解后，就会知道哪些子系统比较关键，哪些次要。对关键的子系统可以分析得深一些，不重要的分析得浅一些，甚至可以不进行分析。

对于一些功能像继电器、开关、阀门、储罐、泵等都可当作元件对待，不必进一步分析。

(3) 绘制系统图和可靠性框图

一个系统可以由若干个功能不同的子系统组成，如动力、设备、结构、燃料供应、控制仪表、信息网络系统等，其中还有各种接合面。为了便于分析，对复杂系统可以绘制各功能子系统相结合的系统图以表示各子系统间的关系。对简单系统可以用流程图代替系统图。

从系统图可以继续画出可靠性框图，它表示各元件是串联的或并联的以及输入输出情况。由几个元件共同完成一项功能时用串联连接，元件有备品时则用并联连接，可靠性框图内容应和相应的系统图一致。

(4) 列出所有故障类型并选出对系统有影响的故障类型

按照可靠性框图，根据过去的经验和有关的故障资料，列举出所有的故障类型，填入FMEA表格内。然后从其中选出对子系统以至系统有影响的故障类型，深入分析其影响后果、故障等级及应采取的措施。

如果经验不足，考虑得不周到，将会给分析带来影响。因此，这是一件技术性较强的工作，最好由安技人员、生产人员和工人结合进行。

(5) 列出造成故障的原因

对危险性特别大的故障类型，如故障等级为Ⅰ级，则要进行致命度分析。

6.5.4　故障类型和影响分析适用条件

故障类型和影响分析是通过系统、子系统、单元、元器件的故障模式来辨识系统的危险，在此基础上评估故障模式对系统影响的一种危险分析工具。它是一种自上而下的分析方法，在产品或系统设计已经细致到元器件层次，这时采用故障类型和影响分析方法对保证设计的正确合理有积极的作用，因为在这时发现问题及时修改还不需要太昂贵的费用。

如果能获取每个元器件的故障概率，就可以计算元器件的故障模式对整个系统的影响，从而可以确定是否进行设计变更。故障类型和影响分析方法适用于从系统的元器件之间任一层次的分析，但它通常分析较低层次的危险。它既可以进行定性的分析，也可以进行定量的分析。在运用这种分析方法时，除了掌握其原理所在，还要对系统中各组件有着深刻的了解。

6.5.5　故障类型和影响分析使用的局限性

故障类型和影响分析在使用中的局限性表述如下。

① 对大型、复杂系统进行分析时，这种分析方法耗费大量的时间和精力；如果将精力花费在每一个细节上，则难免会在宏观层面上失去对系统的控制。

② 仅能识别每个元件的故障模式，无法识别部件间相互作用的影响，更无法辨识它们。

③ 要识别所有的故障模式，分析结果的准确程度受分析专家知识程度及对系统熟悉程

度的影响。

　　④ 这种分析方法无法识别人因失误和外界影响因素。

6.5.6　应用故障类型和影响分析的注意事项

　　在运用采用故障类型和影响分析法时，应注意避免一些习惯性的错误：

　　① 没有采用结构划分图进行标准的分析；

　　② 没有邀请设计人员参加分析以获取更广泛的观点；

　　③ 没有彻底调查每一个故障模式的全面影响。

　　方法示例：柴油机燃料供应系统故障类型和影响分析

　　图 6-6 为柴油机燃料供应系统。柴油经膜式泵送往壁上的中间储罐，再经过滤器流入曲轴带动的柱塞泵，将燃料向柴油机汽缸喷射。

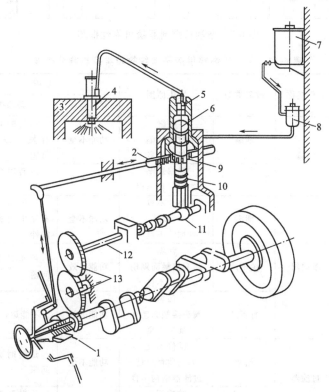

图 6-6　柴油机燃料供应系统

1—调速器；2—齿条；3—汽缸；4—喷嘴；5—逆止阀；6—柱塞；7—燃料储槽；
8—过滤器；9—小齿轮；10—弹簧；11—凸轮；12—曲轴；13—齿轮

　　此处共有 5 个子系统，即燃料供应子系统、燃料压送子系统、燃料喷射子系统、驱动装置、调速装置，见图 6-7。

　　这里仅就燃料供应子系统作出故障类型影响分析 FMEA 分析表中，摘出对系统有严重危险的故障类型，汇总入表 6-12，从中可以看出采取措施的重点，在本例中从分析结果可以看到，燃料供应子系统的单向阀、燃料输送装置的柱塞和单向阀、燃料喷射装置的针形阀，都容易被污垢堵住，因此要变更原来设计，即在燃料泵（柱塞泵）前面加一个过滤器。柴油机燃料系统影响任务项目见表 6-13。

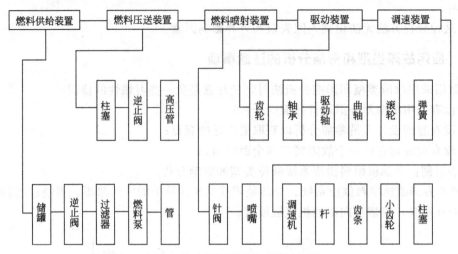

图 6-7　柴油机燃料系统可靠性框图

表 6-12　柴油机燃料供应子系统故障类型影响分析表

编号	子系统名称	元件名称	故障类型	发生原因	影响		故障等级	备注
					燃料系统	柴油机		
1	燃料供给子系统	储罐	泄漏	裂缝 材料缺陷 焊接不良	功能不全	运转时间变短有发生火灾的可能	II	
			混入不纯物	维修缺陷 选用材料错误	功能不全	运转时会发生问题	II	
		单向阀	泄漏	垫片不良 污垢 加工不良	功能不全	运转时间变短有发生火灾的可能性	II	
			关不严	污垢 阀头接触面划伤 加工不良	功能失效	停车时会出现问题	III	
			打不开	污垢 阀头接触面锈住 加工不良	功能失效	不能运转	I	
		过滤器	堵塞	维修不良 燃料质量欠佳 过滤器结构不良	功能不全	运转时会出现问题	II	
			溢流	结构不良 维修不良	功能不全	运转时会出现问题	II	
		燃料泵	膜有缺陷	有洞 有伤 安装不良	功能失效	不能运转	I	
			膜不能动作	结构不良 零件缺陷 安装不良	功能失效	不能运转	I	
		管路	泄漏	材料不良 焊接不良	功能不全	运转会发生故障	II	
			接头破损	焊接不良 零件不良 安装不良	功能失效	不能运转	I	

续表

编号	子系统名称	元件名称	故障类型	发生原因	影响		故障等级	备注
					燃料系统	柴油机		
2	燃料输送装置	柱塞泵	泄漏	间隙过大表面粗糙装配不良	功能不全	运转会发生故障	Ⅱ	
			间隙过大	检修缺陷加工不良材质不良装配不良维护不良	功能不全	运转会发生故障	Ⅱ	
			咬住	污垢装配缺陷间隙过小	功能失效	不能运转	Ⅰ	
			燃料回流不良	柱塞沟加工不良污垢柱塞孔加工不良	功能不齐全	运转会发生故障	Ⅲ	
		单向阀	关不死	污垢阀杆受伤弹簧断	功能不全	运转会发生故障	Ⅱ	
			打不开	阀体质不良阀杆咬住	功能丧失	不能运转	Ⅰ	
		高压管线	焊缝破裂	焊接不良加工不良安装不良			Ⅰ	

表 6-13 柴油机燃料系统影响任务项目

序号	项目名称	故障类型	影响	故障等级	备考
1.2	单向阀	打不开	系统不能运转	Ⅰ	
1.4	燃料泵	泵膜有缺陷	系统不能运转	Ⅰ	
		泵膜不动作	系统不能运转	Ⅰ	
1.5	管线	焊缝破损	系统不能运转	Ⅰ	
2.1	柱塞	胶住	系统不能运转	Ⅰ	
2.2	单向阀	打不开	系统不能运转	Ⅰ	
2.3	高压管线	焊缝破损	系统不能运转	Ⅰ	
3.1	针形阀	胶住	系统不能运转	Ⅰ	
4.1	齿轮	不转动	系统不能运转	Ⅰ	
4.2	轴承	胶住	系统不能运转	Ⅰ	
4.3	驱动轴	折断	系统不能运转	Ⅰ	
5.1	调速机	摆动	系统不能运转	Ⅰ	

6.6 故障树分析法

6.6.1 故障树分析法概述

故障树分析法（Fault Tree Analysis，FTA）是 20 世纪 60 年代以来迅速发展的系统可靠性分析方法，它采用逻辑方法，将事故因果关系形象地描述为一种有方向的"树"：把系统可能发生或已发生的事故（称为顶事件）作为分析起点，将导致事故原因的事件按因果逻辑关系逐层列出，用树形图表示出来，构成一种逻辑模型，然后定性或定量地分析事件发生的各种可能途径及发生的概率，找出避免事故发生的各种方案并优选出最佳安全对策。FTA 法形象、清晰、逻辑性强，它能对各种系统的危险性进行识别评价，既适用于定性分析，又能进行定量分析。

顶事件通常是由故障假设、HAZOP 等危险分析方法识别出来的。故障树模型是原因事件（即故障）的组合（称为故障模式或失效模式），这种组合导致顶上事件。而这些故障模式称为割集，最小割集是原因事件的最小组合。若要使顶事件发生，则要求最小割集中的所有事件必须全部发生。

6.6.2　故障树分析法名词术语和符号

（1）事件及其符号

在故障树分析中，各种故障状态或不正常情况皆称故障事件；各种完好状态或正常情况皆称成功事件。两者皆可简称事件。

① 底事件（○）。底事件是故障树分析中仅导致其他事件的原因事件。底事件位于所讨论的故障树底端，总是某个逻辑门的输入事件而不是输出事件。底事件分为基本事件与未探明事件。基本事件是在特定的故障树分析中无须探明其发生原因的底事件。未探明事件是原则上进一步探明但暂时不能或不必探明原因的底事件。

② 结果事件（□）。结果事件是故障树分析中由其他事件或事件组合所导致的事件。结果事件总位于某个逻辑门的输出端。结果事件分为顶事件和中间事件。顶事件是故障树分析中所关心的结果事件。顶事件位于故障树的顶端，总是所讨论故障树中逻辑门的输出事件而不是输入事件。中间事件是位于顶事件和底事件的结果事件。中间事件既是某个逻辑门的输出事件，又是别的逻辑门的输入事件。

③ 特殊事件（◇）。特殊事件是指在故障树分析中所需要特殊符号表明其特殊或引起注意的事件。

开关事件是在正常工作条件下必然发生或者必然不发生的特殊事件。

条件事件是描述逻辑门起作用的具体限制的特殊事件。

（2）逻辑门及其符号

在故障树分析中逻辑门只描述事件间的逻辑因果关系。

与门 表示仅当所有输入事件发生时，输出事件才发生。

或门 表示至少一个输入事件发生时，输出事件就发生。

条件或门 表示两事件单独输入时，还必须满足条件 a，输出事件才发生。

条件与门 表示两事件同时输入时，还必须满足条件 a，输出事件才发生。

（3）割集和最小割集

割集是导致顶上事件发生的基本事件的集合。也就是说，在事故树中，一组基本事件的发生能够造成顶上事件发生，这组基本事件就称为割集。

同一个事故树中的割集一般不止一个，在这些割集中，凡不含其他割集的割集，叫作最小割集。换言之，如果割集中任意去掉一个基本事件后就不是割集，那么这样的割集就是最小割集。

（4）径集和最小径集

如果事故树中某些基本事件不发生，则顶上事件就不发生，这些基本事件的集合称为径集。

同一事故树中，不包含其他径集的径集称为最小径集。换言之，如果径集中任意去掉一个基本事件后就不是径集，那么该径集就是最小径集。

（5）布尔代数基本定律

交换律	$a+b=b+a$	$a \cdot b=b \cdot a$
结合律	$a+(b+c)=(a+b)+c$	$a \cdot (b \cdot c)=(a \cdot b) \cdot c$
分配律	$a+(b \cdot c)=(a+b) \cdot (a+c)$	$a \cdot (b+c)=(a \cdot b)+(a \cdot c)$
0-1律	$a+1=1$	$a+0=a$
	$a \cdot 0=0$	$a \cdot 1=a$
吸收律	$a+(a \cdot b)=a$	$a \cdot (a+b)=a$
互补律	$a+a'=1$	$a \cdot a'=0$

6.6.3 故障树编制步骤

① 熟悉分析系统。首先要详细了解要分析的对象，包括工艺流程、设备构造、操作条件、环境状况及控制系统和安全装置等，同时还可以广泛收集同类系统发生的事故。故障树分析流程见图 6-8。

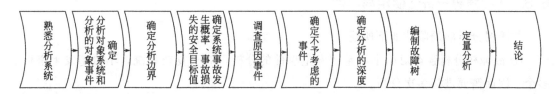

图 6-8 故障树分析流程

② 确定分析对象系统和分析的对象事件（顶上事件）。通过实验分析、事故分析以及故障类型和影响分析确定顶上事件；明确对象系统的边界、分析深度、初始条件、前提条件和不考虑条件。

③ 确定分析边界。在分析之前要明确分析的范围和边界，系统内包含哪些内容。特别是化工、石油化工生产过程都具有连续化、大型化的特点，各工序、设备之间相互连接，如果不划定界限，得到的故障树将会非常庞大，不利于研究。

④ 确定系统事故发生概率、事故损失的安全目标值。

⑤ 调查原因事件。顶上事件确定之后，就要分析与之有关的原因事件，也就是找出系统的所有潜在危险因素的薄弱环节，包括设备元件等硬件故障、软件故障、人为差错及环境因素。凡是事故有关的原因都找出来，作为事件树的原因事件。

⑥ 确定不予考虑的事件。与事故有关的原因各种各样，但是有些原因根本不可能发生或发生的概率很小，如雷电、飓风、地震等，编制故障树时一般都不予考虑，但要先加以说明。

⑦ 确定分析的深度。在分析原因事件时，要分析到哪一层为止，需要事先确定。分析得太浅可能发生遗漏；分析得太深，则故障树会过于庞大烦琐。所以具体深度应视分析对象而定。

⑧ 编制故障树。从顶事件起，一级一级往下找出所有原因事件直到最基本的事件为止，按其逻辑关系画出故障树。每一个顶上事件对应一株故障树。

⑨ 定量分析。按事故结构进行简化，求出最小割集和最小径集，求出概率重要度和临界重要度。

⑩ 结论。当事故发生概率超过预定目标值时，从最小割集着手研究降低事故发生概率的所有可能方案，利用最小径集找出消除事故的最佳方案；通过重要度分析确定采取对策措施的重点和先后顺序，从而得出分析、评价的结论。

6.6.4 故障树分析法适用条件

故障树分析可以基于系统的各个层次，对系统、子系统、组件、程序、工作环境等都可采用这种分析方法。故障树分析法的应用具有两个突出的方面，一方面是在系统设计、研发阶段主动分析可以预测和阻止未来可能出现的问题，另一方面则是在事故发生后可被动找出事故的致因。因而事故树分析涵盖了系统生命周期从设计早期阶段至使用维护各个阶段，且适用领域非常广泛。

6.6.5 故障树分析法使用局限性

故障树分析的局限性如下所述。

① 故障树分析强调对单个不希望发生事件的分析，对于复杂系统，不希望发生事件有多个，因而需要进行多次分析。

② 故障树分析可进行定量分析，需要大量的时间和丰富的信息资源，但众多行业中，复杂系统各基本事件发生概率难以获取，因而定量分析很难真正实现。当基本事件发生概率不够准确时，顶上事件的发生概率结果没有真正的意义。

③ 故障树分析时各逻辑门下的时间或条件彼此间是相互独立的，它们是导致逻辑门上中间事件的直接原因，如果某个逻辑门下的原因事件没有充分辨识出来，故障树分析是有缺陷的。

6.6.6 应用故障树分析法的注意事项

在运用故障树分析时，应注意避免如下的问题。
① 没有充分理解系统的设计与操作。
② 没有分析透彻某一中间事件的所有原因事件。
③ 没有明确各原因事件的逻辑关系。
④ 在基本事件或中间事件没有用简明、准确的语言表达事件的内容。
锅炉爆炸故障树如图 6-9 所示。

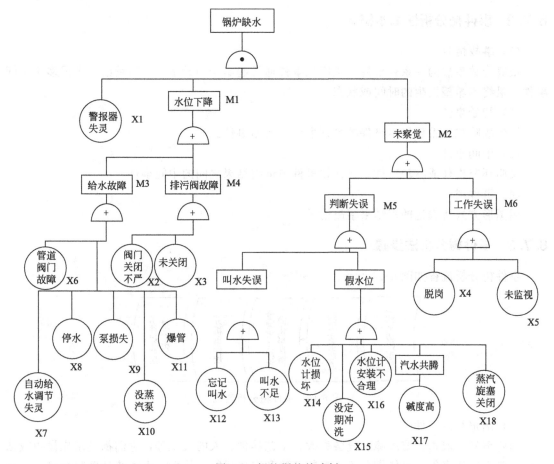

图 6-9　锅炉爆炸故障树

6.7　事件树分析法

6.7.1　事件树分析法概述

　　事件树分析（Event Tree Analysis，ETA）的理论基础是决策论。它是一种从原因到结果的自上而下的分析方法。从一个初始事件开始，交替考虑成功与失败的两种可能性，然后再以这两种可能性作为新的初始事件，如此继续分析下去，直到找到最后的结果。因此ETA是一种归纳逻辑树图，能够看到事故发生的动态发展过程，提供事故后果。

　　事故的发生是若干事件按时间顺序相继出现的结果，每一个初始事件都可能导致灾难性的后果，但不一定是必然的后果。因为事件向前发展的每一步都会受到安全防护措施、操作人员的工作方式、安全管理及其他条件的制约。因此每一阶段都有两种可能性结果，即达到既定目标的"成功"和达不到目标的"失败"。

　　ETA从事故的初始事件开始，途经原因事件到结果事件为止，每一事件都按成功和失败两种状态进行分析。成功或失败的分叉点称为歧点，用树枝的上分支作为成功事件，下分支作为失败事件，按照事件发展顺序不断延续分析直至最后结果，最终形成一个在水平方向横向展开的树形图。

6.7.2 事件树分析法基本概念

（1）事故情景

最终导致事故的一系列事件。该序列事件通常起始于初始事件，后续的一个或多个中间事件，最终不希望发生的时间或状态。

（2）初始事件

导致故障或不希望发生事件的系列事件的起始事件。

（3）中间事件

又叫环节事件或枢轴事件，是初始事件与最终结果之间的中间事件。

（4）事件树

用图形方式所表达的多结果事故情景。

6.7.3 事件树分析法步骤

事件树分析流程如图 6-10 所示。

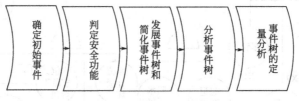

图 6-10 事件树分析流程

（1）确定初始事件

初始事件一般指系统故障、设备失效、工艺异常、人的失误等，它们都是事先设想或估计的。确定初始事件一般依靠分析人员的经验和有关运行、故障、事故统计资料来确定；对于新开发系统或复杂系统，往往先应用其他分析、评价方法从分析的因素中选定，再用事件树分析方法作进一步的重点分析。

（2）判定安全功能

在所研究的系统中包含许多能消除、预防、减弱初始事件影响的安全功能。常见的安全功能有自动控制装置、报警系统、安全装置、屏蔽装置和操作人员采取措施等。

（3）发展事件树和简化事件树

从初始事件开始，自左向右发展事件树，首先把初始事件一旦发生时起作用的安全功能状态画在上面的分支，不能发挥安全功能的状态画在下面的分支。然后依次考虑每种安全功能分支的两种状态，层层分解直至系统发生事故或故障为止。

（4）分析事件树

① 找出事故连锁和最小割集。事件树每个分支代表初始事件一旦发生后其可能的发展途径，其中导致系统事故的途径即为事故连锁，一般导致系统事故的途径有很多，即有很多事故连锁。

② 找出预防事故的途径。事件树中最终达到安全的途径指导人们如何采取措施预防事故发生。在达到安全的途径中，安全功能发挥作用的事件构成事件树的最小径集。一般事件树中包含多个最小径集，即可以通过若干途径防止事故发生。

由于事件树表现了事件间的时间顺序，所以应尽可能地从最先发挥作用的安全功能着手。

（5）事件树的定量分析

由各事件发生的概率计算系统事故或故障发生的概率。

6.7.4 事件树分析法适用条件

事件树分析在产品生命周期早期阶段不太适用，其可以用来分析整个系统，也可以用来分析子系统，还可以分析环境因素和人为因素。定量评价需要分析人员对整个系统有着较为深刻的认识，特别是每个中间事件发生概率的确定需要分析人员通过事故分析方法计算。

6.7.5 事件树分析法使用局限

① 一个事件树只能有一个初始事件，因而当有多个初始事件时，这种方法则不适合分析。

② 事件树在建树过程中容易忽略系统中一些不重要的事件的影响。

③ 事件树要求每一个中间事件的结果"黑白分明"，而实践中有些事件的结果呈"灰色"。另外这种方法要求分析人员经过培训并有一定的分析经验。

6.7.6 应用事件树分析法的注意事项

某些系统的环节事件含有两种以上状态，对于这种情况，应尽量归纳为两种状态，以符合事件树分析的规律。但是，为了详细分析事故的规律和分析的方便，可以将两态事件变为多态事件，因为多态事件状态之间仍是互相排斥的，所以，可以把事件树的两分支变为多分支，而不改变事件树分析的结果。事件树分析应注意避免以下两个问题：

① 没有辨识合适的初始事件。

② 没有理清楚中间事件。

方法示例：氧化反应器冷却水断流初始事件的事件树分析

将《氧化反应器的冷却水断流》作为初始事件。设计了如下安全功能（措施）来应对初始事件：

① 氧化反应器高温报警，向操作工提示报警温度 T_1；

② 操作工重新向反应器通冷却水；

③ 在温度达到 T_2 时，反应器自动停车。

列出这些安全功能（措施）是为一旦出现初始事件时进行应对。报警和停车都有各自的传感器，温度报警仅仅是为了使操作工对这一问题（高温）引起注意。图 6-11 表示的是这一初始事件和这些安全功能（措施）的事件树。

如果高温报警器运行正常的话，第一项安全功能（措施）（高温报警）就能通过向操作工提供警告而对事故的发生产生影响。所以，对第一项安全功能（措施）应该有一分叉点（节点）A。因为操作工对高温报警可能作出反应，也可能不作出反应，所以在（高温报警功能）成功的那一支（路）上为第二项安全功能（措施）确定一个分叉点（节点）B；若高温报警仪没有工作，则操作工不可能对初始事件作出反应，所以，安全功能（高温报警）失败那一支（路）上就不应该有第二安全功能的分叉点（节点），而应直接进行第三功能的分析。（关于第三功能），最上面的一支（路）没有第三安全功能（自动停车）的分叉点，这是因为报警器和操作工两者均成功了，第三项安全功能已没有必要。如头两项安全功能（报警器和操作工）全都失败了，则需要编入第三项安全功能（C），下面的几支应该都有节点，因为停车系统对这几支的结果都有影响。

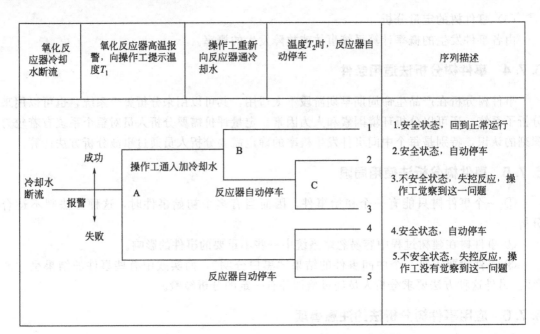

氧化反应器冷却水断流	氧化反应器高温报警,向操作工提示温度T_1	操作工重新向反应器通冷却水	温度T_2时,反应器自动停车	序列描述

图 6-11　氧化反应器冷却水断流初始事件的事件树

序列描述:
1. 安全状态,回到正常运行
2. 安全状态,自动停车
3. 不安全状态,失控反应,操作工觉察到这一问题
4. 安全状态,自动停车
5. 不安全状态,失控反应,操作工没有觉察到这一问题

　　分析人员应仔细检验每一序列(支、节点)的"成功"和"失败",并要对预期的结果提供准确说明。该说明应尽可能详尽地对事故进行描述。图 6-11 对本例事件树的每一事故支给出了一些说明。

　　一旦故障序列描述完毕,分析人员就能按照故障类型和数目以及后果严重程度对事故进行排序。事件树的结构,可清楚地显示事故的发展过程,可帮助分析人员判断哪些补充措施或安全系统对预防事故是最有效的。

 思考题

1. 危险源辨识的主要内容是什么?
2. 常用的系统安全分析方法有哪些?
3. 常用的系统安全分析方法适用范围是什么?有哪些优缺点?
4. 如何编制安全检查表?如何应用安全检查表?

7 危险化学品事故应急处置

本章介绍了危险化学品事故应急救援基本任务和危险化学品应急处置的基本方法，介绍了八类危险化学品事故应急处置要点，详细介绍了七种典型危险化学品事故应急处置对策。

7.1 危险化学品应急处置通用要求

危险化学品应急救援是指由危险化学品造成或可能造成人员伤害、财产损失和环境污染及较大社会危害时，为及时控制事故源、抢救危害人员、指导群众防护和组织撤离、清除危害后果而组织的救援活动。

7.1.1 危险化学品应急救援的基本任务

① 控制事故源。及时控制事故源，是应急救援工作的首要任务，只有及时控制住事故源，才能及时防止事故的继续扩展，有效地进行救援。

② 抢救受害人员。这是应急救援的重要任务。在应急救援行动中，及时、有序、有效地实施现场急救与安全转送伤员是降低伤亡率、减少事故损失的关键。

③ 指导群众防护，组织群众撤离。由于化学事故发生突然、扩展迅速、涉及面广、危害大，应及时指导和组织群众采取各种措施进行自身防护，并向上风向迅速撤离出危险区域或可能受到危害的区域。在撤离过程中应积极组织群众开展自救和互救工作。

④ 做好现场清消，消除危害后果。对事故外逸的有毒有害物质和可能对人和环境继续造成危害的物质，应及时组织人员予以清除，消除危害后果，防止对人的继续危害和对环境的污染。对于由此发生的火灾，应及时组织力量扑救、洗消。

⑤ 查清事故原因，估算危害程度。事故发生后应及时调查事故的发生原因和事故性质，估算出事故的危害波及范围和危险程度，查明人员的伤亡情况，做好事故调查。

不同的危险化学品其性质不同、危害程度不同，处理方法也不尽相同，但是作为危险化学品事故处置有其共同的规律。化学事故应急救援一般包括报警与接警、应急救援队伍的出动、实施应急处理，即紧急疏散、现场急救、溢出或泄漏处理和火灾控制几个方面。

7.1.2 危险化学品应急处置的基本程序

（1）接警与通知

准确了解事故的性质和规模等初始信息，是决定启动应急救援的关键，接警作为应急响应的第一步，必须对接警与通知要求作业明确规定。

① 应明确 24h 报警电话，建立接警和事故通报程序。

② 列出所有的通知对象及电话，将事故信息及时按对象及电话清单通知。

③ 接警人员必须掌握的情况有：事故发生的时间与地点、种类、强度；已泄漏物质数量以及已知的危害方向。

④ 接警人员在掌握基本事故情况后，立即通知企业领导层，报告事故情况，以及可能的应急响应级别。

⑤ 在进行应急救援行动时，首先是让企业内人员知道发生了紧急情况，此时就要启动警报系统，最常使用的是声音报警。报警有两个目的：

a. 通知应急人员企业发生了事故，要进入应急状态，采取应急行动。

b. 提醒其他无关人员采取防护行动（如转移到更安全的地方或撤离企业）。

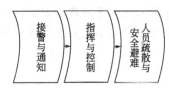

⑥ 通知上级机构。

图 7-1　危险化学品应急处理流程

根据应急的类型和严重程度，企业应急总指挥或企业有关人员（业主或操作人员）必须按照法律、法规和标准的规定将事故有关情况上报政府安全生产主管部门。

危险化学品应急处理流程如图 7-1 所示。

通报信息内容如下：

① 将要发生或已发生事故或泄漏的企业名称和地址；

② 通报人的姓名和电话号码；

③ 泄漏化学物质名称，该物质是否为极危险物质；

④ 泄漏事件或预期持续事件；

⑤ 实际泄漏或估算泄漏量，是否会产生企业外效应；

⑥ 泄漏发生的介质；

⑦ 已知或预期的事故的急性或慢性健康风险和关于解除人员的医疗建议；

⑧ 由于泄漏应该采取的预防措施，包括疏散；

⑨ 获取进一步信息，需联系的人员的姓名和电话号码；

⑩ 气象条件，包括风向、风速和预期企业外效应。

（2）指挥与控制

重大事故的应急救援往往涉及多个救援部门和机构，因此，对应急行动的统一指挥和协调是有效开展应急救援的关键。建立统一的应急指挥、协调和决策程度，便于对事故进行初始评估，确认紧急状态，从而迅速有效地进行应急响应决策，建立现场工作区域，指挥和协调现场各救援队伍开展救援行动，合理高效地调配和使用应急资源等。

① 应急功能应明确：现场指挥部的设立程序；指挥的职责和权力；指挥系统（谁指挥谁、谁配合谁、谁向谁报告）；启动现场外应急队伍的方法；事态评估与应急决策的程序；现场指挥与应急指挥部的协调；企业应急指挥与应急指挥部的协调。

应急指挥可设立应急指挥和现场应急指挥，应急指挥一般由总经理担任，现场应急指挥一般由生产副总经理或事发单位第一责任人担任，但是，企业在确定总指挥与现场指挥人员时，一定要考虑该人员由于某种原因（如出差等），在事故发生的时候不在场时，由谁来担任指挥的角色，以确保救援行动不出现混乱局面。

② 应急总指挥的职责是：负责组织应急救援预案的实施工作；负责指挥、调度各保障小组参加集团公司的应急救援行动；负责发布启动或解除应急救援行动的信息；开设现场指挥机构；向当地政府或驻军通报应急救援行动方案，并提出要求支援的具体事宜。

③ 现场指挥的职责是：全权负责应急救援现场的组织指挥工作；负责及时向总指挥部报告现场抢险救援工作情况。保证现场抢险救援行动与总指挥部的指挥和各保障系统的工作协调；进行事故的现场评估，并提出抢险救援的相关方案报应急救援总指挥部备案。必要时，与总指挥部的专业技术人员或有关专家进行直接沟通，确定抢险救援方案；必要时，提出现场抢险增援、人员疏散、向政府求援等建议并报总指挥部；参与事故调查处理工作，负责事故现场抢险救援工作的总结。

④ 联合指挥。当企业在救援时用到当地消防、医疗救护等其他应急救援机构时，这些应急机构的指挥系统就会与企业的指挥系统构成联合指挥，并随着各部门的陆续到达，联合指挥逐步扩大。

企业应急指挥应该成为联合指挥中的一员，联合指挥成员之间要协同工作，建立共同的目标和策略，共享信息，充分利用可用资源，提高响应效率。在联合指挥过程中，企业的应急指挥的主要任务是指挥提供救援所需的企业信息，如厂区分布图、重要保护目标、消防设施位置等，还应当配合其他部门开展应急救援，如协助指挥人员疏散等。

当联合指挥成员在某个问题上不能达成一致意见时，则负责该问题的联合指挥成员代表通常作出最后决策。

但如果动用其他部门较少，如发生较大火灾事故，没有发生人员伤亡的可能性，仅需要消防机构支援，可以考虑由支援部门指挥，企业为其提供信息、物资等支持。

（3）人员疏散与安全避难（安置）

① 人员疏散。人群疏散是减少人员伤亡扩大的关键，也是最彻底的应急响应。事故的大小、强度、爆发速度、持续时间及其后果严重程度，是实施人群疏散应予考虑的一个重要因素，它将决定撤退人群的数量、疏散的可用时间及确保安全的疏散距离。

对人群疏散所作的规定和准备应包括：明确谁有权发布疏散命令；明确需要进行人群疏散的紧急情况和通知疏散的方法；列举有可能需要疏散的位置；对疏散人群数量及疏散时间的估测；对疏散路线的规定；对需要特殊援助的群体的考虑，如学校、幼儿园、医院、养老院、监管所，以及老人、残疾人等。

在重大事故应急发生时，可能要求从事故影响区疏散企业人员到其他区域。有时甚至要求全企业人员除了负责控制事故的应急人员外都必须疏散。小企业或事故迅速恶化时，可直接进行全体疏散。被影响区无关人员应该首先撤离，接着是当全面停车时的剩余工人撤离。所有人员应该熟悉关于疏散的有关信息，在他们离开企业时，应该根据指示，关闭所有设施和设备。此外，岗位操作人员应该确切知道如何以安全方式进行应急停车。对于控制主要工艺设备停车的应急设备和公用工程，如果没有通知不能实施停车程序。

现场疏散的实际计划通常与企业大小、类型和位置有关。应事先确定出通知企业员工疏散的方法、主要或替换集合点、疏散路线和查点所有员工的程序。应该制订规定以警示和查找企业来访者。保卫人员应该持有这些人的名单，企业陪同人员负责来访者的安全。

如果发生毒气泄漏，应该设计转移企业人员的逃生方法，特别是对于泄漏影响地区。所有在影响区域的人员都应配合应急逃生呼吸器。如果有毒物质泄漏能透过皮肤进入身体，还应该提供其他防护设备。人员应该横向穿过泄漏区下风以减少在危险区的暴露时间。逃生路线、集合地点和企业地图应该在整个企业内设置，并清楚标识出来。此外，晚上应保证照明充足，便于安全逃生。企业内应该设置风标和南北指示标识，让人员辨识逃生方向。

② 现场安全逃避。当毒物泄漏时，一般有两类保护人员的方法：疏散或现场安全避难。选择正确的保护方案要根据泄漏类型和有关标准，见表7-1。

表 7-1　确定最佳保护行动的标准

保护方式	疏　　散	现场安全避难
毒物泄漏情况	大量物品长时间地泄漏	物品从容器中一次或全部泄漏
	容器有进一步失效的可能	蒸气云迅速移动、扩散
	避难保护不够充分	天气状况促进气体快速扩散
	持续火灾伴有毒烟	泄漏容易控制
	天气状况不利于蒸气快速扩散	没有爆炸性或易燃性气体存在

当人员受到毒物泄漏的威胁，且疏散又不可行时，短期安全避难可给人员提供临时保护。

如果有毒气体渗入量在标准范围内，大多数建筑都可提供一定程度保护。行政管理楼内也可设置避难所。

短期避难所通常是具有空气供给的密封室，空气可由瓶装压缩空气提供。一般控制室设计为短期避难所，使操作人员在紧急时安全使用。有些控制室如果为保证有序停车防止发生更大事故，需要设计为能够防止有毒气体的渗入。选择短期避难所的另一个原因是人员到达可长期避难场所的距离过远，或因缺少替代疏散路线而不能安全疏散。

指挥者根据事故区域大小、相对距离的远近和主导风向，为其员工选择短期避难所。避难不应过远，以免使人员不能及时到达。在选定某建筑作为短期避难所前，指挥者应该考虑一下其设计是否具有如下特点：

一是结构良好，没有明显的洞、裂口或其他可能使危险气体进入体内的结构弱点。

二是门窗有良好的密封。

三是通风系统可控制。

短期避难所不能长期驻留。如果需要长期避难设施，在计划和设计时必须保证安全的室内空气供给和其他支持系统。

避难场所应该能提供限定人员足够呼吸的空气量和足够长的时间下的有效保护。对大多数常见情况，临时避难所是窗户和门都关闭的任何一个封闭空间。

在许多情况下（如快速、短暂的气体泄漏等），采取安全避难是一个很有效的方法，特别是与疏散相比它具有实施所需时间短的优点。

③ 企业外疏散和安全避难。在紧急情况下，尤其是发生毒物泄漏时，应急指挥者的首要任务是向外报警，并建议政府主管部门采取行动保护公众。

接到企业通报，地方政府主管部门应决定是否启动企业外应急行动，协调并接管应急总指挥的职责。

企业外疏散与避难疏散虽然由政府进行，但企业必须事先做好准备，包括向政府提出疏散的建议。所以企业管理层应该积极与地方主管部门合作，制订应急预案，保护公众免受紧急事故危害。

7.2　危险化学品应急处置要点

7.2.1　爆炸品事故处置

爆炸品由于内部结构特性，爆炸性强、敏感度高，受摩擦、撞击、震动、高温等外界因素诱发而发生爆炸，遇明火则更危险。其特点是反应速度快，瞬间即完成猛烈的化学反应，同时放出大量的热量，产生大量的气体，且火焰温度相当高。如爆破用电雷管、弹药用雷管、硝铵炸药（铵梯炸药）等具有整体爆炸危险；如炮用发射药、起爆引信、催泪弹药具有抛射危险但无整体爆炸危险；如二亚硝基苯无烟火药、三基火药等具有燃烧危险和较小爆炸或较小抛射危险，或两者兼有，但无整体爆炸危险的物质；B 型爆破用炸药、E 型爆破用炸药、铵油炸药等属于非常不敏感的爆炸物质。

发生爆炸品火灾时，一般应采取以下处置方法：

① 迅速判断再次发生爆炸的可能性和危险性，紧紧抓住爆炸后和再次发生爆炸之前的有利时机，采取一切可能的措施，全力制止再次爆炸的发生。

② 凡有搬移的可能，在人身安全确有可靠保证的情况下，应迅速组织力量，在水枪的掩护下及时搬移着火源周围的爆炸品至安全区域，远离住宅、人员集聚、重要设施等地方，使着火区周围形成一个隔离带。

③ 禁止用沙土类的材料进行盖压，以免增强爆炸品爆炸式的威力。扑救爆炸品堆垛时，水流应采用吊射，避免强力水流直接冲击堆垛，造成堆垛倒塌引起再次爆炸。

④ 灭火人员应积极采取自我保护措施，尽量利用现场的地形、地物作为掩体和尽量采用卧姿等低姿射水；消防设备、设施及车辆不要停靠离爆炸品太近的水源处。

⑤ 灭火人员发现有再次爆炸的危险时，应立即撤离并向现场指挥报告，现场指挥应迅速作出准确判断，确有发生再次爆炸征兆或危险时，应立即下达撤退命令，迅速撤离灭火人员至安全地带。来不及撤退的灭火人员，应迅速就地卧倒，等待时机和救援。

爆炸品火灾处置流程如图 7-2。

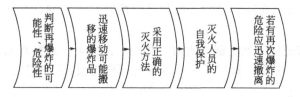

图 7-2 爆炸品火灾处置流程

7.2.2 压缩气体和液化气体事故处置

为了便于使用和储运，通常将气体用降温加压法压缩或液化后储存在钢瓶或储罐等容器中。在容器中处于气体状态的称为压缩气体，处于液体状态的称为液化气体。另外，还有加压溶解的气体。常见压缩、液化或加压溶解的气体有氧气、氯气、液化石油气、液化天然气、乙炔等。储存在容器中的压缩气体压力较高，储存在容器中的液化气体当温度升高时液体汽化、膨胀导致容器内压力升高，因此，储存压缩气体和液化气体的容器受热或受火焰熏烤容易发生爆炸。压缩气体和液化气体的另一种输送形式是通过管道。它比移动方便的钢瓶容器稳定性强，但同样具有易燃易爆的危险特点。压缩气体和液化气体泄漏后，与着火源已形成稳定燃烧时，其发生爆炸或再次爆炸的危险性与可燃气体泄漏未燃时相比要小得多。

遇到压缩气体或液化气体火灾时，一般应采取以下处置方法：

① 及时设法找到气源阀门。阀门完好时，只要关闭气体阀门，火势就会自动熄灭。在关阀无效时，切忌盲目灭火，在扑救周围火势以及冷却过程中不小心把泄漏处的火焰扑灭了，在没有采取堵漏措施的情况下，必须立即将火点燃，使其继续稳定燃烧。否则，大量可燃气体泄漏出来与空气混合，遇着火源就会发生爆炸，后果将不堪设想。

② 选用水、干粉、二氧化碳等灭火剂扑灭外围被火源引燃的可燃物火势，切断火势蔓延途径，控制燃烧范围。

③ 如有受到火焰热辐射威胁的压缩气体或液化气体压力容器，特别是多个压力容器存放在一起的地方，能搬移且安全有保障的，应迅速组织力量，在水枪的掩护下，一方面将压力容器搬移到安全地带，远离住宅、人员集聚、重要设施等地方。抢救搬移出来的压缩气体或存储的液化气体的压力容器时还要注意防火降温和防碰撞等措施。同时，要及时搬移着火源周围的其他易燃易爆物品至安全区域，使着火区周围形成一个隔离带。

不能搬移的压缩气体或液化气体压力容器，应部署足够的水枪进行降温冷却保护，以防止潜伏的爆炸危险。对卧式储罐或管道冷却时，为防止压力容器或管道爆裂伤人，进行冷却的人员应尽量采用低姿势射水或利用现场坚实的掩体防护，选择储罐侧角作为射水阵地。

④ 现场指挥应密切注意各种危险征兆，遇有或是熄灭后较长时间未能恢复稳定燃烧或受辐射的容器安全阀火焰变亮耀眼、尖叫、晃动等爆裂征兆时，指挥员必须作出准确判断，及时下达撤退令。现场人员看到或听到事先规定的撤退信号后，应迅速撤退至安全地带。

⑤ 在关闭气体阀门时储罐或管道泄漏关阀无效时，应根据火势大小判断气体压力和泄漏口的大小及其形状，准备好相应的堵漏材料，如软木塞、橡皮塞、气囊塞、黏合剂等。堵漏工作准备就绪后，即可用水扑救火势，也可用干粉、二氧化碳灭火，但仍需要水冷却烧烫的管壁。火扑灭后，应立即用堵漏材料堵漏，同时用雾状水稀释和驱散泄漏出来的气体。

⑥ 碰到一次堵漏不成功，需一定时间再次堵漏时，应继续将泄漏处点燃，使其恢复稳定燃烧，以防止发生潜伏爆炸的危险，并准备再次灭火堵漏。如果确认泄漏口较大，一时无法堵漏，只需冷却着火源周围管道和可燃物品，控制着火范围，直到燃气燃尽，火势自动熄灭。

⑦ 气体储罐或管道阀门处泄漏着火时，在特殊情况下，只要判断阀门还有效，也可违反常规，先扑灭火势，再关闭阀门。一旦发现关闭已无效，一时又无法堵漏时，应迅速点燃，继续恢复稳定燃烧。

7.2.3 易燃液体的处置

易燃液体通常储存在容器内或用管道输送。液体容器有的密闭，有的敞开，一般是常压，只有反应锅（炉、釜）及输送管道内的液体压力较高。液体不管是否着火，如果发生泄漏或溢出，都将顺着地面流淌或水面飘散，而且，易燃液体还有相对密度和水溶性等涉及能否用水和普通泡沫扑救以及危险性很大的沸溢和喷溅等问题。

① 首先应切断火势蔓延的途径，冷却和疏散受火势威胁的密闭容器和可燃物，控制燃烧范围，并积极抢救受伤和被困人员。如有液体流淌时，应筑堤（或用围油栏）拦截漂散流淌的易燃液体或挖沟导流。

② 及时了解和掌握着火液体的品名、相对密度、水溶性以及有无毒害、腐蚀、沸溢、喷溅等危险性，以便采取相应的灭火和防护措施。

③ 对较大的储罐或流淌火灾，应准确判断着火面积。大面积（大于 $50m^2$）液体火灾则必须根据其相对密度、水溶性和燃烧面积大小，选择正确的灭火剂扑救。对于不溶于水的液体（如汽油、苯等），用直流水、雾状水灭火往往无效。可用普通氟蛋白泡沫或轻水泡沫扑灭。用干粉扑救时，灭火效果要视燃烧面积大小和燃烧条件而定，最好用水冷却罐壁。

比水重又不溶于水的液体（如二硫化碳，相对密度 1.3506，20℃）起火时可用水扑救，水能覆盖在液面上灭火。用泡沫也有效。用干粉扑救时，灭火效果要视燃烧条件而定，最好用水冷却罐壁，降低燃烧强度。

具有水溶性的液体（如醇类、酮类等），虽然从理论上讲能用水稀释扑救，但用此法要使液体闪点消失，水必须在溶液中占很大比例，这不仅需要大量的水，也容易使液体溢出流淌；而普通泡沫又会受到水溶性液体的破坏（如果普通泡沫强度加大，可以减弱火势）。因此最好用抗溶性泡沫扑救，用干粉扑救时，灭火效果要视燃烧面积大小和燃烧条件而定，也需用水冷却罐壁，降低燃烧强度。

与水起作用的易燃液体，如乙硫醇、乙酰氯、有机硅烷等禁用含水灭火剂。

④ 扑救有害性、腐蚀性或燃烧产物毒害性较强的易燃液体火灾，扑救人员必须佩戴防护面具，采取防护措施。对特殊物品的火灾，应使用专用防护服。考虑到过滤式防毒面具的局限性，在扑救毒害品火灾时应尽量使用隔离式空气呼吸器。为了在火场上正确使用和适应，平时应进行严格的适应性训练。

⑤ 扑救闪点不同黏度较大的介质混合物，如原油和重油等具有沸溢和喷溅危险的液体火灾，必须注意观察发生沸溢、喷溅的征兆，估计可能发生沸溢、喷溅的时间。一旦发生危险征兆时现场指挥应迅速作出准确判断，及时下达撤退命令，避免造成人员伤亡和装备损失。扑救人员看到或听到统一撤退信号后，应立即撤退至安全地带。

⑥ 遇易燃液体管道或储罐泄漏着火，在切断蔓延方向并把火势限制在指定范围内的同时，应设法找到输送管道并关闭进、出阀门，如果管道阀门已损坏或储罐泄漏，应迅速准备好堵漏器材，先用泡沫、干粉、二氧化碳或雾状水等扑灭地上的流淌火焰，为堵漏扫清障碍；然后再扑灭泄漏处的火焰，并迅速采取堵漏措施。与气体堵塞不通的是，液体一次堵漏失败，可连续堵几次，只要用泡沫覆盖地面，并堵住液体流淌和控制好周围着火源，不必点燃泄漏处的液体。

7.2.4 易燃固体、自燃物品事故处置

易燃固体、自燃物品一般都可用水和泡沫扑救，相对其他种类的危险化学品而言是比较容易扑救的，只要控制住燃烧范围，逐步扑灭即可。但也有少数易燃固体、自燃物品的扑救方法比较特殊。

遇到易燃固体、自燃物品火灾，一般应采取以下基本处置方法：

① 积极抢救受伤和被困人员，迅速撤离疏散；将着火源周围的其他易燃易爆物品搬移至安全区域，远离火灾区，避免扩大人员伤亡和受灾范围。

② 一些能升华的易燃固体（如2,4二硝基苯甲醚、二硝基萘、萘等）受热后能产生易燃蒸气。如二硝基类化合物燃烧时火势迅猛，若灭火剂在单位时间内喷出的药量太少则灭火效果不佳。此外二硝基类化合物一般都易爆炸，遇重物压迫，则有爆炸危险，且硝基越多，爆炸危险性越大，若大量砂土压上去，可能会变燃烧为爆炸。火灾时应用雾状水、泡沫扑救，切断火势蔓延途径。但要注意，明火扑灭后，因受热后升华的易燃蒸气能在不知不觉中飘逸，能在上层与空气形成爆炸性混合物，尤其是在室内，易发生爆燃。因此，扑救此类物品火灾时，应不时地向燃烧区域上空及周围喷射雾状水，并用水扑灭燃烧区域及其周围的一切火源。

③ 黄磷是自燃点很低且在空气中能很快氧化升温自燃的物品，遇黄磷火灾时，禁用酸碱、二氧化碳、卤代烷灭火剂，首先应切断火势蔓延途径，控制燃烧范围，用低压水或雾状水扑救。高压直流水冲击能引起黄磷飞溅，导致灾害扩大。黄磷熔融液体流淌时

应用泥土、砂袋等筑堤拦截，并用雾状水冷却，对冷却后已固化的黄磷，应用钳子钳入储水容器中。来不及钳时可先用砂土掩盖，但应做好标记，等火势扑灭后，再逐步集中到储水容器中。

④ 少数易燃固体和自燃物质不能用水和泡沫扑救，如三硫化二磷、铝粉、烷基铅、保险粉（连二亚硫酸钠）等，应根据具体情况区别处理。宜选用干砂和不用压力喷射的干粉扑救。易燃金属粉末，如镁粉、铝粉禁用含水、二氧化碳、卤代烷灭火剂。连二亚硫酸钠、连二亚硫酸钾、连二亚硫酸钙、连二亚硫酸锌等连二亚硫酸盐，遇水或吸收潮湿空气能发热，引起冒黄烟燃烧，并放出有毒和易燃的二氧化硫。

⑤ 抢救搬移出来的易燃固体、自燃物质时要注意采取防火降温、防水散流等措施。

7.2.5 遇湿易燃物品事故处置

遇湿易燃物品遇水或者潮湿放出大量可燃、易燃气体和热量，有的遇湿易燃物品不需要明火，即能自动燃烧或爆炸，如金属钾、钠、三乙基铝（液态）、电石（碳酸钙）、碳化铝、碳化镁、氢化钾、氢化钠、乙硅烷、乙硼烷等。有的遇湿易燃物品与酸反应更加剧烈，极易引起燃烧爆炸。因此，这类物质达到一定数量时，绝对禁止用水、泡沫等湿性灭火剂扑救。这类物品的这一特殊性给其火灾的扑救工作带来了很大的困难。对遇湿易燃物品火灾，一般应采取以下基本处置方法：

① 首先应了解清楚遇湿易燃物品的品名、数量、是否与其他物品混存、燃烧范围、火势蔓延途径，以便采取相对应的灭火措施。

② 在施救、搬移着火的遇湿易燃物品时，应尽可能将遇湿易燃物品与其他非遇湿易燃物品或易燃易爆物品分开。如果其他物品火灾威胁到相邻的遇湿易燃物品，应将遇湿易燃物品迅速疏散转移至安全地点。如遇湿易燃物品较多，一时难以转移，应先用油布或塑料膜等防水布将遇湿易燃物品遮盖好，然后再在上面盖上毛毡、石棉被、海藻席（或棉被）并淋上水。如果遇湿易燃物品堆放处地势不太高，可在其周围用土筑一道防水堤。在用水或泡沫扑救火灾时，对相邻的遇湿易燃物品应留有一定的力量监护。

③ 如果只有极少量的遇湿易燃物品，在征求有关专业人员同意后，可用大量的水或泡沫扑救。水或泡沫刚接触着火点时，短时间内可能会使火势增大，但少量遇湿易燃物品燃尽后，火势很快就会熄灭或减小。

④ 如果遇湿易燃物品数量较多，且未与其他物品混存时，则绝对禁止用水或泡沫等湿性灭火剂扑救。遇湿易燃物品起火时应用干粉、二氧化碳扑救，但金属锂、钾、钠、铷、铯、锶等物品由于化学性质十分活泼，能夺取二氧化碳中的氧而引起化学反应，使燃烧更猛烈，所以也不能用二氧化碳扑救。固体遇湿易燃物品应用水泥、干砂、干粉、硅藻土和蛭石等进行覆盖。水泥、砂土是扑救固体遇湿易燃物品火灾比较容易得到的灭火剂，且效果也比较理想。

⑤ 对遇湿易燃物品中的粉尘火灾，切忌使用有压力的灭火剂进行喷射，这样极易将粉尘吹扬起来，与空气形成爆炸性混合物而导致爆炸事故的发生。通常情况下，遇湿易燃物品由于其发生火灾时的灭火措施特殊，在储存时要求分库或隔离分堆单独储存，但在实际操作中有时往往很难完全做到，尤其是在生产和运输过程中更难以做到，如铝制品厂往往遍地积有铝粉。对包装坚固、封口严密、数量又少的遇湿易燃物品，在储存时往往同室分堆或同柜分格储存。这就给其火灾扑救工作带来了更大的困难，灭火人员在扑救中应谨慎处置。

7.2.6 氧化剂和有机过氧化物事故处置

从灭火角度讲，氧化剂和有机过氧化物既有固体、液体，又有气体。既不像遇湿易燃物品一概不能用水和泡沫扑救，也不像易燃固体几乎都可用水和泡沫扑救。有些氧化剂本身虽然不会燃烧，但遇可燃、易燃物品或酸碱却能着火和爆炸。有机过氧化物（如过氧化二苯甲酰等）本身就能着火、爆炸，危险性特别大，施救时要注意人员的防护措施。对于不同的氧化剂和有机过氧化物火灾，有的可用水（最好是雾状水）和泡沫扑救，有的不能用水和泡沫扑救，还有的不能用二氧化碳扑救。如有机过氧化物类、氯酸盐类、硝酸盐类、高锰酸盐类、亚硝酸盐类、重铬酸盐类等氧化剂遇酸会发生反应，产生热量，同时游离出更不稳定的氧化性酸，在火场上极易分解爆炸。因这类氧化剂在燃烧中自动放出氧，故二氧化碳的窒息作用也难以奏效。因卤代烷在高温时游离出的卤素离子与这类氧化剂中的钾、钠等金属离子结合成盐，同时放出热量，故卤代烷灭火剂的效果也较差，但有机过氧化物使用卤代烷仍有效。金属过氧化物类遇水分解，放出大量热量和氧，反而助长火势；遇酸强烈分解，反应比遇水更为剧烈，产生热量更多，并放出氧，往往发生爆炸；卤代烷灭火剂遇高温分解，游离出卤素离子，极易与金属过氧化物中的活泼金属元素结合成金属卤化物，同时产生热量和放出氧，使燃烧更加剧烈。因此金属过氧化物禁用水、卤代烷灭火剂和酸碱、泡沫灭火剂，二氧化碳灭火剂的效果也不佳。

遇到氧化剂和有机过氧化物火灾，一般应采取以下基本处置方法：

① 迅速查明着火的氧化剂和有机过氧化物，以及其他燃烧物的品名、数量、主要危险特性、燃烧范围、火势蔓延途径、能否用水或泡沫灭火剂等扑救。

② 尽一切可能将不同类别、品种的氧化剂和有机过氧化物与其他非氧化剂和有机过氧化物或易燃易爆物品分开、阻断，以便采取相对应的灭火措施。

③ 能用水或泡沫扑救时，应尽可能切断火势蔓延方向，使着火源孤立起来，限制其燃烧的范围。如有受伤和被困人员时，应迅速积极抢救。

④ 不能用水、泡沫、二氧化碳扑救时，应用干粉、水泥、干砂进行覆盖。用水泥、干砂覆盖时，应先从着火区域四周开始，尤其是从下风处等火势主要蔓延的方向起覆盖，形成孤立火势的隔离带，然后逐步向着火点逼近。

⑤ 由于大多数氧化剂和有机过氧化物遇酸类会发生剧烈反应，甚至爆炸，如过氧化钠、过氧化钾、氯酸钾、高锰酸钾、过氧化二苯甲酰等。因此，专门生产、经营、储存、运输、使用这类物品的单位和场所，应谨慎配备泡沫、二氧化碳等灭火剂，遇到这类物品的火灾时也要慎用。

7.2.7 毒害品事故处置

毒害品对人体有严重的危害。毒害品主要是经口吸入蒸气或通过皮肤接触引起人体中毒的，如无机毒品有氰化钠、三氧化二砷（砒霜）；有机毒品有硫酸二甲酯、四乙基铅等。有些毒害品本身能着火，还有发生爆炸的危险；有的本身并不能着火，但与其他可燃、易燃物品接触后能着火。这类物品发生火灾时通常扑救不是很困难，但着火后或与其他可燃、易燃物品接触着火后，甚至爆炸后，会产生毒害气体。因此，特别需要注意人体的防护措施。

遇到毒害品火灾，一般应采取以下基本处置方法：

① 毒害品火灾极易造成人员中毒和伤亡事故。施救人员在确保安全的前提下，应采取有效措施，迅速投入寻找、抢救受伤或被困人员，并采取清水冲洗、洗漱、隔开、医治等措

施。严格禁止其他人员擅自进入灾区，避免人员中毒、伤亡和受灾范围的扩大。同时，积极控制毒害品燃烧和蔓延的范围。

② 施救人员必须穿着防护服，佩戴防护面具，采取全身防护，对有特殊要求的毒害品火灾，应使用专用防护服。考虑到过滤式防毒面具防毒范围的局限性，在扑救毒害品火灾时应尽量使用隔绝式氧气或空气呼吸器。为了在火场上能正确使用这些防护器具，平时应进行严格的适应性训练。

③ 积极限制毒害品燃烧区域，应尽量使用低压水流或雾状水，严格避免毒害品溅出造成灾害区域扩大。喷射时干粉易将毒害品粉末吹起，增加危险性，所以慎用干粉灭火剂。

④ 遇到毒害品容器泄漏，要采取一切有效的措施，用水泥、泥土、砂袋等材料进行筑堤拦截，或收集、稀释，将其控制在最小的范围内。严禁泄漏的毒害品流淌至河流水域。有泄漏的容器应及时采取堵漏、严控等有效措施。

⑤ 毒害品的灭火施救，应多采用雾状水、干粉、砂土等，慎用泡沫、二氧化碳灭火剂，严禁使用酸碱类灭火剂灭火。如氰化钠、氰化钾及其他氰化物等遇泡沫中酸性物质能生成剧毒物质氢化氰，因此不能用酸碱类灭火剂灭火。二氧化碳喷射时会将氰化物粉末吹起，增加毒害性，此外氰化物为弱酸，在潮湿空气中能与二氧化碳起反应。虽然该反应受空气中水蒸气的限制，反应又不快，但毕竟会产生氰化氢，故应慎用。

⑥ 严格做好现场监护工作，灭火中和灭火完毕都要认真检查，以防疏漏。

7.2.8 腐蚀品事故处置

腐蚀品具有强烈的腐蚀性、毒性、易燃性、氧化性。有些腐蚀品本身能燃烧，有的本身并不能燃烧，但与其他可燃物品接触后可以燃烧。部分有机腐蚀品遇明火易燃烧，如冰醋酸、醋酸酐、苯酚等。有的有机腐蚀品遇热极易爆炸，有的无机酸性腐蚀品遇还原剂、受热等也会发生爆炸。腐蚀品对人体都有一定的危害，它会通过皮肤接触给人体造成化学灼伤。这类物品发生火灾时通常扑救不很困难，但它对人体的腐蚀伤害是严重的。因此，接触时特别需要注意人体的防护。

遇到腐蚀品火灾，一般应采取以下基本处置方法：

① 腐蚀品火灾极易造成人员伤亡。施救人员在采取防护措施后，应立即寻找和抢救受伤、被困人员，被抢救出来的受伤人员应马上采取清水冲洗、医治等措施；同时，迅速控制腐蚀品燃烧范围，避免受灾范围的扩大。

② 施救人员必须穿着防护服，佩戴防护面具。一般情况下采取全身防护即可，对有特殊要求的物品火灾，应使用专用防护服。考虑到腐蚀品的特点，在扑救腐蚀品火灾时应尽量使用防腐蚀的面具、手套、长筒靴等。为了在火场上能正确使用这些防护器具，平时应进行严格的适应性训练。

③ 扑救腐蚀品火灾时，应尽量使用低压水流或雾状水，避免因腐蚀品的溅出而扩大灾害区域。如发烟硫酸、氯磺酸、浓硝酸等发生火灾后，宜用雾状水、干砂土、二氧化碳扑救。如三氯化磷、氧氯化磷等遇水会产生氯化氢，因此在有该类物质的火场，要主要防水保护，可用雾状水驱散有毒气体。

④ 遇到腐蚀品容器泄漏，在扑灭火势的同时应采取堵漏措施。腐蚀品堵漏所需材料一定要注意选用具有防腐性的。

⑤ 浓硫酸遇水能放出大量的热，会导致沸腾飞溅，需特别注意防护。扑救浓硫酸与其他可燃物品接触发生的火灾，且浓硫酸数量不多时，可用大量低压水快速扑救。如果浓硫酸

量很大，应先用二氧化碳、干粉等灭火剂进行灭火，然后再把着火物品与浓硫酸分开。

⑥ 严格做好现场监护工作，灭火中和灭火完毕都要认真检查，以防疏漏。

7.3 典型危险化学品应急处置对策

7.3.1 液氯事故应急处置

（1）理化特性

常温常压下为黄绿色、有刺激性气味的气体。常温、709kPa 以上压力时为液体，液氯为金黄色。微溶于水，易溶于二硫化碳和四氯化碳。相对分子质量为 70.91，熔点－101℃，沸点－34.5℃，气体密度 3.21g/L，相对蒸气密度（空气＝1）2.5，相对密度（水＝1）1.41(20℃)，临界压力 7.71MPa，临界温度 144℃，饱和蒸气压 673kPa(20℃)。

主要用途：用于制造氯乙烯、环氧氯丙烷、氯丙烯、氯化石蜡等；用作氯化试剂，也用作水处理过程的消毒剂。

（2）危害信息

① 燃烧和爆炸危险性。本品不燃，但可助燃。一般可燃物大都能在氯气中燃烧，一般易燃气体或蒸气也都能与氯气形成爆炸性混合物。受热后容器或储罐内压力增大，泄漏物质可导致中毒。

② 活性反应。强氧化剂，与水反应，生成有毒的次氯酸和盐酸。与氢氧化钠、氢氧化钾等碱反应生成次氯酸盐和氯化物，可利用此反应对氯气进行无害化处理。液氯与可燃物、还原剂接触会发生剧烈反应。与汽油等石油产品、烃、氨、醚、松节油、醇、乙炔、二硫化碳、氢气、金属粉末和磷接触能形成爆炸性混合物。接触烃基膦、铝、锑、胂、铋、硼、黄铜、碳、二乙基锌等物质会导致燃烧、爆炸，释放出有毒烟雾。潮湿环境下，严重腐蚀铁、钢、铜和锌。

③ 健康危害。氯是一种强烈的刺激性气体，经呼吸道吸入时，与呼吸道黏膜表面水分接触，产生盐酸、次氯酸，次氯酸再分解为盐酸和新生态氧，产生局部刺激和腐蚀作用。

急性中毒：轻度者有流泪、咳嗽、咳少量痰、胸闷，出现气管-支气管炎或支气管周围炎的表现；中度中毒发生支气管肺炎、局限性肺泡性肺水肿、间质性肺水肿或哮喘样发作，病人除有上述症状的加重外，还会出现呼吸困难、轻度紫绀等；重者发生肺泡性水肿、急性呼吸窘迫综合征、严重窒息、昏迷或休克，可出现气胸、纵隔气肿等并发症。吸入极高浓度的氯气，可引起迷走神经反射性心跳骤停或喉头痉挛而发生"电击样"死亡。眼睛接触可引起急性结膜炎，高浓度氯可造成角膜损伤。皮肤接触液氯或高浓度氯，在暴露部位可有灼伤或急性皮炎。

慢性影响：长期低浓度接触，可引起慢性牙龈炎、慢性咽炎、慢性支气管炎、肺气肿、支气管哮喘等，还可引起牙齿酸蚀症。

液氯已被列入《剧毒化学品目录》。

（3）应急处置原则

① 急救措施。

a. 吸入：迅速脱离现场至空气新鲜处；保持呼吸道通畅；如呼吸困难，给氧，给予 2%～4%的碳酸氢钠溶液雾化吸入；呼吸、心跳停止，立即进行心肺复苏术；就医。

b. 眼睛接触：立即分开眼睑，用流动清水或生理盐水彻底冲洗；就医。

c. 皮肤接触：立即脱去污染的衣着，用流动清水彻底冲洗；就医。

② 灭火方法。本品不燃，但周围起火时应切断气源。喷水冷却容器，尽可能将容器从火场移至空旷处。消防人员必须佩戴正压自给式空气呼吸器，穿全身防火、防毒服，在上风向灭火。由于火场中可能发生容器爆破的情况，消防人员须在防爆掩蔽处操作。有氯气泄漏时，使用细水雾驱赶泄漏的气体，使其远离未受波及的区域。

灭火剂：根据周围着火原因选择适当灭火剂灭火。可用干粉、二氧化碳、水（雾状水）或泡沫。

③ 泄漏应急处置。根据气体扩散的影响区域划定警戒区，无关人员从侧风、上风向撤离至安全区。建议应急处理人员穿内置正压自给式空气呼吸器的全封闭防化服，戴橡胶手套。如果是液体泄漏，还应注意防冻伤。禁止接触或跨越泄漏物。勿使泄漏物与可燃物质（如木材、纸、油等）接触。尽可能切断泄漏源。喷雾状水抑制蒸气或改变蒸气云流向，避免水流接触泄漏物。禁止用水直接冲击泄漏物或泄漏源。若可能翻转容器，使之逸出气体而非液体。防止气体通过下水道、通风系统和限制性空间扩散。构筑围堤堵截液体泄漏物。喷稀碱液中和、稀释。隔离泄漏区直至气体散尽。泄漏场所保持通风。

不同泄漏情况下的具体措施：

瓶阀密封填料处泄漏时，应查压紧螺母是否松动或拧紧压紧螺母；瓶阀出口泄漏时，应查瓶阀是否关紧或关紧瓶阀，或用铜六角螺母封闭瓶阀口。

瓶体泄漏点为孔洞时，可使用堵漏器材（如竹签、木塞、止漏器等）处理，并注意对堵漏器材紧固，防止脱落。上述处理均无效时，应迅速将泄漏气瓶浸没于备有足够体积的烧碱或石灰水溶液吸收池进行无害化处理，并控制吸收液温度不高于45℃、pH值不小于7，防止吸收液失效分解。

隔离与疏散距离：小量泄漏，初始隔离60m，下风向疏散白天400m、夜晚1600m；大量泄漏，初始隔离600m，下风向疏散白天3500m、夜晚8000m。

7.3.2 液氨事故应急处置

（1）理化特性

常温常压下为无色气体，有强烈的刺激性气味。20℃、891kPa下即可液化，并放出大量的热。液氨在温度变化时，体积变化的系数很大。溶于水、乙醇和乙醚。相对分子质量为17.03，熔点−77.7℃，沸点−33.5℃，气体密度0.7708g/L，相对蒸气密度（空气＝1）0.59，相对密度（水＝1）0.7(−33℃)，临界压力11.40MPa，临界温度132.5℃，饱和蒸气压1013kPa(26℃)，爆炸极限15％～30.2％（体积比），自燃温度630℃，最大爆炸压力0.580MPa。

主要用途：主要用作制冷剂及制取铵盐和氮肥。

（2）危害信息

① 燃烧和爆炸危险性。极易燃，能与空气形成爆炸性混合物，遇明火、高热引起燃烧爆炸。

② 活性反应。与氟、氯等接触会发生剧烈的化学反应。

③ 健康危害。对眼、呼吸道黏膜有强烈刺激和腐蚀作用。急性氨中毒引起眼和呼吸道刺激症状，支气管炎或支气管周围炎、肺炎，重度中毒者可发生中毒性肺水肿。高浓度氨可引起反射性呼吸和心搏停止。可致眼和皮肤灼伤。

（3）应急处置原则

① 急救措施。

a. 吸入：迅速脱离现场至空气新鲜处；保持呼吸道通畅；如呼吸困难，给氧；如呼吸停止，立即进行人工呼吸；就医。

b. 皮肤接触：立即脱去污染的衣着，应用2％硼酸液或大量清水彻底冲洗；就医。

c. 眼睛接触：立即提起眼睑，用大量流动清水或生理盐水彻底冲洗至少15min；就医。

② 灭火方法。消防人员必须穿全身防火防毒服，在上风向灭火。切断气源。若不能切断气源，则不允许熄灭泄漏处的火焰。喷水冷却容器，尽可能将容器从火场移至空旷处。

灭火剂：雾状水、抗溶性泡沫、二氧化碳、砂土。

③ 泄漏应急处置。消除所有点火源。根据气体的影响区域划定警戒区，无关人员从侧风、上风向撤离至安全区。建议应急处理人员穿内置正压自给式空气呼吸器的全封闭防化服。如果是液化气体泄漏，还应注意防冻伤。禁止接触或跨越泄漏物。尽可能切断泄漏源。防止气体通过下水道、通风系统和密闭性空间扩散。若可能翻转容器，使之逸出气体而非液体。构筑围堤或挖坑收容液体泄漏物。用醋酸或其他稀酸中和。也可以喷雾状水稀释、溶解，同时构筑围堤或挖坑收容产生的大量废水。如有可能，将残余气或漏出气用排风机送至水洗塔或与塔相连的通风橱内。如果钢瓶发生泄漏，无法封堵时可浸入水中。储罐区最好设水或稀酸喷洒设施。隔离泄漏区直至气体散尽。漏气容器要妥善处理，修复、检验后再用。

隔离与疏散距离：小量泄漏，初始隔离30m，下风向疏散白天100m、夜晚200m；大量泄漏，初始隔离150m，下风向疏散白天800m、夜晚2300m。

7.3.3 汽油事故应急处置

（1）理化特性

无色到浅黄色的透明液体。

按研究法辛烷值（RON）分为90号、93号和95号三个牌号，相对密度（水＝1）0.70～0.80，相对蒸气密度（空气＝1）3～4，闪点－46℃，爆炸极限1.4％～7.6％（体积比），自燃温度415～530℃，最大爆炸压力0.813MPa；石脑油主要成分为$C_4 \sim C_6$的烷烃，相对密度0.78～0.97，闪点－2℃，爆炸极限1.1％～8.7％（体积比）。

主要用途：汽油主要用作汽油机的燃料，可用于橡胶、制鞋、印刷、制革、颜料等行业，也可用作机械零件的去污剂；石脑油主要用作裂解、催化重整和制氨原料，也可作为化工原料或一般溶剂，在石油炼制方面是制作清洁汽油的主要原料。

（2）危害信息

① 燃烧和爆炸危险性。高度易燃，蒸气与空气能形成爆炸性混合物，遇明火、高热能引起燃烧爆炸。高速冲击、流动、激荡后可因产生静电火花放电引起燃烧爆炸。蒸气比空气重，能在较低处扩散到相当远的地方，遇火源会着火回燃和爆炸。

② 健康危害。汽油为麻醉性毒物，高浓度吸入出现中毒性脑病，极高浓度吸入引起意识突然丧失、反射性呼吸停止。误将汽油吸入呼吸道可引起吸入性肺炎。

职业接触限值：PC-TWA（时间加权平均容许浓度）　300mg/m³（汽油）。

（3）应急处置原则

① 急救措施

a. 吸入：迅速脱离现场至空气新鲜处；保持呼吸道通畅；如呼吸困难，给氧；如呼吸停止，立即进行人工呼吸；就医。

b. 食入：给饮牛奶或用植物油洗胃和灌肠；就医。

c. 皮肤接触：立即脱去污染的衣着，用肥皂水和清水彻底冲洗皮肤；就医。

d. 眼睛接触：立即提起眼睑，用大量流动清水或生理盐水彻底冲洗至少15min；就医。

② 灭火方法。喷水冷却容器，尽可能将容器从火场移至空旷处。

灭火剂：泡沫、干粉、二氧化碳。用水灭火无效。

③ 泄漏应急处置。消除所有点火源。根据液体流动和蒸气扩散的影响区域划定警戒区，无关人员从侧风、上风向撤离至安全区。建议应急处理人员戴正压自给式空气呼吸器，穿防毒、防静电服。作业时使用的所有设备应接地。禁止接触或跨越泄漏物。尽可能切断泄漏源。防止泄漏物进入水体、下水道、地下室或密闭性空间。小量泄漏：用砂土或其他不燃材料吸收。使用洁净的无火花工具收集吸收材料。大量泄漏：构筑围堤或挖坑收容。用泡沫覆盖，减少蒸发。喷水雾能减少蒸发，但不能降低泄漏物在受限制空间内的易燃性。用防爆泵转移至槽车或专用收集器内。

作为一项紧急预防措施，泄漏隔离距离至少为50m。如果为大量泄漏，下风向的初始疏散距离应至少为300m。

7.3.4 苯事故应急处置

（1）理化特性

无色透明液体，有强烈芳香味。微溶于水，与乙醇、乙醚、丙酮、四氯化碳、二硫化碳和乙酸混溶。相对分子质量78.11，熔点5.51℃，沸点80.1℃，相对密度（水＝1）0.88，相对蒸气密度（空气＝1）2.77，临界压力4.92MPa，临界温度288.9℃，饱和蒸气压10kPa(20℃)，折射率1.4979(25℃)，闪点−11℃，爆炸极限1.2%～8.0%（体积分数），自燃温度560℃，最小点火能0.20mJ，最大爆炸压力0.880MPa。

主要用途：主要用作溶剂及合成苯的衍生物、香料、染料、塑料、医药、炸药、橡胶等。

（2）危害信息

① 燃烧和爆炸危险性。高度易燃，蒸气与空气能形成爆炸性混合物，遇明火、高热能引起燃烧爆炸。蒸气比空气重，能在较低处扩散到相当远的地方，遇火源会着火回燃和爆炸。

② 健康危害。吸入高浓度苯对中枢神经系统有麻醉作用，引起急性中毒；长期接触苯对造血系统有损害，引起白细胞和血小板减少，重者导致再生障碍性贫血。可引起白血病。具有生殖毒性。皮肤损害有脱脂、干燥、皲裂、皮炎。

IARC：确认人类致癌物。

（3）应急处置原则

① 急救措施。

a. 吸入：迅速脱离现场至空气新鲜处；保持呼吸道通畅；如呼吸困难，给氧；如呼吸停止，立即进行人工呼吸；就医。

b. 食入：饮足量温水，催吐；就医。

c. 皮肤接触：脱去污染的衣着，用肥皂水或清水彻底冲洗皮肤。

d. 眼睛接触：提起眼睑，用流动清水或生理盐水冲洗；就医。

② 灭火方法。喷水冷却容器，尽可能将容器从火场移至空旷处。处在火场中的容器若已变色或从安全泄压装置中产生声音，必须马上撤离。

灭火剂：泡沫、干粉、二氧化碳、砂土。用水灭火无效。

③ 泄漏应急处置。消除所有点火源。根据液体流动和蒸气扩散的影响区域划定警戒区，无关人员从侧风、上风向撤离至安全区。建议应急处理人员戴正压自给式空气呼吸器，穿防毒、防静电服。作业时使用的所有设备应接地。禁止接触或跨越泄漏物。尽可能切断泄漏源。防止泄漏物进入水体、下水道、地下室或密闭性空间。小量泄漏：用砂土或其他不燃材料吸收。使用洁净的无火花工具收集吸收材料。大量泄漏：构筑围堤或挖坑收容。用泡沫覆盖，减少蒸发。喷水雾能减少蒸发，但不能降低泄漏物在受限制空间内的易燃性。用防爆泵转移至槽车或专用收集器内。

作为一项紧急预防措施，泄漏隔离距离至少为 50m。如果为大量泄漏，下风向的初始疏散距离应至少为 300m。

7.3.5 丙烯事故应急处置

（1）理化特性

无色气体，略带烃类特有的气味。微溶于水，溶于乙醇和乙醚。熔点 $-185.25℃$，沸点 $-47.7℃$，气体密度 $1.7885g/L(20℃)$，相对密度（水=1）0.5，相对蒸气密度（空气=1）1.5，临界压力 4.62MPa，临界温度 91.9℃，饱和蒸气压 61158kPa(25℃)，闪点 $-108℃$，爆炸极限 $1.0\%\sim15.0\%$（体积分数），自燃温度 455℃，最小点火能 0.282mJ，最大爆炸压力 0.882MPa。

主要用途：主要用于制聚丙烯、丙烯腈、环氧丙烷、丙酮等。

（2）危害信息

① 燃烧和爆炸危险性。极易燃，与空气混合能形成爆炸性混合物，遇热源或明火有燃烧爆炸危险。比空气重，能在较低处扩散到相当远的地方，遇火源会着火回燃。

② 活性反应。与二氧化氮、四氧化二氮、氧化二氮等易发生剧烈化合反应，与其他氧化剂发生剧烈反应。

③ 健康危害。主要经呼吸道侵入人体，有麻醉作用。直接接触液态产品可引起冻伤。

（3）应急处置原则

① 急救措施。吸入：迅速脱离现场至空气新鲜处；保持呼吸道通畅；如呼吸困难，给氧；如呼吸停止，立即进行人工呼吸；就医。

② 灭火方法。切断气源。若不能切断气源，则不允许熄灭泄漏处的火焰。喷水冷却容器，尽可能将容器从火场移至空旷处。

灭火剂：雾状水、泡沫、二氧化碳、干粉。

③ 泄漏应急处置。消除所有点火源。根据气体的影响区域划定警戒区，无关人员从侧风、上风向撤离至安全区。建议应急处理人员戴正压自给式空气呼吸器，穿防静电服。作业时使用的所有设备应接地。处理液体时，应防止冻伤。禁止接触或跨越泄漏物。尽可能切断泄漏源。喷雾状水抑制蒸气或改变蒸气云流向，避免水流接触泄漏物。禁止用水直接冲击泄漏物或泄漏源。防止气体通过下水道、通风系统和密闭性空间扩散。隔离泄漏区直至气体

散尽。

作为一项紧急预防措施，泄漏隔离距离至少为 100m。如果为大量泄漏，下风向的初始疏散距离应至少为 800m。

7.3.6 丙酮事故应急处置

（1）理化特性

丙酮在常温压下为具有特殊芳香气味的易挥发性无色透明液体，比水轻。能与水、酒精、乙醚、氯仿、乙炔、油类及碳氢化合物相互溶解，能溶解油脂和橡胶。熔点 $-94.6℃$，沸点 $56.48℃$，液体密度（15℃）$797.2kg/m^3$，气体密度 $2.00kg/m^3$，临界温度 $236.5℃$，临界压力 $4782.54kPa$，临界密度 $278kg/m^3$，蒸气压（25℃）$30.17kPa$，闪点 $-17.78℃$，燃点 $465℃$，爆炸极限 $2.6\%\sim12.8\%$，最大爆炸压力 $872.79kPa$。

主要用途：作为溶剂用于炸药、塑料、橡胶、纤维、制革、油脂、喷漆等行业中，丙酮也可作为合成烯酮、醋酐、碘仿、聚异戊二烯橡胶、甲基丙烯酸、甲酯、氯仿、环氧树脂等物质的重要原料。

（2）危害信息

① 燃烧和爆炸危险性。易燃烧，其蒸气与空气能形成爆炸性混合物，遇明火或高热易引起燃烧。比空气重，能在较低处扩散到相当远的地方，遇火源会着火回燃。

② 健康危害。可经呼吸道、消化道和皮肤吸收。经皮肤吸收缓慢，毒性主要是对中枢神经系统的麻醉作用。液体能刺激眼睛。吞服能刺激消化系统，产生麻醉与昏迷等症状。

（3）应急处置原则

① 急救措施。

a. 吸入：脱离丙酮产生源或将患者移到新鲜空气处，如呼吸停止应进行人工呼吸。

b. 眼睛接触：眼睑张开，用微温的缓慢的流水冲洗患眼约 10min。

c. 皮肤接触：用微温的缓慢的流水冲洗患处至少 10min。

d. 口服：用水充分漱口，不可催吐，给患者饮水约 250mL。

② 灭火方法。用水灭火是无效的，但可使用喷水以冷却容器。若未泄漏物质尚未着火，使用喷水以分散蒸气。喷水可冲洗外泄区并将外泄物稀释成非可燃性混合物。蒸气可能传播至远处，若与引火源接触会延烧回来。

灭火剂：泡沫、二氧化碳、干粉。

③ 泄漏应急处置。消除所有点火源。根据液体流动和蒸气扩散的影响区域划定警戒区，无关人员从侧风、上风向撤离至安全区。建议应急处理人员戴正压自给式呼吸器，穿防静电服。作业时使用的所有设备应接地。禁止接触或跨越泄漏物。尽可能切断泄漏源。防止泄漏物进入水体、下水道、地下室或密闭性空间。小量泄漏：用砂土或其他不燃材料吸收。使用洁净的无火花工具收集吸收材料。大量泄漏：构筑围堤或挖坑收容。用飞尘或石灰粉吸收大量液体。用抗溶性泡沫覆盖，减少蒸发。喷水雾能减少蒸发，但不能降低泄漏物在受限制空间内的易燃性。用防爆泵转移至槽车或专用收集器内。喷雾状水驱散蒸气、稀释液体泄漏物。

7.3.7 氢事故应急处置

（1）理化特性

无色、无臭的气体。很难液化。液态氢无色透明。极易扩散和渗透。微溶于水，不溶于乙醇、乙醚。相对分子质量 2.02，熔点 -259.2℃，沸点 -252.8℃，气体密度 0.0899g/L，相对密度（水=1）0.07（-252℃），相对蒸气密度（空气=1）0.07，临界压力 1.30MPa，临界温度 -240℃，饱和蒸气压 13.33kPa（-257.9℃），爆炸极限 4%～75%（体积分数），自燃温度 500℃，最小点火能 0.019mJ，最大爆炸压力 0.720MPa。

主要用途：主要用于合成氨和甲醇等、石油精制、有机物氢化及作火箭燃料。

（2）危害信息

① 燃烧和爆炸危险性。极易燃，与空气混合能形成爆炸性混合物，遇热或明火即发生爆炸。比空气轻，在室内使用和储存时，漏气上升滞留屋顶不易排出，遇火星会引起爆炸。在空气中燃烧时，火焰呈蓝色，不易被发现。

② 活性反应。与氟、氯、溴等卤素会剧烈反应。

③ 健康危害。为单纯性窒息性气体，仅在高浓度时，由于空气中氧分压降低才引起缺氧性窒息。在很高的分压下，呈现出麻醉作用。

（3）应急处置原则

① 急救措施。吸入：迅速脱离现场至空气新鲜处；保持呼吸道通畅；如呼吸困难，给氧；如呼吸停止，立即进行人工呼吸；就医。

② 灭火方法。切断气源。若不能切断气源，则不允许熄灭泄漏处的火焰。喷水冷却容器，尽可能将容器从火场移至空旷处。

氢火焰肉眼不易察觉，消防人员应佩戴自给式呼吸器，穿防静电服进入现场，注意防止外露皮肤烧伤。

灭火剂：雾状水、泡沫、二氧化碳、干粉。

③ 泄漏应急处置。消除所有点火源。根据气体的影响区域划定警戒区，无关人员从侧风、上风向撤离至安全区。建议应急处理人员戴正压自给式空气呼吸器，穿防静电服。作业时使用的所有设备应接地。尽可能切断泄漏源。喷雾状水抑制蒸气或改变蒸气云流向。防止气体通过下水道、通风系统和密闭性空间扩散。若泄漏发生在室内，宜采用吸风系统或将泄漏的钢瓶移至室外，以避免氢气四处扩散。隔离泄漏区直至气体散尽。

作为一项紧急预防措施，泄漏隔离距离至少为 100m。如果为大量泄漏，下风向的初始疏散距离应至少为 800m。

7.3.8 硫化氢事故应急处置

（1）理化特性

无色有明显臭鸡蛋气味（注意，在高于一定浓度下无气味）的可燃气体。相对分子质量为 34.076，熔点 -85.5℃，相对密度 0.79(18.3atm，1atm = 101325Pa)(水 = 1)，沸点 -60.04℃，相对密度 1.19(空气=1)，饱和蒸气压 2026.5（kPa）（25.5℃），临界温度 100.4℃，临界压力 9.01MPa，最小引燃能量 0.077mJ，可溶于水、乙醇、汽油、煤油、原油等，溶于水（溶解比例 1：2.6，硫化氢未跟水反应）称为氢硫酸。

硫化氢由硫化铁与稀硫酸或盐酸反应制得或通过氢与硫蒸气反应制取，硫化氢很少用于生产，一般作为化学反应过程中，如含硫石油、天然气开采和炼制、黏胶人造纤维、合成橡胶、染料、鞣革，以及制糖过程中产生的副产品（可作为分析试剂，农业上可作为消毒剂）。硫化氢作为某些化学反应和蛋白质自然分解过程的产物以及某些天然物的成分和杂质，而经常存在于多种生产过程中以及自然界中，如采矿和有色金属冶炼、煤的低温焦化；含硫石油开采、提炼；橡胶、制革、染料、制糖等工业中都有硫化氢产生。开挖和整治沼泽地、沟渠、印染、下水道、隧道以及清除垃圾、粪便等作业。另外天然气、火山喷气、矿泉中也常伴有硫化氢存在。

（2）危害信息

① 燃烧和爆炸危险性。硫化氢燃烧时呈蓝色火焰并产生二氧化硫，硫化氢与空气混合达爆炸范围可引起强烈爆炸，爆炸极限为 4.3％～46％。燃点 260℃，自燃温度 246℃，闪点 -82.4℃，建规火险分级为甲级。

② 健康危害。硫化氢是强烈的刺激神经的毒物，可引起窒息，即使低浓度硫化氢对眼和呼吸道也有明显的刺激作用。低浓度时可因其明显的臭鸡蛋气味而被察觉，然而持续接触使嗅觉变得迟钝，高浓度硫化氢能使嗅觉迅速麻木。国家规定卫生标准为 10mg/m³。

轻度中毒时，眼睛出现畏光、流泪、眼刺痛，还可有眼睑痉挛、视力模糊症状；鼻咽部灼热感、咳嗽、胸闷、恶心、呕吐、头晕、头痛可持续几小时，乏力，腿部有疼痛感觉。中度中毒时，意识模糊，可有几分钟失去知觉，但无呼吸困难。严重中毒时，人不知不觉进入深度昏迷，伴有呼吸困难、气促、脸呈灰色紫绀直至呼吸困难、心动过速和阵发性强直性痉挛。大量吸入硫化氢立即产生缺氧，可发生"电击样"中毒，引起肺部损害，导致窒息死亡。

（3）应急处置原则

1）急救措施　当硫化氢中毒事故或泄漏事故发生时，污染区的人员应迅速撤离至上风侧，并应立即呼叫或报告，不能个人贸然去处理。当作业场所空气中氧含量小于 20％，或硫化氢浓度大于或等于 10mg/m³ 时，须选用隔离式防毒面具，目前常用的为自给式空气呼吸器。

有人中毒昏迷时，抢救人员必须做到：

① 戴好防毒面具或空气呼吸器，穿好防毒衣，有两个以上的人监护，从上风处进入现场，切断泄漏源。

② 进入塔、封闭容器、地窖、下水道等事故现场，还需携带好安全带。有问题应按联络信号立即撤离现场。

③ 合理通风，加速扩散，喷雾状水稀释、溶解硫化氢。

④ 尽快将伤员转移到上风向空气新鲜处，清除污染衣物，保持呼吸道畅通，立即给氧。

⑤ 观察伤员的呼吸和意识状态，如有心跳呼吸停止，应尽快争取在 4min 内进行心肺复苏救护（勿用口对口呼吸）。

⑥ 在到达医院开始抢救前，心肺复苏不能中断。

⑦ 个体防护措施。呼吸系统防护：空气中浓度超标时，佩戴过渡式防毒面具（半面罩）。紧急事态抢救或撤离时，建议佩戴氧气呼吸器或空气呼吸器；眼睛防护：戴化学安全防护眼镜；身体防护：穿防静电工作服；手防护：戴防化学品手套。其他：工作现场严禁吸烟、进食和饮水。工作毕，淋浴更衣。及时换洗工作服。作业人员应学会自救互救，进入罐、限制性空间或其他高浓度区作业，须有人监护。

⑧ 急救措施。

a. 皮肤接触：脱去污染的衣着，用流动清水冲洗；就医。

b. 眼睛接触：立即提起眼睑，用大量流动清水或生理盐水彻底冲洗至少 15min；就医。

c. 吸入：迅速脱离现场至空气新鲜处；保持呼吸道通畅；如呼吸困难，给氧；如呼吸停止，立即进行人工呼吸；就医。

2）泄漏应急处置

① 产生硫化氢的生产设备应尽量密闭，并设置自动报警装置。

② 对含有硫化氢的废水、废气、废渣，要进行净化处理，达到排放标准后方可排放。

③ 进入可能存在硫化氢的密闭容器、坑、窑、地沟等工作场所，应首先测定该场所空气中的硫化氢浓度，采取通风排毒措施，确认安全后方可操作。

④ 硫化氢作业环境空气中硫化氢浓度要定期测定。

⑤ 操作时做好个人防护措施，戴好防毒面具，作业工人腰间缚以救护带或绳子。做好互保，要 2 人以上人员在场，发生异常情况立即救出中毒人员。

⑥ 患有肝炎、肾病、气管炎的人员不得从事接触硫化氢作业。

⑦ 加强对职工有关专业知识的培训，提高自我防护意识。

⑧ 安装硫化氢处理设备。

⑨ 设备内检修作业应当注意：需进入设备、容器进行检修，一般都经过吹扫、置换、加盲板、采样分析合格、办理进设备容器安全作业票后，才能进入作业。但有些设备容器在检修前，需进入除残余的油泥、余渣，清理过程中会散发出硫化氢和油气等有毒有害气体，必须做好安全措施。以下七项为设备内检修作业步骤：

a. 制订施工方案；

b. 作业人员经过安全技术培训；

c. 佩戴适用的防毒面具，携带好安全带（绳）；

d. 进设备容器作业前，必须做好采样分析；

e. 作业时间不宜过长，一般不超过 30min；

f. 办理有限空间安全作业票；

g. 施工过程须有专人监护，必要时应有医务人员在场。

⑩ 进入下水道（井）、地沟作业应注意如下事项：

a. 执行进入有限空间作业安全防护规定；

b. 控制各种物料的脱水排凝进入下水道；

c. 采用强制通风或自然通风，保证氧含量大于 20%；

d. 佩戴防毒面具；

e. 携带好安全带（绳）；

f. 办理有限空间安全作业票；

g. 进入下水道内作业井下要设专人监护，并与地面保持密切联系。

7.3.9 保险粉（连二亚硫酸钠）事故应急处置

（1）理化特性

连二亚硫酸钠，也称为保险粉，分子式 $Na_2S_2O_4$，相对分子质量 174.11，是一种白色砂状结晶或淡黄色粉末化学用品，熔点 300℃（分解），引燃温度 250℃，不溶于乙醇，溶于氢氧化钠溶液，遇水发生强烈反应并燃烧。

（2）危害信息

① 燃烧和爆炸危险性。连二亚硫酸钠属于一级遇湿易燃物品，商品保险粉有含结晶水（$Na_2S_2O_4 \cdot 2H_2O$）和不含结晶水（$Na_2S_2O_4$）两种。前者为白色细粒结晶，后者为淡黄色粉末。相对密度 2.3～2.4，赤热时分解，能溶于冷水，在热水中分解，不溶于乙醇，其水溶液性质不安定，有极强的还原性，属于强还原剂。暴露于空气中易吸收氧气而氧化，同

时也易吸收潮气发热而变质，并能夺取空气中的氧结块并发出刺激性酸味。

保险粉广泛用于纺织工业的还原性染色、还原清洗、印花和脱色及用作丝、毛、尼龙等织物的漂白，由于它不含重金属，经漂白后的织物色泽鲜艳，不易褪色。在各种物质方面，它还可用于食品漂白，诸如明胶、蔗糖、蜜饯及肥皂、动（植）物油、竹器、瓷土的漂白等。它还可应用于有机合成，如染料、药品的生产中作还原剂或漂白剂，它是最适合木浆造纸的漂白剂。

② 健康危害。连二亚硫酸钠本身就是一种有毒物质，对人的眼睛、呼吸道黏膜有刺激性，一旦遇水能放出大量的热和易燃的氢和硫化氢气体而引起剧烈燃烧，遇氧化剂、少量水或吸收潮湿空气能发热，引起冒黄烟燃烧，甚至爆炸。

（3）应急处置原则

① 急救措施。

a. 皮肤接触：脱去污染的衣着，用肥皂水和清水彻底冲洗皮肤。

b. 眼睛接触：提起眼睑，用流动清水或生理盐水冲洗；就医。

c. 吸入：迅速脱离现场至空气新鲜处；保持呼吸道通畅；如呼吸困难，给氧；如呼吸停止，立即进行人工呼吸；就医。

d. 食入：饮足量温水，催吐；就医。

② 灭火方法。

a. 危险特性：强还原剂。250℃ 时能自燃。加热或接触明火能燃烧。暴露在空气中会被氧化而变质。遇水、酸类或与有机物、氧化剂接触，都可放出大量热而引起剧烈燃烧，并放出二氧化硫。

b. 有害燃烧产物：硫化物。

c. 灭火方法：尽可能将容器从火场移至空旷处。灭火剂：干粉、二氧化碳、砂土。

③ 泄漏应急处置。隔离泄漏污染区，限制出入。切断火源。建议应急处理人员戴自给正压式呼吸器，穿化学防护服。不要直接接触泄漏物。小量泄漏：避免扬尘，用洁净的铲子收集于干燥、洁净、有盖的容器中。大量泄漏：用干石灰、砂土或苏打灰覆盖，使用无火花工具收集回收或运至废物处理场所处置。

思考题

1. 危险化学品事故应急救援的基本任务有哪些？
2. 危险化学品事故应急处置的基本程序有哪些？
3. 爆炸品火灾事故的处置方法是什么？压缩气体和液化气体事故又如何处置？
4. 七种典型危险化学品的处置对策是什么？

8 危险化学品安全生产标准化及其他安全管理方法

本章回顾了危险化学品从业单位安全生产标准化的发展历程，介绍了安全标准化的术语定义，详细阐释了危险化学品安全标准化的核心要素，并且介绍了企业安全标准化的建设流程和评审内容，同时对 HSE 安全管理体系、杜邦安全管理、陶氏（道）化学、南非 NOSA 也进行了简要介绍。

8.1 危险化学品从业单位安全生产标准化

8.1.1 危险化学品从业单位安全生产标准化的发展历程

我国安全标准化是在煤矿质量标准化、煤矿安全质量标准化、安全质量标准化的基础上提出、发展而来的。

2003 年年底，国家安全生产监督管理局在政策法规司下设立标准处，作为主管安全生产标准的专门机构。这说明将在国家层面上大大地强化安全生产标准工作。

当时，我国安全生产标准的状况是：原劳动部和国务院各工业部门都有各自的安全生产标准，大约数以千计。几十年来，特别是改革开放以来，安全生产标准形成的部门不一，背景不一，针对问题不一，"为数众多，种类庞杂，底数不清"。于是，摸清安全生产标准"底数"，分门别类进行全面清理，成为必须立即抓紧着手进行的一项重要基础工作。

2004 年 1 月 9 日，国务院发布《关于进一步加强安全生产工作的决定》（国发〔2004〕2 号），进一步明确提出要在全国所有工矿、商贸、交通运输、建筑施工等企业普遍开展安全质量标准化活动，并要求制定、颁布各行业的安全质量标准，以指导各类企业建立健全各环节、各岗位的安全质量标准，规范安全生产行为，推动企业安全质量管理上等级、上水平；2004 年 5 月 11 日，国家安监局、国家煤矿安监局为了贯彻落实国发〔2004〕2 号文件，切实加强基层和基础"双基"工作，强化企业安全生产主体责任，促使各类企业加强安全质量工作，建立起自我约束、持续改进的安全生产长效机制，提高企业本质安全质量工作，建立起自我约束、持续改进的安全生产长效机制，提高企业本质安全水平，推动安全生产状况的进一步稳定好转，提出了《关于开展安全质量标准化工作的指导意见》（安监管政法字〔2004〕62 号），对开展安全质量标准化工作进行了全面部署，提出了明确要求；2004 年 9 月 16 日至 17 日，国家安监局在郑州市召开"全国非煤矿山及相关行业安全质量标准化现场会"。会议中部分地区和单位总结、交流了开展安全质量标准化工作的做法和经验，以及安全标准化工作的法规建设情况和下一步工作思路，并对进一步开展安全质量标准化工作提出了建议；2004 年 11 月 1 日，国家安监局、国家煤监局发布第 14 号令，公布《安全生产行业标准管理规定》，以加强和规范安全生产标准的制定（修订）工作。

2005 年 12 月 16 日，国家安监总局印发《危险化学品从业单位安全标准化规范（试行）》和《危险化学品从业单位安全标准化考核机构管理办法（试行）》。

2006 年 5 月 22 日，国际电工委员会安全顾问委员会第八届论坛在京召开。本届论坛是该委员会在亚洲举办的第一次论坛，主题是"安全技术标准与法规"。2006 年 6 月 27 日，全国安全生产标准化技术委员会在京成立。这标志着我国安全生产领域有了第一个全国性的标委会，国家安监总局局长李毅中在成立大会上指出，全国安标委的成立标志着我国安全生产标准化专家队伍初步建立，安全标准工作开始步入正常发展的轨道。全国安标委的成立在我国安全标准化发展史上具有里程碑意义。

2007 年 1 月 29 日，国家安监局发布《国家安全监管总局办公厅关于做好 2007 年危险化学品和烟花爆竹安全监督管理工作的通知》（安监总厅危化〔2007〕10 号）；2007 年 3 月 15 日，根据《国家安全监管总局办公厅关于做好 2007 年危险化学品和烟花爆竹安全监督管理工作的通知》（安监总厅危化〔2007〕10 号）的有关要求，为全面掌握危险化学品从业单位安全标准化工作的基本情况，进一步采取措施推动危险化学品从业单位安全标准化工作顺利开展，对各地开展危险化学品从业单位安全标准化工作情况进行摸底调查，国家安监总局发布《关于报送危险化学品从业单位安全标准化工作有关情况的函》（安监总厅危化〔2007〕33 号）。

2008 年 5 月 15 日，国家安监总局发文，征求《2008—2010 年全国安全生产（主要工业领域）标准化发展规划》。《规划》构建了涵盖煤矿、金属非金属矿山、冶金、有色、化工、石油天然气、石油化工、危险化学品、烟花爆竹、机械安全、通用及其他等 12 个领域的安全生产标准体系框架，提出了 591 项安全生产标准修订计划项目。《规划》的编制有力地促进了安全生产标准化工作的开展，对全国提升国家安全生产标准化水平，充分发挥安全生产标准在安全生产工作中的技术支撑作用，实现我国安全生产状况根本好转具有重要意义；2008 年 10 月 7 日，为深入贯彻党的十七大精神，全面落实科学发展观，坚持安全发展的理念和"安全第一、预防为主、综合治理"的方针，按照"合理规划、严格准入，改造提升、固本强基，完善法规、加大投入，落实责任、强化监管"的要求，构建危险化学品安全生产长效机制，实现危险化学品安全生产形势明显好转，国务院安全生产委员会办公室就加强危险化学品安全生产工作发布《国务院安委会办公室关于进一步加强危险化学品安全生产工作的指导意见》（安委办〔2008〕26 号）；2008 年 11 月 19 日，国家安监总局发布《危险化学品从业单位安全标准化通用规范》（AQ 3013—2008）。

2009 年 6 月 25 日，为深入贯彻落实《国务院关于进一步加强安全生产工作的决定》（国发〔2004〕2 号）和《国务院安委会办公室关于进一步加强危险化学品安全生产工作的指导意见》（安委办〔2008〕26 号），推动和引导危险化学品生产和储存企业、经营和使用剧毒化学品企业、有固定储存设施的危险化学品经营企业、使用危险化学品从事化工或医药生产的企业（以下统称危险化学品企业）全面开展安全生产标准化工作，改善安全生产条件，规范和改进安全管理工作，提高安全生产水平，国家安监总局发布《关于加强危险化学品从业单位安全生产标准化工作的指导意见》；2009 年 10 月 21 日，为深入贯彻《国家安全监管总局关于进一步加强危险化学品企业安全生产标准化工作的指导意见》（安监总管三〔2009〕124 号）有关精神，国家安监总局组织国家安全监管总局化学品登记中心、中国安全生产协会起草了《危险化学品从业单位安全标准化咨询管理办法》、《危险化学品从业单位安全标准化考评员管理办法》、《危险化学品从业单位安全生产标准化一级考评办法》和《危险化学品从业单位安全标准化一级考评检查评分细则》等 4 个规范性文件的征求意见稿,向全国危险化学品从业单位征求意见。

2010 年 7 月 23 日,为进一步加强安全生产工作,全面提高企业安全生产水平,国务院发布《国务院关于进一步加强企业安全生产工作的通知》(国发〔2010〕23 号);2010 年 11 月 10 日,为认真贯彻落实《国务院关于进一步加强企业安全生产工作的通知》(国发〔2010〕23 号)精神,推动危险化学品企业(指生产、储存危险化学品的企业和使用危险化学品从事化工生产的企业)落实安全生产主体责任,全面加强和改进安全生产工作,建立和不断完善安全生产长效机制,切实提高安全生产水平,结合危险化学品企业安全生产特点,国家安监总局发布关于危险化学品企业贯彻落实《国务院关于进一步加强企业安全生产工作的通知》的实施意见。

2011 年 2 月 16 日,为深入贯彻落实《国务院关于进一步加强企业安全生产工作的通知》(国发〔2010〕23 号)精神,进一步加强危险化学品企业安全生产标准化工作,国家安监总局发布关于进一步加强危险化学品企业安全生产标准化工作的通知;2011 年 6 月 22 日,为深入贯彻落实《国务院关于进一步加强企业安全生产工作的通知》(国发〔2010〕23 号)和《国务院安委会关于深入开展企业安全生产标准化建设的指导意见》(安委〔2011〕4 号)精神,进一步促进危险化学品从业单位安全生产标准化工作的规范化、科学化,根据《企业安全生产标准化基本规范(AQ/T 9006—2010)》和《危险化学品从业单位安全生产标准化通用规范(AQ 3013—2008)》的要求,国家安全监管总局制定并发布了《危险化学品从业单位安全生产标准化评审标准》;2011 年 8 月 8 日,国家安监总局发布关于征求《危险化学品从业单位安全生产标准化评审工作管理办法(征求意见稿)》修改意见的函;2011 年 9 月 16 日,为认真贯彻落实《国务院关于进一步加强企业安全生产工作的通知》(国发〔2010〕23 号)、《国务院安委会关于深入开展企业安全生产标准化建设的指导意见》(安委〔2011〕4 号)精神和《国家安全监管总局关于进一步加强危险化学品企业安全生产标准化工作的通知》(安监总管三〔2011〕24 号)要求,国家安全监管总局制定并发布了《危险化学品从业单位安全生产标准化评审工作管理办法》。2011 年 12 月 15 日,国家安监总局发布危险化学品安全生产"十二五"规划的通知。

8.1.2 危险化学品从业单位安全标准化术语及定义

(1)危险化学品从业单位 chemical enterprise
依法设立,生产、经营、使用和储存危险化学品的企业或者其所属生产、经营、使用和储存危险化学品的独立核算成本的单位。

(2)安全标准化 safety standardization
为安全生产活动获得最佳秩序,保证安全管理及生产条件达到法律、行政法规、部门规章和标准等要求制定的规则。

(3)关键装置 key facility
在易燃、易爆、有毒、有害、易腐蚀、高温、高压、真空、深冷、临氢、烃氧化等条件下进行工艺操作的生产装置。

(4)重点部位 key site
生产、储存、使用易燃易爆、剧毒等危险化学品场所,以及可能形成爆炸、火灾场所的罐区、装卸台(站)、油库、仓库等;对关键装置安全生产起关键作用的公用工程系统等。

(5) 资源 resources

实施安全标准化所需的人力、财力、设施、技术和方法等。

(6) 相关方 interested party

关注企业职业安全健康绩效或受其影响的个人或团体。

(7) 供应商 supplier

为企业提供原材料、设备设施及其服务的外部个人或团体。

(8) 承包商 contractor

在企业的作业现场，按照双方协定的要求、期限及条件向企业提供服务的个人或团体。

(9) 事件 incident

导致或可能导致事故的情况。

(10) 事故 accident

造成死亡、职业病、伤害、财产损失或其他损失的意外事件。

(11) 危险、有害因素 hazardous elements

可能导致伤害、疾病、财产损失、环境破坏的根源或状态。

(12) 危险、有害因素识别 hazard identification

识别危险、有害因素的存在并确定其性质的过程。

(13) 风险 risk

发生特定危险事件的可能性与后果的结合。

(14) 风险评价 risk assessment

评价风险程度并确定其是否在可承受范围的过程。

(15) 安全绩效 safe performance

基于安全生产方针和目标，控制和消除风险取得的可测量结果。

(16) 变更 change

人员、管理、工艺、技术、设施等永久性或暂时性的变化。

(17) 隐患 potential accidents

作业场所、设备或设施的不安全状态，人的不安全行为和管理上的缺陷。

(18) 重大事故隐患 serious potential accidents

可能导致重大人身伤亡或者重大经济损失的事故隐患。

8.1.3　危险化学品从业单位安全标准化的建设原则

危险化学品安全标准化的建设应遵循安全生产标准化的总体建设原则，即：要坚持"政府推动、企业为主，总体规划、分步实施，立足创新、分类指导，持续改进、巩固提升"的建设原则。

政府推动、企业为主：危险化学品从业单位安全生产标准化是将企业安全生产管理的基本要求进行系统化、规范化，使得企业安全生产工作满足国家安全法律法规、标准规范的要求，是企业安全管理的自身需求，是企业落实主体责任的重要途径，因此创建的责任主体是企业。在现阶段，许多企业自身能力和素质还达不到主动创建、自主建设的要求，需要政府的帮助和服务。政府部门在企业安全生产标准化建设的职责就是通过出台法律、法规、文件以及约束奖励机制政策，加大舆论宣传，加强对企业主要负责人安全生产标准化内涵和意义的培训工作，推动企业积极开展安全生产标准化建设工作，建立完善的安全管理体系，提升本质安全水平。

总体规划、分步实施：危险化学品从业单位安全生产标准化工作是落实危险化学品从业单位主体责任、建立安全生产长效机制的有效手段，各级安全监管部门、负有安全监管职责的有关部门必须摸清辖区内企业的规模、种类、数量等基本信息，根据企业大小不等、素质不整、能力不同、时限不一等实际情况，进行总体规划，做到全面推进、分步实施，使所有企业都行动起来，在扎实推进的基础上，逐步进行分批达标。防止出现"创建搞运动、评审走过场"的现象。

　　立足创新、分类指导：在危险化学品从业单位安全生产标准化创建过程中，重在企业创建和自评阶段，要建立健全各项安全生产制度、规程、标准等，并在实际中贯彻执行。各地在推进危险化学品从业单位安全生产标准化建设过程中，要从各地的实际情况出发，创新评审模式，高质量地推进危险化学品从业单位安全生产标准化建设工作。

　　对无法按照国家安全生产监督管理总局已发布的评定标准进行三级达标的小微企业，各地可创造性地制定地方安全生产标准化小微企业达标标准，把握小微企业安全生产特点，从建立企业基本安全规章制度、提高企业员工基本安全技能、关注企业重点生产设备安全状况及现场条件等角度，制定达标条款，从而全面指导小微企业开展建设达标工作。

　　持续改进、巩固提升：危险化学品从业单位安全生产标准化的重要步骤是创建、运行和持续改进，是一项长期工作。外部评审定级仅仅是检验建设效果的手段之一，不是标准化建设的最终目的。对于安全生产标准化建设工作存在认识不统一、思路不清晰的问题，一些企业甚至部分地方安全监管部门认为，安全生产标准化是一种短期行为，取得等级证书之后安全生产标准化工作就结束了，这种观点是错误的。企业在达标后，每年需要进行自评工作，通过不断运行来检验其建设效果。一方面，对安全生产标准一级达标企业要重点抓巩固，在运行过程中不断提高发现问题和解决问题的能力；二级企业着力抓提升，在运行一段时间后鼓励向一级企业提升；三级企业督促抓改进，对于建设、自评和评审过程中存在的问题、隐患要及时进行整改，不断改善企业安全生产绩效，提升安全管理水平，做到持续改进。另一方面，各专业评定标准也会按照我国企业安全生产状况，结合国际上先进的安全管理思想不断进行修订、完善和提升。

8.1.4　危险化学品从业单位安全标准化的管理要素

　　国家安全监管总局制定的《危险化学品从业单位安全生产标准化评审标准》由 12 个 A 级要素和 55 个 B 级要素组成，在这 12 个 A 级要素中，新增最后一个要素"本地区的要求"是开放要素，由各地区结合本地实际情况进行充实。这是考虑到各地区危险化学品安全监管工作的差异性和特殊性，为地方政府预留的接口。各省级安全监管局可根据本地区危险化学品行业的特点，将本地区关于安全生产条件尤其是安全设备设施、工艺条件等方面的有关具体要求纳入其中，形成地方特殊要求。

　　2011 年 4 月，北京市为深入贯彻落实《国务院关于进一步加强企业安全生产工作的通知》(国发〔2010〕23 号)，推进危险化学品企业安全生产标准化工作，制定了《北京市危险化学品企业安全生产标准化工作方案》，根据该工作方案，北京市辖区内危险化学品生产企业、经营企业（没有储存设施的危险化学品经营企业除外，下同）从 2011 年起全面开展从三级开始的标准化认证工作，并要求在 2011 年年底前达到标准化三级水平。

8.1.5　危险化学品从业单位安全标准化的建设流程

　　危险化学品从业单位安全标准化的建设流程包括策划准备及制订目标、教育培训、现状摸底、管理文件修订、实施运行及完善整改、企业自评和问题整改、评审申请、外部评审等八个阶段。

第一阶段：策划准备及制订目标。策划准备阶段首先要成立领导小组，由企业主要负责人担任领导小组组长，所有相关的职能部门的主要负责人作为成员，确保安全标准化建设所需的资源充分；成立执行小组，由各部门负责人、工作人员共同组成，负责安全标准化建设过程中的具体问题。

制订安全标准化建设目标，并根据目标来制订推进方案，分解落实达标建设责任，明确在安全标准化建设过程中确保各部门按照任务分工，顺利完成阶段性工作目标。大型企业集团要全面推进安全标准化企业建设工作，发动成员企业建设的积极性，要根据成员企业基本情况，合理制订安全标准化建设目标和推进计划。要充分利用产业链传导优势，通过上游企业在安全标准化建设的积极影响，促进中下游企业、供应商和合作伙伴安全管理水平的整体提升。

第二阶段：教育培训。安全标准化建设需要全员参与。教育培训首先要解决企业领导层对安全生产建设工作重要性的认识，加强其对安全标准化工作的理解，从而使企业领导层重视该项工作，加大推动力度，监督检查执行进度；其次要解决执行部门、人员操作的问题，培训评定标准的具体条款要求是什么，本部门、本岗位、相关人员应该做哪些工作，如何将安全标准化建设和企业以往安全管理工作相结合，尤其是与已建立的职业安全健康管理体系相结合的问题，避免出现"两张皮"的现象。

加大安全标准化工作的宣传力度，充分利用企业内部资源广泛宣传安全标准化的相关文件和知识，加强全员参与度，解决安全标准化建设的思想认识和关键问题。

第三阶段：现状摸底。对照相应专业评定标准（或评分细则），对企业各职能部门及下属各单位安全管理情况、现场设备设施状况进行现状摸底，摸清各单位存在的问题和缺陷；对于发现的问题，定责任部门、定措施、定时间、定资金，及时进行整改并验证整改效果。现状摸底的结果作为企业安全标准化建设各阶段进度任务的针对性依据。

企业要根据自身经营规模、行业地位、工艺特点及现状摸底结果等因素及时调整达标目标，不可盲目一味追求达到高等级的结果，而忽视达标过程。

第四阶段：管理文件制修订。对照评定标准，对各单位主要安全、健康管理文件进行梳理，结合现状摸底所发现的问题，准确判断管理文件亟待加强和改进的薄弱环节，提出有关文件的制修订计划；以各部门为主，自行对相关文件进行修订，由标准化执行小组对管理文件进行把关。

值得提醒和注意的是，安全标准化对安全管理制度、操作规程的要求，核心在其内容的符合性和有效性，而不是其名称和格式。

第五阶段：实施运行及完善。根据制修订后的安全管理文件，企业要在日常工作中进行实际运行。根据运行情况，对照评定标准的条款，将发现的问题及时进行整改及完善。

第六阶段：企业自评及问题整改。企业在安全标准化系统运行一段时间后（通常为3～6个月），依据评定标准，由标准化执行部门组织相关人员，对申请企业开展自主评定工作。

企业对自主评定中发现的问题进行整改，整改完毕后，着手准备安全标准化评审申请材料。

第七阶段：评审申请。企业在自评材料中，应尽可能将每项考评内容的得分及扣分原因进行详细描述，应能通过申请材料反映企业工艺及安全管理情况；根据自评结果确定拟申请的等级，按相关规定到属地或上级安全监管部门办理外部评审推荐手续后，正式向相应评审组织单位递交评审申请。

第八阶段：外部评审。接受外部评审单位的正式评审，在现场评审过程中，积极主动配合。并对外部评审发现的问题，形成整改计划，及时进行整改，并配合上报有关材料。

8.1.6 危险化学品从业单位安全标准化的评审

（1）评审机构与人员

① 国家安全监管总局确定一级企业评审组织单位和评审单位。

省级安全监管部门确定并公告二级、三级企业评审组织单位和评审单位。评审组织单位可以是安全监管部门，也可以是安全监管部门确定的单位。

② 评审组织单位承担以下工作：

一是受理危化品企业提交的达标评审申请，审查危化品企业提交的申请材料。

二是选定评审单位，将危化品企业提交的申请材料转交评审单位。

三是对评审单位的评审结论进行审核，并向相应安全监管部门提交审核结果。

四是对安全监管部门公告的危化品企业发放达标证书和牌匾。

五是对评审单位评审工作质量进行检查考核。

③ 评审单位应具备以下条件：

一是具有法人资格。

二是有与其开展工作相适应的固定办公场所和设施、设备，具有必要的技术支撑条件。

三是注册资金不低于 100 万元。

四是本单位承担评审工作的人员中取得评审人员培训合格证书的不少于 10 名，且有不少于 5 名具有危险化学品相关安全知识或化工生产实际经验的人员。

五是有健全的管理制度和安全生产标准化评审工作质量保证体系。

④ 评审单位承担以下工作：

一是对本地区申请安全生产标准化达标的企业实施评审。

二是向评审组织单位提交评审报告。

三是每年至少一次对质量保证体系进行内部审核，每年 1 月 15 日前和 7 月 15 日前分别对上年度和本年度上半年本单位评审工作进行总结，并向相应安全监管部门报送内部审核报告和工作总结。

⑤ 国家安全监管总局化学品登记中心为全国危化品企业安全标准化工作提供技术支撑，承担以下工作：

一是为各地做好危化品企业安全标准化工作提供技术支撑。

二是起草危化品企业安全标准化相关标准。

三是拟定危化品企业安全标准化评审人员培训大纲、培训教材及考核标准，承担评审人员培训工作。

四是承担危化品企业安全标准化宣贯培训，为各地开展危化品企业安全标准化自评员培训提供技术服务。

⑥ 承担评审工作的评审人员应具备以下条件：

一是具有化学、化工或安全专业大专（含）以上学历或中级（含）以上技术职称。

二是从事危险化学品或化工行业安全相关的技术或管理等工作经历 3 年以上。

三是经中国化学品安全协会考核取得评审人员培训合格证书。

⑦ 评审人员培训合格证书有效期为 3 年。有效期届满 3 个月前，提交再培训换证申请

表，经再培训合格，换发新证。

⑧ 评审人员培训合格证书有效期内，评审人员每年至少参与完成对 2 个企业的安全生产标准化评审工作，且应客观公正，依法保守企业的商业秘密和有关评审工作信息。

⑨ 安全生产标准化专家应具备以下条件：

一是经危化品企业安全标准化专门培训。

二是具有至少 10 年从事化工工艺、设备、仪表、电气等专业或安全管理的工作经历，或 5 年以上从事化工设计工作经历。

⑩ 自评员应具备以下条件：

一是具有化学、化工或安全专业中专以上学历。

二是具有至少 3 年从事与危险化学品或化工行业安全相关的技术或管理等工作经历。

三是经省级安全监管部门确定的单位组织的自评员培训，取得自评员培训合格证书。

（2）自评与申请

① 危化品企业可组织专家或自主选择评审单位为企业开展安全生产标准化提供咨询服务，对照《危险化学品从业单位安全生产标准化评审标准》（安监总管三〔2011〕93 号，以下简称《评审标准》）对安全生产条件及安全管理现状进行诊断，确定适合本企业安全生产标准化的具体要素，编制诊断报告，提出诊断问题、隐患和建议。

危化品企业应对专家组诊断的问题和隐患进行整改，落实相关建议。

② 危化品企业安全生产标准化运行一段时间后，主要负责人应组建自评工作组，对安全生产标准化工作与《评审标准》的符合情况和实施效果开展自评，形成自评报告。

自评工作组应至少有 1 名自评员。

③ 危化品企业自评结果符合《评审标准》等有关文件规定的申请条件的，方可提出安全生产标准化达标评审申请。

④ 申请安全生产标准化一级、二级、三级达标评审的危化品企业，应分别向一级、二级、三级评审组织单位申请。

⑤ 危化品企业申请安全生产标准化达标评审时，应提交下列材料：

一是危险化学品从业单位安全生产标准化评审申请书。

二是危险化学品从业单位安全生产标准化自评报告。

（3）受理与评审

① 评审组织单位收到危化品企业的达标评审申请后，应在 10 个工作日内完成申请材料审查工作。经审查符合申请条件的，予以受理并告知企业；经审查不符合申请条件的，不予受理，及时告知申请企业并说明理由。

评审组织单位受理危化品企业的申请后，应在 2 个工作日内选定评审单位并向其转交危化品企业提交的申请材料，由选定的评审单位进行评审。

② 评审单位应在接到评审组织单位的通知之日起 40 个工作日内完成对危化品企业的评审。评审完成后，评审单位应在 10 个工作日内向相应的评审组织单位提交评审报告。

③ 评审单位应根据危化品企业规模及化工工艺成立评审工作组，指定评审组组长。评审工作组至少由 2 名评审人员组成，也可聘请技术专家提供技术支撑。评审工作组成员应按照评审计划和任务分工实施评审。

评审单位应当如实记录评审工作并形成记录文件；评审内容应覆盖专家组确定的要素及企业所有生产经营活动、场所，评审记录应翔实、证据充分。

④ 评审工作组完成评审后，应编写评审报告。参加评审的评审组成员应在评审报告上

签字，并注明评审人员培训合格证书编号。评审报告经评审单位负责人审批后存档，并提交相应的评审组织单位。评审工作组应将否决项与扣分项清单和整改要求提交给企业，并报企业所在地市、县两级安全监管部门。

⑤ 评审计分方法。一是每个 A 级要素满分为 100 分，各个 A 级要素的评审得分乘以相应的权重系数，然后相加得到评审得分。评审满分为 100 分，计算方法如下：

$$M = \sum_{1}^{n} K_i M_i \qquad (8\text{-}1)$$

式中　M——总分值；

　　K_i——权重系数；

　　M_i——各 A 级要素得分值；

　　n——A 级要素的数量（$1 \leqslant n \leqslant 12$）。

二是当企业不涉及相关 B 级要素时为缺项，按零分计。A 级要素得分值折算方法如下：

$$M_i = \frac{M_{i实} \times 100}{M_{i满}} \qquad (8\text{-}2)$$

式中　$M_{i实}$——A 级要素实得分值；

　　$M_{i满}$——扣除缺项后的要素满分值。

每个 B 级要素分值扣完为止。

按照《评审标准》评审，一级、二级、三级企业评审得分均在 80 分（含）以上，且每个 A 级要素评审得分均在 60 分（含）以上。

⑥ 评审单位应将评审资料存档，包括技术服务合同、评审通知、诊断报告、评审计划、评审记录、否决项与扣分项清单、评审报告、企业申请资料等。

⑦ 初次评审未达到危化品企业申请等级（申请三级除外）的，评审单位应提出申请企业实际达到等级的建议，将建议和评审报告一并提交给评审组织单位。次评审未达到三级企业标准的，经整改合格后，重新提出评审申请。

（4）审核与发证

① 评审组织单位应在接到评审单位提交的评审报告之日起 10 个工作日内完成审核，形成审核报告，报相应的安全监管部门。

对初次评审未达到申请等级的企业，评审单位可提出达标等级建议，经评审组织单位审核同意后，可将审核结果和评审报告转交提出申请的危化品企业。

② 公告单位应定期公告安全标准化企业名单。在公告安全标准化一级、二级、三级达标企业名单前，公告单位应分别征求企业所在地省级、市级、县级安全监管部门意见。

③ 评审组织单位颁发相应级别的安全生产标准化证书和牌匾。

安全生产标准化证书、牌匾的有效期为 3 年，自评审组织单位审核通过之日起算。

（5）监督管理

① 安全生产标准化达标企业在取得安全生产标准化证书后 3 年内满足以下条件的，可直接换发安全生产标准化证书：

一是未发生人员死亡事故，或者 10 人以上重伤事故（一级达标企业含承包商事故），或者造成 1000 万元以上直接经济损失的爆炸、火灾、泄漏、中毒等事故。

二是安全生产标准化持续有效运行，并有有效记录。

三是安全监管部门、评审组织单位或者评审单位监督检查未发现企业安全管理存在突出问题或者重大隐患。

四是未改建、扩建或者迁移生产经营、储存场所，未扩大生产经营许可范围。

五是每年至少进行1次自评。

② 评审组织单位每年应按照不低于20％的比例对达标危化品企业进行抽查，3年内对每个达标危化品企业至少抽查一次。

抽查内容应覆盖企业适用的安全生产标准化所有要素，且覆盖企业半数以上的管理部门和生产现场。

③ 取得安全生产标准化证书后，危化品企业应每年至少进行一次自评，形成自评报告。危化品企业应将自评报告报评审组织单位审查，对发现问题的危化品企业，评审组织单位应到现场核查。

④ 危化品企业抽查或核查不达标，在证书有效期内发生死亡事故或其他较大以上生产安全事故，或被撤销安全许可证的，由原公告部门撤销其安全生产标准化企业等级并进行公告。危化品企业安全生产标准化证书被撤销后，应在1年内完成整改，整改后可提出三级达标评审申请。

⑤ 危化品企业安全生产标准化达标等级被撤销的，由原发证单位收回证书、牌匾。

⑥ 评审人员有下列行为之一的，其培训合格证书由原发证单位注销并公告：

一是隐瞒真实情况，故意出具虚假证明、报告。

二是未按规定办理换证。

三是允许他人以本人名义开展评审工作或参与标准化工作诊断等咨询服务。

四是因工作失误，造成事故或重大经济损失。

五是利用工作之便，索贿、受贿或牟取不正当利益。

六是法律、法规规定的其他行为。

⑦ 评审单位有下列行为之一的，其评审资格由授权单位撤销并公告：

一是故意出具虚假证明、报告。

二是因对评审人员疏于管理，造成事故或重大经济损失。

三是未建立有效的质量保证体系，无法保证评审工作质量。

四是安全监管部门检查发现存在重大问题。

五是安全监管部门发现其评审的达标企业安全生产标准化达不到《评审标准》及有关文件规定的要求。

8.2 其他安全管理方法

8.2.1 HSE 管理体系

(1) HSE 管理体系的概念

HSE 体系由国际知名的石油化工企业最先提出，是健康（Health）、安全（Safety）和环境（Environment）管理体系的简称，HSE 管理体系是将组织实施健康、安全与环境管理的组织机构、职责、做法、程序、过程和资源等要素有机构成的整体，这些要素通过先进、科学、系统的运行模式有机地融合在一起，相互关联、相互作用，形成动态管理体系。

20世纪80年代后期，国际上的几次重大事故对安全工作的深化发展与完善起了巨大的推动作用。如1987年的瑞士 SANDEZ 大火，1988年英国北海油田的帕玻尔·阿尔法平台事故，以及 1989 年的 EXXON 公司 VALDEZ 泄油等引起了国际工业界的普遍关注，大家都深深认识到，石油石化作业是高风险的作业，必须进一步采取更有效更完善的 HSE 管理系统以避免重大事故的发生。1991 年，在荷兰海牙召开了第一届油气勘探、开发的健康、安全、环保国际会议，HSE 这一概念逐步为大家所接受。许多大石油公司相继提出了自己的 HSE 管理体系。如壳牌公司，在 1990 年制订出自己的安全管理体系（SMS）；1991 年，壳牌公司委员会颁布健康、安全与环境（HSE）方针指南；1992 年，正式出版安全管理体系标准 EP 92-01100；1994 年，正式颁布健康、安全与环境管理体系导则。1994 年油气开发的安全、环保国际会议在印度尼西亚的雅加达召开，由于这次会议由 SPE 发起，并得到 IPICA（国际石油工业保护协会）和 AAPG 的支持，影响面很大，全球各大石油公司和服务厂商积极参与，HSE 的活动在全球范围内迅速展开。

1996 年 1 月，ISO/TC 67 的 SC6 分委会发布 ISO/CD 14690《石油和天然气工业健康、安全与环境管理体系》，成为 HSE 管理体系在国际石油业普遍推行的里程碑，HSE 管理体系在全球范围内进入了一个蓬勃发展时期。

1997 年 6 月中国石油天然气总公司参照 ISO/CD 14690 制定了三个企业标准：

SY/T 6276—1997《石油天然气工业健康、安全与环境管理体系》

SY/T 6280—1997《石油地震队健康、安全与环境管理规范》

SY/T 6283—1997《石油天然气钻井健康、安全与环境管理指南》

2001 年 2 月中国石油化工集团公司发布了十个 HSE 文件（一个体系，四个规范，五个指南），形成了系统的 HSE 管理体系标准。

《中国石油化工集团公司安全、环境与健康（HSE）管理体系》

《油田企业安全、环境与健康（HSE）管理规范》

《炼油化工企业安全、环境与健康（HSE）管理规范》

《施工企业安全、环境与健康（HSE）管理规范》

《销售企业安全、环境与健康（HSE）管理规范》

《油田企业基层队 HSE 实施程序编制指南》

《炼油化工企业生产车间（装置）HSE 实施程序编制指南》

《销售企业油库、加油站 HSE 实施程序编制指南》

《施工企业工程项目 HSE 实施程序编制指南》

《职能部门 HSE 职责实施计划编制指南》

SY/T 6276—2010、SY/T 6280—2006 最新标准已经正式发布并替代 SY/T 6276—1997、SY/T 6280—1997 标准形成了系统的 HSE 管理体系标准。

HSE 体系是按：规划（PLAN）—实施（DO）—验证（CHECK）—改进（ACTION）运行模式来建立的，即戴明环 PDCA 模式。

(2) HSE 管理的目的

① 满足政府对健康、安全和环境的法律、法规要求；

② 为企业提出的总方针、总目标以及各方面具体目标的实现提供保证；

③ 减少事故发生，保证员工的健康与安全，保护企业的财产不受损失；

④ 保护环境，满足可持续发展的要求；

⑤ 提高原材料和能源利用率，保护自然资源，增加经济效益；

⑥ 减少医疗、赔偿、财产损失费用，降低保险费用；

⑦ 满足公众的期望，保持良好的公共和社会关系；

⑧ 维护企业的名誉，增强市场竞争能力。

（3）HSE 管理的指导原则

① 第一责任人的原则。HSE 管理体系，强调最高管理者的承诺和责任，企业的最高管理者是 HSE 的第一责任者，对 HSE 应有形成文件的承诺，并确保这些承诺转变为人、财、物等资源的支持。各级企业管理者通过本岗位的 HSE 表率，树立行为榜样，不断强化和奖励正确的 HSE 行为。

② 全员参与的原则。HSE 管理体系立足于全员参与，突出"以人为本"的思想。体系规定了各级组织和人员的 HSE 职责，强调集团公司内的各级组织和全体员工必须落实 HSE 职责。公司的每位员工，无论身处何处，都有责任把 HSE 事务做好，并过审查考核，不断提高公司的 HSE 业绩。

③ 重在预防的原则。在集团公司的 HSE 管理体系中，风险评价和隐患治理、承包商和供应商管理、装置（设施）设计和建设、运行和维修、变更管理和应急管理这 5 个要素，着眼点在于预防事故的发生，并特别强调了企业的高层管理者对 HSE 必须从设计抓起，认真落实设计部门高层管理者的 HSE 责任。初步设计的安全环保篇要有 HSE 相关部门的会签批复，设计施工图纸应有 HSE 相关部门审查批准签章，强调了设计人员要具备 HSE 的相应资格。风险评价是一个不间断的过程，是所有 HSE 要素的基础。

④ 以人为本的原则。HSE 管理体系强调了公司所有的生产经营活动都必须满足 HSE 管理的各项要求，突出了人的行为对集团公司的事业成功至关重要，建立培训系统并对人员技能及其能力进行评价，以保证 HSE 水平的提高。

（4）HSE 管理体系实施步骤

① 学习标准，培训人员。企业在建立 HSE 管理体系之前，应结合 HSE 管理体系标准，开展两个层次的教育培训工作。

一是组织对岗位工人的宣传教育。HSE 管理体系的实施和其管理目标的实现，需要企业全体职工的深刻理解和积极参与。因此，企业必须通过一定的形式，使企业的每一个员工都清楚地了解实施 HSE 管理体系的目的、意义、内容和要求，以使其自觉主动地加入到推行 HSE 管理体系的过程中。

二是组织对领导干部和管理人员的专门培训。领导干部和管理人员是 HSE 管理体系的建立保持者，担负着组织管理、文件编制和运行监督等重要使命。因此，必须通过举办专门的 HSE 管理体系培训班，使其获得 HSE 管理体系建立实施工作所需的专门知识，并具备 HSE 管理体系内审员的资格。

② 风险评价和管理现状调研。风险评价和管理现状调研是建立 HSE 管理体系的前提和基础，企业及二级单位在建立 HSE 管理体系之前，必须对企业存在的事故隐患、职业危害、环境影响进行风险评价，对影响企业安全生产、环境保护及健康卫生的 HSE 管理问题进行现状调研，以使企业制订的控制目标和管理方案更具有针对性。

③ 规划设计和准备。根据风险评价和现状调研的结论，企业及二级单位的最高管理者应组织有关部门对拟建立的 HSE 管理体系进行规划设计和准备，其主要工作程序及内容应包括：

一是企业最高管理者依照 HSE 管理规范确定的承诺原则和内容，向企业员工和相关方作出书面承诺。

二是企业最高管理者指定和任命 HSE 管理者代表，并授予应有的管理权限。

三是企业主管部门提出 HSE 方针和目标草案，最高管理者组织评审并批准发布。

四是成立企业 HSE 管理委员会，制定 HSE 管理委员会章程。

五是调整和强化 HSE 管理监督机构，合理设置工作岗位，充实技术管理人员。

六是建立健全企业 HSE 组织管理网络，成立基层单位 HSE 管理小组，按要求选拔配备 HSE 管理人员或安全工程师。

七是依照 HSE 管理规范，制订各级组织和人员的 HSE 职责。

八是制订、修订和完善 HSE 管理工作所必需的制度、规定。

九是根据 HSE 管理规范和 HSE 制度、规定的要求，制订出 HSE 关键管理工作的程序。

十是提出建立和保持 HSE 管理体系所需的资源配置计划。

十一是制订 HSE 管理体系建立的实施计划进度表，明确各部门和单位的责任与分工。

④ HSE 实施程序文件的编制。HSE 实施程序是 HSE 管理体系可执行文件的集合，根据集团公司 HSE 管理体系和 HSE 管理规范的要求，企业及二级单位在建立 HSE 管理体系前，应编制《企业 HSE 管理体系实施程序》、《职能部门 HSE 职责实施计划》、《生产车间（装置）HSE 实施程序》3 种 HSE 实施程序文件。

⑤ HSE 管理体系的实施。以上准备工作全部完成后，即可进入 HSE 管理体系的实施阶段，其主要工作内容应为：

一是批准和发布 HSE 实施程序。

二是部门、车间按实施程序的要求，组织开展日常的 HSE 管理活动。

三是部门、车间建立体系要素运行保证机制，开展检查监督和考核纠正工作，保证 HSE 管理体系按既定的目标和程序运行。

⑥ 审核、评审。HSE 管理体系在运行过程中，由于受到外因、内因的影响，管理目标、管理程序、管理方法与管理效果之间有可能发生一定的偏差。因此，在 HSE 管理体系运行一定时期后，需要对 HSE 管理体系的符合性、有效性、适用性进行审核、评审，以及时调整现实与体系不相符合、体系与现实不相适应的部分，达到持续改进、不断提高的目的。

8.2.2　杜邦安全管理

(1) 杜邦公司的安全文化发展

杜邦公司是 1802 年成立的以生产黑火药为主的公司，黑火药是相当高风险的产业，早期发生了许多的安全事故，这些事故甚至造成杜邦的一些亲人都丧生了，最大事故发生在 1818 年，当时杜邦只有 100 多位员工，40 多位员工在这次事故中死亡或受到伤害，企业几乎面临破产。

但杜邦的炸药技术在当时是领先世界地位的，正好美国开发西部，需要大量的炸药，所以政府给他贷款，把炸药做下去。但杜邦本人体会到如果不抓安全，杜邦公司就不可能存在了。在这样的情况下，杜邦作出了三个决策：在接受美国政府贷款支持的情况下，第一是建立了管理层对安全的负责制，即安全生产必须由生产管理者直接负责，从总经理到厂长，部门经理到组长对安全负责，而不是由安全员负责。第二是建立公积金制度，从员工工资中拿出一部分，企业拿一部分，建立公积金，万一发生事故在经济上有个缓冲。第三是实现对员工的关心，公司决定，凡是在事故中受到伤害的家属，公司会抚养起来，小孩抚养到工作为止，如果他们愿意到杜邦工作，杜邦优先考虑。这样建立考虑、关心员工的理想，到最后成为公司的核心价值之一。

杜邦在 1818 年建立的这个制度还规定，最高管理层在亲自操作之前，任何员工不得进入一个新的或重建的工厂，在当时规模不太大的情况下，杜邦要求凡是建立一个新的工厂，厂长、经理先进行操作，目的是体现对安全的直接责任，对安全的重视，你认为你的工厂是安全的，你先进行操作、开工，然后员工再进入。发展到现在，杜邦已成为规模很大的跨国公司，已不可能让高级总裁参加这样的现场操作，所以杜邦安全也发展到现在的有感领导，即第一不是本人感觉的领导，是让员工和下属体会到你对安全的重视，是理念上的领导；第二是人力、物力上的有感领导；第三是平时管理上的领导，总的来说是体现对企业安全生产的负责。

到 1912 年，杜邦建立了安全数据统计制度，安全管理从定性管理发展到定量管理，到 20 世纪 40 年代杜邦提出"所有事故都是可以防止的"理念，因为在这之前很多事故总是要发生的，杜邦认为这样的思想是不可以有的，一定要树立"所有的事故是可以防止的"理念，因为事故是在生产中发生的，随着技术的提高、管理水平的提高、人的重视，这些事故一定是有办法防止的。到 20 世纪 50 年代，推出了工作外安全方案，假如一个老总、业务员、销售人员拿到一个大的订单，无论是 8h 以内，还是 8h 以外，他发生安全事故，对公司的损失都是一样的，并且对员工的教育让员工积极参与，进行各种安全教育，比如旅游如何注意安全，运动如何注意安全，很多方面的员工教育。

美国杜邦公司是世界 500 强企业中历史最悠久的企业，在其生存发展的 200 年中，取得了骄人的安全业绩。在美国工业界，"杜邦"与"安全"几乎已是同义词。杜邦在其企业的生产经营活动中，一直推动着安全理念、技术与制度的不断进步。

（2）杜邦的安全管理十大理论

① 所有的伤害都是可以预防的。从高层到基层都要有这样的观念，采用一切可能的办法防止，控制事故的发生。

② 管理者负责管理安全，并对安全结果负责。因为安全包括公司的各个层面、每个角落、每位员工的点点滴滴的事，只有公司高层管理层对所管辖范围的安全负责，下属对各自范围安全负责，到车间主任对车间的安全负责，生产组长对所管辖的范围安全负责，直到小组长对员工的安全负责，涉及每个层面，每个角落安全都有人负责，这个公司的安全才真正有人负责。安全部门不管有多强，人员都是有限的，不可能深入到每个角落、每个地方 24h 监督，所以安全必须是从高层到各级管理层到每位员工自身的责任，安全部门从技术提供强有力的支持，只有每位员工对自身负责，每位员工是每个单位元素，企业由员工组成，每个员工、组长对安全负责，安全才有人负责，最后总裁有信心说我对企业安全负责，否则总裁、高级管理层对底下哪里出问题都不知道。这就是直接负责制，是员工对各自领域安全负责，是相当重要的一个理念。

③ 所有危害因素都可以控制。安全生产过程中的所有隐患都要有计划地投入、治理、控制。

④ 安全地工作是雇佣的条件。在员工与杜邦的合同中明确写着，只要违反安全操作规程，随时可以被解雇，每位员工参加工作第一天起，就意识到这家公司是讲安全的，把安全管理和人事管理结合起来。

⑤ 员工必须接受安全培训。让员工安全，要求员工安全操作，就要进行严格的安全培训，要对所有操作进行安全培训，要求安全部门和生产部门合作，知道这个部门要进行哪些安全培训。

⑥ 管理层必须进行安全审核。这个检查是正面的、鼓励性的，是以收集数据、了解信

息，然后发现问题、解决问题为主的，如发现一个员工的不安全行为，不是批评，而是先分析好的方面在哪里，然后通过交谈，了解这个员工为什么这么做，还要分析领导有什么责任，这样做的目的是拉近距离，让员工谈出内心的想法，为什么会有这么不安全的动作，知道真正的原因在哪里，是这个员工不按操作规程做、安全意识不强？还是上级管理不够、重视不够。这样拉近管理层和员工的距离，鼓励员工通过各种途径把安全想法反映到高层管理者，只有知道了底下的不安全行为、因素，才能对整个的企业安全管理提出规划、整改。如果不了解这些信息，抓安全管理是没有针对性的，不知道要抓什么。当然安全部门也要抓安全，重点检查下属，同级管理人员有没有抓安全，效果如何，对这些人员的管理进行评估，让高级管理人员知道这个人在这个岗位上安全重视程度怎么样，为管理提供信息。这是两个不同层次的检查。

⑦ 所有的不良因素必须马上纠正。在安全检查中会发现许多隐患，要分析隐患发生的原因是什么，哪些是可以当场解决的，哪些是需要不同层次管理人员解决的，哪些是需要投入力量来解决的，重要的是必须把发现的隐患加以整理、分类，知道这个部门主要的安全隐患是哪些，解决是需要多少时间，不解决会造成多大风险，哪些是需要立即加以解决的，哪些是需要加以投入力量的，安全管理真正落到了实处，就有了目标，这是发现的安全隐患及时更正的真正含义。

⑧ 工作外的安全和工作安全同样重要。

⑨ 良好的安全创造良好的绩效。这是一种战略思想，如何看待安全投入，如果把安全投入放到对业务发展同样重要的位置考虑，就不会说这就是成本，而是生意。这在理论上是一个概念，而在实际上也是很重要的，否则企业每时每刻都在高风险下运作。

⑩ 员工的直接参与是关键。没有员工的直接参与，安全是空想，因为安全是每一个员工的事，没有每位员工的参与，公司的安全就不能落实到实处。

杜邦的核心价值，第一是善待员工，第二是要求员工遵守职业道德，第三是把安全和环境作为核心价值。为什么杜邦公司生存了 200 年，成为当前世界前 300 强之一，就是这些核心价值保证了企业的发展生存。

杜邦的安全表现和业绩，自从提出"一切安全事故都是可以防止的"理念之后，杜邦的安全表现，以 200 万人工时单位业绩，比美国平均值好 30～40 倍，杜邦公司在全世界范围内的工厂的安全记录，很多都是 20 年、30 年以上没有事故，这个事故指一天以上的病假，也包括中国大陆、中国台湾。位于深圳的公司是杜邦在国内的第一家企业，其 15 年以来没有任何安全事故，举这个例子是想说明，国内很多人认为，中国和美国在安全业绩上的不同表现，是因为不同的文化背景，西方人文化素质比较高，东方人素质低，但是根据杜邦公司在全世界的经验来看，这个理论是不正确的，只要重视起来，只要采取有效行动、实际行动、不管怎样的文化背景，都可以实现零事故或很低的事故。关键是我们采取怎样的方法、怎样的体制、怎样的激励机制鼓励员工参与。文化背景不是关键，因为文化背景是可以改变、可以融合的。

2001 年，杜邦在全球 267 个工厂和部门中 80％没有出现失能工作日（一天及以上病假）事故，50％工厂没有伤害记录，20％工厂超过 10 年没有伤害记录，在 70 多个国家，79000 名员工创造了 250 亿美元产值，安全业绩相当好，被评为美国"最安全的公司"之一，并且连续多年获得这个殊荣。

（3）杜邦的安全管理组织和职责

杜邦有生产管理层，从总裁到生产部门和服务部门，对安全直接负责。杜邦也有安全副总裁，他抓安全，但不对安全负责，他负责整个公司的安全专业队伍的建设和他直接管辖范围内的部门安全，因为从某个角度讲，安全部门也是公司生产的一个部门，他对这个部门的安全负责，对安全提供强有力的保障，这就是直接领导责任。

① 公司有安全管理资源中心，也有环保中心，里面有 50 多位专家，如果还不够，可以到高校聘请教授，中心社会的安全组织有良好的网络关系，万一有安全问题，可以得到很好的技术支持。它是一个调配中心，将全球范围内杜邦公司所有安全部门和工厂的安全方面的人员，形成一个网络，为全球范围的工厂提供技术支持，如果某个地方遇到问题，可以通过网络求救，网络把这个问题传递到全球，总会有人可以给予解决的。专家组人员有限，其知识也是有限的，假如还不能解决，就会把问题传递到大学，研究部门请求支持，最终得到解决。这就是调配的作用。二是技术安全管理，制订内部安全管理和要求，为当地安全人员业务协作解决问题。三是研究和制订各种安全培训计划，对高级管理层、地方管理层、技术人员有效安全培训提供指导。四是开发和维护 HSE 监控系统和指标，包括第二方安全审计，监督和评估各地区安全业绩表现，按照报告对下级安全表现进行评价。

② 各地区、各工厂安全人员的职责，是安全顾问的概念，安全人员站在更高的角度，帮助厂长理解法律法规，理解上级安全要求，结合厂里的具体情况，提出安全规划，提供安全规划、设想、支持，同时又是一个安全咨询员，对厂里的安全技术提供帮助，还是 HSE 协调员、解说员。

③ 各个生产部门的职责，各级生产管理层对安全负责，要直接参与安全管理，把安全管理作为平时业务工作的一部分，在考虑生产发展、企业发展、生产产品、质量的要求时，安全工作就是其中的一部分。把质量、成本与安全同时考虑，安全就是日常管理的一部分。有的工程既说质量第一，又说安全第一，到底哪个是第一，不清楚。多个第一，就是没有第一，要把安全工作和规划、产品的质量、效益结合起来，安全就是工作的一部分，能做到这一点，就是把安全作为一门生意来做，国外公司很少谈安全第一，但他们会把安全与其他工作放到同等重要的地位考虑，所以要做到这点，就要直接参与管理。

每个管理者要对员工负责，如车间主任对员工负责，这个责任不光是对管辖的员工负责，而是要对管辖范围内的员工负责，其他部门的人到这个范围来工作，客人到这里来访问，上级部门来检查，都要对他们的安全负责，只要是负责范围内，安全就是我的责任，这也是对上级部门负责，只有车间主任对车间负责，厂长才能对全厂负责，如果车间主任不负责，厂长怎么负责。只有员工对组长负责，组长对车间主任负责，车间主任对厂长负责，厂长对地区经理负责，地区经理对总公司总裁负责，才能真正叫作安全有人负责。安全是在最底层的，确实需要领导重视、全员参与。要做到这点，每个经理都要建立起长期安全目标，知道我这个部门有什么样的安全问题，有什么样的安全隐患，什么样的问题需要什么时候解决。如果不知道这些问题，就不可能去重视安全，不可能去抓安全。一旦知道了问题，建立了目标，在实现目标的过程中，就会有具体计划，还要有一个开发实施计划，标准有了，要对照目标监督结果，不要到年底再看目标没有落实就关门了。要自我检查、自我监督，看看三个月后计划实施了多少，六个月后差距多少，半年后有没有落实，为什么没有落实，要做到这点，要采取许多具体措施。

（4）杜邦的安全管理系统

杜邦安全管理系统分为两个部分：一是行为安全，就是员工的安全行为、安全表现，要进行管理。二是工艺安全，即设备如何管理。目的是为了保护环境、保护员工健康，对客户、员工、股东负责，对公司整体业务发展负责，提供公司业务发展的保障。

① 员工的行为安全管理。要发现、杜绝不安全行为，了解这种行为，进行安全检查，告诉员工这么做有什么风险，为此，要做到：一是显而易见的管理层承诺，领导不承诺去做，是没有人去管理这种行为的，这些行为永远可能发生。二是切实可行的政策，杜邦有十大基本理论予以保证。三是要有综合性的安全组织，要从员工到各级管理层参与。四是要有挑战性的安全目标。五是直线管理责任，各级管理层对各级安全负责。六是要有严格的标准、激励计划，很多情况下对员工给予鼓励。七是切实有效的双向沟通。八是要有持续性的培训。九是要有有效的检查。十是要有有能力的安全专业人员，很快提供解决方案，有助解决问题。十一是事故调查，一旦发生事故，进行事故调查，防止事故再次发生，发生事故时要承担责任，如果系统出现问题，就要改进系统，如果不找到真正的原因，下一次事故的原因可能就是上一次事故没有找到的原因。十二是要推出新的标准。这些是安全管理的十二个主要因素。

② 安全事故的原因分析，杜邦实践中有 90% 以上的事故是由人为因素造成的（生产系统本质化安全已高度完善的前提下，不安全行为就成了主要矛盾·作者按），而我们国内有 80% 以上的事故是由人为因素造成的，假如片面强调投入，消除了所有工艺上的隐患，而不解决员工行为，也只能解决 20% 事故隐患。不抓人的因素，就不可能实现零事故，投入很重要，但也要重视员工安全行为管理，行为安全抓的是人，包括员工的安全意识、各种各样的不安全行为，如不用劳保用品、对事故的反应、所处位置危险、使用不当工具、工作场所杂乱无章等，都是造成事故的原因，这些原因是人的行为，不是技术，杜邦有 90% 事故是人为因素造成的，因为投入大，工艺、设备比较过关，国内 80% 的事故是人为造成的，如果不抓人的行为（管理层到员工），永远不可能杜绝事故。

在安全事故上有个冰山理论，浮在海面上的，是表现出来的安全事故，有死亡、工伤、医疗事件、损工事件，这些是能看到的。而在海面之下，是看不到的，是支撑这些事故的深层次原因，这些海面之下的不安全行为、不安全环境，是不容易被看到的。如果在事故发生后找到了原因，解决了事故，就是解决了这个问题，然而根本的行为因素没有得到解决，还会有新的事故发生，直到事故足够多。因为事故发生后人们解决的只是表现出来的，而海面下的、深层次的却是大部分。反过来，假如解决了安全行为问题，冰山自然下去了，所以安全管理就是要找到这些不安全行为，直到消除为零，安全事故才能为零，这就是安全行为管理理论。重点是找出不安全行为，对行为再教育，对行为进行系统管理，这叫作"防患于未然"。

③ 工艺安全管理。设备上有些可能不是人的因素，而是设计上的问题，因为设计不当，致使一开工就发生事故，如何进行工艺安全管理？领导承诺是最重要的，领导要承诺进行工艺安全管理。然后有三个方面，即技术方面、设备方面和人员方面。

a. 技术方面。设备买来了，都有很多工艺信息，很多人读了操作规程，读了技术信息，看到安全信息就跳过，根本就不了解这个工艺、设备的安全信息。其实安全信息不是白写的，要了解工艺安全信息，就要进行工艺安全危害的分析，这样的流程、工艺风险在哪里，哪部分是风险最大的，这个风险发生了会出现怎样的问题，要认真进行分析，在此基础上进行操作规程的控制，要让员工知道为什么这样做。另外当进行技术变革的时候，要有控制，为什么要进行该项技术变革，技术变革后，会产生怎样的安全隐患，要有技术人员去做，这就是工艺安全技术方面的控制，这就要求强有力的安全队伍，指导技术人员进行安全工作，去从安全方面给予考虑。

b. 设备方面。买设备要有一个质量保证，同样的设备，会有不同的价格，你买哪一个，要有质量上的考虑，一定要从质量角度分析并决定买哪一个。一旦设备更新，一定要进行质量分析。要有预开车安全审核，很多事故是在设备新开工时发生的，所以预开车要进行严格的一步一步的分析，形成一个预开车前详细的安全工作程序保证设备安全运行。这样就知道什么人可以在这个岗位，什么人不可以。还要保证设备机械完整性，一个设备100万，可我只有80万，砍哪部分费用，砍了之后的风险是什么，工作人员要把风险报告放到决策者面前，还有一个设备变更管理，如进口设备没了，变成国产设备，要有人评价代替以后产生的风险，这些是技术管理踏踏实实的技术工作，要有安全人员、工程人员、工艺人员一起去做。

c. 人员方面。首先要有培训，要掌握培训效果，确信员工已经知道怎么去做。要受承包商管理，很多设备是承包商负责的，要对承包商安全负责，要认为承包商的安全事故就是我的安全事故，因为他在我的管辖范围内工作。不但我的安全事故目标是零，要控制安全事故的发生，也要控制他的安全事故的发生，他的安全也是我的责任的一部分。还要有人员变更管理。如果这个岗位需要5个人，现在缺了两个人怎么办，除了正常工作人员之外，一定要有替代人员，平时对他们教育、培训，一旦需要，就可以顶上去，否则发生事故的可能就是这些人。老工人工作那么多年，不容易发生事故，临时工就可能发生事故，所以在每个岗位上都要考虑一定比例的替代人员，一旦人员短缺就可以替代了。要有应急事故计划和响应。每个工作要进行安全分析，一旦发生事故该怎么控制，怎么管理，小的事故、小的原因，得到响应后不会酿成大事故，不正确的响应会造成大的事故，很多都是安全反应的问题。所以每个岗位都要有分析，这个应急预案不仅是公司的事，也是每个岗位的事。最近有个管理事故，就是一个小洞泄漏天然气造成的，附近的整个城市都发动了。如果有好的应急预案，一堵就可以了。还要有审计，就是有效的安全检查。还要有事故调查，这些都是工艺安全管理系统。

（5）杜邦的管理成本和效益

① 安全事故的经济分析。说到安全，你想到的是什么，是钱，还是收益？安全事故发生会有损失。而成本也是冰山效应。我们看得到的美国每年安全损失大约有700亿，然而安全事故涉及方方面面，看不到的间接损失就更大，间接损失是直接损失的3～5倍。我们控制了安全事故，就是控制了这些成本。

第二个影响就很大了，一旦发生事故，对员工、客户都产生影响，对股票产生影响，对公共形象发生影响。可能带来业务中断，不遵守法律要受到处罚，可能要赔偿，可能被起诉，工厂可能要重建，对公司声誉和市场资本产生影响，公司甚至可能破产倒闭，还要产生领导者的责任，这些都是事故的影响。

② 安全管理的价值。防止了事故，首先是挽救了生命，在美国，每天有16人死于与工作相关的伤害，包括职业病、工伤等。在中国，去年的统计数据是每天460多人，安全事故管理的价值首先是体现了生命。其次是经济上的，美国每起事故有28000美元的损失，间接损失是3～5倍。杜邦安全管理业绩每百万小时事故工伤率是1.5，工学工业平均是9.5，美国全工业平均是14，杜邦每年发生28起损工以上事件，直接损失大约是780万美元。与美国的化学工业平均水平相比，每年节省3500万美元，美国全工业平均相比，每年节省100亿美元。

杜邦公司的财产没有保险，它认为自己的财产自己可以保险，所以它特别重视安全。它是把这些省下来的钱又作为安全上的投入。我们可以算一笔账，过去5年来我们石油公司安全事故造成多少损失，假如我们保持现状，就意味着今后5年还要有这么一笔投入。如果把这笔钱作为投入，投放到安全上去，从长远考虑，成本没有增加，就是用途不同，但得到了很多，挽救了生命，公司在市场上有了好声誉，特别是现在随着中国走向全球，安全和环境方面具有举足轻重的影响。所以要算安全投入这笔账，不能局限于投入多少钱，要想一想过去安全事故有多少损失，要是把这笔钱投入到安全上去，产生的是荣誉、信誉、生命价值。

(6) 杜邦的安全文化建立

① 安全文化的作用。安全就是通过你的行为对人的生命的尊重，是人性化管理，以人为本，没有"我"，再大的经济利益对"我"没有意义。安全文化的作用是相当大的，文化主导人的行为，行为主导态度，态度决定后果。建立企业安全文化就是让员工在安全的环境下工作，来改变员工的态度，改变行为，行为改变就是安全，公司就在安全下运行。

安全文化要做什么，如果要改变员工的行为，首先要改变安全文化。所以要了解企业文化中哪些主导了员工行为，而这些行为是不希望出现的。要知道加入哪些因素，才能使得员工成功。就是要了解哪些因素是要的，哪些因素是不要的。还要了解哪些因素是缺的，要加入到企业中来，就是完善了企业文化建设的要素，并且要巩固和发展。

安全文化如何改变，企业文化对员工的作用是改变、影响其态度、行为、后果、表现，员工行为是受到企业安全文化影响的。如果企业没有安全文化，员工在企业中就会表现出不安全的行为，后果就是造成不安全。文化还有间接的影响，员工的态度受到事故事实影响，发生安全事故了，员工相信这样做是错误的，也会改变行为。这同样说明，员工的行为是受到安全文化影响的。区别在于一个是从正面引导，一个从事故去影响。所以我们需要建立安全文化驱动员工的行为，企业安全文化要提供员工长期连续的行为安全教育。

改变员工的行为不是一天两天的事，要有长远规划，是不断自我发现、反复教育的过程，让员工意识到自己的不安全行为、不安全态度对企业的影响，在自我发现中改变其态度、价值，最终改变其行为。

② 杜邦安全文化建立的过程。有四个阶段，自然本能阶段、严格监督阶段、自主管理阶段、团队管理阶段。这就是对安全文化理论的模型总结。

第一阶段自然本能阶段。企业和员工对安全的重视仅仅是一种自然本能保护的反应，缺少高级管理层的参与，安全承诺仅仅是口头上的，将职责委派给安全经理，依靠人的本能，以服从为目标，不遵守安全规程要罚款，所以不得不遵守。在这种情况下，事故率是很高的，事故减少是不可能的，因为没有管理体系，没有对员工进行安全文化培养。

第二阶段严格监督阶段。企业已建立起必要的安全系统和规章制度，各级管理层知道安全是自己的责任，对安全作出承诺。但员工意识没有转变时，依然是被动的，这是强制监督管理，没有重视对员工安全意识的培养，员工处于从属和被动的状态。从这个阶段来说，管理层已经承诺了，有了监督、控制和目标，对员工进行了培训，安全成为受雇的条件，但员工若是因为害怕纪律、处分而执行规章制度的话，是没有自觉性的。在此阶段，依赖严格监督，安全业绩会大大地提高，但要实现零事故，还缺乏员工的意识。

第三阶段独立自主管理阶段。企业已经有了很好的安全管理制度、系统，各级管理层对安全负责，员工已经具备了良好的安全意识，对自己做的每个层面的安全隐患都十分了解，员工已经具备了安全知识，员工对安全作出了承诺，按规章制度标准进行生产，安全意识深入员工内心，把安全作为自己的一部分。其实讲安全不仅是为了企业，而是为了保护自己、为了亲人、为了自己的将来。有人认为这种观念自我意识太强，奉献精神不够。当然国家需要的时候，我们还是要有民族意识。但讲安全时，就要这么想，如果每个员工都这么想、这么做，每位员工都安全，企业能不安全吗？安全教育要强调自身价值，不要讲什么都是为了公司。

第四阶段互助团队管理阶段。员工不但自己注意安全，还要帮助别人遵守安全，留心他人，把知识传授给新加入的同事，实现经验共享。

③ 改变安全文化的关键要素。怎样才能建立一流的安全文化，重要的是去做，要员工注意安全，高级管理层首先要主动去做，承诺和建立起零事故的安全文化，工作上要重视人力、物力、财力，要有战略思想上的转变，从思想上切实重视安全。要体现有感领导，要有强有力的个人参与，要有安全管理的超前指标，如果达不到这个指标，就意味着要出事故，不要以出事故后的指标为指标。要有强有力的专业安全人员和安全技术保障，要有员工的直接参与，要对员工培训，让每个员工参与安全管理，这样才能实现零事故。要改变导向，从以结果为基础转变为以过程为基础，重视事故调查，不要等事故发生后给予重视，过几年又不重视，然后又发生事故，又重视，又震荡，要从管理层驱动转变为员工驱动，从个人行为转变为团队合作，从断断续续的方法转变为系统的方法，从故障探测转变为实况调查，从事后反应转变为事前反应，从快速解决到持续改进。要对自己的情况有评估，使管理层有能力管理，对现在评价，知道哪里要改进，进行持续改进，这就是安全文化发展的过程。要达到的安全水平取决于展示愿望的行动，心之所至，安全相随。

8.2.3 道化学公司

美国道化学公司，也称为陶氏化学公司，是世界最大的以科技为主的跨国化学公司之一，是主要研制生产系列化工产品、塑料及农化产品的跨国企业，其110年的化学品从业历史使其在化学品安全管理和事故应急救援方面积累了大量的成功经验。道化学公司的过程风险管理标准便是其中一项重要的安全管理方法。

道化学公司从事的是高危化学产品的研制与生产，火灾、爆炸、毒物泄漏等突发性危险每时每刻都伴随在生产过程中。如何规避这些存在的风险，降低其发生的概率，达到一种安全的状态，对于企业而言，最有效和最直接的方式便是预防风险的发生。从事化学工业110年的道化学公司，很早就认识到了风险防范的重要性。他们以安全、健康为起点，追求"零"目标——零事故、零工伤、对环境零破坏。为了实现这个目标，道化学公司的企业发展一直把安全和环境保护作为企业的传统坚持下来。道化学公司非常重视工艺和设备的安全管理，建立了一套完善的安全管理系统，制订了自己的企业标准，在其所属企业中大力推广道化学公司过程风险管理标准，将过程安全的理念全面植入了生产的各个环节。而企业内生产线管理人员通过使用和推进过程风险管理技术，达到持续不断地降低风险的目标。

道化学公司在过程风险管理中，结合企业研制生产化学产品的特性，开发出适合应用于化学企业过程风险管理的技术工具：反应性化学品-过程危险性分析（RC-PHA）、火灾爆炸指数（F&EI）、化学品接触指数（CEI）、结构化场景分析（HAZOP）、保护层分析（LOPA）。

（1）反应性化学品-过程危险性分析（RC-PHA）审查

由于化学物质的特性，使其在化工生产过程中极易发生化学反应，导致事故的发生，造成的危害极大。通过对化学生产工艺过程中存在的具有较高化学活性的化学品进行分析，找出发生事故的原因，采取相应措施降低风险的方法，道化学公司将其称之为反应性化学品分析。而危险性分析，从事安全评价的人员都知晓，并应用这一理论方法进行安全评价工作。只是应用在不同的行业之中，会结合本行业的特点运作。道化学公司将其应用在生产装置和生产过程中，主要分析和确定在生产过程中，装置在设计和操作中存在的各种缺陷，对其风险性进行评估，并采取相应的措施。这就是道化学公司的反应性化学品-过程危险性分析。

这是一种研究化学反应和工艺活动，探求潜在的降低风险的措施审查活动。在道化学公司，这一活动是由一个多学科的小组进行的，时间为 1～2d。它要求其所属的企业每隔 3～5 年，就要对所有资本超过 5 万美元的工厂进行审查，并要求所有新上任的生产负责人在上任 90d 以后执行（RC-PHA）审查。内容包括：工艺化学、风险管理计划的完整性、最差情况的假设与主要防线的设立、历史事故、工艺变更、培训和教育计划、调查问卷、先前审查中所提建议的落实情况等。另外，道化学公司还积极推动建立全球化学品反应性标准。

（2）道化学火灾爆炸指数（F&EI）

这是化工界有名的道化学火灾爆炸指数，是道化学公司于 1964 年根据化工生产的特点，首先开发使用的一种安全评价方法，经过几十年的实际运用，已发展到第七版。火灾爆炸指数以化工工艺过程和生产装置的火灾、爆炸危险或释放性危险潜在能量的大小为基础，同时考虑工艺过程的危险性，计算单元火灾爆炸指数，确定危险等级，并提出安全对策措施，使危险降低到可以接受的程度。这种方法主要是在设计阶段和周期性的第一层审查过程中使用，着眼于危险最集中的区域。它使用一个计算表，根据计算结果，将其他相关工艺过程进行危险分级。其主要优点是：帮助企业在设计过程中考虑到设备布置问题，鼓励本质安全设计，引向更详细的审查。

火灾爆炸指数法运用大量的实验数据和实践结果，以被评价单元中的重要物质系数（MF）为基础，用一般工艺危险系数（F_1）确定影响事故损害大小的主要因素，特殊工艺危险系数（F_2）表示影响事故发生概率的主要因素。MF、F_1、F_2 乘积为火灾爆炸危险指数，用来确定事故的可能影响区域，估计所评价生产过程中发生事故可能造成的破坏，由物质系数（MF）和单元工艺危险系数（$F_3=F_1F_2$）得出单元危险系数，从而计算评价单元基本最大可能财产损失，然后再对工程中拟采取的安全措施取补偿系数（C）确定发生事故时实际最大可能财产损失和停产损失。该方法的最大特点是能用经济的大小来反映生产过程中火灾爆炸性的大小和所采取安全措施的有效性。

道化学品接触指数（CEI）是一种快速计算工艺泄漏产生的有毒蒸气扩散的方法，用于确定化学物质泄漏事故对工人和附近社区的急性危害，评估其释放量，便于进行复杂的过程分析，主要是为了应对工业事故中潜在的、严重的人身伤害。风险的绝对值很难确定，但 CEI 提供了一种比较不同风险大小的方法，用于进行最初的过程危险性分析，包括用于应急响应（ERP）。它是建立在应急反应筹划标准（ERPG）浓度基础之上的，适用于管道破裂、容器储罐破裂造成溢流及其他由危险与可操作分析（HAZOP）和经验分析得到的标准事故场景。根据工业健康与安全标准，依照化学品的浓度，分为三个不同的浓度等级。一级（最小）、二级（中等）、三级（最大）。最大的泄漏应根据工艺设备的尺寸、为关键的管道和设备使用一套标准的假设工艺条件来确定。

（3）结构化场景分析

这是一种系统化的分析方法，通过逐个（逐线）审查工艺过程来分析装置的危险性。可以采用多种方法，如 HAZOP、故障假设分析、检查表等来进行结构化场景分析，其中 HAZOP 最常用。按照高风险（工艺）过程对风险管理标准的要求，对高风险目标区域使用 CEI 和 F&EI。这种方法对因果成对鉴别的效果很好。用于大多数工艺更改的局部设计准则。道化学公司使用第三方软件（Dyadem 提供的 PHA-PRO）来进行结构化场景分析。

（4）保护层分析（LOPA）

道化学公司近些年在下属企业中大力推广和使用的一种风险分析技术——保护层分析。这是一种半定量的分析方法，沟通了定性分析和完全定量分析方法。它由事件树分析发展而来，从初始事件开始，根据安全保护措施在事故发展过程中是否起作用（成功或是失败），分析生产过程是否达到要求的安全等级，提出相应的安全对策措施。通过计算公式，得出不希望事件发生的频率，把风险降低到可承受的范围。保护层分析具有显著的优点：比定量风险评估（QRA）所需要的时间少，可确认对各引发事件有效的保护，还可有效地分配降低风险的资源。不足之处还可以通过安全仪表系统弥补。道化学公司的技术人员还将保护层分析与故障树结合起来使用，以便使分析结果更加准确。

8.2.4 南非 NOSA

南非国家职业安全协会（National Occupational Safety Association，NOSA），其中文名称是"诺诚"，创建于 1951 年，是一个非营利性组织。由于当时南非工矿企业较多、工作环境差、人员素质低、经常发生人身伤亡事故，为此，南非劳动局制订了一系列的安全审核制度，对企业进行定期的安全审核，对安全表现进行评估，找出需要改善的地方，从而减少企业不安全因素，提高安全水平。安全五星（CMB253）管理系统就是在上述基础上发展起来的，至今已形成一个集安全、健康、环保于一体的安全管理体系。

（1）NOSA 安全五星管理系统简介

NOSA 安全五星管理系统是以风险管理为灵魂和基础，按照法律法规要求，遵从结构化的原则，通过规定部门、人员的相关职责，采取风险预控的方法，而建立起来的一个科学而有效的企业综合安全、健康和环保管理体系。它主要侧重于未遂事件的发生，强调人性化管理和持续改进的理念，最大限度地保障人身安全，规避人为原因导致的风险。目标是实现安全、健康和环保的综合风险管理，其核心理念是所有意外事故均可避免，所有危险均可控制，每项工作都要考虑安全、健康和环保问题，通过评估查找隐患，制订防范措施及预案，落实整改直至消除，实现闭环管理和持续改善，把风险切实、有效、可行地降低至可接受的程度。

（2）NOSA 安全五星管理系统评审内容的 5 个领域

安全五星系统包括的主要领域有：房屋管理；机械、电气和个人安全防护；火灾预防；事故调查和记录以及组织管理。

这 5 个领域又含有 70 多个要素，所有要素注重的是对员工的关心和对环保的重视，强调员工的安全、健康和环保意识，调动全体员工主动参与的积极性，从而推动安全生产工作实现五个转变，即"从人治向法治转变"，"从被动防范向源头管理转变"，"从集中开展安全生产整治向规范化、经常化、制度化转变"，"从事后查处向强化基础管理转变"，"从以控制伤亡为主向全面做好职业安全健康工作转变"，它的评审程序针对性强，可有效解决有章不循的问题。在企业生产过程中，总是存在这样一个闭环流程，制订计划—按照计划开展工作—工作验收—制订新的工作计划。NOSA 系统就是在这样一个大的流程思路中确定工作进度管理，按照逐步审核、层层递进的工作方式，把各项日常工作细化到点，为安全、健康和环保评审服务。总体来说，它能够对具体的工作做到目的、效果、过程、下一步工作等都实现过程控制管理。在具体工作中，采取的工作方法有安全工作分析卡、风险预控单、安全工作观察等。在事件管理上，侧重"未遂管理"，通过管理未遂事件来控制事故的发生，而不是我们常说的那种注重"事后三不放过"的做法。

（3）工伤意外事故率（DIIR）

NOSA 安全五星系统除了由上述 5 个领域内容组成外，还有一个内容是统计工伤意外发生率的指标，它也是一个关键指标，表示每年受伤员工占总人数的百分率。按 NOSA 要求，其统计范围应包括本企业员工、第三产业及外包工程施工队人员。

统计公式如下：

$$DIIR = (工伤意外次数 \times 200000 \ 基数)/员工全年工作小时数 \qquad (8\text{-}3)$$

式中　　　　　DIIR——工伤意外事故率（Disabling injury incidence rate）；

工伤意外次数——由工作导致或工作时所受到的损伤，使伤者无法或无法完全履行日常指定职务工作达一个或以上工作日次数；

200000——基数，按 200 人工作一年（50 周），每周 40h 计算得出；

员工全年工作小时数——员工总人数×每人全年实际工作小时数。

（4）评审准则

五星评估员根据 5 个领域 70 多个要素的内容要求对企业进行评分，并计算企业的工伤意外发生率，根据对这些内容的量化情况给企业打分，将企业的安全状况评为 1～5 个等级，91～100 分为最高级，即五星级，代表安全状况最佳。评估结果与企业缴纳的赔偿基金数额相联系，企业星级越低，每年缴纳赔偿基金数额越大。NOSA 协会不但负责评级，还通过技术咨询、法律服务等方式，帮助企业改进工作，提高企业的星级档次。

 思考题

1. HSE 管理体系如何实施？其要素是什么？

2. 危险化学品从业单位安全标准化的原则是什么？如何建设？管理要素有哪些？

3. 杜邦安全管理的十项原则是什么？

参考文献

[1] GB 13690—2009 化学品分类和危险性公示通则．北京：中国标准出版社，2009.

[2] GB 6944—2012 危险货物分类和品名编号．北京：中国标准出版社，2012.

[3] GB 20576—2006～20599—2006、20601—2006、20602—2006［S］．北京：中国标准出版社，2006.

[4] 国家安全生产监督管理局公告．2003 年第 1 号．危险化学品名录（2002 版），2003.

[5] 佴士勇，宋文华，白茹．浅析危险化学品分类．安全与环境工程，2006，13（4）：35-38.

[6] 苏华龙编．危险化学品安全管理．北京：化学工业出版社，2006.

[7] GB 15258—2009 化学品安全标签编写规定．北京：中国标准出版社，2009.

[8] GB/T 16483—2008 化学品安全技术说明书内容和项目顺序．北京：中国标准出版社，2008.

[9] 胡永宁，马玉国，付林，俞万林．危险化学品经营企业安全管理培训教程．第 2 版．北京：化学工业出版社，2011.

[10] 周志俊．化学毒物危害与控制．北京：化学工业出版社，2007.

[11] 李荫中．危险化学品企业员工安全知识必读．北京：中国石化出版社，2007.

[12] 杨书宏．作业场所化学品的安全使用．北京：化学工业出版社，2005.

[13] 徐厚生，赵双其．防火防爆．北京：化学工业出版社，2004.

[14] 蒋军成．危险化学品安全技术与管理．北京：化学工业出版社，2009.

[15] 李万春．危险化学品安全生产基础知识．北京：气象出版社，2006.

[16] 赵耀江．危险化学品安全管理与安全生产技术．北京：煤炭工业出版社，2006.

[17] 唐艳春．MMEM 理论在安全生产中的应用．安全管理，2009，9（1）：48-50.

[18] 其乐木格，李文洁．北京市危险化学品安全生产技术支撑体系建设．安全，2006，（4）：7-9.

[19] 张荣．危险化学品安全技术．北京：化学工业出版社，2008.

[20] 崔政斌，冯永发．危险化学品企业安全技术操作规程．北京：化学工业出版社，2012.

[21] 国务院令第 591 号．危险化学品安全管理条例．2011.

[22] GB/T 15098—2008 危险货物运输包装类别划分原则．

[23] GB 12463—2009 危险货物运输包装通用技术条件．

[24] GB 50016—2014 建筑设计防火规范．

[25] GB 15603—1995 常用化学危险品储存通则．

[26] GB 17914—2013 易燃易爆性商品储藏养护技术条件．

[27] GB 17915—1999 腐蚀性商品储藏养护技术条件．

[28] GB 17916—1999 毒害性商品储藏养护技术条件．

[29] GB 14194—2006 永久气体气瓶充装规定．

[30] GB 14193—2009 液化气体气瓶充装规定．

[31] GB 13348—2009 液体石油产品静电安全规程．

[32] SY/T 6555—2003 易燃或可燃液体移动罐的清洗．

[33] JT 618—2004 汽车运输、装卸危险货物作业规程．

[34] JT 617—2004 汽车运输危险货物规则．

[35] 国家安全生产监督管理总局 2011 年第 43 号令．危险化学品输送管道安全管理规定．2011.

[36] DB 11/755—2010 危险化学品仓库建设及储存安全规范．

[37] 汪元辉主编．安全系统工程．天津：天津大学出版社，1999.

[38] 樊运晓，罗云编著．系统安全工程．北京：化学工业出版社，2009.

[39] 国家安全生产监督管理总局编写．安全评价．第 3 版．北京：煤炭工业出版社，2005.

[40] 邢娟娟主编．企业重大事故应急管理与预案编制．北京：航空工业出版社，2005.

[41] 国家安全生产应急救援指挥中心组织编写．危险化学品应急救援．北京：煤炭工业出版社，2008.

[42] 中国疾病预防控制中心编．最新实用危险化学品应急救援指南．北京：中国协和医科大学出版社，2003.